世界翻译教育联盟（WITTA）翻译技术教育研究会

人工智能时代翻译技术理论与实践系列丛书

翻译管理技术　本地化测试技术　字幕翻译技术

计算机辅助翻译技术　翻译技术能力

文档识别技术　内容管理技术

语言服务　语料库技术

翻译搜索技术　翻译质量控制技术

机器翻译技术　翻译技术

本地化翻译技术　术语技术

计算机辅助翻译概论

王华树　**主编**

林世宋　**顾问**

知识产权出版社

全国百佳图书出版单位

图书在版编目（CIP）数据

计算机辅助翻译概论 / 王华树主编 . —北京：知识产权出版社，2019.5（2022.7重印）

ISBN 978-7-5130-6001-1

Ⅰ.①计… Ⅱ.①王… Ⅲ.①自动翻译系统－研究 Ⅳ.①TP391.2

中国版本图书馆CIP数据核字（2018）第287319号

内容提要

在人工智能热潮席卷全球的背景下，本书对接国家"新一代人工智能发展规划"和"教育信息化2.0发展纲要"，结合当前语言服务行业发展新特点，以职业译员的翻译技术能力为主线，以计算机辅助翻译技术为支点，深入浅出地讲解了翻译职业化时代译员需要掌握的翻译技术相关的知识和技能。全书共十二章，涵盖了翻译实践中的主要技术，涵盖译前的文字识别、格式转换、术语提取、语料对齐、预翻译等；译中的辅助写作、术语识别、翻译记忆、机器翻译、网络词典、翻译搜索、平行语料库等；译后的翻译质量控制、本地化排版、本地化测试、语言资产管理等技术，最后以案例形式阐述翻译技术在项目启动、计划、实施、监控和收尾等阶段中的综合应用。本书可作为外语、翻译专业的教材和研究参考资料，也可为语言服务从业者提供一定的参考。

责任编辑：田　姝　彭喜英　　　　　　　　　　　　　　责任印制：刘译文

计算机辅助翻译概论

JISUANJI FUZHU FANYI GAILUN

王华树　主编　　林世宋　顾问

出版发行：知识产权出版社 有限责任公司		网　　址：http://www.ipph.cn	
		http://www.laichushu.com	
电　　话：010-82004826			
社　　址：北京市海淀区气象路50号院		邮　　编：100081	
责编电话：010-82000860转8539		责编邮箱：pengxiying@cnipr.com	
发行电话：010-82000860转8101		发行传真：010-82000893	
印　　刷：天津嘉恒印务有限公司		经　　销：新华书店、各大网上书店及相关专业书店	
开　　本：787mm×1092mm 1/16		印　　张：30.5	
版　　次：2019年5月第1版		印　　次：2022年7月第2次印刷	
字　　数：739千字		定　　价：98.00元	

ISBN 978-7-5130-6001-1

序　一

在近年稍感冷清的译坛上，包括华树博士在内的一批有深厚跨学科素养的中青年学者，立足译学前沿，掀起了一股研究和普及翻译技术的热潮（在《中国翻译》《上海翻译》等专业期刊上，在培训翻译教师的讲习班上，或在各种全国性翻译研讨会上，或在各地翻译技术沙龙上），他们或直书径言，论文迭出；或曲尽其妙，语震四座。

受多年主编《上海翻译》责任感的驱使，我非常关注翻译技术的进步。每读新章巨篇，虽不甚了了，但提要钩玄，摘句寻章，已成习惯。在世纪之交，《上海翻译》已有翻译技术的专论和报道，但初时总不免肤浅。2004年我主编的《译学辞典》中收了"机器翻译""机助翻译""翻译记忆""翻译研究语料库"等词条，只是聊胜于无。我对译学新名词、新术语，深嗜笃好，时而冥心钩考，断续储存起来。七年后，居然积微成著，在2011年出版的《中国译学大辞典》中，增添"翻译产业机器翻译"一栏，容纳了较多的相关内容。但是辞典永远落后于现实，近些年读了华树博士等人有关专论，又感收词欠缺。

这几年，应用翻译研究对翻译市场做出了一定的反馈，但是它对行业的关注，特别是对翻译技术的关注显然不够。应用翻译研究应该紧贴行业发展，积极地拓展研究领域，与时俱进。作为信息化时代发展的产物，计算机辅助翻译为当代译学注入了新鲜的血液，是现代翻译理论创新和发展的一个着力点。华树博士不但在微观层面上——判别和研究细节，而且纵观统筹，把翻译技术置于应用翻译研究体系。我在《应用文体翻译研究的定位与范畴》[上海理工大学学报（社科版），2011年第2期]一文中对Holmes的译学构想进行了局部调整，提出应用（文体）翻译研究在译学整体框架中的定位。它与文学翻译并列，共同构成理论研究中的专门理论研究。应用翻译理论研究下设六个子系统：宏观理论、中观理论、微观理论、文本分类研究、术语与术语库、翻译的本地化与全球化（"在当今网络时代，本地化和全球化每天都在大量地发生，已成为应用翻译的一股重要力量"，来源同上）（在应用翻译的研究框架中，我虽然把翻译的本地化与全球化作为一个相对独立的范畴，但对其仅给出定义，未做进一步细化和梳理）。华树博士根据全球化和信息化语言服务的特征，在应用研究的这一分支上，以产业全局为基础具体补充了相关专题研究：（1）语言服务产业链；（2）产业技术；（3）翻译管理；（4）行业角色和职业发展；（5）语言服务标准，并就各个专题做了具体阐述（王华树等，上海翻译，2013年第1期）。充实了这一范畴，使之更加完整。

从农耕时代到工业化时代，再到信息化时代，技术延绵发展，推动着人类历史的进步。在当今全球一体化背景下，信息技术正深刻地影响着翻译活动的方方面面，促进了翻译的职业化进程。职业化时代的翻译活动呈现出显著的变化：翻译的需求量越来越大，翻译的领域越来越广，翻译文本的类型越来越多，翻译周期越来越短，翻译的协作性越来越强，对翻译人才的职业化技能提出了更高的要求。面对这些由市场驱动和技术发展带来的挑战，传统、低效的个人翻译模式已经不能适应时代发展的需要了。

随着信息技术的进步，语言技术发展迅猛。在追求效率的产业化时代，计算机辅助翻译技术在现代翻译实践中的作用日益凸显。2008年，传神（中国）网络科技有限公司和中国科学院科技翻译协会联合发布了《2007中国地区译员生存状况调查报告》。报告显示，61%的译者"在翻译过程中使用辅助翻译软件"。2013年，国际知名的翻译社区Proz网站（Proz.com）关于职业译者的一项调查显示，88%的受访者使用至少一种计算机辅助翻译（Computer Aided Translation，CAT）工具，剩余12%的受访者虽然没有使用CAT工具，但其中大多数(68%)曾经试用过计算机辅助翻译工具。可见，越来越多的译者逐渐认识到翻译技术和工具的价值，计算机翻译辅助工具已成为广大翻译工作者必备的利器。

从教学方面来看，香港中文大学翻译系于2002年开设了国际上第一个CAT硕士学位；欧盟于2005年启动的欧盟翻译硕士（EMT）项目开设了计算机辅助翻译相关的课程，如术语管理、翻译与信息技术等；2006年3月，北京大学在内地率先创立了CAT专业方向硕士项目；2007年我国开始设立翻译硕士学位（Master of Translation and Interpreting，MTI），至今已有206所高校开设了MTI学位来培养应用型、高层次的职业化人才，教育部教学指导委员会将"计算机辅助翻译"课程列为推荐选修课。为满足市场和培养译者能力的需要，开设翻译技术课程的院校正在逐年增多。此外，从2012年4月开始，中国翻译协会和全国翻译专业学位研究生教育指导委员会在全国高等院校翻译专业师资培训课程中增加了翻译和本地化技术以及项目管理等内容。这些都表明翻译技术在翻译教学和译者培训方面越来越受到重视。

国内翻译教材林林总总，但是面向翻译实践的计算机辅助翻译教材风毛麟角，华树博士多年来从事计算机辅助翻译的实践、教学和研究，对这门课程驾轻就熟，因此，由他编写《计算机辅助翻译概论》教材是水到渠成的事。该书内容紧扣时代脉搏，语言浅显易懂，讲解条分缕析，比较全面地展现了商业翻译实践中翻译技术的系统性和综合性，对于翻译院系师生来说，这无疑是一本内容丰富、专业实用的教材或教学参考书。

方梦之

序 二

随着信息技术、人工智能、自然语言处理技术等的发展，翻译技术突飞猛进，翻译呈现出信息化、多样化、流程化、协作化、专业化等职业化特征，挑战着传统的一支笔、一张纸、一部字典的传统模式。

国外相关的教学与研究起步较早，如西班牙翻译能力研究小组 PACTE（2003）的修订模型中包括六种要素：双语子能力、语言外子能力、工具子能力、策略子能力、翻译相关知识、心理生理因素。其中的工具子能力，即指译者运用多种文献资源与信息技术解决翻译问题的程序性知识。由 Susanne Göpferich 主持的奥地利科学基金研究项目 TransComp（2009）在以往研究的基础上，构建了翻译能力模型，其中的工具与研究能力与 PACTE 模型的工具子能力相对应，并明确说明了工具能力所包含的具体内容，如术语库、平行文本、搜索引擎、术语管理系统、翻译管理系统、机器翻译系统等。此外，翻译技术能力也已成为衡量译员翻译能力的重要指标，这引起了国外高校的重视。譬如，在欧盟翻译硕士项目（EMT）的教学大纲中，将翻译技术能力视为重点培养内容，并对其做了细化说明。在欧盟、加拿大（如渥太华大学）、美国（如蒙特雷国际研究）等高校的翻译院系中，多设有较为系统的翻译技术课程，培养学生的翻译技术能力。

国内的相关研究也取得了可喜的成果。我们从中国知网中以"计算机辅助翻译"为主题词进行搜索，共找到 455 篇相关文献，发表在《中国翻译》《上海翻译》等主要翻译专业期刊上。尤其是近五年来的增长趋势比较明显，2014 年高达 146 篇，学界对计算机辅助翻译研究的重视程度可见一斑。与此相对应的是，截至 2014 年，国内已有 206 家高校培养 MTI，也纷纷将计算机辅助翻译能力作为重要培养的技能之一。在 MTI 全国教育指导委员会公布的 MTI 示范性教学大纲中，"计算机辅助翻译"是推荐选修课程。更值得关注的是，自 2012 年开始，中国翻译协会举办的全国翻译专业师资培训中增加了"翻译、本地化技术与项目管理"课程，覆盖了计算机辅助翻译软件应用、翻译与本地化项目管理理念以及技术的多个方面。这表明国内翻译研究和教学界逐渐关注语言服务市场需求，更加注重实践型翻译人才的技术能力培养。令人遗憾的是，国内相关书籍较少，内容也略显陈旧，难以适应快速发展的翻译技术的要求，在这样的背景下，《计算机辅助翻译概论》一书的问世，可谓恰逢其时。

该书基于产业翻译实践，融入职业翻译能力的理念，涵盖了多种翻译技术，如译前的文档格式转换、术语提取、语料对齐、预翻译；译中的辅助写作、术语识别、机器翻译、电子词典、互联网以及平行语料库查询与验证、翻译记忆工具使用、翻译质量控制；译后的质量抽检、双语或多语排版、文档管理、翻译产品功能和语言测试等。该书从翻译行业的变化入手，分析了现代语言服务行业的新特点，指出在新时代背景下，翻译人员需要具备符合时代发展的职业素养，其中包括语言能力之外的综合应用技能，比如熟练掌握计算机的基本技能、互联网和搜索引擎的使用技能、辅助翻译工具的技能等（第一章）。在充分认识翻译职业素养的基础上，该书探讨了翻译与搜索之间的关系和技术应用（第二章），旨在帮助译员认识到"搜商"的重要性，提高译员在互联网时代获取专业知识的效率。作者详细地讲解了计算机辅助翻译的基础知识（第三章），重点介绍了翻译人员常用的计算机辅助翻译工具（第四至第六章），并以案例形式介绍了译前、译中和译后翻译过程中使用到的翻译辅助技术（第十二章）。作者还讨论了本地化翻译（第七章）、字幕翻译（第八章）、翻译质量控制及其技术（第九章）、语言资产管理（第十章）、本地化项目管理（第十一章）等新辟的话题。该书共十二章，基本上涵盖了翻译职业化时代译员必须掌握的知识和技能。

该书的作者王华树博士具有较为丰富的业界实践经验，而且也一直在从事翻译技术相关的教学和研究工作，在《中国翻译》《上海翻译》《中国科技翻译》等期刊发表论文五十余篇，参与七项省部级科研项目，曾合著《翻译项目管理实务》《计算机辅助翻译：理论与实践》等实用教材，积累了较丰富的经验。我深信该书的面世，会对翻译技术的教学与研究有较大帮助。

是为序。

张　政

前　言

在人工智能技术的驱动下，人机结合已成为当前语言服务业的主要生产模式。翻译技术对语言服务业的推动作用愈发显著。它成为翻译从业者必须面对的事实，也是职业译者的必然行为。技术正以独有的范式重构传统的翻译模式，也引发学界、业界对翻译职业和教育变革展开了热烈讨论。在技术盛行的当下，让学生更多地关注翻译技术的前沿动态和发展趋势，理性地认识翻译技术的内涵、本质、影响和作用，熟练掌握常见的技术和工具，提高翻译技术综合素养，变得更加紧迫、更有必要。

本书以当前语言服务业的新特点、新问题为背景，以计算机辅助翻译（CAT）技术为支点，以语言服务机构、职业译者等常见的翻译项目为素材，深入浅出地阐释了语言资源方、服务方等是如何利用已成熟的计算机辅助翻译技术，满足不断增长且日益多元的客户需求；还以行业标准、项目操作规范为准绳，以案例形式阐明了项目启动、计划、实施、监控和收尾等各阶段翻译技术的应用方式和情况。

本书共分十二章，内容简述如下。

第一章"新时代的语言服务及人才培养"：引入"语言服务产业链"概念，并详细论述了各环节、各参与方在需求、技术、工具、流程、模式、标准方面的发展与现状。本章着重关注译者，即语言服务的直接贡献者，并就译者素质、培养理念、培养模式、教学内容等方面进行了探讨。在信息化时代中，译者只有极大提升语言能力、专业知识、项目管理、信息技术、职业素养五个方面，才能满足日新月异的语言服务需求。

第二章"搜索与翻译"：围绕"搜商"这一制约译者水平的瓶颈，提出了译者可以综合利用网络、语料库、桌面三大搜索渠道以及电子资源，多措并举地实现闲散零碎资源的高效整合和便捷利用，特别是提高信息精准定位、鉴别的能力。本章为个体译者提供多功能、全覆盖的搜索工具及其使用方法。

第三章"计算机辅助翻译技术概论"：详细论述了CAT技术原理、流程、标准、应用，完善了以解析、匹配、搜索、对齐为底层设计，以记忆库、术语库、文档格式交换为途径，以资产复用、质量控制、管理辅助、流程/格式简化为目的的CAT技术架构。在国内外主流CAT软件/技术的基础上，本章还介绍了未来CAT技术在可视化、软件开源、多线融合、语音识别、云驱动等方面的发展愿景。实践证明，熟练运用CAT技术，会对语言资产建设与管理、译文质量分析与改善、音视图制作与推广等产生较大作用。

第四至第六章，分别介绍了三大代表性CAT工具——SDL Trados、Déjà Vu、Wordfast的基本操作及拓展功能，并结合具体项目深入探讨了CAT工具的综合应用。编者认为上述工具在译前准备、译中处理、译后管理各个环节均有重要作用，在以术语库、记忆库为代表的语言资产复用、管理等方面成效显著。第三方开发的插件可极大地增强上述工具在格式转换、音视频处理、文字识别、术语及排版自动化、质量保证等方面的适用性。

　　鉴于本地化产业在国内异军突起，本书特设第七章"本地化翻译基础"，明确界定了本地化的概念、流程、参与角色与分工等方面，阐述了常见的文档、软件、网站、多媒体、游戏、移动应用六大本地化类别。本章结合 Alchemy Catalyst 和 SDL Passolo 这两款本地化代表软件，以某网站的本地化案例为基础，详细讲解了字串抽取、格式控制、功能调试/封装、可视化再设计等重要环节的解决方案。

　　近年来，伴随着影视产业发展壮大，特别是海内外传媒交流日益深入，字幕翻译成为语言产业中的一支新秀。第八章"字幕翻译"详细介绍了字幕翻译类别、流程、方法、软件辅助等，针对可能出现的断句不当、可视化效果差、多屏多帧技术给出了可行的解决方案。值得一提的是，针对目前非盈利翻译团体中疏于管理、译文质量参差不齐的现状，本章从制度建设、团队管理、技术支撑等方面尝试了有益的探索。

　　质量是语言服务的生命线，质量管理由此成为语言服务的首要课题。第九章"翻译质量控制"从原文、时间、成本、人员、资产、流程、技术、需求共八方面，阐述了质量控制的可能性、必然性与可操作性。控制翻译质量可以从项目实施过程、质量保障两个维度实施管理，形成可程序化、可定制、可兼容的质量管理标准及细则，借助主流 CAT 工具及内嵌/独立的第三方质检工具进行有效管理，从而降低项目运营风险及成本。

　　高效、完善的语言服务有赖于强大的语言资产支撑。第十章"语言资产管理"从术语库、记忆库、译文三个方向论述语言资产的建设及维护，特别是在翻译项目管理系统（TMS）的背景下，以分散式、集中式两种方式实现 CAT 技术与资产管理的深度融合。本章认为资产管理是提高译文精度、运营效率、客户满意度的重要手段，任何有益资产建设的方法、主张都应在实践中加以检验。

　　在充分论述 CAT 技术项目的运作流程、技术辅助等的基础上，第十一章"多语本地化项目案例分析"系统、全面地演练了项目管理及翻译流程，阐述了项目分析/准备、工程预处理、翻译/编辑、质量保证、工程后处理、桌面排版、软件测试及缺陷修正、项目提交及验收、项目总结共九个方面内容，针对各环节中可能出现的问题给出了切实可行的解决方案。

　　除主流 CAT 工具外，本书设第十二章"辅助工具在翻译实践中的综合应用"，介绍了编码转换、格式转换、文档识别、字数统计、文档修订/比较、拼写检查、语料回收、正则表达式、同步/备份共九方面的常见软件及简单应用，为一般译者、自由译者、中小型语言服务企业提高技术应用能力提供了若干思路和方案。

　　书后有五项实用附录，分别为本地化业务基本术语、常见 CAT 工具、翻译管理系统、HTML 元素列表及文件格式列表，便于读者查阅与参考。

　　本书从不同层面介绍了翻译技术的理论和实践，希望它能为翻译专业的学生、教师和职业翻译人士提供参考和借鉴，为翻译技术教育的普及和推广增砖添瓦，也为翻译技术研究开拓一片新天地。

北京外国语大学高级翻译学院
翻译技术研究与教育中心
王华树

目　　录

第一章　新时代的语言服务及人才培养 …………………………………… 1

　　第一节　语言服务产业链 …………………………………………… 1

　　第二节　语言服务行业的变化 ……………………………………… 3

　　第三节　译者能力现状及培养 ……………………………………… 17

　　第四节　信息化时代的语言服务人才 ……………………………… 26

第二章　搜索与翻译 …………………………………………………… 37

　　第一节　网络搜索与翻译 …………………………………………… 37

　　第二节　语料库搜索与翻译 ………………………………………… 56

　　第三节　桌面搜索与翻译 …………………………………………… 66

　　第四节　译者参考资源 ……………………………………………… 75

第三章　计算机辅助翻译技术概论 ……………………………………… 84

　　第一节　计算机辅助翻译基本概念 ………………………………… 84

　　第二节　计算机辅助翻译技术 ……………………………………… 99

　　第三节　主流计算机辅助翻译工具 ………………………………… 111

　　第四节　计算机辅助翻译发展趋势 ………………………………… 124

第四章　SDL Trados 2017 的基本应用 ………………………………… 133

　　第一节　系统介绍 …………………………………………………… 133

　　第二节　翻译案例操作 ……………………………………………… 138

　　第三节　软件评价 …………………………………………………… 143

第五章　Déjà Vu 基本应用 ……………………………………………… 145

　　第一节　系统简介 …………………………………………………… 145

　　第二节　系统基本信息 ……………………………………………… 147

　　第三节　基本操作示例 ……………………………………………… 151

　　第四节　软件评价 …………………………………………………… 158

第六章　Wordfast 基本应用 ……………………………………………… 160

　　第一节　软件简介 …………………………………………………… 160

第二节　软件基本信息 ……………………………………………… 163

第三节　翻译案例操作 ……………………………………………… 166

第四节　软件评价 …………………………………………………… 174

第七章　本地化翻译基础 ……………………………………………… 177

第一节　本地化概述 ………………………………………………… 177

第二节　本地化项目主要类型 ……………………………………… 182

第三节　本地化技术和工具应用 …………………………………… 188

第四节　网站本地化翻译案例分析 ………………………………… 202

第五节　本地化行业发展趋势 ……………………………………… 211

第八章　字幕翻译 ……………………………………………………… 215

第一节　字幕翻译基础 ……………………………………………… 215

第二节　字幕处理工具 ……………………………………………… 222

第三节　字幕翻译困境及计算机辅助翻译解决方案 ……………… 251

附件　字幕翻译风格指南 ………………………………………… 254

第九章　翻译质量控制 ………………………………………………… 264

第一节　翻译质量定义 ……………………………………………… 264

第二节　影响翻译质量的相关因素 ………………………………… 265

第三节　翻译(服务)标准概述 ……………………………………… 269

第四节　翻译项目中的质量管理 …………………………………… 277

第五节　翻译质量保证工具 ………………………………………… 280

第六节　翻译质量保证工具评价 …………………………………… 308

第十章　语言资产管理 ………………………………………………… 313

第一节　语言资产基本概念 ………………………………………… 313

第二节　术语管理 …………………………………………………… 316

第三节　记忆库管理 ………………………………………………… 334

第四节　翻译文档管理 ……………………………………………… 339

第五节　语言资产的集中管理 ……………………………………… 344

第十一章　多语本地化项目案例分析 ………………………………… 357

第一节　项目分析、准备 …………………………………………… 358

第二节　工程前处理 ………………………………………………… 359

第三节　翻译、编辑 ………………………………………………… 361

第四节　质量保证 …………………………………………………… 364

第五节　工程后处理 ………………………………………………… 366

第六节　桌面排版 …………………………………………………… 369

第七节　本地化软件测试及缺陷修正 ……………………………… 370

第八节　项目提交、验收及存档 …………………………………… 373

第九节　项目总结 …………………………………………………… 374

第十二章　辅助工具在翻译实践中的综合应用 …………………… 378

第一节　编码转换 …………………………………………………… 378

第二节　格式转换 …………………………………………………… 383

第三节　文档识别 …………………………………………………… 389

第四节　字数统计 …………………………………………………… 395

第五节　文档修订和比较 …………………………………………… 403

第六节　拼写检查 …………………………………………………… 407

第七节　语料回收 …………………………………………………… 414

第八节　正则表达式 ………………………………………………… 422

第九节　文档同步备份 ……………………………………………… 437

附　　录 ……………………………………………………………… 442

附录Ⅰ　本地化业务基本术语 ……………………………………… 442

附录Ⅱ　常见的CAT工具 ………………………………………… 453

附录Ⅲ　常见的翻译管理系统 ……………………………………… 455

附录Ⅳ　常见HTML元素列表 …………………………………… 456

附录Ⅴ　常见的文件格式 …………………………………………… 458

语言服务行业翻译技术的全景解读 ………………………………… 465

编写分工和致谢 ……………………………………………………… 472

后　　记 ……………………………………………………………… 474

第一章　新时代的语言服务及人才培养

第一节　语言服务产业链

一、产业链组成

在2010年9月举办的"2010中国国际语言服务行业大会暨大型国际活动语言服务研讨会"上，中国翻译协会第一常务副会长郭晓勇在大会主旨发言中提出，"本次会议名称定为语言服务行业大会，而不是翻译行业大会，这是因为全球化和信息技术的飞速发展已经催生了一个包括翻译与本地化服务、语言技术工具开发、语言教学与培训、语言相关咨询业务为内容的新兴行业——语言服务行业，其范围已经远远超出传统意义上的翻译行业，成了全球化产业链的重要组成部分"。

根据《中国语言服务业发展报告2012》的描述，语言服务业包括所有从事语言信息转换及关联服务的机构，可分为三个层次：核心层、相关层和支持层。

核心层是指经营或其业务的主要内容是提供语言间信息转换服务、技术开发、培训或咨询服务的企业或机构，如翻译企业、本地化企业、翻译软件开发企业、翻译培训机构、多语信息咨询机构等。

相关层是指经营或业务部分依赖于语言间信息转换的机构或企业，包括国家外事、外宣和新闻出版部门，大型跨国企业以及旅游、对外贸易和信息技术等涉外行业的机构和企业。

支持层是指为语言服务提供支持的政府部门、机构和企业，包括政府相关决策和管理部门、行业协会、高等院校、研究机构等。

任何行业都会形成从产品制造或服务提供到用户使用的不可分割、环环相扣的产业链，语言服务行业也不例外。一般认为，构成语言服务业的各要素（角色）以需求与供给为主线，以分工与合作为特征，构成语言服务的闭合产业链，如图1-1所示。

图中"用户"是一个广义概念，可以是个人用户，也可以是企业用户，还可以是各行业产品制造或服务提供商（如微软电脑制造或IT咨询服务）。图中各要素简述如下：

（1）工具开发商：为用户提供翻译必要的软硬件支持，如SDL公司开发的SDL Trados软件目前在翻译行业已被广泛使用。

（2）语言服务商：为用户提供所需语言服务，如口译、笔译、本地化等。

（3）语言服务购买方：各行各业中语言服务需求方。

（4）行业协会：负有指导业界、规范翻译行为、促进组织运作、形成行业规范、出台

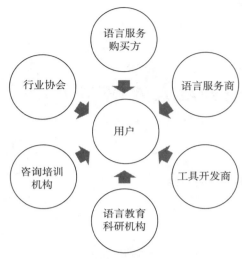

图 1-1 语言服务产业链

行业标准等责任。

（5）咨询培训、语言教育科研机构：为语言服务行业培养人才，为公司提供语言服务解决方案和员工培训、译员进修等服务。

综上，语言服务各机构以闭环网状关联，形成了较完整的语言服务产业链，各机构既保持独立运营，又与其他机构以适当方式发生业务关联。各机构间的关联和相互依存度随社会环境和产业内部环境而改变（王明新等，2013）。

二、产业链分工

从人员构成看，不同公司因规模和运营模式不同，其岗位配置和职位名称略有差别，图 1-2 基本涵盖了语言服务行业人才岗位及职业发展。

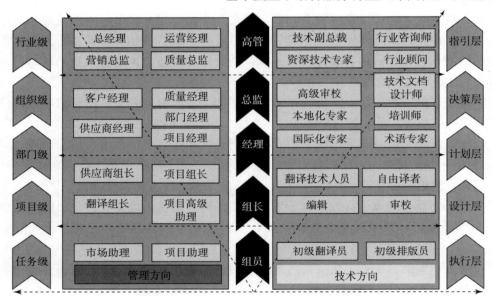

图 1-2 语言服务行业人才岗位及职业发展

（数据来源：崔启亮，2013）

一般来讲，语言服务企业的组织架构大致可分为指引层、决策/运营层、管理/计划层、执行层、支持层。各层次简述如下：

（1）指引层：由资深技术专家、战略发展及行业顾问等组成。

（2）决策／运营层：由总裁、首席执行官、首席运营官、首席财务官、业务发展总监、市场总监、人力资源总监、首席技术总监组成。

（3）管理／计划层：由语言部经理、本地化工程部经理、测试部经理、桌面排版（Desktop Publishing，DTP）部经理、质量保证部经理、客户关系经理组成。

（4）执行层：由客户经理、项目经理、语言助理、翻译人员、校对人员、质量保障

（Quality Assurance，QA）人员、本地化工程师/工具支持、桌面排版工程师、本地化测试工程师、销售/业务拓展人员组成。

（5）支持层：包括资源/协调部、行政后勤部、系统管理员、IT支持、培训人员等。

从语言服务行业人员角度看，与客户交往的几种角色如图1-3所示。

（1）自由译者（Freelancer）：为客户提供种类较单一、规模较小的持续或断续性语言服务。

（2）团队工作室：比自由译者规模大，可提供服务种类多。

（3）服务商（Language Service Providers，LSPs）：语言服务行业中专门提供语言服务的机构。根据可服务的语言种类，大致分为单语言服务商、区域语言服务商和多语言服务商。在行业实践中，诸如兼职译员、自由译者、翻译团队等，他们通常为上游服务商提供服务，有些直接为客户提供服务。大型语言服务商一般具有业务流程标准、服务专业、信誉良好、质量保障、合作可持续性等特点。

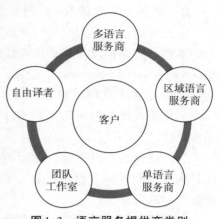

图1-3　语言服务提供商类别

第二节　语言服务行业的变化

20世纪80年代，跟随改革开放的步伐，语言服务行业在中国萌芽发展；90年代，随着信息技术的发展，语言服务行业初具规模；进入21世纪，全球化和服务外包的发展极大地促进了中国语言服务市场的繁荣，使它进入了产业快速发展期。本节将从语言服务需求的变化、翻译技术和工具的改进、翻译流程的改善、翻译模式的变化以及翻译标准的改变和质量要求的提高五个方面论述当下语言服务行业发生的变化。

一、语言服务需求的变化

托马斯·弗里德曼（Thomas Friedman）在《地球是平的》一书中提到，当今世界已被新技术和跨国资本碾成一块没有边界的平地，在经济全球化与金融全球化的强大推动下，国际交流达到了前所未有的高度，中国在新世纪全球市场中迅速成为最有发展潜力的一块高地，欧美跨国公司和日韩金融商纷至沓来，从战略高度投资中国，截至2006年，全球500强企业中已有超过480家在华设立企业或投资机构。同时，中国经济和文化"走出去"的步伐逐渐加大，越来越多的中国企业开始走向国际市场。中国公司全球500强上榜数量连续十四年增长，2017年达到115家。国际多层次、全方位交流日益频繁，翻译需求空前高涨。

必须看到，随着中国语言服务市场不断成熟，客户需求不断提高，竞争对手数量增加，技术实力也不断增强，传统个体、小作坊式翻译已远不能满足信息化时代的语言服务需求。信息技术革命如暴风骤雨般颠覆了传统翻译行业，将人们带入语言服务信息化时代。信息爆炸、知识激增也促使企业探寻新的商业模式，采用新的战略和管理模式，提高生产效率。原来潜在的翻译需求日益凸显，原来单一的业务类型呈现多元化趋势，原来简单的项目日益复杂。这里将从急剧增长的翻译业务、日益多元的翻译对象、操作复杂的翻译项目和专业导向的翻译需求四个方面加以阐述。

（一）急剧增长的翻译业务

语言服务业务量的激增，得益于信息化浪潮下的全球化进程，其表现有三：

一是在信息、知识呈几何级数增长的态势下，翻译活动从满足交际需求的语用层面提升到增强客户企业竞争力的战略层面。如跨国企业为尽快占领国际市场，要求产品同步发布（Simultaneous Shipment），急需产品本地化翻译，激发了更多的语言服务。翻译业务量年均2000万字以上的国际化大公司（如微软、甲骨文、SAP、华为等）不断增多。以国内知名通信供应商华为公司为例，2011年仅笔译字数已超过3亿字，包括40多个语种，覆盖上千种产品。

二是奥运会、世博会、大运会等盛事的举办规模越来越大，项目所需语言服务往往工作量大、时间紧迫、程序复杂、质量要求高。翻译作为跨文化交流媒介，在这类活动中发挥的作用越来越大。

三是随着国际贸易的不断发展，国际化工程翻译项目业务量激增。日益增多的国际经贸活动需要越来越多的语言服务，企业国际化和文化"走出去"也需要大量专业、高质量语言服务，近年来网站、技术文档等多语种的翻译业务量也突飞猛进。现代化语言服务项目的类型和数量远远超出了传统翻译理论家的想象。

国际化背景下的翻译服务出现了两种主要增长趋势：一是小语种、非通用语种翻译业务量持续增长；二是科技类型翻译不断增多，如软件本地化、网站本地化、多媒体本地化、影视字幕、E-Learning课件、游戏、手机应用等翻译项目。

据美国知名语言行业调查机构卡门森斯顾问公司（Common Sense Advisory, Inc.）发布的2011年全球语言服务业发展年度报告，该年全球外包语言服务市场产值高达314.38亿美元，年增速7.41%，未来五年（指2011年至2015年，编者注）预计达389.6亿美元。据《中国语言服务业发展报告2012》显示，随着改革开放政策的深入推进，我国语言服务业得到了快速发展。统计数据表明，从1980年至2011年，我国语言服务企业总数从16家发展到了37197家，年平均增长率达到了30.3%。截至2011年12月31日，我国语言服务业专职从业人员达到119万人，其中翻译人员占53.8%，约为64万人。2010年我国语言服务业的年产值为1250亿元人民币，2011年为1576亿元人民币，增长比例为26%。根据2016中国语言服务业大会暨中国翻译协会年会发布的《2016中国语言服务行业发展报告》，截至2015年12月31日，中国有72495家语言服务及相关服务企业。2015年，中国语言服务行业创造的产值为2822亿元（刘彬，2016）。近年来，在经济全球化和大数据时代的背景下，语言服务和技术市场一直不断发展壮大，市场年增长额逐年递增，从2009年的年增长额250亿美元递增到2016年的402.7亿美元（王华树，2016：19）。

（二）日益多元的翻译对象

传统翻译对象主要是文学，但随着社会发展，目前非文学翻译比重持续增大，如图1-4所示。自2007年以来，语言服务行业中占比较大的领域已变为软件、科技、医药、法律、市场、金融等。翻译领域和业务类型的改变使原来单一的翻译对象呈现多元化趋势。传统翻译内容包括公司介绍、图纸设计、产品宣传、培训材料等，现在还需进行软件界面、多语网站、在线帮助、E-Learning等翻译。

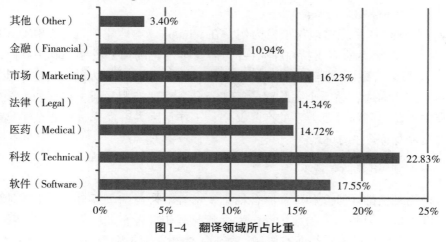

图1-4　翻译领域所占比重

（数据来源：Julia Makoushina，2007）

　　传统翻译形式主要是笔译和口译，现代翻译形式还包括电话口译、手语翻译、本地化等。以本地化翻译为例，除文档本地化外，目前还出现了软件、网站、多媒体、影视、课件、游戏等其他形式的本地化。大数据催生出许多新的业务类型，语言服务市场的结构发生了很大的变化。虽然从整体上看，2016年，语言服务业最重要的业务还是传统的笔译和现场口译，二者总市场份额由2013年的57%增至近73%，但是同2013年相比，语言服务业新出现了会议口译（占3.32%）、手机本地化（占0.51%）、游戏本地化（占0.54%）、搜索引擎优化（占0.35%）和字幕翻译（占1.08%），这些新兴行业市场份额虽小，但是较为稳定（CSA，2016）。

　　现代翻译需处理的文件已不限于文本文件，还包括声音、图形、视频、程序、数据库文件等。随着近几年安卓（Android）、苹果系统（iOS）风靡全球，手机游戏及手机应用本地化逐渐成为行业热点。

　　当前，全球网民数与日俱增，因特网应用范围不断扩大，国际电子商务市场日趋成熟，网站已成为大多数企业开展市场营销的重要手段。调查显示，网上用户更愿意在母语网站上购物，网络本地化已成为语言服务行业中颇具发展前景的领域。2007年，将网页中的外语译为本国语言的业务值已达到17亿美元（林华，2006）。

（三）操作复杂的翻译项目

　　现代翻译项目是典型的团队协作，其项目资源不仅包括译员，还包括从事审校、排版、质检、编辑和语料库建设的支持人员；其业务涵盖了多语种翻译项目管理、软件、公司主页与在线帮助翻译与测试、多语种文档排版与印刷、技术文档协作、多语种产品支持、翻译策略咨询等内容。诸如国际贸易、国际工程、国际会展、国际化开发和本地化大型项目，往往涉及多国、多部门、多语种、多类型，项目操作错综复杂，这是传统"作坊式"翻译远不能完成的。

　　以2008年北京奥运会为例，本次奥运会拥有庞大的语言服务团队，比赛期间共安排语言服务人员425人，志愿者1187人，为奥运赛事提供44个语种的翻译，其中10个语种提供24小时服务，其余34个语种提供17小时服务；口译团队为1044场重要国际会议、赛后新闻发布会提供了必要的语言服务。

再以Windows操作系统本地化项目为例，在Windows7本地化项目中，SKU（版本）需支持35种语言，系统界面需支持60种语言，需要本地化的内部资源高达100种，而Windows8系统可支持语言数则增至109种（王华树等，2013）。如此庞大的项目往往涉及全球上百个部门间的协调沟通，数千个团队间的密切配合，管理极为复杂。有时为占领先机，可能需在一周内更新、翻译数百万字的产品文档，工作量巨大，操作过程复杂，这就使敏捷本地化模式成为人们关注的焦点。

（四）专业导向的翻译需求

根据中科院科技翻译协会和传神联合信息技术有限公司调研编写的《中国地区翻译企业发展状况调查报告》和《中国地区译员生存状况调查报告》（以下简称《报告》），翻译企业涉及率在25%以上的重点行业有机械、能源、法律、化工和汽车等，见表1-1。而在目前翻译市场中，自称擅长机械、能源、汽车等领域翻译的人数不足翻译总人数的5%。

表1-1　翻译专业领域与职位

专业领域	职位数	专业领域	职位数
机械	65	生物	32
商贸	63	地质	37
化工	62	交通	26
汽车	59	能源	26
信息技术	49	环保	25
法律	37	冶金	25
医药	49	农业	24

《报告》指出，机械、能源、汽车等领域翻译人才奇缺，与翻译人才专业背景有关。62%的翻译人才来自外语专业，拥有理工背景的人只占28%。本地化行业对翻译人才的要求除掌握英语外，还要求其有丰富的专业知识。当前语言服务产业需要更多既在理工、制造、法律、金融方面有相关专业背景，英语能力又好的复合型人才。招收更多拥有非英语专业（特别是理工类）背景的学生已成为行业趋势。

二、翻译技术和工具的改进

翻译技术及工具一直是现代翻译的重要手段，Kingscott、Haynes都曾指出"计算机辅助翻译（Computer Aided Translation，CAT）软件的使用往往是需求推动，而非研究推动的结果"（Bowker，2002）。早在1998年，我国学者周光父先生指出，译者使用计算机可提高翻译效率，并总结了计算机的六点主要帮助：

一是文字录入总体上提高了翻译速度。

二是汉字输入方案的造词功能可大大提高翻译速度。

三是大多数文字处理软件都有强大的编辑功能。

四是文字处理软件都有强大的插图、表格和公式处理功能。

五是语音输入软件进一步提高了输入速度。

六是机器翻译前景广阔。

近年来，随着信息技术、人工智能、自然语言处理、云翻译等的发展，翻译技术突飞猛进，翻译系统功能不断提升，翻译行业生产力不断提高，传统翻译方式在新技术浪潮中逐渐被淘汰，新翻译技术和工具被越来越多的译者接受、使用和推广，其优势主要体现在新格式、新工具和新协作三个方面。

（一）更强大的格式处理能力

项目类型多元化导致翻译所需处理文件格式的多元化、复杂化，除常见的 Microsoft Office 格式外，还有 .pdf、.html、.xml、.fm、.mif、.indd、.properties、.resx、.dita 等（图 1-5）。格式不同，处理技术或工具就不同，语言服务企业有时还需根据格式开发相应工具。如一个多语网站本地化项目往往需处理几十种甚至上百种格式文件，且每种格式所需翻译技术和处理工具均不同。这就要求翻译技术和工具从多方面适应项目需求。不断发展、升级的 CAT 工具能处理的格式也越来越多，如 SDL Trados Studio 2017 可处理上百种常见文件类型，Alchemy Catalyst 9.0 可处理几十种本地化资源格式。此外，译员还可自定义解析器（Filter）处理非常规格式。

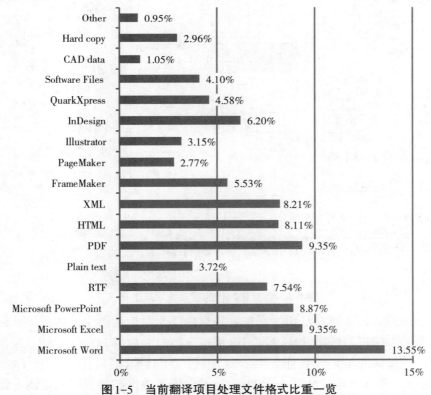

图 1-5　当前翻译项目处理文件格式比重一览

（数据来源：Julia Makoushina，2007）

（二）更细分的翻译工具

翻译需求的急剧膨胀要求翻译技术和工具必须满足其发展，但是项目需求不同，服务商就要为各具体环节开发出相应的工具，于是翻译、本地化各流程出现了更多的处理技术和工具：

（1）源文档创作涉及技术写作、术语管理、文档管理、源文质量控制等工具；

（2）翻译前处理涉及反编译、文件格式转换、批量查找和替换、术语提取、项目文件分析、字数统计和计时、报价等工具；

（3）翻译全过程涉及辅助翻译、术语管理、多语词典、平行语料库、搜索引擎等工具；

（4）项目后处理涉及质量检查、编译、测试、修正缺陷、排版、发布等工具。

上述流程的代表技术及工具详见图1-6。

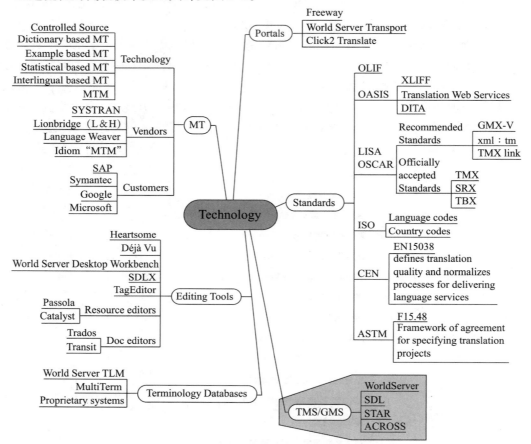

图1-6　信息化时代的翻译技术及工具

如前所述，翻译技术革命已悄然发生，各式CAT工具应运而生，如各领域在线电子词典、功能不断强大的机器翻译（Machine Translation，MT）软件和CAT软件、翻译记忆及术语管理工具、质量保证工具、桌面搜索及平行语料库工具等，它们极大方便了译员的工作。特别是翻译记忆（Translation Memory，TM）技术保证了数据高效复用和转换一致，免去了译者的重复劳动；译员前台翻译，后台记忆库不断学习、存储新译文，翻译软件越来越"聪明"，翻译效率越来越高。根据ProZ.com发布的《2012年自由译者行业报告》，高达54%

的译者在其翻译相关任务中采用了 MT 技术，工作效率得以大幅提高。以下是三个经典案例。

案例一：SDL Trados。该软件集成了翻译编辑、本地/远程翻译数据库管理维护、翻译项目管理及语料回收等多个模块，兼容最新的 TMX 标准，可处理上百种文件格式，为译员提供了完整的翻译解决方案，可满足公司、组织机构、本地化服务提供商的语言翻译需要。

案例二：Lionbridge Translation Workspace。该语言管理系统将 TM 在线存储在安全的中央存储库中，且公司各系列产品的相关部门和团队均能共享 TM；作为一款实时在线系统，TM 能始终更新至最新状态并随时用于新项目；译员可随时访问 TM，以业界标准传输格式（TMX）将翻译记忆文件导出，也可导入、管理新 TM 文件，还可收集翻译记忆各项使用统计信息。

案例三：Google 神经机器翻译系统。2016 年 11 月，谷歌推出 Google 神经机器翻译系统（Google Neural Machine Translation，GNMT），使用人工神经网络提高 Google 翻译的流畅度和准确性。截至目前，该系统使用了最先进的训练技术，能够最大限度地提升机器翻译质量。移动版和网页版 Google Translate 的汉英翻译已经完全使用 GNMT 机器翻译，支持超过 10000 种语言对。神经网络机器翻译系统已经克服了超大型数据集上的许多挑战，在翻译速度和准确度上都已足够为用户带来更好的服务，中英互译的翻译质量在 80% 左右。在性能优化上，引入 Risidual Connection、并行优化以及底层基础计算平台的支持。

（三）更高效的网络协作

随着云计算崛起，自然语言处理、人工智能技术等多学科共同发展，加上语言服务要求越来越高，催生了一场翻译技术革命。文档格式转换、图片识别、字数统计、语料对齐、翻译记忆、术语提取及识别、语音识别、自动化质量保证、网络搜索和桌面搜索等工具如雨后春笋般应运而生，大大便利了翻译工作。

翻译技术总的发展趋势是：从单机版走向网络协作、走向云端，从单一 PC（Personal Computer）平台走向多元化智能终端，功能越来越强大。Wordfast Anywhere、谷歌翻译工具箱（Google Translator Toolkit）、Lingotek、OneSky 等工具都可实现多人在线，实时协作，操控同一个翻译项目，满足了当代翻译项目时效性、协作性需求。Lionbridge、SDL 等大型语言服务提供商都在尝试利用自动化机器翻译技术和译后编辑技术。以 SDL Trados、DéjàVu、Wordfast、memoQ、MultiTrans 等为代表的计算机辅助翻译工具集成了可译资源解析、翻译编辑、本地和远程翻译数据库共享、批量质量检查、双语语料回收、项目打包、机器翻译和译后编辑等多个模块，可满足多种专业翻译需求。云计算催生出各类语音翻译（如 Vocre、SayHi、iTranslate 等）、拍照翻译、扫描翻译、电话口译等各显神通的技术。在大数据时代下，语料库资源更加丰富，语音识别技术发展迅速。科大讯飞公司还开发了语音听写、语音输入法、语音翻译、语音学习、会议听写、舆情监控等智能化语言技术。可以预见，基于大数据语料库及人机交互的智能机器翻译系统将极大提高行业生产效率。

三、翻译流程的改善

（一）传统翻译流程——理解与生成

　　许多学者对翻译步骤和流程做了研究，并提出了诸多理论，从最初的"源语理解—译语生成"两元模式发展为多元模式，其中比较典型的有：

（1）初始规范→预备规范→操作规范（Gideon Toury）。

（2）源语分析→中间转换→译文重建（Eugene Nida）。

（3）语言解码→转换→编码（Wolfram Wilss）。

（4）源语理解和分析→翻译过程→文本重建（Roger Bell）。

（5）信赖→侵入→吸收→补偿（George Steiner）。

（6）编辑原文→理解原文→用新语言解释原文→形成译文→编辑译文（Omar Sheikh Al-Shabab）。

　　受限于所处时代，这些长期在翻译界占据主导地位的翻译流程理论主要从语言学、文本层面出发，没有涉及更多的翻译类型。经过几十年的发展，现代翻译实践流程发生了巨大变化，如今的翻译流程更专业、更完善、更符合时代要求。

（二）现代翻译项目流程——系统与定制

　　现代翻译项目不仅需要处理文本类型，还包括客户提供的多种其他文件类型；除语言层面转换外，还往往涉及文化转化、语言工程、程序编译、文档排版、测试等环节。同传统翻译项目流程相比，现代化翻译项目流程更复杂，项目不同，流程往往有差异。

　　在传统"译—审—校"流程已不能满足现代项目需求的背景下，定制化流程管理成为现代化翻译项目主流管理手段。项目中，源文档创作、存储、翻译、编辑、校对、更新、审核、交付、发布等不再是孤立环节，而是统一的信息管理系统的一部分。目前，SAP、DELL、IBM 等语言服务行业的大型客户已部署了企业全球化信息管理系统（Global Information Management System），全面整合内容管理系统、翻译管理系统、企业其他内部资源。项目管理者只需定制工作流，系统就会自动引导各环节流程，直至项目完成，这大大优化了企业内外资源管理。又如在本地化翻译项目中，项目被分为五大阶段，翻译只是其中一个步骤，还包括软件编译、软件测试、桌面排版和项目管理等，各环节环环相扣，缺一不可，如图1-7所示。

　　翻译公司一般会制定严格明确的翻译项目管理制度，以确保任务跟踪管理、文档保存、数据库存储、技术语言支持、译员培训（含翻译项目内容、翻译要求、计算机辅助翻译软件、桌面出版软件等）、译员管理、质量控制等各阶段都能形成准确的工作流程，并最终实现项目管理贯穿从任务接收到客户验收的全过程。项目经理会向各成员描述各阶段的工作内容，对参加项目的各译员、审校人员、管理人员开展项目管理培训，并定期向项目组成员发布项目进展动态信息，以确保项目按期保质完成。

　　现已明确，信息化时代，译者的主要工作环境是翻译工作站或个人计算机；工作对象主要是电子文档、软件用户界面或一个完整网站。翻译过程中，译员可随时提交译文供专家审校，实现译审并行；审校人员提出的修改建议可通过辅助翻译系统与译员及时沟通，大大缩短流程，提高效率。

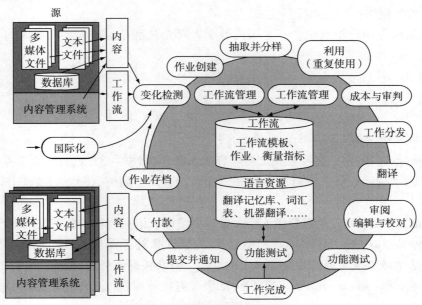

图1-7　本地化翻译项目流程

（数据来源：王华伟、崔启亮，2005）

　　译者也可按客户要求，通过远程登录客户服务器，在服务器上已配置好的虚拟工作站中工作。此类虚拟工作站已为译者量身定制了多种翻译工具，译者无须在个人电脑上安装任何与指定项目相关的软件，系统可帮助完成从任务分配、内容分析、字数统计到翻译、校对、发布的所有工作。通过综合管理平台，客户可启动、跟踪翻译项目，与项目团队协作，有效管理语言资产，更可借助平台生成企业预算和状态报告，这极大体现了当下"翻译集成"环境的发展趋势。

　　综上，短周期数百万字翻译项目涉及多领域、多语种、多流程处理，可能需要专职翻译人员、编辑人员、审校人员、术语专员、质量抽检专员、双语排版专员、翻译经理等不同"工种"的专业人员各司其职，严格把关，实现各流水线专业化操作。以 Lionbridge 软件本地化翻译项目为例，仅在语言质量控制方面就出现了十种不同的角色分工，环环相扣，层层把关，如图1-8所示。

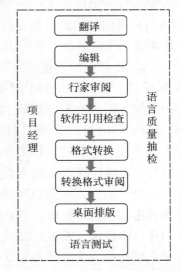

图1-8　Lionbridge软件本地化项目分工流程图

四、翻译模式的变化：以众包翻译为例

　　语言服务需求、项目流程的改善，特别是翻译产业环境的改变引发了翻译模式变化。2006年6月，美国《连线》杂志记者 Jeff Howe 最早提出了"众包"的概念，它属于分布式

问题解决和生产模式，即以公开招标方式传播给未知的解决方案提供者群体。该模式一经兴起，在语言服务、电商乃至物流行业的发展如火如荼。其特点是把过去交由专职译员执行的任务外包给网络上的志愿译员完成。

下面拟从两方面介绍众包，一是国内外学者对众包翻译的研究，二是国内外主流众包翻译平台。

（一）国内外学者对众包翻译的研究

1.国外

国外学者对众包研究较早，主要观点有：

（1）Desilets（2007）：大规模在线合作作为一种革命性生产方式会对翻译界产生重大影响；翻译社区（翻译人员、工具制造商和供应商、客户、研究人员、教育工作者）应是一个整体。

（2）Gurfein（2011）：众包翻译依赖大量后期编译、语法质检及所需技术平台的构建。

（3）Lychak（2013）和Oxana（2013）：众包翻译弥补了译员和自动翻译引擎面对海量数据信息无法生成速度与质量兼具的译文的缺陷，但众包翻译可能对职业译者产生威胁。

（4）Zaidan和Callison-Burch（2011）：如果没有质量控制，众包翻译会产生低质结果。

2.国内

（1）陈中小路（2011）：以译言、虎扑、果壳等社区型媒体网站为例，向一般读者介绍了从悬赏到众包的发展过程，以及众包翻译遇到的收入和版权挑战，介绍了众包在商业外的价值。

（2）赵财霞（2013）：以《史蒂夫·乔布斯传》翻译为例，从目的论视角，展示了众包翻译中各角色目的如何影响翻译过程，从出版商和委托人、职业译者、翻译过程及大学中的翻译教学等四角度思考了该模式。

（3）韦忠和（2012）：技术发展和市场需求变化将不断推动语言服务行业新商业模式的创新和变革，社交媒体和协同工作技术的发展将影响语言服务产业链的交互模式，众包翻译正是语言服务创新的具体表现，在翻译出版、字母快速翻译等方面发挥了显著的作用。

（4）陆艳（2012）：众包翻译模式伴随信息与网络技术发展而诞生。其特点有四：规模化协作、开放式工作流程、译者非职业化、译者即读者；该模式也存在技术平台开发、影响专职译者、质量控制等核心问题。

综上，目前国内外对众包翻译的研究还集中在概念推广、应用模式研究及对传统翻译行业的可能影响，缺乏针对众包翻译优势与缺陷的系统研究。2010《中国威客行业白皮书》指出：与任务解决者（威客）的满意度相比，任务发布者对其使用众包平台的满意度较低，主要由于收到作品太少、任务完成质量不高等。要解决这一问题，有必要深入研读国内外主流众包翻译平台。

（二）国内外主流众包翻译平台

1.国外

（1）Translia是提供多种语言翻译的在线服务平台，提供超过90种语言的翻译服务。通过该平台，所有语种的翻译工作可由全球对翻译有着很大的兴趣爱好、素质高的译员进行人工翻译。

Translia平台主要服务目标为有翻译需求的客户，其最大功能在于其用户发布翻译任务的便捷性。用户无须注册，只需在线提交翻译任务，设定好翻译语种，明确用户翻译任务、字数及完成时间要求，并按"金银铜"三种翻译服务级别报价付款即可。用户还可以根据资源情况，添加自己已有的译员参与翻译，或者在平台的一万多名译员中进行筛选并使用。Translia翻译界面与SDLX、Déjà Vu类似，集合了翻译、编辑、校对、翻译记忆和修改追踪功能，另有评论（review）和广播（broadcast）功能，以便译者就同一项翻译任务进行交流。译者无须下载文件即可翻译，也不能访问源文件或译文文件，保障了客户文件的安全性和机密性。

（2）OneSky作为一个免费的翻译管理平台，不仅提供专业的翻译服务，而且提供免费的协作翻译解决方案。与字幕翻译平台Viki、精品文章翻译网站译言、东西网不同的是，它面向的是网络服务的开发者，给那些希望开展国际化发行的创业者提供"无痛苦"翻译。

OneSky系统不仅涵盖了一个全面的云计算平台，而且有广泛的文件格式支持，通过它的翻译记忆功能，可节约翻译成本。它拥有一套较全面的质量保证工具，在机器翻译、专业译者或机构还有众包等翻译方式中都会用到它提供的管理工具，这个管理工具包括多项功能，如占位符验证、长度验证、术语表和截图等。有数以百计的公司使用OneSky翻译他们的应用程序和网站。

（3）Transifex是一个开放源代码的本地化平台。它为用户提供了一个易用的界面帮助，向不同平台上的不同项目提交翻译，其字面意思是"translation-builder"。Transifex支持Facebook、Twitter和Google账号登录，支持使用GNU gettext（.po文件）作为翻译项目的格式。用户不仅能直接提交文件，也能使用Web界面翻译。

该平台通过与上游项目的版本控制系统（VCS）紧密集成，使译员的翻译成果能够方便快速地回馈到上游项目。通过Transifex平台，集社区之力，能最大化利用翻译资源，Transifex平台使软件本地化过程更加高效协调。截至2014年3月，通过平台托管的翻译项目超过17000个，语言多达150种。目前，平台支持接近300种语言和语系，在世界各地有超过30000个组织使用Transifex为自己的产品提供本地化服务，Fedora的本地化采用的就是Transifex。

（4）Twitter翻译中心成立于2011年2月，其目的是招募志愿者将网站和移动应用翻译成更多语种，以改进翻译体验。截至2012年，Twitter翻译中心已聚集了350000名世界各地志愿者译员参与到Twitter翻译中心社区进行翻译。这个翻译团队已经成为Twitter在全世界推广不可或缺的力量，通过这个庞大的翻译团队，Twitter已经成功推出了多种语言版本的Twitter。

任何Twitter用户都可以注册新中心用户，并可以利用Twitter账号登录Twitter翻译中心，选择相应的语种进行翻译，可以选择需要翻译的内容，如Twitter.com、Twitter移动站点、Twitter帮助、Twitter广告和Twitter人才招聘等，并有短语标签、特定翻译者资料和短语评论等功能。

（5）Flitto（翻易通）成立于2012年，是一个全球化的社交翻译平台。2015年，Flitto成立中国分公司，正式进军中国市场。该平台旨在引进全世界会用两种以上语言的人，以社群形式，使用游戏化及各种奖励机制，鼓励使用者翻译。翻译的内容形式可以是文本、图像或语音，百万译者实时在线。截至目前，翻易通支持17种语言，在全球拥有超过400万用户。

2.国内

（1）Ratonwork是一个基于专业社区的翻译众包平台，由钟卫创办。该平台的优势在于提供快速、专业、性价比高的在线人工翻译服务；通过社区筛选译者和鼓励成长，建立KPI任务考评制度，按照技能和等级分配佣金任务。

Ratonwork的任务是把有翻译需求的垂直企业和专业译者连接起来，目前以中英文为主，支持Word、Excel、PPT、PDF等文件类型的翻译，也支持视频的字幕翻译和托管，根据客户不同需求，制定了基础版、专业版和旗舰版三个版本，专注的领域包括IT、医疗和电子商务，曾服务于微软、Google、Adobe、Nokia等公司。在这个平台上，Ratonwork除了将企业和译者对接起来，还承担了两个比较重要的任务：企业翻译需求标准化及专业译者的培养。

（2）译言网是中国最大的译者社区和众包翻译平台，创办于2006年7月，目前共有628000多名注册用户，累积发表译文超过420000篇。该平台最初是一个翻译类博客网站，后来改为一个开放的Web2.0平台，有兴趣的用户都可以在上面翻译和发表国外网站上的内容。其口号是"发现、翻译、分享中文之外的互联网精华"。

译言网目前的运作模式为开放的UGC（User Generated Content，用户生成内容）翻译社区与站方引导的翻译威客平台的结合。译言网站包括许多项目组，通过试译等选择适合此领域的译员加入项目组，共同完成项目。译言使外语能力成为传递知识与信息的纽带，译者在翻译和分享的过程中能够与志同道合的译者交流学习。同时，译言网为更多的专业翻译人才、翻译爱好者、某些领域的专家提供了一个自我展示的平台，为他们提供了一个实现个人价值、获得合理收入和成长的机会。

（3）做到网是新一代的线上工作平台，成立于2011年6月，由留学硅谷的创业团队回国建立。用户可以根据自己的兴趣和能力选择相应的项目随时开始工作，经过绩效考核并获得相应的收入。做到网的工作内容集中在翻译领域，涉及英中、日中、法中、俄中、西中、葡中的互译。

一般来说，普通的翻译工作对翻译者的经验和时间要求很高。相比之下，做到网就显示出了很大的灵活性：随时随地参与兼职翻译。用户只要登录到平台，就可以开始翻译工作，也可以随时停止。做到网的翻译工作都是碎片化的，从而能够实现随时随地开始工作的理念。做到网的工作报酬实行级别制，级别高的收入就高。做到网的级别制让用户能够得到与自己能力相匹配的工作收入。

做到网成立的最主要目的就是建立一个高质量的社区。做到网的用户都是喜欢语言、爱好翻译的，大家在一起讨论翻译技巧，争论哪种翻译会有更好的效果。在工作竞技场中，大家一起为金牌的竞争者加油鼓劲。其次就是为很多在校大学生提供了工作机会，甚至有可能会在未来丰富翻译课堂的教学方法。做到网不仅为学生提供了课外练习的场地，也提供了另一种兼职的方式。

（4）经济学人中文网（ECO中文网）于2006年由中国志愿者创建，是英国《经济学人》（*The Economist*）杂志在中国唯一授权翻译的中文网站。《经济学人》杂志提供了最具全球视野的时评分析。站内设有译文专区、英语学习、资源共享等多个板块，是考研、英语学习者、财经人士以及了解世界最新资讯的平台。

目前译文专区的文章每周固定时间开放选题，由会员回帖自由选题，鼓励一篇多译。主要翻译《经济学人》各栏目文章，包括日报、周报、图表、专题、社论、精粹、专栏、中国、美国、亚非拉、国际、商业、财经、科技、文艺、人物各版块，同时还增加了赏析版，选出好的文章或者好的译文。

（5）图灵翻译社区是一个开放的本地化翻译平台，其主要任务是面向图书翻译，主要出版领域包括计算机、电子电气、数学统计、科普等，通过引进国际高水平的教材、专著以及发掘国内优秀原创作品等手段为目标读者提供一流的内容。

图灵引进的图书在确定版权后都会将信息上传到社区。在拿到可供翻译的纸制图书或电子版之后，会调整图书状态，这些图书可以在图灵社区的"图书"→"开放出版"→"诚招译者"中看到。图灵希望与各方朋友一起合作，为国内的广大读者呈现优秀的译作。

图灵翻译社区采用"合集"进行协作翻译，首先将合集内的文章划分层级分配给团队中各个人，其次是"版本控制"功能，每次编辑的结果都会自动保存成一个版本，方便沟通和追溯。

（6）Trycan是中业科技研发的一个基于互联网语言翻译市场的翻译平台。它依托于互联网大数据，结合语言环境和不同国家的地域等因素，同时依托于中业科技背后数万名在线兼职译员以及多重高级译员审核制度，特别是翻译时间的限制，保证了各种翻译能够在一分钟内得到解决，改变了机器翻译和人工翻译的模式，让翻译更加人性化。

事实证明，当"东西网"赫然出现在《史蒂夫·乔布斯传》的译者一栏时，传统翻译、出版流程已发生巨变，传统线下翻译流程已搬到线上。北京大学文化产业研究院副院长陈少峰说：同步化是很重要的管理手段，互联网众包模式会越来越多。译员在众包翻译模式下可根据个人兴趣和特长分工，并将各自负责章节中的术语、专名等汇入表格；也可对存疑处备注，以便编辑、审校复查；为保留译文精髓，译者还可通过平台向熟悉西方文化的人请教；译员可随时分享工作日志、心情。这种模式极大提高了译员对工作的掌控性和翻译的灵活性，受到越来越多译者的青睐。

五、翻译标准的改变和质量要求的提高

（一）中外翻译标准

翻译标准是翻译理论研究的核心议题之一，中西方翻译界自古以来对标准的争论从未停歇，比较有代表性的是泰特勒（Tytler）的"翻译三原则"❶和严复的"信达雅"，但这些传统翻译标准多围绕当时文学文本层面翻译展开。既然翻译标准属于历史范畴，它就应随时代发展、对象变化得到及时修正、改善。

随着市场经济发展及语言服务行业不断完善，翻译作为一种多样化、多层次服务产品已成为产业生态链中必不可少的一环。鉴于翻译产品的基本特征即在服务中趋向顾客，且

---

❶ 由18世纪英国翻译家亚历山大·泰特勒（Alexander Fraser Tytler）提出，即译文应完全复写出原作思想；译文风格、笔调与原文性质相同；译文原文同样流畅。

顾客只有获得翻译产品才能完成消费过程，因此标准不能仅针对语言和文本，还需考虑生产规格、生产过程及结果等服务过程各方面；且翻译评估不仅应定性分析，也应同时定量分析。

欧洲的翻译服务标准化起步较早，影响较大的是德国1998年制定的DIN 2345：1998，随后荷兰、奥地利也制定了相应标准。随着欧洲一体化发展，翻译服务越来越需要统一的区域标准。欧洲标准化委员会2006年正式发布了全欧统一的翻译服务标准EN 15038：2006，取代了此前欧洲各国实行的本国相关标准。同年，美国标准组织美国材料与试验协会发布了ASTM F 2575—06《翻译质量保证标准指南》。2008年加拿大标准总署发布CAN/CGSB-131.10—2008《翻译服务》。美国机动车工程师学会（SAE）J 2450标准延伸出来的本地化行业标准组织（Localization Industry Standards Association，本地化行业标准协会）质量保证模型已被全球20%的语言服务企业接受，目前最新版是LISA QA Model 3.1。

2003年以来，中国也陆续出台了《翻译服务规范第1部分：笔译》（GB/T 19363.1—2008）、《翻译服务译文质量要求》（GB/T 19682—2005）、《翻译服务规范第2部分：口译》（GB/T 19363.2—2006）等规范。

国内外主要翻译标准如图1-9所示。

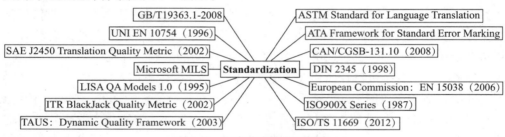

图1-9　国内外主要翻译标准

（二）翻译质量要求

现代语言服务标准并非孤立存在。针对各行业语言需求现状，具体操作中除考虑特定标准外，还要考虑行业、客户企业标准等。这些标准从服务方、客户方等出发，从基础设施、人力资源、技术能力、服务质量、项目流程、服务步骤等多方面对翻译进行规范，逐渐形成了完整的质量保证、服务体系。

以技术写作、翻译数据标准为例，文档从生成一开始若遵守DTD、XML、DITA等标准，即可极大减少文档后期处理的工作量；IEC、ISO/TC37和CEN等制定了系列术语标准，为统一术语数据提供了依据。但信息化时代翻译技术和工具种类繁多、彼此数据不兼容的现实成为信息交换的瓶颈。LISA推出了TMX、TBX、SRX、GMX和TBX Link五大本地化行业标准❶，有效解决了工具间数据兼容、互换的问题。结构化信息标准推进组织（OASIS）2002年制定XLIFF标准，将需要本地化的文本从庞杂的格式中分离出来，使得同一源文件可用不同软件、工具处理，有效解决了各种数据兼容及语言资产管理问题。

翻译公司或行业协会往往从格式规范、翻译正确性和译文可读性等方面控制翻译质量。

---

❶ TMX（Translation Memory eXchange）翻译记忆交换标准；TBX（Term-Base eXchange）术语库交换标准；SRX（Segmentation Rule eXchange）断句规则交换标准；GMX（Global Information Management Metrics eXchange）全球信息管理度量交换标准；TBX Link术语库交换链接标准。

此外，客户也会从翻译记忆、术语管理和翻译载体等方面提出更多的标准化要求。一般认为，本地化项目完整校对应从准确性、语言、术语、风格、功能、区域、规范七方面出发，对译文进行质量控制和保证。

第三节　译者能力现状及培养

在翻译需求急速增加、翻译产业深入变革的背景下，如何科学界定翻译人员的能力，如何实现行业、人员、市场的高效协同和无缝对接，如何通过规范有效的翻译教育培养合格的翻译从业人员，就成了重中之重。

目前就翻译人员能力较为普遍的看法是：翻译人员应有过硬的语言功底，熟练掌握语言服务工具和技术，并能实现上述能力与专业背景、流程分工、项目管理的深入融合。本节将从工具和技术能力及包含专业、分工、管理在内的综合能力两方面予以阐述。

一、译者素质的认识与深化

鉴于专职翻译的素养对翻译活动往往具有决定意义，中西方翻译研究者均强调译者素养，代表性的观点如下。

（一）译者素养定义

1.国外

（1）Nida（1982）：译者素养有三，一是通晓原语译语，了解两种语言的文化；二是知识广博；三是写作能力较强。

（2）Fraser（2000）：职业译者翻译能力包括语言技能、语篇技能、跨文化技能、非语言技能、态度技能、翻译理论运用共六个技能领域；而非语言技能涉及研究、术语、信息技术、项目管理等方面技能。

（3）Austermühl（2001）：在《译者的电子工具》一书中详细介绍了信息化时代翻译所需的信息技术工具，如网络搜索、语言与翻译的数字资源、计算机辅助术语管理、语料库、翻译记忆、本地化工具、机器翻译等。

（4）Bowker（2002）：在《计算机辅助翻译技术：实用入门》一书中详细阐述了各种计算机辅助工具的应用、现状与前景。

（5）Samuelsson-Brown（2003）：翻译技能有文化理解、交际能力、语言能力、策略选择、信息技术和项目管理六个方面；信息技术涉及译文生成过程中的软硬件应用、电子文档管理、电子商务。

（6）Quah（2006）：在《翻译与技术》一书中着重讲述了现代翻译技术的理论与原理，将翻译技术纳入应用翻译研究的学科范围。

（7）Göpferich（2009）：明确说明工具能力涉及的具体内容，如术语库、平行文本、搜索引擎、术语管理系统、翻译管理系统、机器翻译系统等。

（8）Anthony Pym（2010）：当代专业译者应具备九个特征：一是采用意译；二是采用更大的翻译单元，注意翻译单元间的连贯（coherence）和衔接（cohesion）；三是起草时间多，润色时间少；四是阅读速度快，揣摩译文比理解原文耗时；五是更多依靠百科知识而非原文决断；六是根据翻译目的选择翻译策略；七是能与客户有效沟通；八是遇到翻译问题时，可在有意识和无意识间自如转换；九是更现实、更自信、更富判断力。

（9）Pinto & Sales（2008）、Massey&Ehrensberger-Dow（2011）等关注译者的信息能力发展的模型、信息素养要求和IT技能等。

2.国内

（1）刘宓庆（2003）：构建了"翻译能力五维度"，即语言分析和运用能力、文化辨析和表现能力、审美判断和表现能力、双向转换和表达能力、逻辑分析和校正能力。

（2）吕立松、穆雷（2007）：呼吁翻译教学关注翻译市场变化，重视翻译技术人才培养。

（3）蒋小林（2009）：语言服务人才除语言能力专业背景外，还要有技术手段能力和流程化角度定位能力。

（4）孔岩（2009）：IT产业对高端人才的技能需求包括语言质量控制、术语管理、翻译记忆梳理、译后编译、多语言资源协调、全球项目管理、语言工程支持等。

（5）陈炳发（2010）：掌握CAT工具已成为新一代翻译的一项重要职业技能，MTI教育对此应有清醒的认识。

（6）苗菊、王少爽（2010）：剖析了翻译能力与翻译技术能力之间的关系，探索了高校应用翻译人才培养中的翻译技术教学问题，并对教学实施提出了建议。

（7）苏芳芳（2010）：语言和计算机结合是语言服务人才所必需的职业技能。

（8）肖维青（2011）：一般包含双语能力和策略能力，但多数均未提及"翻译可依靠工具且职业翻译必须依靠技术工具"这一点，说明其翻译能力模式仍以文学翻译为基础。

（9）王华树（2012；2013）：应该强化信息化时代翻译技术教学实践，并从语言服务行业技术视域构建MTI技术课程体系。

（10）傅敬民（2015）认为翻译技术已经成为翻译领域不容忽视甚至难以分割的重要组成部分，应加强翻译技术教学。

（11）黄海瑛、刘军平（2015）探讨了计算机辅助翻译课程设置与技能体系研究之间的关系。

（12）王华树、王少爽（2016）考察国内外翻译技术能力的研究与教学现状和不足，阐明了现代译者翻译技术能力的构成要素。

（13）崔艳秋（2017）指出加强学生译后编辑等技术能力的培养。

（14）穆雷等（2017）指出在未来MTI教学中需要重点培养口笔译人员的工具能力。

（15）王少爽（2017）尝试构建了职业化时代译者信息素养模型。

整体来看，译者素养随着时代发展而变化，越来越多的学者注意到翻译技术的重要作用，并将技术能力纳入翻译能力框架之中。

（二）基于PACTE模型的现代译者素质定义

20世纪末，西班牙巴塞罗那自治大学学者就翻译能力建设问题开展了"翻译能力习得过程与评估"（PACTE）专项研究，并于2005年作了修订，由于其呈现了翻译能力构建的动态、螺旋式上升过程，并在CAT工具重要性及翻译职业市场化特征凸显的背景下强调翻译专业知识和工具能力，得到学界广泛关注，普遍认为该系统是迄今为止最系统的可视化模型，是译者素质研究的阶段性代表成果。该模型图解如图1-10所示（王传英，2012）。

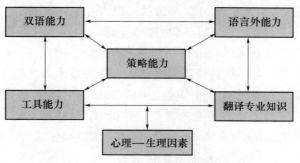

图1-10　PACTE模型图解

（1）双语能力，即在两种语言间进行翻译活动时必备的操作知识，由双语语用、社会语言学、语篇、语法和词汇知识组成。

（2）语言外能力，即针对世界和特定领域的表述知识，包括双文化、百科、话题知识。

（3）翻译知识能力，特指与翻译职业和翻译市场有关的表述知识，如翻译单位类型、翻译市场客户和受众、翻译协会、关税等。

（4）工具能力，即获得并使用各类资料和信息，及在翻译过程中应用现代技术的能力，工具包括词典、百科全书、语法书、文体书、平行文本、电子语料库、搜索引擎等。

（5）策略能力，即保证翻译过程效率及解决翻译问题的操作知识，它对协调各成分能力之间的相互转换和运作至关重要。

（6）心理-生理因素，专指记忆、感知、注意力、情绪等认知因素，求知欲、毅力、思辨能力、自信、自我评估、动机等态度因素及心理机制。

PACTE模型认为，译者基于训练同时掌握表述知识和操作知识，职业能力从入门能力（Pretranslation Competence）逐步过渡到专家知识（Expert Knowledge）；获取操作知识、发展策略能力是译者训练的主要目的，且译者也要不断精进、重建心理-生理因素。

除PACTE模型外，由Susanne Göpferich主持的TransComp项目也非常具有时代性，旨在探索翻译能力纵向跟踪研究。此项目提出的翻译能力模型共包含六种能力：双语/多语种交流能力、具体领域知识能力、工具和研究能力、翻译常规性启动能力、动作技能能力和策略能力。TransComp的翻译能力模型与PACTE的翻译能力模型有许多相同之处，其中都涉及工具能力。美国学者Angelelli（2009：37）认为：是否能熟练使用翻译工具是翻译新手和资深翻译的一大区别。国际标准化组织发布的《翻译服务——翻译服务要求》（ISO/DIS 17100）也认为，译者专业能力有六项，即翻译能力、源语及目标语的语言和文本能力、信息获取及处理能力、文化能力、技术能力和语域能力。其中，技术能力指为完成翻译中的技术任务而应具备的运用技术资源的知识和技能。上述模型、标准均说明工具/技术能力是现代翻译项目对译员提出的核心要求。

（三）译者素质的现实意义思考

译者素质，无论体现为何种形式，包含、侧重哪些内容，最终都要回到市场化的翻译实践中，特别是接受翻译客户、翻译公司、翻译能力认证机构等多方检验。本文仅从后两点予以阐述。

1. 从翻译企业看

《2011年企业语言服务人才需求分析及启示》报告显示，高达77.3%的企业强调人才的翻译技术和工具能力（王传英，2012）。《2012年全球自由译者行业报告》也指出，翻译记忆技术已成为专业译者必备技术，专业译员普遍利用CAT、MT、听写/语音识别工具等提高翻译效率。很多语言服务行业一线高管不断强调语言服务技术人才的重要性。

根据国内智联招聘、前程无忧、中华英才网三大招聘网站中25家语言服务企业招聘信息中对全职译员的要求统计，企业更看重译员的技能（图1-11），与Morry Sofer在其多次再版的《译者手册》（*The Translator's Handbook*❶）中提到的专业译者素养基本吻合。对译员的技能要求包括：

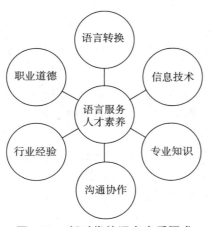

图1-11　新时代的译者素质要求

（1）熟练的跨文化沟通和表达能力。

（2）办公自动化、搜索等信息技术基础能力。

（3）翻译基本规则和技巧。

（4）计算机辅助翻译工具。

（5）跨专业知识，并精通某行业领域知识。

（6）抗压能力，按客户规定期限提交译文。

（7）高度的责任心及团队协作精神。

2. 从翻译能力认证看

欧盟2004年10月1日启动欧盟笔译硕士（EMT）项目，旨在培养能满足委员会及其他欧盟机构特定翻译要求的译员。其提出的三种基本翻译技能是翻译基本功、信息获取能力、计算机辅助翻译及术语工具应用能力（包括办公自动化软件应用能力）。贺显斌（2009）认为：该"培养方案"要求一开始就教授各类翻译信息技术，然后在日后翻译作业中运用这些技术。澳大利亚、加拿大、南非等笔译员在工作前必须取得CTIC（Canadian Translation and Interpreters Council）、NAATI（National Accreditation Authority for Translators & Interpreters Ltd）等认证。2003年，国家人事部和中国外文出版发行事业局联合推出了翻译专业资格（水平）考试（China Accreditation Test for Translators and Interpreters，CATTI），翻译证书首次以职业资格证书形式出现，这在语言服务职业化方面迈出了一大步。在教育部高等学校翻译专业教学协作组的指导下，高等教育出版社和广东外语外贸大学联合相关专家团队推出"全国翻译专业八级考试"，首次全国考试于2018年12月8日举行，主要面向翻译专业大四学生以及英语专业的在校生，进一步说明新时代背景下国家对翻译专业人才培养的重视。

二、产业视角下的译者能力——专业与复合

传统翻译教育与企业翻译需求的矛盾是语言转换能力与翻译综合能力的矛盾。传统翻译教育已无法满足当前时代和市场需求，传统教育者应真正了解市场到底需要什么样的翻译人才。以下是某公司本地化翻译招聘的职位要求：

---

❶此书受到世界各地翻译工作者广泛欢迎，是Morry Sofer及其公司集体智慧结晶，每两年再版一次。

（1）热爱翻译事业，愿意在该行业发展，具有强烈的责任感和认真细致的工作态度。

（2）出色的英文理解力及深厚的中文功底、表达能力。

（3）大学本科及以上学历，计算机、电子、机械、通信、自动化、英语或相关专业。

（4）具有理工科或信息技术基础知识，熟练操作计算机办公软件，至少熟悉两种专业翻译软件，如SDL Trados、memoQ、DVX、Wordfast等。

（5）至少一年工作经验，熟悉本地化行业知识，具有通信、电子、金融、医疗等领域的翻译经验。

（6）积极主动，能够快速学习并掌握新知识。

（7）良好的沟通能力，优秀的职业素养，具有团队合作精神。

但招聘发布数月以来仍未招到合适译员，应聘者要么语言能力低，要么信息技术基础知识薄弱，要么缺乏应有的职业素养。这就是目前企业急需人才的"能力缺位"现状，也即"专业能力"与"复合能力"的矛盾。

应该看到，复合型人才与译员专业属性并不矛盾。一方面翻译产业深入发展，需要明确分工，通过信息技术外包（Information Technology Outsourcing，ITO）和业务流程外包（Business Process Outsourcing，BPO）实现资源、竞争力的核心聚集。另一方面，项目的成功运营有赖于各角色、各流程的高效协同，这就产生了专业背景、能力的交叉，某角色、流程横向涵盖的能力越多，项目风险就越小，效率就越高。因此，翻译从业人员的专业与复合能力定位是项目运作、产业发展的必然结果。

为深入研究并尝试解决这一"缺位"现象，2011年，中国译协本地化服务委员会与南开大学翻译硕士中心在调查Lionbridge、外研社、传神、海辉、华为等65家企业的语言服务人才需求、语言服务领域的基础上联合开展"全国及天津滨海新区企业语言服务人才需求"调研；中科院科技翻译协会和传神联合信息技术有限公司调研编写了《中国地区翻译企业发展状况调查报告》和《中国地区译员生存状况调查报告》。这些调研均说明：目前语言服务行业越来越青睐复合型翻译人才，他们不仅能翻译，也能管理或校审；不仅语言能力好，软件操作也颇为精通。

调查还显示，86%的大型企业计划聘用11人以上的语言服务人员，但专职翻译仅是其人才需求的一部分。海辉、Lionbridge等本地化公司除翻译外，还需要大量技术写作人员、文档排版员、多语项目质量管理人员等本地化人员。虽然笔译员市场需求量仍远大于其他翻译人才需求，但口笔译能力兼备的复合型译员、翻译项目经理、高级译审、经验丰富的高级翻译也是多数企业急需的人才。

图1-12、图1-13从两个维度展示了《2011年全国企业语言服务人才需求调研》结果。结果显示，不同规模企业关注度最高的前三位因素基本相同，分别是翻译技术与工具的熟练度、持续学习能力和个人诚信，只不过排序略有不同。例如，小型企业关注对翻译技术与工具熟练度的关注度最高（71%），其次是持续学习能力（54%）和个人诚信（50%）；中型企业关注的排序依次是持续学习能力（88%）、翻译技术与工具熟练度（80%）、个人诚信（60%），大型企业则特别看中持续学习能力（71%）和诚信（71%），其次才是工具能力（64%）。与此相反，语言服务类企业对申请人已经获得学位、学历及翻译资格证书的关注度普遍较低。非语言服务类企业在招聘专职翻译时，最关注申请人掌握的翻译技术和工具，这是因为使用翻译工具辅助翻译任务已成为行业的大势所趋。语言服务类企业对专职翻译

所掌握的翻译技术和工具、学习能力都非常看重,比例均高达77.3%。穆雷等（2017：13）基于对全球语言服务供应商100强的调研分析得出,语言服务公司要求项目经理/本地化项目经理具备多样性的技术能力,除了掌握专业领域的工具外,还需要熟悉必要的工作流工具,一定的编程和脚本知识也能为职业加码。

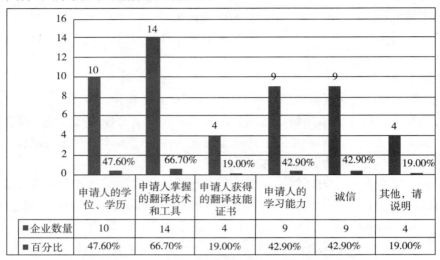

图1-12 　非语言服务类企业关注的语言服务人员素养

（数据来源：2011年全国企业语言服务人才需求调研）

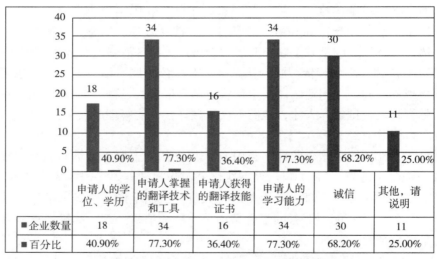

图1-13 　语言服务类企业关注的语言服务人员素养

（数据来源：2011年全国企业语言服务人才需求调研）

三、西方高校翻译教育概况

综上可知,翻译人才培养应该与市场接轨,专业型人才培养需根据用人单位和市场需求定制合适的培养大纲,设计合理的课程体系,规定学生的翻译实践方法及工作量。目前,国外很多学校已制定了相对完善的培养计划和课程体系,以下是两个案例。

案例一：美国蒙特雷（Monterey）国际研究学院。该学院不招本科生,旨在培养高级专业翻译人才，强调翻译技能、信息技术和行业管理的结合，注重学生综合素养。课程设置分为以下三类。

（1）翻译技能类：新闻翻译、经济翻译、商务翻译、文化翻译等。

（2）翻译技术类：机助翻译、软件与网站本地化、术语管理等。

（3）行业管理类：项目管理原则、多语言营销、管理经济学、产品开发、国际商务策略等。

学院在授课的同时还十分重视学生课外实践，学生修完规定学分后可去 Cisco、HP、Oracle、Lionbridge 等企业实习，学生实习与毕业后工作联系紧密。

案例二：英国利兹（Leeds）大学翻译研究中心。该中心翻译专业历史不长，但很有特点，其下设应用翻译研究硕士（MA Applied Translation Studies，MAATS）和应用翻译研究生班（非学位教育）（Postgraduate Diploma Applied Translation Studies，PG Dip ATS）两个方向。中心与国际知名翻译企业、翻译软件提供商联合培养，旨在培养能熟练使用主流翻译工具的职业译者。专业课程有机器辅助翻译、语料库语言学、自然语言处理等课程。课余还有丰富的课外实践活动，让学生组成多语种翻译团队，鼓励学生在翻译项目实践中学习。

四、中国翻译教育困局及改革思路

翻译教育有广狭义两层，狭义指本硕博学历教育，包括面向理论的翻译学硕士和博士以及面向实践的翻译硕士（MTI）；广义指通过翻译实践获得知识的过程，本书重在讨论翻译专业硕士。应该看到，MTI 教育从无到有，走过了十二年的历程，是翻译专业教育的一大进步。但根据国内多位学者的考察及多数翻译行业从业者的反馈，虽有诸多国外同类高校办学得失作为借鉴，翻译教育在职业培养方面所取得的成绩差强人意，在发展过程中遇到了不少问题。

（一）翻译教育困局

1.MTI 教育定位与职业能力培养的矛盾

《翻译硕士专业学位研究生指导性培养方案》中强调，MTI 培养目标为：培养"德、智、体全面发展，能适应全球经济一体化及提高国家国际竞争力的需要，适应国家经济、文化、社会建设需要的高层次、应用型、专业性口笔译人才"。但对职业能力的具体定位并不明确，因此 MTI 培养的翻译人才到底应具备什么能力就比较模糊了。

根据中国翻译协会与南开大学 MTI 教育中心 2011 年联合实施的"2011 年全国及天津滨海新区企业语言服务人才需求调研"的报告数据显示，企业对人才需求排名最高的是高级译审，其次是翻译项目经理、高级翻译、市场经理，同时对多媒体工程师、文档排版员、技术经理、技术写作人员也有相当需求（王传英，2012：67）。苗菊、王少爽（2010：65）对全国 60 多家翻译公司的招聘信息进行统计发现，翻译公司比较重视的前四种能力是：计算机操作能力、双语互译能力、网络资源使用能力、专业领域知识能力和职业道德等。王华树（2012：57）从产业视角总结了现代语言服务企业对全职翻译的要求，包括双语能力、IT 能力、专业知识、管理能力和协作能力等。《中国语言服务业发展报告 2012》认为中国翻译教育的现状是：人才培养与需求脱节，人才缺口较大。一方面，目前语言服务业人才从数量、质量到培养方向都远不能满足市场需求；另一方面，国内MTI教育基本上停留在培养语言能力层面，对其他能力的培养远远不够重视——这些都是MTI教育者不得不面对的问题。王华树和王少爽（2016：11）剖析信息化时代背景下翻译工作的技术特征，提出翻译技术能力已成为现代职业译员的重要特征，并对翻译技术能力的构成要素进行研究。目前，只有较少学者注意到翻译技术的重要作用，并将技术能力纳入翻译能力框架之中。

2.MTI教育与翻译实践的矛盾

实践是评价教学成败的重要手段。何其莘等（2012：54）曾呼吁，应区别性地培养职业翻译与传统翻译理论与实践研究人员。在专业学位教学中，实践已不再是可有可无、锦上添花的"面子"设置，而是融入整个教学体系、关系着专业学位教育成败的"里子"。

我们认为，国内MTI高校翻译实践大致可分为三种：一是增加课上课下翻译实践比重，或增加实践类课程比重；二是翻译项目合作，如外研社与多个MTI高校合作的"经典重译"项目等，或MTI师生承接大型活动或会议口译项目等分包项目；三是校企共建实习基地，委派学生去实习基地参与具体项目运作等。但无论哪一种方式在现实中都有弊端。冯全功、苗菊（2009：31）认为，虽然现在越来越多的老师在教授翻译实践类课程时加入了大量"案例"，但案例教学"不利于传授系统知识，且并非所有课程都适合采取"的弊端仍无法完全消除。而且，不论案例多么真实，其实践毕竟是间接的、模拟的。

MTI实习还存在实习岗位紧缺、实习效果难以保证、学生积极性不高等问题。以北京地区MTI英语方向为例，保守估算就需要上千个学生实习岗位，二三线城市高校压力更大——这种状况不容乐观。用人单位很难为实习生提供上岗培训，也不放心让初出茅庐的学生接触到核心工作，所以，实习生接受完整翻译项目训练的机会微乎其微。实习岗位稀缺、内容简单以及实习基地不规范等问题反过来挫伤了学生的积极性，越来越多的学生将实习当成"过场"，只为了最后一纸证明交差；有些学生甚至产生了抵触情绪，这反过来也加深了翻译公司对在校生实习的误解，造成了进一步减少实习岗位的恶性循环。总的来说，现阶段大规模地设立翻译实习基地的环境尚不成熟。

综上，中国翻译教育改革势在必行，将翻译技术、翻译管理教育列入翻译课程体系已势不可挡。翻译市场需要更多"懂语言、懂文化、懂技术、懂管理"，能快速适应语言服务新特点和服务新模式的信息化时代服务人才。高校也要及时调整教学思路，改进教学方法，注重实践能力，特别是创造性地通过建设校内、校际语言服务工作室这一方式，最大限度地激发学生的翻译实践热情，全面检验、综合培养学生的翻译技术、管理能力，为学生的专业翻译从业者培养道路构建完善、统一、高效的服务平台和展示窗口。

（二）改革思路

陈坚林（2005）针对计算机网络与外语课程的整合所做的研究，尤其是采用生态学视角重新审视我国外语教学对翻译技术能力的培养颇具启示意义。本书认为，实现传统翻译能力与翻译技术能力培养的生态整合，才是破解中国翻译教育困局的正确道路，其要义有三：

一是平衡实际翻译教学中传统翻译能力与翻译技术能力的培养，切忌厚此薄彼，要构建和谐的翻译教学生态环境。一方面，传统翻译能力是翻译技术能力的基础。倘若译者语言及翻译基本功欠缺，那么其对信息检索结果和信息化工具输出的翻译结果也会缺乏判断力，这势必会影响最终译文质量。另一方面，翻译技术能力的提升亦能促进传统翻译能力进步。如译者通过语料库技术可检索词语搭配频率，以确定该搭配在译语中的地道程度，从而提升译文可接受性，同时也巩固了译者语言及翻译能力。因此，应由易到难地对传统翻译课程和翻译技术类课程实施交叉设置，相辅相成，实现两类课程的有机结合。

二是推行"学生主体、教师指导、技术主导"的教学模式，并在传统翻译课程中实施信息化教学。信息技术进步、学习方式转变，逼迫教育方式必须进行相应变革（胡加圣、陈坚林，2013：2）。因此，高校应实施符合翻译教育生态系统发展要求的新型教学模式。教师与学生是教育生态系统的关键要素，必须革新传统翻译教学模式，在新翻译教育生态系统中为二者确定适当生态位。传统翻译教学以教师课堂讲授为主，忽略了学生在翻译学习中的主体能动作用，对学生翻译技术能力提升无实质意义。采用上述教学模式后，教师重点讲解翻译技术应用的程序性知识，引导学生动手操练，相互协作，使学生充分利用各种信息化资源，主动构建翻译知识，有效提升其翻译技术能力。将信息化教学方式引入传统翻译能力教学，着力发展翻译专业教师整合技术的学科教学知识（TPACK）（舒晓杨，2014），推动教学模式改革和教学质量提升。

三是适时调整翻译技术能力课程内容和授课方式，维系翻译教育生态系统的动态平衡与可持续发展。信息技术广泛用于翻译工作，翻译能力将随信息技术共同进化。我们应采取动态视角，从历时、共时角度研究翻译能力构成，突破传统翻译能力研究局限性，不断完善当代译员翻译能力体系构建，提升译员翻译综合能力。如果翻译教育跟不上时代发展步伐，未来培养的翻译人才可能面临严峻考验。如泛在教学平台在翻译教学中的运用（朱义华，2014）、云计算技术与翻译教育的整合及MOOC课程与线下课程的"虚实结合"，都是当前高校翻译教学模式改革的热点方向。翻译技术教学需要将现代教育的最新成果融入翻译技术课程教学之中，借助现代教育技术和平台如Moodle课程管理系统、Virtualclass系统等推动翻译教学的创新（王华树，2016：20）。

（三）具体实践：以北大博雅语言服务工作室为例

作为北京大学MTI教育实习基地，2010年9月正式成立的"北京大学博雅语言服务工作室"（下称"工作室"）是高校MTI教学改革的重要、有益尝试，旨在通过这一翻译实践平台，为学生营造真实的行业氛围；通过操作真实项目案例，学习业务规范和行业规范，提升职业素养和业务水平，在不耽误学业的情况下，提前踏入语言服务行业。工作室作为课堂教育的培养辅助模式，既是北京大学MTI教育的重要组成部分，也是北大MTI在实践教学方面的创新尝试。

工作室采取"MTI学生为主体，顾问团队指导相结合"的方式，实行非营利的语言服务企业运作方式运营。在学生实践层面，工作室管理工作由总经理和副总经理负责，下设市场部、项目部、宣传部、培训部、技术部、人力资源部等部门，各部门工作由部门总监负责。其基本组织架构如图1-14所示，可根据发展需要而适当调整。

顾问团队包括北京大学MTI教育中心教师、语言服务行业口碑企业的负责人和专家，他们对工作室的日常运作进行监督，为运营和管理提供咨询和帮助。为了解决工作室"领导层"毕业而流失的问题，工作室采取"影子模式"，即每个管理的正职都有一个副职，副职从每年新生中择优录用。工作室所有成员除具备过硬的翻译能力，还要担任好所在部门的

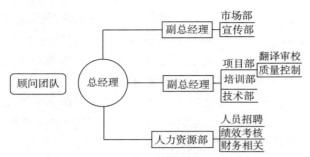

图1-14　北大博雅语言服务工作室组织架构

角色。所以，工作室培养出来的人才不局限于翻译人才，还包括管理、技术人才等。

仅2012年第二季度，工作室已承接汽车类俄语口译、北大国际交流代表团陪同口译、建筑史类书笔译、展会能源类笔译、发票翻译、公证文件翻译、留学文本写作、技术文件术语提取、游戏本地化翻译等工作，极大丰富了MTI学生的项目综合能力，特别是锻炼了人力资源管理、翻译进度监控、翻译质量管理、翻译风险预测、翻译市场营销、客户沟通和谈判等难以在翻译课堂上学习、实践的技能。

从近五年来的实践看，工作室有力提升了MTI学生的翻译编译能力、专业知识素养、翻译技术能力及项目管理能力，实现了培养定位从翻译行业向语言服务行业、从单一语言能力到翻译技术和翻译管理能力的复合转变。

第四节　信息化时代的语言服务人才

应该看到，对语言服务行业的需求日益高涨，翻译需求的巨变、翻译环境的变迁、翻译工具的改进及翻译标准、质量的要求不断提高，都要求译员快速适应新的语言服务特点和新的服务模式。从致力于客观调查、分析翻译及本地化服务和技术的国际著名独立研究公司Common Sense Advisory2006年就译者资质对语言服务商的重要性调查看，高达80%的语言服务商认为译者综合素养和技能对其业务十分重要（图1-15）。那么，信息化时代需要怎样的语言服务人才？

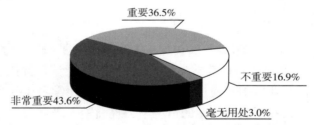

图1-15　译员资质对语言服务商的重要性调查

（数据来源：Common Sense Advisory Inc. 2006）

Schaler认为：全球化形势下的译者是国际化文化交流专家（2006：43），其责任已超越传统意义的文本跨语言转变，参与到全球化策略中。要迎接新世纪挑战，要在激烈竞争中脱颖而出，掌握现代化计算机辅助翻译技术就成为译员必不可少的先决条件。今天，合格的译员除具有熟练的双语交流能力外，还要利用信息技术提高翻译工作效率与质量，熟练掌握各种基本电脑应用知识和文字处理工具；此外还需熟悉数据库和编码有关知识，熟练运用多种CAT、TMS、QA、DTP工具，能通过互联网快速了解翻译内容和术语，实现高效翻译。本节拟从语言、专业知识、项目管理、信息技术、职业素养五方面论述信息化时代语言服务人才的能力构成。

一、语言能力

翻译的目的是沟通两种语言，实现无障碍交流，充分、无错误地理解原文意思是做好翻译的基础。部分理论认为，翻译是一种创造，创造的素材源自以往的阅读经历，故翻译可视为译者信息整合后的文本表达。

一般认为，上述"整合"实际是写作能力，而写作又是译员的主要任务，译员必须能使用源语言和目标语言写出流畅、正确、不同类型、不同体裁的文章，并掌握校对、标点的使用技巧和原则，提升译文质量与可读性。为适应当下对科技翻译的需求，翻译人才也应具备某一专业领域的语言能力，如掌握专有词汇、文体风格等。

综上，在理解原文基础上，融会贯通多种翻译技巧，才能进行出色的文本转换和语言表达。

二、专业知识

Bert Esselink（2000：9）在提出本地化公司招聘语言服务人才所需的六种能力时，特别强调了具备专业领域（如财经、医药等）知识的重要性。翻译家就是"杂家"，译员须了解某一领域的基本知识，才能做好翻译。如译员在软件本地化中一定先要了解本地化的各种基本规则；在软件界面翻译中应首先了解软件快捷键、程序变量等如何处理。有些翻译涉及多个领域知识，如一篇生物学论文可能涉及生物学、医学、化学、IT技术等领域；ERP（Enterprise Resource Planning，企业资源计划）软件翻译可能同会计、人力资源、物流管理等相关。如译者仅局限于某个专业领域翻译，查找、确定多个学科的专业知识及专有名词不仅极为耗时，而且很难准确传达原文含义。

三、项目管理能力

美国项目管理学会（Project Management Institute，PMI）将项目定义成"为创造一种独特的产品或服务而付出的暂时性努力"（PMBOK，2017：4）。而项目管理指"管理者在特定组织机构内，遵循有限的时间和资源条件，科学运用系统理论和方法，对项目涉及的全部工作实施积极有效的管理，从而实现项目的最终目标"（王传英，2011：55）。在经济全球化及信息网络技术高速发展的前提下，翻译行业特别是新兴本地化行业服务要求实现翻译项目管理。德沃（Devaux）也认为，"当翻译被外包给通过互联网沟通的不同团队时，生产能力变得尤为重要，它（项目管理）贯穿于计划、追踪和衡量翻译任务质量及数量的整个过程"（2000：12）。

翻译项目管理核心要素有三：质量、时间、成本管理。大致可细分为如下五项子能力：

（1）项目管理知识：了解翻译市场专业需求，本地化项目具体流程，各行业知识背景。

（2）组织协调：组织、协调译员及从事审校、排版、质检、编辑等多类翻译支持人员，追踪整个翻译过程，控制进度。

（3）沟通：代表项目团队与客户沟通，及时反馈客户要求，有效、及时、准确的沟通很大程度上决定了翻译项目质量。

（4）时间控制：项目整体分析，制定详细进度安排，对各项活动优先度进行排序，并考虑成本因素，依据项目进展及时调整工作计划。

（5）成本计算和控制：项目开始前进行项目整体分析、任务量分析、任务难度估计；在翻译成本允许的情况下整合现有资源，制定出最可行的预算方案，并最终形成报价文件；在整个项目过程中控制成本，在预算范围内完成项目，计算成本与利润，并与财务部门对接。

四、信息技术

从苗菊根据北京、上海等地60家较大规模正规翻译公司招聘信息总结的职业翻译人才15项能力要求（表1-2）可知，计算机能力名列首位，说明技术能力在翻译人才能力中占据重要地位。

表1-2　翻译行业中的译者能力调查

职业能力	公司数量(家)	百分比(%)
计算机操作能力	52	86.67
中外文语言及互译能力	51	85.00
基本互联网知识和网络资源使用能力	48	80.00
专业领域知识	47	78.33
职业道德与行业规范	43	71.67
文本审校能力	28	46.67
术语学知识和术语翻译能力	26	43.33
文献查找、利用、储备和管理能力	25	41.67
工作压力承受能力	24	40.00
人际沟通协作能力	23	38.33
各类问题的处理能力	15	25.00
翻译软件使用能力	13	21.67
解决问题能力	12	25.00
本地化能力	11	18.33
组织管理能力	10	16.67

本小节拟从计算机基本操作技能、快速获取和学习能力、熟练使用CAT工具等方面进一步说明。

（一）计算机基本操作技能

现代化翻译项目中，译前要进行复杂文本的格式转换（如扫描文件或PDF转Word）、可译资源抽取（如抽取XML文本）、术语提取、语料处理（如利用宏清除噪声）等；译中要了解CAT工具中标记符号（Tag）的意义，掌握常见网页代码，甚至学会运用Perl、Python等语言批处理文档等；译后通常要编译、排版、测试文档等。可见，计算机操作技能高低直接影响翻译任务进度和翻译质量。以下通过标记符号、格式转换两个案例加以阐述。

案例一：标记符号。CAT工具处理文档时首先需通过过滤器去格式化，将不需翻译可直接处理的各种复杂格式隐藏起来，显示待译内容，这样译者才能专注于翻译本身。很多情况下译者需要了解标记符号含义，才能确定如何进行翻译。若不了解标记符号意义，则很可能出现误译，如图1-16所示。

図1-16　CAT工具中的标记符号

目前，越来越多的文本以.html、.xml等格式存储，语言一般高度结构化，译者在分析原文时应清楚哪些是程序代码，哪些是需要翻译的字符串。一个形如〈EMPHASIZE〉的标记符号描述文本时表示文本加粗，而在描述声音时则表示音量加大，该标记符号不仅帮助译者了解原文格式信息，还可帮助其理解原文意思。

案例二：格式转换。客户需求永远是多元的，语言服务企业或团队处理的稿件格式不尽相同，从最常见的.doc、.rtf到.pdf、.indd、.dwg，还有一些是客户根据产品需求定制的特殊格式，辅助翻译工具通常不能直接处理这些文档，故翻译前需对其进行文本提取、格式转换等操作。如果译者不了解基本编码知识和格式处理技巧，很难从容应对客户要求。

（二）快速获取和学习能力

信息时代知识更替极快，前沿科学更是如此，这要求译者拥有快速学习能力。对某专业知识点的理解，首次接触可能需要参考很多资料才能确定其含义，但如果通过专业门户网站、专业数据库快速定位、搜索则更容易获取所需资料，从而可将节省出来的时间集中用于翻译本身。

新的翻译领域和专业术语层出不穷，再聪明的大脑也难以存储海量专业知识。因此，译员必须具备良好的信息检索、辨析、整合和重构能力，即"搜商"，这也是信息化时代人应具备的基本能力。如何在有限的时间内从浩如烟海的互联网信息中找到急需的信息，如何通过专业语料库验证译文准确性等皆需借助信息检索能力。当代译员应熟练掌握主流搜索引擎和语料库的特点、诱导词选择、检索语法使用等，以提升检索速度和检索结果质量。

（三）熟练使用CAT工具

据调查，国际上近85%的译员都在使用辅助翻译工具，更多的翻译需求方也开始要求语言服务企业使用诸如SDL Trados等辅助翻译工具。这类工具进行译文处理后的文档格式和内容大都可兼容企业信息管理系统，便于统一管理，提高效率。据《中国地区译员生存状况调查报告》的统计，61%的译员使用辅助翻译工具，80%的译员使用在线辅助参考工具，可见翻译职业化进程对译员的CAT工具应用能力要求之高。

传统的翻译工作通常任务量不大，形式比较单一，时效要求也不是很强，所以并不强调CAT工具的作用。在信息化时代，翻译工作不仅数量巨大，形式各异，且突发任务多，时效性强，内容偏重商业实践，要求必须使用现代化的CAT工具。当前各大语言服务公司对翻译人员的招聘要求中都强调熟练使用CAT或本地化工具（王华树、王少爽，2016：14）。

（四）术语能力

术语能力指译者从事术语工作，利用术语学理论与术语工具解决翻译工作中术语问题所需的知识与技能，具有复合性、实践性强的特点，贯穿整个翻译流程，是翻译工作者不可或缺的职业能力（王少爽，2013），更是语言服务必不可少的环节。译员通过术语管理系统可管理、维护翻译数据库，提升协作翻译质量和翻译速度，促进术语信息和知识共享，传承翻译项目资产等（王华树，2014：21）。因此，当代译员需具备系统化收集、描述、处理、记录、存储、呈现与查询等术语管理的能力（冷冰冰等，2013：55-59）。

（五）译后编辑能力

机器翻译在信息化时代下的语言服务行业中具有强大的应用潜力，与翻译记忆软件呈现出融合的发展态势，几乎所有主流的CAT工具都可加载MT引擎。智能化的机译系统可将译者从繁重的文字转换过程中解放出来，工作模式转为译后编辑（Post-editing）。2010年，翻译自动化用户协会（TAUS）对全球语言服务供应商的专题调研表明，49.3%的供应商经常提供译后编辑服务，24.1%的供应商拥有经过特殊培训的译后编辑人员，其他则分发给自由译者（TAUS，2010），译后编辑将成为译员必备的职业能力之一。当代译员需要掌握译后编辑的基本规则、策略、方法、流程、工具等。

五、职业素养

（一）敬业

敬业是任何行业工作者的基本素质，敬业的内涵是负责、投入，集中体现为守信，而守时是守信的重中之重。如标书翻译项目中，若不能按时交稿，客户就会因无法在截止时间前投递标书而蒙受巨大损失。

无论是自由译者还是专业译者，只有敬业才能控制好译文质量，为客户提供更优质的服务，避免漏译、略译等。而忽视、破坏敬业这一职业道德，不仅会危害译员本人事业发展，也会给其所在公司带来信誉和利益损失。

（二）团队

信息化时代的项目规模大、管理复杂，仅靠单兵作战根本无法按时完成项目。为提高翻译生产力，就需要更严格的翻译流程、更细致的成员任务分工，各成员负责某具体环节工作。翻译团队中，优秀的翻译、编辑、工程、管理人才缺一不可，但他们往往各有所长，行事风格各异。为使其更好地合作，提高工作效率，就要强调协作精神，建立群体共识。正如歌德所言："不管努力的目标是什么，不管他做什么，单枪匹马总是没有力量的。合群永远是一切善良思想的人的最高需要。"我们所处的时代，对团结协作精神的渴求比以往任何一个时代都显得迫切和重要。

团队协作不仅对效率有重要影响，有时甚至可决定项目成败。网站本地化中，项目经理将项目拆分成若干份分发给翻译团队成员，并要求每个译员必须在截止日期前提交译文以便统稿。这时，任何一个译员的拖延都会导致整个项目无法进入校对环节，随后的工程处理、桌面排版及测试等环节都会受到影响。

（三）沟通

西本郁子在《建构时间》一书中曾以本田公司为例分析了生产效率，得出"成功有效的生产包含材料、人的活动和机器三个要素的有效协同"（2009：140）的结论。根据大野耐一（Ohno Taiichi）和劳丽·格雷厄姆（Laurie Grahaml）的"团队协作/运动"隐喻，译文也应像棍棒一样在项目组成员间传递。项目成功的关键在于如何发挥每一个团队成员的潜能，实现最佳团队表现。沟通的有效性、及时性和准确性在很大程度上决定了翻译项目质量的最终结果。因此，翻译项目中高效沟通极为重要。

沟通有以下三种形式：

（1）书面沟通：需备份以供日后查看，可选用邮件，非正式沟通可选用QQ、MSN等即时聊天工具。

（2）口头沟通：方便、及时、高效，口头沟通中的重要内容须及时形成备忘录等书面文档，以便存储。

（3）互动沟通：主要包括面对面展示，集口头沟通和书面沟通为一体。

翻译项目中沟通的价值体现在提供卓越质量、密切合作、专业化服务、多样化交付、提高客户满意度和忠诚度等项目的方方面面。

（四）抗压

按照国际化管理标准运营项目的企业通常都有一套严格完善的质量控制流程和标准。如进行大型多语翻译项目时翻译团队可能要"三班倒"，轮流作战才能按时完成任务。很多时候客户会不断更新内容，译员不得不进行频繁更改和QA。无论是翻译项目负责人还是译员个人都面临巨大压力，此时良好的心理素质和抗压能力对整个项目顺利实施至关重要。一般认为，在成立紧急项目组前应对成员进行心理测试，确保其能够坚持完成自身工作。项目进行中，译员应同项目经理保持联系，告知其过程中出现的任何困难或疑问；此外不要忘记其他组员，出现问题可向他们求助，他们丰富的经验和经历有时可解燃眉之急。

（五）服务

市场化的翻译服务对象是客户，翻译质量好坏、是否可以接受通常由客户决定。客户按要求支付了翻译报酬，译员如果没有按照既定要求完成任务，必然会导致双方之间出现矛盾。

以政治表达为例，译员如发现源语言中有关于政治、社会观念的内容不符合目的语国家表达习惯的情况，需要将其列入Query（征询）表中，跟客户沟通后再译。例如，Tai Wan R. O. C.应改写成Taiwan Region, China，译为"中国台湾"，而上下文中出现country的地方也应改写成country/region，译为"国家/地区"。

（六）保密

译员在翻译中有时可能接触到未出版图书、未发行软件、企业内部财务信息、招标信息、创新企业核心技术资料、公司客户保密资料等；有时译员翻译的可能是关乎企业竞争的核心资料，一旦资料泄露，将给客户带来巨大损失；有时一些译员为军工、信息情报机构部门提供翻译服务，不仅所有信息均涉密，译员还须到客户方指定地点翻译。这些情况下，都需译员将保密这一基本职业道德同客户利益铭记在心，在翻译过程中切实做好保密工作。

以新产品信息为例，作为企业竞争中非常有用的情报，译员和公司在翻译或本地化阶段同客户沟通中应确保相关信息保密性，这也是本地化公司基本的职业道德要求。建立本地化项目局域网，设定交流平台登录及信息可见权限，严格遵守资料递交流程和规定等，都是翻译项目中实现信息保密传递的基本要求。

思考题

1.语言服务产业链有哪些组成部分？

2.同传统的翻译相比,现代语言服务发生了哪些变化？

3.学界和产业界的翻译标准有何异同？

4.信息技术对翻译教育有什么样的影响？

5.谈谈如何成为一个合格的现代化语言服务人才。

参考与拓展阅读文献

[1]http://www.ecocn.org/portal.php.

[2]https://www.flitto.com.cn/.

[3]http://www.ituring.com.cn/.

[4]http://www.oneskyapp.com/.

[5]http://www.ratonwork.com/.

[6]http://www.translia.com/sc.

[7]http://www.yeeyan.org/.

[8]http://www.zuodao.com/.

[9]https://translate.twitter.com/.

[10]https://www.transifex.com/.

[11]http://www.trycan.com/.

[12]Al-Shabab O S. Interpretation and the Language of Translation: Creativity and Conventions in Translation[M]. London: Janus Publishing Company, 1996.

[13]Angelelli C. Using a rubric to assess translation ability: Defining the construct[C]//In C. Angelelli & H. Jacobson (eds.)Testing and Assessment in Translation and Interpreting Studies[C]. Amsterdam: John Benjamins, 2009.

[14]Anthony P. Exploring Translation Theories[M]. London and New York: Routledge, 2010.

[15]Austermühl F. Electronic Tools for Translators[M]. Manchester: St. Jerome Publishing, 2001.

[16]Bell R T. Translation and Translating[M]. London: Longman, 1991.

[17]Bowker L. Computer-Aided Translation Technology: A Practical Introduction[M]. Ottawa: University of Ottawa Press, 2002.

[18]CSA. The Language Services Market 2014[R]. Cambridge: Common Sense Advisory, Inc. 2016.

[19]Desilets A. Translation Wikified: How will Massive Online Collaboration Impact the World of Translation?[J].

Proceedings of Translating and the Computer,2007(29):29-30.

[20]Devaux S A. Getting a grip[J]. Language International,2000-4:12-13.

[21]Esselink B. A Practical Guide to Localization[M]. Amsterdam:John Benjamins,2000.

[22]Fraser J. What do real translators do? Developing the use of TAPs from professional translators[A]//In S. Tirkkonen-Condit, R. Jääskeläinen(eds.)Tapping and Mapping the Processes of Translation and Interpreting:Outlooks on Empirical Research[C]. Amsterdam:John Benjamins,2000.

[23]Göpferich S. Towards a model of translation competence and its acquisition:The longitudinal study TransComp[C]//In Göpferich S,Jakobsen A L, Mees I M(eds.)Behind the Mind:Methods,Models and Results in Translation Process Research[C]. Copenhagen:Samfundslitteratur,2009.

[24]Gouadec D. Translation as a Profession[M]. Amsterdam:John Benjamins,2007.

[25]Gurfein L G. Crowdsourced Translations Are Not the Solution(If You Care about Cost and Quality)[EB/OL]. (2008-2-29)[2011-04-10]. http://blog. cloudwords. com/2011/08/26/crowdsourced-translations-are-not-the-solution-if-you-care-about-cost-and-quality/.

[26]Jeff Howe. 众包:大众力量缘何推动商业未来[M].牛文静,译.北京:中信出版社,2009.

[27]LISA. LISA QA Model 3.1[EB/OL]. [2008-03-26]. http://www.giltworld.com/E_ReadNews.asp?NewsID=96.

[28]Lychak,I. Crowdsourcing Translations:Threat to Profession?[EB/OL]. [2013-01-30]. http://www.language-translation-help.com/crowdsourcing.html.

[29]Makoushina J. Translation quality assurance tools:Current state and future approaches[EB/OL]. (2007-12-17) [2013-09-26]. http://www.palex.ru/fc/98/Translation%20Quality%Assurance%20Tools.pdf.

[30]Massey G,Ehrensberger-Dow M. Investigating information literacy:A growing priority in translation studies[J]. Across Languages and Cultures,2011,12(2):193-211.

[31]Morry Sofer. The Translator's Handbook[M]. Schreiber:Shengold Publishing,2004.

[32]Nida E A et al. The Theory and Practice of Translation[M]. Leiden:E. J. Brill,1982.

[33]Oxana. The End of the Translation Profession?[EB/OL].(2007-12-18)[2013-01-30]. http://www.language-translation-help.com/the-end-of-the-translation-profession.html.

[34]PACTE. First results of a translation competence experiment:"knowledge of translation" and "efficacy of the translation process"[C]//In J. Kearns(ed.)Translator and Interpreter Training:Issues,Methods and Debates[C]. London:Continuum,2008.

[35]Pinto M,Sales D. A research case study for user-centred information literacy instruction:Information behavior of translation trainees[J]. Journal of Information Science,2007,33(5):531-550.

[36]Project Management Institute. A Guide to the Project Management Body of Knowledge(PMBOK ® Guide) (Sixth Edition)[M]. PA:Project Management Institute,Inc,2017.

[37]Pro Z. com. State of the Industry:Freelance Translators in 2012[R]. ProZ,2012.

[38]Quah C K. Translation and Technology[M]. New York:Palgrave Macmillan,2006.

[39]Robinson D. Becoming a Translator:An Accelerated Course[M]. London and New York:Routledge,1997.

[40]Samuelsson-Brown,G. A Practical Guide for Translators[M]. Clevedon:Multilingual Matters,2010.

[41]Schaler R. The Appeal of the Exotic:Localizationin Reverse[J]. Multilingual,2006(17):43.

[42]Sofer M. The Global Translator's Handbook[M]. Plymouth:Taylor Trade Publishing,2013.

[43]Somers H. Computers and Translation[C]. Amsterdam:John Benjamins,2003.

[44]Steiner G. After Babel:Aspects of Language and Translation[M]. Oxford:Oxford University Press,1992.

[45]TAUS. Postediting in practice(Created in 2010)[WE/OL]. https://www.taus.net/reports/postediting-in-practice [2014-02-28].

[46]Toury G. Descriptive Translation Studies and Beyondp[M]. Amsterdam:John Benjamins,1995.

[47]Wikipedia contributors. The World Is Flat. [EB/OL]. [2015-02-21]. http://en.wikipedia.org/w/index.php?title=

The_World_Is_Flat&oldid=648180448.

[48]Wilss W. The Science of Translation:Problems and Methods[M]. Amsterdam:John Benjamins,1982.

[49]Zaidan O., Callison-Burch C. Crowdsourcing Translation:Professional Quality from Non-Professionals[C]. ACL,2011.

[50]陈炳发.从公司的翻译业务发展需求看MTI的人才培养[C]//2010年中国翻译职业交流大会论文集[C]. 北京:北京大学外国语学院,2010.

[51]陈坚林.从辅助走向主导——计算机外语教学发展的新趋势[J].外语电化教学,2005(4):9-12.

[52]陈中小路,刘胜男.众包翻译在中国[N].南方周末,2011-11-4(22).

[53]传神联合.中国地区翻译企业发展状况调查报告[R].北京:传神联合信息技术有限公司,2007.

[54]传神联合.中国地区译员生存状况调查报告[R].北京:传神联合信息技术有限公司,2007.

[55]崔启亮.全国高等院校翻译专业师资培训讲义[Z].2013.

[56]崔艳秋.翻译技术能力的培养——以南洋理工大学《翻译科技》课为例[J].中国科技翻译,2017(1): 23-25.

[57]中国翻译协会翻译服务委员会.翻译服务规范第一部分:笔译:GB/T 19363.1—2008[S].北京:中国标准出版社,2008.

[58]中国翻译协会翻译服务委员会.翻译服务译文质量要求:GB/T 19682—2005[S].北京:中国标准出版社,2005.

[59]冯全功,苗菊.实施案例教学,培养职业译者——MTI笔译教学模式探索[J].山东外语教学,2009(6): 28-32.

[60]傅敬民.翻译能力研究:回顾与展望[J].外语教学理论与实践,2015(4):80-86,95.

[61]郭晓勇.中国语言服务行业发展状况、问题及对策[J].中国翻译,2010(6):34-37.

[62]国务院学位办公室.翻译硕士专业学位研究生指导性培养方案[Z].学位办(2007)78号.

[63]何其莘,苑爱玲.做好MTI教育评估工作,促进MTI教育健康发展——何其莘教授访谈录[J].中国翻译,2012(6):52-56.

[64]贺显斌."欧盟笔译硕士"对中国翻译教学的启示[J].上海翻译,2009(1):45-46.

[65]胡加圣,陈坚林.外语教育技术学论纲[J].外语电化教学,2013(2):3-12.

[66]黄海瑛,刘军平.计算机辅助翻译课程设置与技能体系研究[J].上海翻译,2015(2):48-53.

[67]姜秋霞,等.翻译能力与翻译行为关系的理论假设[J].中国翻译,2002(6):11-15.

[68]蒋小林.语言服务与翻译人才的素质要求[C]//全国首届翻译硕士与翻译产业研讨会论文集[C].北京:北京大学外国语学院,2009.

[69]孔岩.IT产业高端翻译人才需求展望[C]//全国首届翻译硕士与翻译产业研讨会论文集[C].北京:北京大学外国语学院,2009.

[70]冷冰冰,等.高校MTI术语课程构建[J].中国翻译,2013(11):55-59.

[71]林华.中国翻译市场迎来春天[J].上海经济,2006(6):18-19.

[72]刘宓庆.翻译教学:实务与理论[M].北京:中国对外翻译出版公司,2003.

[73]刘彬.《2016中国语言服务行业发展报告》发布[N].光明日报,2016-12-25(001).

[74]陆艳.众包翻译模式研究[J].上海翻译,2012(3):74-78.

[75]吕立松,穆雷.计算机辅助翻译技术与翻译教学[J].外语界,2007(3):35-43.

[76]苗菊,王少爽.翻译行业的职业趋向对翻译硕士专业(MTI)教育的启示[J].外语与外语教学,2010(3): 63-67.

[77]苗菊,王少爽.现代技术与应用翻译人才培养[J].商务外语研究,2010(1):68-73.

[78]苗菊.翻译能力研究——构建翻译教学模式的基础[J].外语与外语教学,2007(4):47-50.

[79]穆雷,沈慧芝,邹兵.面向国际语言服务业的翻译人才能力特征研究——基于全球语言服务供应商100强的调研分析[J].上海翻译,2017(1):8-16.

[80]钱多秀."计算机辅助翻译"课程教学思考[J].中国翻译,2009(4):49-53.

[81]舒晓杨.TPACK框架下教师专业发展的全程透视:从教学辅助到课程常态化的融合[J].外语电化教学,2014(1):54-58.

[82]苏芳芳.本地化行业人才需求与挑战[C]//2010年中国翻译职业交流大会论文集[C].北京:北京大学外国语学院,2010.

[83]王传英,等.翻译项目管理与职业译员训练[J].中国翻译,2011(1):55-59.

[84]王传英.2011年企业语言服务人才需求分析及启示[J].中国翻译,2012(1):67-70.

[85]王传英.从"自然译者"到PACTE模型:西方翻译能力研究管窥[J].中国科技翻译,2012(4):32-36.

[86]王华树.MTI翻译项目管理课程构建[J].中国翻译,2014(4):54-58.

[87]王华树.面向翻译的术语管理系统研究[J].中国科技翻译,2014(1):22-25.

[88]王华树.信息化时代背景下的翻译技术教学实践[J].中国翻译,2012(3):57-62.

[89]王华树.语言服务行业技术视域下的MTI技术课程体系构建[J].中国翻译,2013(6):23-28.

[90]王华树,等.全球化和信息化时代的应用翻译体系再研究[J].上海翻译,2013(1):7-12.

[91]王华树.大数据时代的翻译技术发展及其启示[J].东方翻译,2016(4):18-20.

[92]王华树,王少爽.信息化时代翻译技术能力的构成与培养研究[J].东方翻译,2016(1):11-15.

[93]王华伟,崔启亮.软件本地化——本地化行业透视与实务指南[M].北京:电子工业出版社,2005.

[94]王华伟,王华树.翻译项目管理实务[M].北京:中国对外翻译出版社,2012.

[95]王明新,等.翻译生态学视角下的语言服务产业链[J].中国科技翻译,2013(4):58-60.

[96]王少爽.翻译专业学生术语能力培养:经验、现状与建议[J].外语界,2013(5):28-37.

[97]王少爽.面向翻译的术语能力:理论、构成与培养[J].外语界,2011(5):68-74.

[98]王少爽.职业化时代译者信息素养研究:需求分析、概念阐释与模型构建[J].外语界,2017(01):55-63.

[99]王树槐,王若维.翻译能力的构成因素和发展层次研究[J].外语研究,2008(5):80-88.

[100]韦忠和.2012年及未来几年语言服务行业的发展趋势[J].中国翻译,2012(3):71-74.

[101]文军,穆雷.翻译硕士(MTI)课程设置研究[J].外语教学,2009(4):92-95.

[102]文军.国内计算机辅助翻译研究评述[J].外语电化教学,2011(5):60-64.

[103]文军.论翻译能力及其培养[J].上海科技翻译,2004(3):1-5.

[104]西本郁子.合作制造:"准时"生产制的效率[C]//理查德·惠普,等.建构时间:现代组织中的时间与管理[C].北京:北京师范大学出版社,2009.

[105]肖维青.技术、合作、专业化——蒙特雷国际翻译论坛对中国翻译教学的启示[J].中国翻译,2011(4):42-46.

[106]谢天振.新时代语境期待中国翻译研究的新突破[J].中国翻译,2012(1):13-15.

[107]新华网.我国语言服务行业进入快速增长期[EB/OL].(2006-09-26)[2010-09-26].http://news.xinhuanet.com/society/2010-09/26/c_12608634.htm.

[108]新浪体育.北京奥运会语言服务费5000余万,1600人译45种语言[EB/OL].(2010-09-27)[2010-09-27].http://sports.sina.com.cn/o/2010-09-27/11585222290.shtml.

[109]许钧,穆雷.中国翻译学研究30年(1978—2007)[J].外国语,2009(1):77-87.

[110]杨平.拓展翻译研究的视野与空间推进翻译专业教育的科学发展[J].中国翻译,2012(4):9-10.

[111]杨晓荣.汉译英能力解析[J].中国翻译,2002(6):16-19.

[112]杨颖波,等.本地化与翻译导论[M].北京:北京大学出版社,2011.

[113]杨自俭.对译学建设中几个问题的新认识[J].中国翻译,2000(5):4-7.

[114]杨自俭.关于建立翻译学的思考[J].中国翻译,1989(4):7-9.

[115]杨自俭.译学新探[M].青岛:青岛出版社,2002.

[116]俞敬松,等.计算机辅助翻译硕士专业教学探讨[J].中国翻译,2010(3):38-42.

[117]张美芳.翻译学的目标与结构——霍尔姆斯的译学构想介评[J].中国翻译,2000(2):66-69.

[118]赵财霞.从目的论看畅销书的"众包"翻译模式[D].武汉:华中师范大学,2013.

[119]郑爽.从《抉择时刻》到《乔布斯传》,出版业翻译尝试"互联网众包"[EB/OL].(2011-12-13)[2011-12-13]. http://jjckb.xinhuanet.com/dspd/2011-12/23/content_350693.htm.

[120]中国翻译协会.中国语言服务行业发展报告2012[R].2012:5-9.

[121]中国译协网.信息化时代的应用翻译研究[EB/OL].(2013-05-03)[2013-05-03].http://www.tac-online. org.cn/ch/tran/2013-05/03/content_5924939.htm.

[122]仲伟合.翻译硕士专业学位(MTI)及其对中国外语教学的挑战[J].中国外语,2007(4):4-7.

[123]周光父.计算机和科技翻译[J].上海科技翻译,1998(4):16-19.

[124]朱义华.基于泛在教学平台的翻译课程群体系探索[J].中国翻译,2014(2):44-47.

第二章　搜索与翻译

第一节　网络搜索与翻译

目前，以网络为先导的信息通信技术（Information and Communication Technology，ICT）给翻译工作带来了革命性影响，深刻改变了翻译工作的环境和方式。对今天的翻译工作者而言，"慢工出细活"的手工式作业已不适合时代发展和社会需求；利用计算机和网络工作不仅不再是问题，且译者已习惯于轻松、巧妙地利用网络资源共享、搜索查询、信息交流等功能辅助翻译，极大提高了翻译质量和效率。

搜索引擎作为现代技术的杰出代表，为搜寻信息、追求效率提供了无限可能；语料库作为近年来的新兴事物，也为英语学习和翻译工作带来极大便利，丰富了资料搜索，提高了语言准确性。与传统纸质词典、在线词典相比，其语境、丰富性、实用性优势很大。那么，作为新时代的译者，如何拥抱大时代的发展，运用信息技术带来的福利，促进翻译事业不断发展呢？本书认为，当务之急是充分学习各种搜索引擎，并运用到翻译中来。

信息搜索是翻译流程中必不可少的一环。译者可能需要通过信息搜索理解生僻单词词义，确定专业术语及专有名称（人名、地名、组织机构等）译法，了解所需相关背景知识，搜集待译文本的已有语料等，为此首先要了解搜索的基本概念，其次学习代表搜索引擎工具的使用方法。

一、搜索的基本概念

（一）什么是搜索引擎

搜索引擎指根据一定策略、运用特定的计算机程序从互联网搜集信息，完成信息组织、处理后为用户提供检索服务，并将检索信息展示给用户的系统，包括全文索引、目录索引、元搜索引擎、垂直搜索引擎、集合式搜索引擎、门户搜索引擎与免费链接列表等。百度（Baidu）和谷歌（Google）是搜索引擎的代表。

搜索引擎包括信息搜集、信息整理和用户查询三部分，它将互联网上大量网站页面收集到本地，经过加工处理建成数据库，从而对用户提出的各种查询做出响应，提供用户所需的信息。

（二）工作机制

现代大规模、高质量的搜索引擎的工作机制一般采用爬行、抓取存储、预处理和排名四个步骤。

1. 爬行

搜索引擎是通过一种特定规律的软件跟踪网页链接，从一个链接爬到另一个链接，像蜘蛛在蜘蛛网上爬行一样，所以也称为"蜘蛛"或"机器人"。需要注意，搜索引擎蜘蛛按一定规则爬行，它需要遵从一些命令或文件内容。

2. 抓取存储

搜索引擎蜘蛛跟踪链接爬行到网页后，将爬行数据存入原始页面数据库。其中页面数据与用户浏览器得到的HTML是完全一样的。搜索引擎蜘蛛在抓取页面时，也做一定的重复内容检测，一旦遇到权重很低的网站上有大量抄袭、采集或复制内容，很可能就不再爬行。

3. 预处理

搜索引擎将蜘蛛抓取的页面按如下步骤进行预处理：提取文字→中文分词→去停止词→消除噪声→正向索引→倒排索引→链接关系计算→特殊文件处理。

除HTML文件外，搜索引擎通常还能抓取、索引以文字为基础的多种文件类型，如*.pdf、*.doc/docx、*.wps、*.xls、*.ppt、*.txt等，正如我们在搜索结果中经常看到的那样。但目前搜索引擎还不能处理图片、视频、Flash等非文字内容，也不能执行脚本和程序。

4. 排名

用户在搜索框输入关键词后，排名程序调用索引库数据，计算排名显示给用户，排名过程与用户直接互动。由于搜索引擎数据量庞大，虽然能达到每日小幅更新，但一般情况下搜索引擎排名规则都是根据日、周、月阶段性的不同幅度更新。

二、基本检索技术

（一）布尔逻辑检索

布尔逻辑检索也称布尔逻辑搜索，严格意义上的布尔检索法指利用布尔逻辑运算符连接各检索词，然后由计算机进行相应逻辑运算，以找出所需信息的方法。它是使用面最广、使用频率最高的逻辑。布尔逻辑运算符的作用是把检索词连接起来，构成一个逻辑检索式。目前，利用布尔逻辑算符进行检索词或代码的逻辑组配是现代信息检索系统的最常用技术。常用布尔逻辑运算符有三种，即"与""或""非"，见表2-1~表2-3。

1. 逻辑"与"

逻辑"与"简介见表2-1。

表2-1   逻辑"与"简介

含义	表示检出同时含有A、B两个检索词的记录
用法	常用于连接不同概念的检索词,以表达复杂主题
运算符	"AND"或"*"
检索式	"A AND B"或"A*B"

如分别在中文数据库和英文数据库中检索智能机器人控制方面的文献，则输入的中文为"智能机器人*控制"，输入的英文为"intelligent robot AND control"。

2.逻辑"或"

逻辑"或"简介见表2-2。

表2-2　逻辑"或"简介

含义	表示检出含有 A 词或 B 词的记录
用法	常用于连接同一概念的不同表达方式或相关词，以防漏检
运算符	"OR"或"+"
检索式	"A OR B"或"A+B"

如在中文数据库中检索二氧化硫方面的文章，则在输入框中输入"二氧化硫+ SO_2"；如在英文数据库中检索满足出版社为 Oxford University Press（牛津大学出版社）或图书价格≥60美元的书籍，则可在输入框中输入"publisher='Oxford University Press' OR price≥\$60"。

3.逻辑"非"

逻辑"非"简介见表2-3。

表2-3　逻辑"非"简介

含义	检出含有 A 词，但同时不含有 B 词的记录
用法	常用于排除某些概念，以达到精确检索的目的
运算符	"NOT"或"–"
检索式	"A NOT B"或"A–B"

如在中文数据库中检索非酒精饮料方面的文章，可在搜索框中输入"饮料 NOT 酒精"或者"饮料–酒精"。

4.注意

逻辑运算符在中文数据库中多用符号"*""+""–"，在英文数据库中使用单词"AND""OR""NOT"，具体使用请参考数据库帮助或说明。

逻辑运算顺序：括号优先；无括号时，各系统规定不同，检索时请参考数据库的帮助或说明。

（二）位置算符检索

位置算符也叫全文查找逻辑算符或相邻度算符，是用来规定符号两边的词出现在文献中的位置的逻辑运算算符。它可以表示词与词之间的相互关系和前后次序，通过对检索词之间位置关系的限定，进一步增强选词指令的灵活性，提高检索的查全率与查准率。文献记录中词语的相对次序或位置不同，表义可能不同；而同一个检索表达式中词语相对次序不同，其检索意图也不一样。布尔逻辑运算符有时难以表达某些检索课题确切的提问要求，而字段限制检索虽能使检索结果在一定程度上进一步满足提问要求，但无法限制检索词间的相对位置，此时我们便可用位置算符进行检索。

位置检索用法常见算符如下：

（1）W算符（with）：通常写作 A(nW)B，表示词 A 与词 B 之间至多可以插入 n 个其他的词（注意是单词，不是字母），同时A、B保持前后顺序不变；其中(W)也可以写作( )，表示两词之间不得有其他词，但有些系统允许有空格或标点符号。

（2）N算符（near）：通常写作A（nN）B，表示A与B之间至多可以插入n个其他词，同时A、B不必保持前后顺序。其中（N）表示算符两侧的检索词必须前后相连，但词序可颠倒，词间不允许插入其他词或字母。

（3）Same：通常写作A SAME B，表示SAME两侧的检索词A和B必须同时出现在数据库的同一个段落中。

（4）S算符（subfield）：通常写作A（S）B，表示A与B必须同时在一个句子或同一子字段内出现，但词序可随意变化，且各词间可以加任意多个词。

表2-4是一个实例：

表2-4　位置算符实例

算符	输入	输出
A（W）B	solar（W）energy	solar energy
A（N）B	solar（N）energy	solar energy 和 energy solar

不是所有系统都支持位置算符，而且不同系统的位置算符代码也不尽相同，请注意各系统的使用说明，这里仅供参考。

（三）截词检索

截词检索是一种常用的检索技术，是防止漏检的有效工具。截词是指在检索词的合适位置截断，然后使用截词符进行处理，这样既可节省输入的字符数目，又可达到较高的查全率。在西文检索系统中，使用截词符处理自由词，对提高查全率效果非常显著，但一定要合理使用，否则会造成误检。

不同的系统所用的截词符也不同，常用的有"?""$"和"*"等。一般用"*"表示无限截断，用"?"表示有限截断，但现在百度不再支持该技术，而Google则不支持"?"号，并且认为"*"号代表的必须是一个完整的词。截词根据不同的标准也有不同的分法：根据截词位置的不同，可分为后截断、中截断和前截断；根据截词数目的不同，可分为有限截词和无限截词两种。在截词检索技术中，较常用的是后截词和中截词两种方法，现分述如下。

（1）后截词：是指检索结果中单词的前面几个字符要与关键字中截词符前面的字符相一致的检索，具体包括：

①有限后截词：此类主要用于词的单、复数，动词的词尾变化等。例如，"book?"可检索出包含"book"或"books"词的记录；"acid??"可检索出包含"acid""acidic"和"acids"的记录。此时截词符"?"代表一个或零个字符。

②无限后截词：此类主要用于同根词。例如，"educat*"可以检索出"education""educational"和"educator"这样的词，此时，词根后的截词符"*"，表示无限截词符号。

（2）中截词：一般地，中间截词仅允许有限截词，主要用于英、美拼写不同的词和单复数拼写不同的词。例如，"s?w"可检索出含有"sew"和"saw"的记录。此时，截词符号"?"代替了那个不同拼写的字符。

任何一种截词检索，都隐含着布尔逻辑检索的"或"运算。采用截词检索时，既要灵活又要谨慎，截词部位要适当，如果截得太短，将影响查准率。

（四）字段检索

根据标题、作者、摘要、关键词、作者单位、文献来源、学位授予单位、学位级别、会议信息、会址、会期、书名、出版地、出版年、专利号、报告号、ISBN 和 ISSN 等字段检索所需内容。

如想要检索题目为"北京奥运会闭幕式"的文章，可在搜索引擎中输入"title=北京奥运会闭幕式"，不要忘了在"="后加空格，然后出现的都是以"北京奥运会"为标题的文章。也可用高级检索进行字段检索。表2-5列出了常用的字段及其解释。

表2-5　常用字段表

常用字段	English	搜索结果呈现	常用字段	English	搜索结果呈现
摘要	Abstract	论文摘要	作者	Author	按作者呈现结果
题名	Title	书目或论文题目	作者机构	Affiliation	按作者单位呈现结果
关键词	Keyword	摘要或关键词	图书编号	ISBN	搜索某图书
主题	Subject	呈现相关主题的文献	期刊编号	ISSN	搜索某期刊内文献

（五）全文检索

全文检索是一种将文件中所有文本与检索项匹配的文字资料检索方法。全文检索系统是按照全文检索理论建立的用于提供全文检索服务的软件系统，可将存储于数据库中整本书、整篇文章中的任意内容信息查找出来，可根据需要获得全文中有关章、节、段、句、词等信息，也即类似给整本书每个字词添加一个标签，可进行各种统计和分析。例如，它可以很快回答"《红楼梦》一书中'林黛玉'共出现多少次？"的问题。

全文检索主要有按字检索和按词检索两种。按字检索指对文章中每个字都建立索引，检索时将词分解为字的组合。需要注意，语言不同，字的含义也不同，如英文中字与词实际上是合一的，而中文的字与词有很大分别。按词检索指对文章中的词（语义单位）建立索引，可处理同义项等。英文等西方文字由于按空白切分词，因此实际上与按字处理类似，添加同义处理也很容易。中文等东方文字则需要切分字词，以达到按词索引的目的，而这恰恰是当前全文检索技术（尤其是中文全文检索技术）的难点。近十年来，由中科院等研发的汉语词法分析系统（Institute of Computing Technology，Chinese Lexical Analysis System，ICTCLAS）较好地解决了这一问题，受到外界瞩目。

（六）精确检索

1.精确检索的含义

精确检索与模糊检索相对，尚无十分准确的定义，一般理解为尽可能限定检索范围，以最快速度找到自己所需的检索方式。

2.精确检索的必要性

（1）互联网是个复杂的系统，面对海量资源，如果无法进行精确检索，就会浪费大量检索时间，降低检索效率。

（2）互联网系统并未完善，检索可能面对大量重复冗余信息，而使用精确检索能最大限度避免这一问题。

（3）有时我们对自己需要检索的内容非常确定，只需进行精确检索即可。

3.Google 精确检索案例

（1）使用双引号。如果我们要搜索 "knock-down joint" 这个组合词，不加引号搜索，会得到许多无关结果；如果把组合词加上双引号，也即关键词是 "knock-down joint"，那么将会得到精确的搜索结果，如图 2-1 所示。

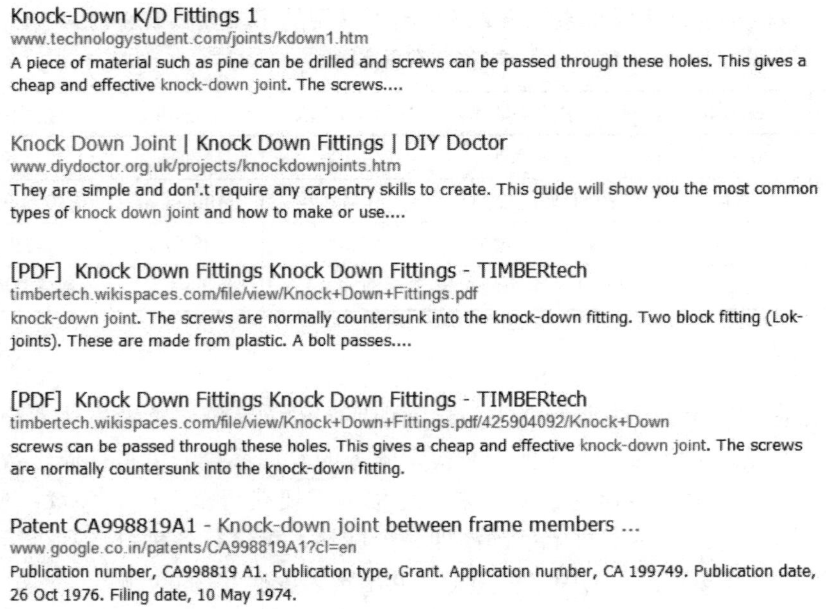

Knock-Down K/D Fittings 1
www.technologystudent.com/joints/kdown1.htm
A piece of material such as pine can be drilled and screws can be passed through these holes. This gives a cheap and effective knock-down joint. The screws....

Knock Down Joint | Knock Down Fittings | DIY Doctor
www.diydoctor.org.uk/projects/knockdownjoints.htm
They are simple and don'.t require any carpentry skills to create. This guide will show you the most common types of knock down joint and how to make or use....

[PDF] Knock Down Fittings Knock Down Fittings - TIMBERtech
timbertech.wikispaces.com/file/view/Knock+Down+Fittings.pdf
knock-down joint. The screws are normally countersunk into the knock-down fitting. Two block fitting (Lok-joints). These are made from plastic. A bolt passes....

[PDF] Knock Down Fittings Knock Down Fittings - TIMBERtech
timbertech.wikispaces.com/file/view/Knock+Down+Fittings.pdf/425904092/Knock+Down
screws can be passed through these holes. This gives a cheap and effective knock-down joint. The screws are normally countersunk into the knock-down fitting.

Patent CA998819A1 - Knock-down joint between frame members ...
www.google.co.in/patents/CA998819A1?cl=en
Publication number, CA998819 A1. Publication type, Grant. Application number, CA 199749. Publication date, 26 Oct 1976. Filing date, 10 May 1974.

图 2-1　Google 精确搜索案例

（2）使用"与/或"。Google 默认并列字词间是"与"的关系，因此要搜索多个词中任意的一个，就要在多个词之间使用 OR。如翻译 "particle board" 时，既有"刨花板"又有"碎料板"的译法，不知如何取舍。这时输入"刨花板 OR 碎料板"，就能明显看到"刨花板"的译法比"碎料板"要多，如此可初步筛选前者，如图 2-2 所示。

（3）"+""-"和"~"的使用。

"+"可以用来强调，Google 会自动忽略搜索引擎认为不重要的词，如 "and" "how" "what" 和 "a" 等。因此查询如 "how to use a hand plane" 时，Google 很可能自动忽略 "how" 和 "a"，此时在这两个单词前加上 "+"，即 "+how to use +a hand plane"，便能找到结果。

"-"用于排除不希望查找的内容，如搜索 "bass" 时，得到的大多是关于某种鱼类的网站，但要找某种乐器，便可在搜索框输入 "bass-fish"，就能得到想要的结果，如图 2-3 所示。

刨花板_百度百科
baike.baidu.com/view/271599.htm
刨花板（Particle board）又叫微粒板、颗粒板、蔗渣板，由木材或其他木质纤维素材料制成的碎料，施加胶粘剂后在热力和压力作用下胶合成的人造板，又称碎料板。

大芯板、刨花板、密度板哪个更环保？ - 装修- 知乎
www.zhihu.com/question/20761121
2013年6月14日 ... 我是木材科学与技术专业的，本科学的是人造板方向。就这三种板:大芯板（细木工板），密度板（中密度纤维板），刨花板来讨论环保的问题。（如果觉得....

请问细木工板、刨花板、颗粒板、密度板有何区别？做橱柜、衣柜，用 ...
www.jiazhuang6.com/94/22399.html
我家要装修。请问细木工板、刨花板、颗粒板、密度板到底有何区别？做橱柜、衣柜，用哪个板子好？现在装修公司的说法很多，有的说颗粒板好，有的说密度板好，有的....

刨花板价格_刨花板厂家_品牌_中国建材采购网
www.jiancai365.cn/cpvlist_906.htm
中国建材采购网提供刨花板价格报价、刨花板厂家、刨花板品牌、规格、刨花板生产厂家及产品供应信息，刨花板价格比较。

什么是刨花板- 建材百科- 九正建材网(中国建材第一网)
baike.jc001.cn/knowledge/26573.html
所谓刨花板又叫微粒板、蔗渣板，刨花板是天然木材粉碎成颗料状后，再经黏合压制而成，因其剖面类似蜂窝状，所以称为刨花板，刨花板是现代家具行业中广泛被使用....

图2-2　Google搜索"刨花板OR碎料板"

Meghan Trainor - All About That Bass - YouTube
www.youtube.com/watch?v=7PCkvCPvDXk
2014年6月11日 - 3 分钟 - 上传者：MeghanTrainorVEVOI imagine she does, because she'.s all about that Bass. ..... she is all adout that bass and i am ...

電貝斯- 维基百科，自由的百科全书
zh.wikipedia.org/zh/電貝斯
電貝斯（英語：electric bass），又稱為貝斯吉他、低音吉他（英語：bass guitar），簡稱貝斯，現代搖滾樂團組合的主要樂器。一般樂隊中除了電貝斯手以外，還有一位吉他....

Bass guitar - Wikipedia, the free encyclopedia
en.wikipedia.org/wiki/Bass_guitar
The bass guitar is a stringed instrument played primarily with the fingers or thumb, by plucking, slapping, popping, (rarely) strumming, tapping, thumping,....

Jazz Bass | Fender Electric Basses
www.fender.com/basses/jazz-bass/
The Jazz Bass continues to be the No.1 choice for players across all styles. Explore vintage and modern J Bass guitars for your personality. Fender.

MEGHAN TRAINOR - ALL ABOUT THAT BASS LYRICS
www.directlyrics.com/meghan-trainor-all-about-that-bass-lyrics.html
Meghan Trainor .All About That Bass. is the lead single from her Epic Records debut album. '.All About That Bass'. is jazz, pop and soul. .All About That Bass. by....

图2-3　Google搜索"bass –fish"

"~"用于搜索相近的词，如翻译"the Baltic birch plywood"时，译成"波罗的海桦木合成板"，为确认，可输入"~波罗的海桦木合成板"，便可找到需要的结果。

（七）其他检索

（1）禁用词（噪声词）：排除没有检索意义的词，通常是冠词、连词、助词等虚词。检索时可查看系统禁用词表，如汉语中"的、地、得、了"等，英语中"a/about/also/and/any/as/at/be/between/by/both/for/some/so/not/this/with"等。

（2）嵌套：简化检索式，提高检索效率。如在中文数据库中查本科生或研究生的就业问题，可输入"（本科生OR研究生）AND就业"；又如在英文数据库中查有关造纸废水处理方面的文章，可输入"（paper making OR paper pulp）AND waste"或"water AND（treat

OR treatment）"。

（3）大小写敏感词。搜索引擎默认不区分大小写，但部分情况下同一个词的大小写有明显区别，如China表示"中国"，china表示"瓷器"；Japan表示"日本"，japan表示"漆器"。要搜索英文文献中的"china"而不是"China"，搜索"japan"而不是"Japan"，就涉及大小写敏感词的问题。为实现精确搜索，就要使用排除法，如"china-China"和"japan-Japan"。

三、Google搜索与翻译

（一）Google简介

Google公司成立于1998年9月7日，是目前全球规模最大的互联网搜索引擎，公司总部称Googleplex，位于美加利福尼亚山景城。它提供简单易用的免费服务，并提倡"不作恶"（Don't be evil）。1995年，斯坦福大学计算机系博士生拉里·佩奇（Larry Page）和塞吉·布林（Sergey Brin）开始尝试设计一个名称为BackRub的搜索引擎，即Google前身。Google的名称据说来自"googol"一词，意即10的100次方，这个巨大的数象征Google能处理海量互联网信息。目前，Google业务已开始超越搜索引擎本身，开始向移动开发、应用软件和操作系统等方向发展，成为可和微软等大公司抗衡的重要力量。

（二）常用Google搜索语法

Google强大的搜索功能已得到广泛认可，但单个关键字搜索得到的信息可能浩如烟海，且有很多不符合要求。为进一步缩小搜索范围和结果，往往需要灵活运用各种搜索技巧，表2-6是搜索运算符简易清单。

表2-6　Google搜索运算符简易清单

算符	用途	用法
inurl :	搜索网页连接中出现的关键字	inurl : 关键词
intitle :	将搜索范围限定在网页标题中	intitle : 关键词
intext :	将搜索范围限定在网页内容之中	intext : 关键词
site :	将搜索范围限定在某个域名之中	site : 频道名.网站名.域名
filetype :	限制搜索文件的特定格式	filetype : 文件格式

1. "filetype:"文档类型搜索

"filetype："是Google开发的一个非常强大且实用的搜索语法，主要限定搜索内容的格式，目前支持的文件格式包括*.ppt、*.xls、*.doc、*.rtf、*.swf、*.pdf、*.kmz、*.kml、*.def、*.ps等。如要搜索资产负债相关的模板文件，可输入"资产负债filetype：doc"，即可得到此领域的相关资料。

　　该搜索语法格式：关键词filetype：文件类型。如要获取资产负债相关的术语资料，可输入"资产负债表balance filetype：xls"，会得到如图2-4所示的结果。

[XLS] 资产负债表 - MIX Market
www.mixmarket.org/sites/default/files/CZWSDA_FS_09.xls
1, 赤峰资产负债表ChiFeng Balance Sheet. 2, 名称:赤峰市昭马达妇女可持续发展协会 2009年12月决算报表
单位:元. 3, 2008年, 2009年. 4, 资产, ASSETS.

[XLS] 资产负债表 - MIX Market
www.mixmarket.org/sites/default/files/CZWSDA_FS.xls
A, B, C, D. 1, 赤峰资产负债表ChiFeng Balance Sheet. 2, 名称:赤峰市昭马达妇女可持续发展协会 2008年12月
决算报表 单位:元. 3, 2007年, 2008年.

[XLS] 资产负债表（表1）
www.circ.gov.cn/portals/0/attachments/gonggaoqishi/2006/4/公司版表格.xls
1, XXX公司资产负债表. 2, BALANCE SHEET OF XXX INSURANCE CO., LTD. 3, (2005年12月31 日 货币单位：
人民币百万元). 4, 表1. 5, 资产, 2005年, 2004年....

[XLS] 會計科目範例
www1.pu.edu.tw/~scshih/acc/accounts.xls
A, B, C, D. 1, 班級：, 姓名：, 學號：. 2. 3, REYNOLDS公司. 4, 資產負債表(Balance Sheet). 5, 民國93年12月
31日. 6, 資產科目, assets, 負債及業主權益科目, liabilities....

[XLS] 南京2004年度外资报表表样(非金融类) 点击下载
www.njcz.gov.cn/fwdt/36790/201111/W020111228355166611864.xls
1, 资产负债表（非金融类）. 2, BALANCE SHEET(NON-financial enterprise). 3, 会外年企01表. 4, 编制单位：
Name of enterprise: 单位：元. 5, 项目, 行次, 年初数, 年末....

图2-4　Google文档类型(filetype：)搜索(资产负债表 balance filetype：xls)

　　又如，校对药物分析实验的日译中稿件，若完全不了解药物分析实验及实验流程用语，可搜索其范例文本。首先搜索"药物分析实验filetype：pdf"，得到如图2-5所示的结果。

[PDF] 《药物分析实验》教学大纲 - 实验教学中心
syzx.sdau.edu.cn/syzx/dwkx/files/dagang/药物分析实验.pdf
《药物分析实验》教学大纲. 学分：2 学分. 课程性质：必修. 实验个数：8 个. 适用专业：制药工程. 大纲执笔
人：梁京芸. 大纲审定人：尹逊河. 一、实验课的性质与任务.

[PDF] 19120640 药物分析II实验1 - 浙江大学药学院
www.cps.zju.edu.cn/syzx/syjx/jxdg/yaofenII.pdf
预修课程：无机化学、有机化学、分析化学、药物分析I（仪器分析）、药物化学 ... 掌握药品质量分析方法的
基本实验技能，具备独立开展药品质量研究工作的初步能力。

[PDF] 药物分析实验与药物分析习题集 - 浙江大学药学院
www.cps.zju.edu.cn/syzx/syjx/jcjy/content/药物分析实验.pdf
内容简介. 本教材内容分为二部分：第一部分包括绪论（药物分析的学习方法、实验要求、专业 ... 而药物分
析实验技术的发展与完善又为以上这些专业学科的发展提供了.

[PDF] 《药物分析I实验》教学大纲
www.cps.zju.edu.cn/syzx/syjx/jxdg/yaofenI.pdf
《药物分析I实验》教学大纲. 19120460 药物分析（1）实验1.0. The Experiment of Pharmaceutical Analysis
（1）（0-2.0）. 预修课程：无机及分析化学实验，有机化学....

[PDF] 药物分析实验视频案例简介
202.206.48.73/yxysyzx/6/ywfx/ywfx.pdf
药物分析实验室承担药学院本科生容量分析、仪器分析和药物分析的实验教学任务，师. 资力量强大，相当一
部分活跃在科研第一线的教授、博导都加入到实验教学中来....

图2-5　Google搜索范例文本(以"药物分析实验"为例)

　　打开第二条结果，可以看到范例文本内容，如图2-6所示。

　　溶出度　取本品，照溶出度测定法（附录 B 第二法），以水 900mL 为溶剂，转速为 50r/min，依法操作，经 45min 时，取溶液滤过，精密量取续滤液 3mL(100mg 规格)或 10mL（30mg 规格）或 20mL（15mg 规格），加硼酸氯化钾缓冲液（pH9.6）定量稀释成 50mL，摇匀；另取苯巴比妥对照品适量，精密称定，加上述缓冲液溶解并定量稀释制成每 1mL 中含 5μg 的溶液。取上述两种溶液，照分光光度法在 240nm 的波长处分别测定吸收度，计算出每片的溶出量。限度为标示量的 75%，应符合规定。

图2-6　搜索到的范例文本

2."site:"站点搜索

　　该语法表示在指定服务器上搜索，或搜索指定域名。搜索结果局限于某个具体网站或网站频道。如要搜索中文教育科研网站（edu.cn）上所有包含"村上春树"的页面，就可键入"村上春树site：edu.cn"，注意域名前不要加"http：//"。另外，"site:"和站点名之间不要带空格，因为空格可让一个词变成一个词组；分词不一样，搜索结果页也会不一样。

　　使用"site:"语法时注意限制网站类型，如学术资料在"edu"和"org"域名后缀中会更精练，政府相关在"gov"域名后缀中也许更容易找，但要注意用了"edu""org""net"和"gov"等域名后缀并不会搜索所有含这个后缀的网站；"site:"还能搜索某种语言或某个关键词在指定国家的网站，如查英国英语就输入"site：uk"，查美国英语就输入"site：us"，查加拿大英语，就输入"site：ca"。

　　以下是一个示例，搜索"热锅上的蚂蚁"这一俗语应如何翻译。

　　（1）鉴于可推知"热"译为hot，遂采用中英文检索方式，输入："热锅上的蚂蚁""hot"，返回两类结果，即"like an ant on hot bricks"和"like a cat on hot bricks"，如图2-7所示。

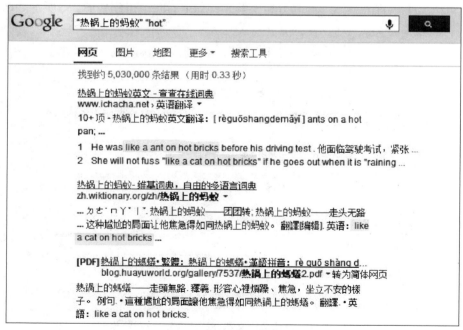

图2-7　搜索结果

　　（2）为进一步验证结果的可靠性，首先在美国网站验证"like an ant on hot bricks"该用法是否普遍。输入""like an ant on hot bricks" site：us"，未找到符合本检索条件的结果，如图2-8所示。

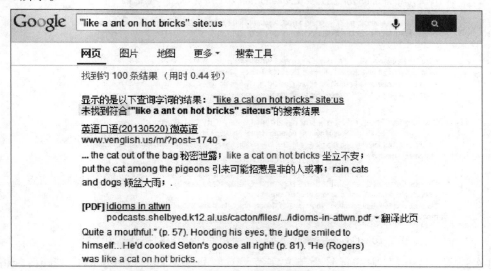

图2-8 未找到符合本检索条件的结果（一）

（3）在英国网站验证"like an ant on hot bricks"的可用性。输入"'like an ant on hot bricks"site：uk"，同样未找到符合本检索条件的结果，如图2-9所示。

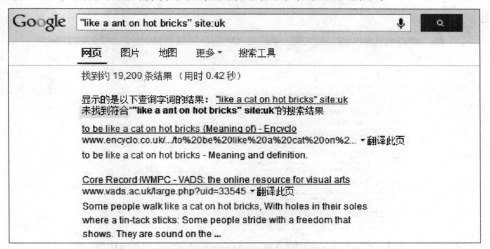

图2-9 未找到符合本检索条件的结果（二）

（4）经验证，可确定"热锅上的蚂蚁"对应的表达是"like a cat on hot bricks"。

再如，汉译英时无法确定"自主性住房"是否应译为"owner-occupied home"，可输入"'owner-occupied home' site：us"，可知有233000条结果，说明该用法较可行。点开网页检查是否和中文意思相符，便可确定译法是否可取，如图2-10所示。

可使用"site：xxx"的形式，在指定的网站里搜索想要的信息。如可在搜索栏中输入"莫言site：edu.sina.com.cn"，便可出现在新浪教育上关于莫言的信息，而不会出现其他网站的信息，如图2-11所示的结果。

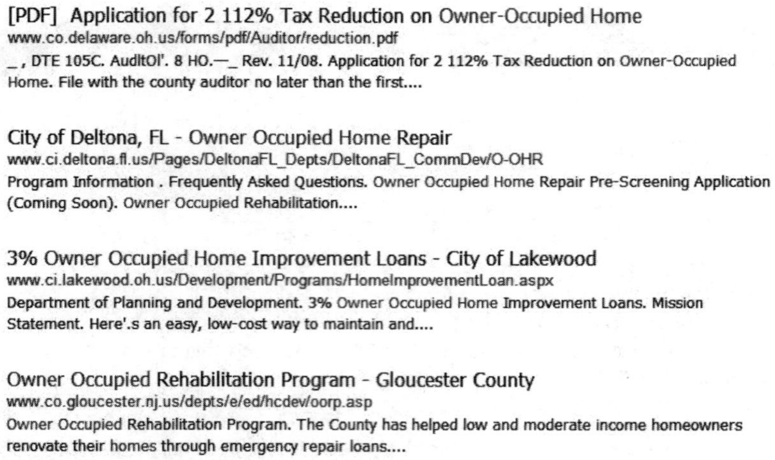

[PDF] Application for 2 112% Tax Reduction on Owner-Occupied Home
www.co.delaware.oh.us/forms/pdf/Auditor/reduction.pdf
_ , DTE 105C. AudltOl'. 8 HO.—_ Rev. 11/08. Application for 2 112% Tax Reduction on Owner-Occupied Home. File with the county auditor no later than the first....
City of Deltona, FL - Owner Occupied Home Repair
www.ci.deltona.fl.us/Pages/DeltonaFL_Depts/DeltonaFL_CommDev/O-OHR
Program Information . Frequently Asked Questions. Owner Occupied Home Repair Pre-Screening Application (Coming Soon). Owner Occupied Rehabilitation....
3% Owner Occupied Home Improvement Loans - City of Lakewood
www.ci.lakewood.oh.us/Development/Programs/HomeImprovementLoan.aspx
Department of Planning and Development. 3% Owner Occupied Home Improvement Loans. Mission Statement. Here'.s an easy, low-cost way to maintain and....
Owner Occupied Rehabilitation Program - Gloucester County
www.co.gloucester.nj.us/depts/e/ed/hcdev/oorp.asp
Owner Occupied Rehabilitation Program. The County has helped low and moderate income homeowners renovate their homes through emergency repair loans....

图2-10 Google搜索汉译英译法可用性(以“自主性住房”为例)

再次强调，“site:”中的冒号为英文字符，且冒号后不能有空格，否则“site:”将被作为一个搜索关键字；网站域名不能有“http”前缀，也不能有任何“/”的目录后缀；网站域名中不要用“www”，除非有特别目的，否则用“www”会导致错过网站内的内容，因为很多网站的频道是没有“www”的；网站频道只局限于“频道名.域名”方式，而不能是“域名/频道名”方式。

Webpage Screenshot
Google
莫言 site:edu.sina.com.cn
网页 图片 新闻 视频 地图 更多 搜索工具
找到约 16,700 条结果 （用时 0.35 秒）
作家和翻译谁成就谁？ 莫言英译本被赞胜原著_新浪教育_ ...
edu.sina.com.cn › 外语
莫言获奖别忘了他的翻译葛浩文_新浪教育_新浪网
edu.sina.com.cn › 外语
调查显示九成读者不支持莫言作品进中小学教材_新浪教育_ ...
edu.sina.com.cn › 中小学教育
高校保安酷似莫言敢拦校长获赞正直(图)_新浪教育_新浪网
edu.sina.com.cn › 高考
莫言作品将编入语文课本忧心学生读不懂_新浪教育_新浪网
edu.sina.com.cn › 中小学教育

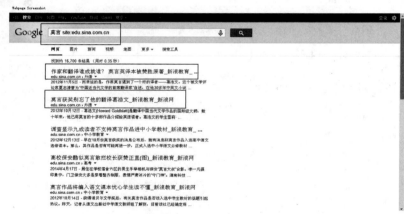

图2-11 Google搜索“莫言 site:edu.sina.com.cn”的返回结果

（三）翻译视角下的Google搜索案例

Google以快速全面的全文搜索为特征，能在数秒钟内从近一百亿个网页中找到包含关键词的结果。职业翻译人士不可能不用词典，但一些随着科技文化不断发展涌现的新词并未编入词典。Google这个庞大的语料库不但能破译疑难单词，还可查找术语、搜索新词、查找缩写、搜索词典网站和查询图片。以下分别举两个简单案例和两个复杂案例对Google的综合搜索功能进行说明。

Google可确定术语译法，如查询保险术语“分出公司、分入公司”的英译法，同时输入英文和中文关键词，可能找到英汉对照的词语或解释，图2-12展示了输入“分出公司 insurance”的搜索结果。

cede insurance是什么意思_cede insurance中文翻译是:公保险...《查 ...
www.ichacha.net/cede insurance.html
分保公司. 2. The ceding insurance company shall not decline or delay ... 再保险分出人不得以再保险接受人
未履行再保险责任为由，拒绝履行或者迟延履行其原保险....

保险英语词汇C - 商务培训网
training.mofcom.gov.cn/jsp/sites/site?action=show2&name=保险英语词汇&id=50803
2009年10月10日 ... 自保公司. captive pools. 自保组合. cargo damage adjustment. 货损理算 ... ceding
company. 分出公司. ceding(insurance)company. 分保公司.

一般保险公司 - MBA智库百科
wiki.mbalib.com/zh-tw/一般保险公司
一般保险公司(General insurance company)一般保险公司指經營原保險業務的 ... 這種公司既是直接業務的保
險人，又是再保險業務的分出人，也是再保險業務的分入....

Notice of China Insurance Regulatory Commission ... - 北大法律英文网
www.lawinfochina.com/law/display.asp?ID=5945&DB=1
Where a foreign-funded insurance company has transactions of facultative .... 四、对于由分出公司提存分入
公司应提的部分或全部准备金的再保险方式，除报告第一....

保险的分类：原保险与再保险_中国农业银行
www.abchina.com/cn/financialservice/insurance/shareservice/BaseKnowledge/201109/
我们把分出自己直接承保业务的保险人称为原保险人，接受再保险业务的保险人称 ... 后，将面临极大的风
险，一旦卫星发射失败，资本较小的公司极可能因此而破产。

图2-12　Google术语搜索（以"分出公司_insurance"为例）

　　如图2-12可知，第二条搜索结果是商务部网站提供的"保险英语词汇"，其中有确定的术语翻译："ceding company：分出公司"。进一步查看解释，"分出公司"指依据再保险契约规定，将其承保业务分予再保险人以获取再保险保障的保险公司，又称原保险人、原签单公司（original writer）或被再保险人。这种方法可用于搜索固定的人名、地名、名词缩写等的专业译法。

　　我们可以通过Google找到母语使用者最常用的表达，使译文更地道。以"游客须知"为例，是应译成"notice to visitors"，还是"notice for visitors"？可在谷歌搜索框中输入"'notice to visitors'"，找到约191000条结果，如图2-13所示。

　　再次输入"'notice for visitors'"此时只有55600条搜索结果，如图2-14所示。

图2-13　Google搜索"'notice to visitors'"

图2-14　Google搜索"'notice for visitors'"

　　这就意味着，前者是更为常见的表达方法。完成这个搜索的时间不超过一分钟。试想一下，如果没有网络资源，该如何验证这样的译文？在进行网络搜索的过程中，实际上也在进行审校工作。

通过以上两个简单的例子可以看出，Google搜索可以帮助我们查询相关术语，找到最地道的表达。下面将通过两个复杂例子说明Google的翻译新词功能。

"打酱油"属网络用语，源自天涯论坛，表示政治等敏感话题与自己无关，仅用此话回帖而已，相当于"路过"。为搜索其精确的英语表述，拟分如下若干步。

（1）在百度中输入"打酱油翻译"，知乎上反馈了"none of my business""I don't give a shit"，爱词霸反馈的是"get soy sauce""buy soy sauce""for tea and biscuits""bystander"和"pass-by"。

不难发现，上述译文"none of my business""pass-by"和"bystander"都偏正式，没有表达出"打酱油"一词的喜感，遂转入谷歌搜索。

（2）在谷歌中输入"I don't give a shit"，得到The free dictionary对"give a shit"的翻译，表示"to care the least bit"；urban dictionary给出了如下释义：

①I don't give a shit is a popular phrase to be used when you are not interested in what someone else says or believes. It implies that you don't even care enough to physically give them a sample of your fecal matter.

②I don't give a shit is the most polite and courtesy way of telling someone to leave you alone.

（3）为确保上述译法严谨，接着验证"get soy sauce"，发现绝大多数都是中文网站使用；在"get soy sauce"后加上site：us，只返回58条结果，且除了华人使用外，均不含有网络词语"打酱油"的意思。再验证"buy soy sauce"site：us，发现美国也没有此种用法；再输入"define：" for tea and biscuits"，发现此词基本上表达了"吃零食"的意思。

综上，俚语"don't give a shit"比较符合"打酱油"的含义。

再以"《舌尖上的中国》"的英译为例，继续说明Google翻译新词的功能。《舌尖上的中国》是一部由中国中央电视台制作的电视纪录片，也是中国第一次使用高清设备拍摄的大型美食类纪录片，此片一经播出便受到多方关注。但"舌尖上的中国"一词到底应该怎么翻译呢？下面将用Google搜索引擎进行检索，步骤如下：

（1）在Google搜索引擎中进行双语检索，发现在三个网站上对于此词有三种不同的译法：在维基百科上译为"A Bite of China"，如图2-15所示；在另一网站上译为"Chinese food on the tip of tongue"，如图2-16所示；在YouTube上译为"China on the tip of tongue"，如图2-17所示。

A Bite of China

From Wikipedia, the free encyclopedia

A Bite of China (Chinese: 舌尖上的中国; pinyin: *Shéjiān shàng de Zhōngguó*) is a Chinese documentary television series on the history of food, eating, and cooking in China directed by Chen Xiaoqing (陈晓卿), narrated by Li Lihong (李立宏) with original music composed by Roc Chen (阿鲲). It first aired May 14, 2012 on China Central Television and quickly gained high ratings and widespread popularity.[1][2] The seven-episode documentary series, which began filming in March 2011, introduces the history and story behind foods of various kinds in more than 60 locations in mainland China, Hong Kong, and Taiwan.[3] The documentary has also been actively encouraged as a means of introducing Chinese food culture to those unfamiliar with local cuisine. Various notable chefs such as Shen Hongfei and Chua Lam were consultants on the project.

图2-15　Google搜索"舌尖上的中国"英译结果（一）

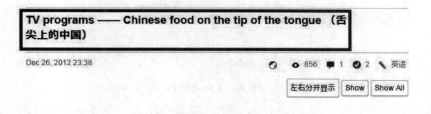

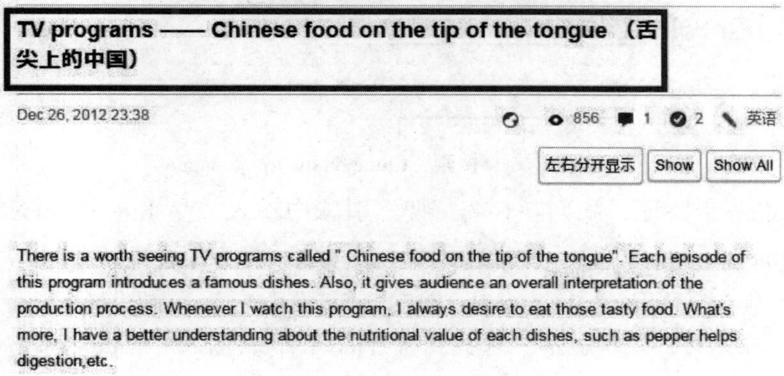

图2-16　Google搜索"舌尖上的中国"英译结果(二)

图2-17　Google搜索"舌尖上的中国"英译结果(三)

（2）可以发现"A Bite of China""Chinese food on the tip of tongue"和"China on the tip of tongue"这三种译法在语法和表义方面都是正确的，但是哪一种更为地道呢？为验证，我们分别在Google搜索引擎中输入这三种译法，可以发现，"A Bite of China"找到的搜索结果有322000条，如图2-18所示；"Chinese food on the tip of tongue"有2条，如图2-19所示；"China on the tip of tongue"有964条，如图2-20所示。由此可初步判断，"A Bite of China"使用更为频繁，因此也更加地道。

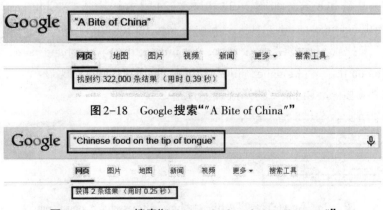

图2-18　Google搜索""A Bite of China""

图2-19　Google搜索""Chinese food on the tip of tongue""

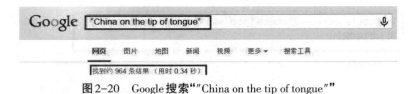

图2-20　Google搜索""China on the tip of tongue""

（3）为了进一步验证，我们在Google搜索引擎中输入""A Bite of China" site：us"和""A Bite of China" site：uk"时，发现找到的结果分别为9910条和36000条，如图2-21和图2-22所示；输入""Chinese food on the tip of tongue" site：us"和""Chinese food on the tip of tongue" site：uk"时，发现显示"未找到符合的结果"；输入""China on the tip of tongue" site：us"和""China on the tip of tongue" site：uk"时，也发现显示"未找到符合的结果"。由此可得知"A Bite of China"在英美更为常用，因此更加地道，而"Chinese food on the tip of tongue"和"China on the tip of tongue"这两种译法应是中国人常用的。

图2-21　Google搜索""A Bite of China" site：us"

图2-22　Google搜索""A Bite of China" site：uk"

（4）为了最后确认，可以依靠权威的报纸帮助检索。在Google搜索引擎中输入""A Bite of China" site：washingtonpost.com"和""A Bite of China" site：nytimes.com"时，发现找到的结果分别为9条和8条，如图2-23和图2-24所示；输入""Chinese food on the tip of tongue" site：washingtonpost.com"和""Chinese food on the tip of tongue" site：nytimes.com"时，发现显示"未找到符合的结果"；输入""China on the tip of tongue" site：washingtonpost.com"和""China on the tip of tongue" site：nytimes.com"时，也发现显示"未找到符合的结果"。由此得知"A Bite of China"的译法确实地道。

图2-23　Google搜索""A Bite of China" site：washingtonpost.com"

图2-24　Google搜索""A Bite of China" site:nytimes.com"

综上所述，"《舌尖上的中国》"最地道的英译应为"*A Bite of China*"。这个案例也可以说明，维基百科的搜索结果相对比较可靠，在第一步中维基百科上显示的翻译即为"*A Bite of China*"。

（四）谷歌缓存（Google cache）

1.简介

网页缓存是临时存储网页上文件记录的方式，如HTML网页和图像，其作用是减少服务器带宽使用额度，减少请求过程耗时。Google缓存链接可追回封闭网站上的信息，也可从缓存网页上获取数据，比从原网页上点击链接速度更快。该缓存位于Web服务器之间（1个或多个内容源服务器）和客户端之间（1个或多个），会根据请求保存输出内容副本（如HTML页面、图片、文件等），当下一个请求产生时，如果是相同URL，缓存直接使用副本响应访问请求，而不是向源服务器再次发送请求。

2.为何使用缓存

一是浏览已停止服务的网站内容：可用cache页面浏览网站故障前的缓存页面，如前期研究某个资料，现无法打开网页等情况。

二是减少相应延迟：因为请求从离客户端更近的缓存服务器而非源服务器开始，耗时更少，让Web服务器看上去更快。

三是减少网络带宽消耗：重用副本会减少客户端带宽消耗，可节省带宽费用，控制带宽需求增长并更易于管理。

如IE、Firefox等新一代Web浏览器一般都能进行缓存设置，其原理与在电脑上留出硬盘空间存储已看过的网站副本相似。浏览器未关闭前在同一会话过程中会检查一次并确定缓存副本足够新，正因如此，用户能单击"后退"返回刚访问的链接。

3.Google cache使用方法

在Google搜索结果呈现页面，单击网址最后边的三角符号，就会出现"网页快照"；或输入"cache：需要访问的网址"即可访问缓存信息。在中国大陆访问国外某些网站可能出现提示："请注意在中国大陆搜索很可能导致用户与谷歌的连接暂时阻断。"此阻断并不受谷歌控制，如继续单击"仍然搜索"，进程就会被关闭。另外，有些浏览器有专门的扩展组件（如Chrome的Google Cache Link Protector），可将Google"网页快照"中的链接重新定向到被缓存过的快照页面，如果源网站发生临时故障，用户也能直接在"网页快照"页面打开该网页上所有被缓存过的链接。

（五）以图搜图

在不确定或根本没有关键词或只有概念没有内容时，以图搜图可以快速建构可视化概念，确定线索。如下是一个日译中案例：

BT粉生产方法では中高圧BT粉の乾式粉砕湿式粉砕で粒度調整をするが設備が違います。

图2-25　通过Google图片搜索获取的
Baeds MILL照片

乾式粉砕：MLCCBT粉は乾式粉砕はJET MILLを採用理由は機械式粉砕は衝撃による方法の為。

湿式粉砕：Baeds MILLを採用但しBeads径0.3mmで処理後0.1mmの多段方式で粒度調整をするがSlurry処理量と周速を変化させて粒度分布結晶性との関係を確認する事。

上文提到了"JET MILL"及"Baeds MILL"两个重要设备，鉴于不了解该设备工作原理可能影响翻译进度，可输入该设备名称，并单击"图片搜索"，就会立刻获得外观、内部构造、各部分名称等信息（图2-25），还可进入该图片源网页，查看有关此机器的文字说明，极大提高翻译效率，如图2-26所示。

Small-and-Mid batch Intelligent type Beads Mill

Introduction:

Small-and-Mid batch Intelligent type Beads Mill, is a Mid batch testing equipment in Lab. It is a Nano-grade Grinding Machine with PLC control.. It is characterized in high grinding efficiency, good grinding fineness, wide application and good wear resistance. Meanwhile, the chamber is lined with zirconia, which reduces pollution significantly; Increased cooling area and cooling efficiency solves the difficulty of heat dissipation. And with self-circulatory system, it does not need any transfer pump, which reduces the difficulty of cleaning significantly. The Lab Horizontal beads mill is widely used in the industries such as coatings, inks, pigments, colorants, cosmetics, pesticides, pharmaceuticals, etc.

Working principle:

The transfer pump circulates the materials in the tank and that in the grinding chamber. The grinding beads inside the high-filling-ratio working chamber driven by the rotating plates moves irregularly in every direction, which put the particles of the materials under continuous crashing and friction. Meanwhile, sieve separates the materials and the grinding medium so that the materials can circulate between the tank and the grinding chamber continuously. As a result, it can smaller the particle size and narrow the particle size range efficiently.

图2-26　搜索到某款Baeds MILL详细介绍

（六）Google 搜索优缺点

Google 搜索的优点主要有：

（1）功能强大，内置应用多，操作简便，节约时间，提高搜索效率。

（2）兼容主流浏览器，方便快捷。

（3）覆盖率高，有些内容（尤其是国外的一些资料）在百度等搜索引擎中查询不到。

（4）可信度高，某些术语翻译很值得借鉴。

客观地说，受国家政策、互联网／终端技术、用户习惯、专业背景等限制，目前谷歌搜索仍存在一些不足。Google 搜索的缺点主要有：

（1）死链率较高，经常会出现页面不能访问的情况。

（2）有些内容比较冗余，需要仔细提炼。

（3）中文网站检索的更新频率不够高，不能及时淘汰已过时的链接。

（七）网络搜索注意事项

利用拥有海量信息的互联网有一个核心议题，即如何在最短的时间内找出最符合需求的内容。对翻译工作者而言，如何判定检索结果的真伪优劣至关重要。由此需要思考两个问题：一是为什么互联网信息精度较差？二是为什么不能便捷地获得优质译文？

要分析互联网信息精度，首先要明确互联网信息的三大弊端：

一是信息质量不一、准确性存疑。互联网并非专门为翻译活动服务，加之信息组织结构尚不完善，其信息可信度往往低于工具书或语料库；特别是受商业利益影响，多数信息检索工具的检索结果都有商业考量，甚至存在违法、"三俗"信息。

二是数据量巨大，信息获取有偏差。目前人机互动还远未实现理想状态，互联网信息只有通过工具搜索才能发挥作用，且掌握信息搜索技能，形成"搜商"，远比上网本身要难；检索得当能事半功倍，而检索欠佳或不当可能查询无果甚至受误导。

三是信息违法及伦理。目前，滥用、操纵搜索结果，使用他人知识产权，编译数据违反隐私保护等信息违法问题层出不穷，谷歌服务器能源消耗、违反竞争法、涉嫌垄断和限制贸易等也令人担忧。

有鉴于此，译者在借助互联网提高术语及译文质量时必须注意如下几点：

一是确定权威译法。如"农民工"一词现有译法有"migrant workers""civilian workers""a laborer working on a public project""peasant workers""farmer-turned construction workers""farmer converted workers"等十几种。鉴于网络信息来源难辨，且容易以讹传讹，译文准确度需要译者反复斟酌，切忌以使用频率、官方来源判断。建议译者以下列标准判断信息真伪：

（1）信息源和作者权威性。译者可从信息作者和出版者知名度、信息所在网站性质（政府网站、教育机构网站、非营利机构网站、商业网站）、信息使用范围（是否有版权声明）等方面分析。

（2）信息时效性。注意信息发布、修改日期，尽量使用最新版本。

（3）信息客观性。可靠信息应以事实为根据，不得有倾向性宣传；对于有争议的问题，确保中立、客观。

（4）信息版权。任何信息都应带有版权信息及使用范围和规定，从中可确定信息来源，尽量不使用没有任何版权声明的信息。

二是参考纸质书。网络信息良莠不齐，不可过度依赖，特别是大众参与的开源编辑模式大大增加了错误率。而大部分书籍都经过细心编排、严格审校才得以出版发行，因此可信度更高。

三是注意地域和文化差别。谷歌搜索的所有中文网页还包含港澳台地区及海外中文网页，而通常情况下大陆官方译法与港台等不同，如大陆称"查验"，港台称"检视"等。

四是第三方语言辅助。如电影《卧虎藏龙》英文为"Hidden Dragon，Crouching Tiger"，但日文作"グリーンデスティニー"，明显是音译自英文 Green Destiny。这是因为日本习惯对外国作品名进行英文直译或音译，而中国习惯意译外国作品名，因此勤用"日→英→中"或"中→英→日"语言转换，即先通过日语或中文原文查找英文名称，再搜索或翻译查找到的英文名，这样可提高翻译准确度，使译文符合目标语使用习惯。

第二节　语料库搜索与翻译

一、语料库概念

（一）定义

语料库（corpus，复数形式为 corpora 或 corpuses）一词出自拉丁语，本义为 body，可以理解为语料库是语言材料的仓库。在《语言学名词》中，语料库被定义为"为语言研究和应用而收集的，在计算机中存储的语言材料，由自然出现的书面语或口语的样本汇集而成，用来代表特定的语言或语言变体。"语料库所存储的是语言实际使用中出现过的真实语言材料，它以电子计算机为载体，将真实语料进行分析和加工处理，使之成为具有代表性的语言资源。通过检索语料库，获得相应语料的统计数据，通过此方式来观察、推测进而把握语言事实，分析研究语言规律。语料库研究的出现是计算语言学与语言学发展的结果。

冯志伟在《语料库语言学与计算语言学研究丛书》序中对语料库的定义较有代表性："为了一个或多个应用目标而专门收集的、有一定结构的、有代表性的、可被计算机程序检索的、具有一定规模的语料的集合。"这一定义强调了语料库的三个特征：一是需要有一定结构；二是在同类语料中具有代表性；三是可被计算机程序检索。

要正确认识语料，需要认清如下三点：一是语料库中存放的是语言实际使用中真实出现过的语言材料，例句库通常不应算作语料库；二是语料库是承载语言知识的基础资源，但并不等于语言知识本身；三是真实语料需要经过加工（分析和处理），才能成为有用的资源。

语料库是语料库语言学研究的基础资源，也是经验主义语言研究方法的主要资源，在词典编纂、语言教学、传统语言研究和基于统计或实例的自然语言研究等方面均有应用。

（二）语料库分类

语料库有多种分类法。

1. 按用途

（1）通用语料库：用于一般性语料研究，建库标准和要求较严格，须反映各类语料变体，如国家语言文字工作委员会现代汉语通用平衡语料库。❶

（2）专用语料库：某个特定领域语言变体的反映，如为研究广告建立的广告英语语料库，如山西大学的专有名词标注语料库和分词与词性标注语料库。❷

2. 按时效性

（1）共时语料库：着重研究语言学的静态面，如LIVAC共时语料库。

（2）历时语料库：目前绝大多数语料库都是逐渐积累形成的，均可称为"历时语料库"。

3. 按语体

（1）书面语语料库：目前绝大多数语料库都取材于书面语，均可称为"书面语语料库"。

（2）口语语料库：指储存语言音频文件和文字副本的数据库。在语音技术里，口语语料库可用于创建声学模型，配合语音识别引擎使用；在语言学里，口语语料库可用于语音学、会话分析、方言学等研究。

4. 按语种

（1）单语语料库：指只含一种语言的语料库，目前网络可直接使用的最大单语语料库是英语国家语料库（British National Corpus，BNC）。

（2）双语/平行语料库（parallel corpus）：指收集某语言原创文本译成另一种或多种文本的语料库，方便使语言学家对比两种文本在词汇、句子和文体上的差异，研究翻译行为特征，研究翻译腔的产生原因和特点等。Mona Baker指出，平行语料库最重要的贡献在于：它使人们认识到翻译研究应从规约性（prescriptive）研究向描述性（descriptive）研究过渡。

（3）多语语料库（multilingual corpus）：指两个或多个不同语言的语料文本组成的复合语料库。一般分为平行语料库和对照语料库两种。

5. 按是否为母语

（1）母语语料库：指汇集人们在使用母语时输出的笔语或口语实例而构成的单语言语料库，强调语料来自母语使用者的真实语言使用案例，反映自然、常规、真实的语言应用模式。

（2）外语学习者语料库：专为外语学习者提供使用的语料库，国内最常见的是中国英语学习者语料库（Chinese Learner English Corpus，CLEC）。

6. 按是否被标注

（1）生语料库：只经过去杂质处理，建库简单。但是由于没有经过深加工，其中的

---

❶ 全库约1亿字符，其中1997年以前的语料约为7000万字符，均为手工录入印刷版语料；1997年之后的语料约为3000万字符，手工录入和取自电子文本各半。

❷ 专有名词标注语料库包括标注了中国地名的语料280万字，标注了中国人姓名的语料300万字，标注了西文姓名的语料250万字，标注了汉语机构名称的语料50万字，以及标注了网络新词语的语料150万字；分词与词性标注语料库，规模为500万字，含分词、词性和句法标记，依据《信息处理用现代汉语分词规范》和《信息处理用现代汉语词类及标记集规范》标注。

语言学信息不如标注语料丰富，能够提取出来的信息非常有限。

（2）熟语语料库：指收集之后经过加工的语料库。

二、语料库在翻译中的应用

翻译的不断发展推动了语料库的产生与发展。广义上看，有道、海词、灵格斯、金山词霸等常用词典都属于小型双语平行语料库，且提供了一些例句；而百度、谷歌等搜索引擎则是超大语料库，但很难做到正确的一一对应。因此很有必要综合考虑，由此也体现了专业语料库建立的意义——双语例句大大超过纸质词典，双语平行对应又弥补了常用搜索引擎的不足。

语料库对翻译的辅助作用可以从两个维度考察：一是从翻译阶段看，细化到译前、译中、译后三个阶段；二是从翻译要素看，细化到术语、语料、风格等各个方面。

（一）从翻译阶段看

语料库对翻译的作用可以从译前、译中、译后三个阶段加以认识。

1.译前：深化对词意的理解

翻译的首要难题是生词及专业领域术语，更多的情况则是很熟悉却在特定语境下有特殊含义的词语，这时可寻求语料库帮助。如principle有原理、原则或道义等义，为加深对该词的了解，在语料库中查询结果。通过浏览各例句，寻找到该词所在各种不同语境，就能更好地理解这个词的意思和用法了。

2.译中：确定具体的译法

如下以正确翻译《婚姻法》"子女应当尊重父母的婚姻权利"一句中"婚姻权利"一词的译法为例，说明如何使用语料库操作。本例使用WebCorp语料库，该软件界面如图2-27所示。

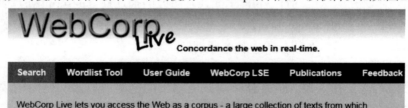

图2-27　WebCorp界面

中文：子女应当尊重父母的婚姻权利。

英文：Children shall have respect for their parents matrimonial rights.

现有两个疑点：一是“right”是否使用复数；二是matrimonial right可译为“因结婚而获得的权利”，不同于“婚姻权利”，是否需要修改成“right to marriage”等形式。以下为解疑步骤：

（1）输入“matrimonial right*”，其中“*”代表“right”后可能出现的任意字符，发现如图2-28所示的例句。

1) http://www.onlinenigeria.com/marriages-in-nigeria/Statutory-Marriage-Preceded-By-Customary-Marriage/
Text, Wordlist, text/html, UTF8 (Failed), 2015-01-01 (Copyright footer)

```
1:  contractual right. If the right is regarded as a matrimonial right, then on principle its enforcement will be lost
2:     effect of the conversion is to substitute the matrimonial rights under statutory marriage for those of customary
3:     They cannot therefore be properly regarded as matrimonial rights. Rather they arise from a contract entered into
4:         Winn, J, refused to regard the claim as a matrimonial right arising from the relationship of husband and
```

2) http://www.oikeus.fi/en/index/esitteet/avioliittolaki/puolisoidenomaisuudenjako.html
Text, Wordlist, text/html, UTF8 (Content-type), 2015-01-17 (Server header)

```
5:     settlement ordering that neither spouse has a matrimonial right to the property of the other. This means that
6:           can also stipulate that a spouse has no matrimonial right to certain property belonging to the other
7:       concluded by Antti and Raija, neither has a matrimonial right to the property of the other, which means that
```

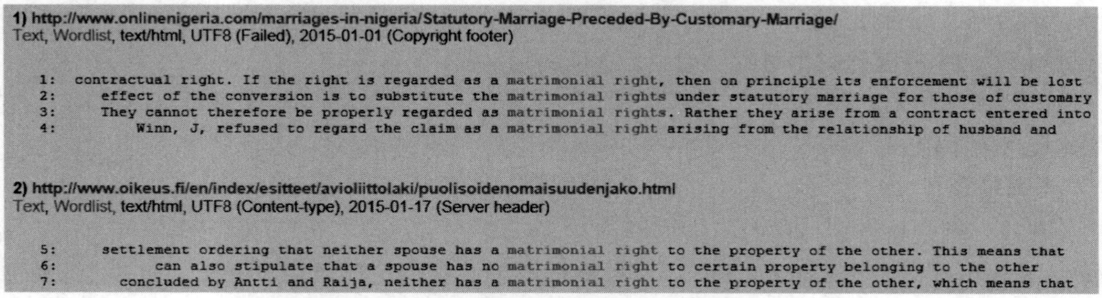

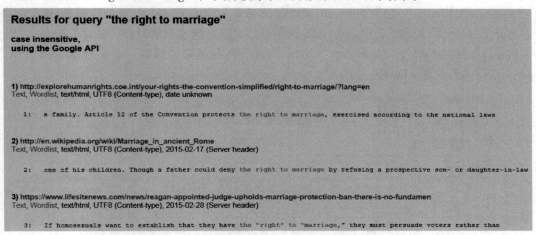

图2-28　搜索有关“matrimonial right*”的例句

如上可知，“matrimonial right”表示“因结婚而获得的权利”，不是结婚权利。

（2）再验证“right to marriage”，执行搜索，出现如图2-29的结果。

Results for query "the right to marriage"

case insensitive,
using the Google API

1) http://explorehumanrights.coe.int/your-rights-the-convention-simplified/right-to-marriage/?lang=en
Text, Wordlist, text/html, UTF8 (Content-type), date unknown

```
1:   a family. Article 12 of the Convention protects the right to marriage, exercised according to the national laws
```

2) http://en.wikipedia.org/wiki/Marriage_in_ancient_Rome
Text, Wordlist, text/html, UTF8 (Content-type), 2015-02-17 (Server header)

```
2:   one of his children. Though a father could deny the right to marriage by refusing a prospective son- or daughter-in-law
```

3) https://www.lifesitenews.com/news/reagan-appointed-judge-upholds-marriage-protection-ban-there-is-no-fundamen
Text, Wordlist, text/html, UTF8 (Content-type), 2015-02-28 (Server header)

```
3:   If homosexuals want to establish that they have the "right" to "marriage," they must persuade voters rather than
```

图2-29　搜索有关“right to marriage”的例句

由上可知，应将“matrimonial right”改为“right to marriage”。

3.译后：进行检查核实

翻译完成后，通常不同的人会有不同的版本，如何评价这些版本，如何确认正确译法，在讨论中如何证明谁的翻译更符合语境，谁的词语词组翻译更准确，语料库在解决这些问题时都可以发挥作用。具体操作方法与上述一样，但更侧重找平行文本，即最接近所译材料语境的文本，最终确认翻译是否准确、到位。

（二）从翻译重心看

翻译要素可以理解为在翻译中译者关注的信息或部分，多数情况是术语，但也可以是风格、词频、结构、修辞等内容。美国杨百翰大学语料库（Brigham Young University Corpus，BYU Corpus，下称“杨百翰语料库”）收词丰富，开源免费，只要申请便可使用。此语料库包含杨百翰BNC语料库、美国当代英语语料库和Global Web-based English（GloWbE）等，三个语料库使用方法类似。杨百翰BNC语料库（British National Corpus，BYU-BNC）收录了从1999年至2012年英国的近1亿词的文本；美国当代英语语料库（Corpus of Contemporary English，COCA）收录了从1999年至2012年美国的近4.5亿词的文本；GloWbE（Global Web-based English）收录了从2012年至2013年20多个国家的近19亿词的文本。此处仅以法律术语为例，综合使用杨百翰语料库与绍兴文理学院中国汉英平行语料大世界（下称“绍兴语料库”），探究语料库对术语选用、查证的辅助作用。

语料库的术语功用体现在三方面，即简单索引（找术语）、同近义辨析（辨术语）、搭配验证（验术语）。

1.简单索引

查找“剩余财产”一词的正确英译，考虑双语平行功能。经查询绍兴语料库得出“residual property”或“remaining assets”。再根据语境共现理论选择相应词汇，该功能页面如图2-30所示。

2.近义词同义词辨析

翻译“制定本法”一词时查到两种译法，即“law is formulated”或“law is enacted”。从汉译英术语验证的一般规律出发，在杨百翰语料库旗下的COCA中对上述两种用法给予验证，如图2-31所示。不难看出，在不同语境中二者使用各有千秋，在“法律”（Laws）一栏中，“enact”使用率高于“formulate”，由此可认为在翻译中采取这“enact”这个词更合适，法律英语可写成“This law is enacted”。

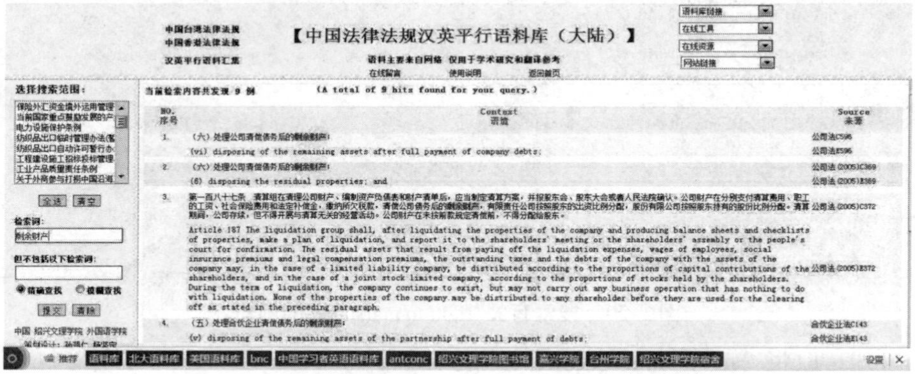

图2-30　绍兴语料库返回的“剩余财产”英译语料

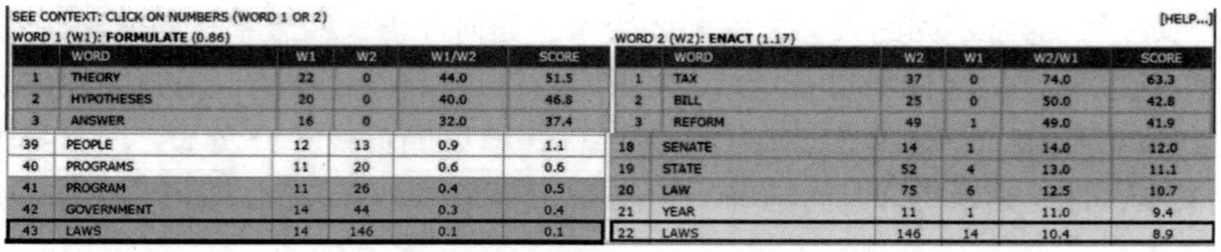

SEE CONTEXT: CLICK ON NUMBERS (WORD 1 OR 2) [HELP...]

WORD 1 (W1): FORMULATE (0.86)

	WORD	W1	W2	W1/W2	SCORE
1	THEORY	22	0	44.0	51.5
2	HYPOTHESES	20	0	40.0	46.8
3	ANSWER	16	0	32.0	37.4
39	PEOPLE	12	13	0.9	1.1
40	PROGRAMS	11	20	0.6	0.6
41	PROGRAM	11	26	0.4	0.5
42	GOVERNMENT	14	44	0.3	0.4
43	LAWS	14	146	0.1	0.1

WORD 2 (W2): ENACT (1.17)

	WORD	W2	W1	W2/W1	SCORE
1	TAX	37	0	74.0	63.3
2	BILL	25	0	50.0	42.8
3	REFORM	49	1	49.0	41.9
18	SENATE	14	1	14.0	12.0
19	STATE	52	4	13.0	11.1
20	LAW	75	6	12.5	10.7
21	YEAR	11	1	11.0	9.4
22	LAWS	146	14	10.4	8.9

图2-31　COCA对“enact”和“formulate”的词频统计结果

语料库的近义辨析与传统纸质字典不同，后者强调从词义、习惯用法等做出经验学阐释，而前者则结合大量数据的统计与分析，着重从词频和搭配等结构化角度给出辨析结果，这种由经验主义向实证主义的转变是语料库辅助翻译工作的一大特色。

同义词以"apartment"和"flat"为例，在杨百翰语料库旗下的GloWbE中进行验证。从图2-32可知"apartment"一词在美国使用频率为2422次，而在英国使用频率为1141次。相反，从图2-33中可知"flat"一词在美国使用频率为4826次，而在英国则为5900次，由此可知英国人更常用"flat"表示"公寓"。由此可见，文化语境不同，词汇频率就略有不同。

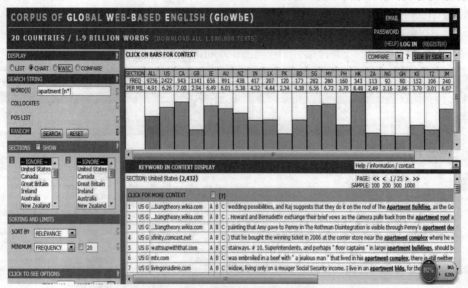

图2-32　GloWbE对"apartment"的词频统计界面

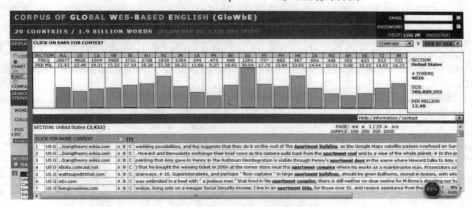

图2-33　GloWbE对"flat"的词频统计界面

3.词语验证

《民法典》译法有很多，如"Code of Law""Civil Code""Civil Law"等。通过在杨百翰语料库比对，发现"Civil Code"在相关学术文刊上使用率为442，"Civil Law"为264，综合考虑法律词汇权威性和正式性，应选取"Civil Code"。

4.搭配验证

如针对"甲方违法解除或终止本合同，应向乙方支付赔偿金"的译文，有以下两种版本。

版本一：In the case that Party A cancel or suspend the Contract illegally，Party A shall pay economic compensation to Party B.

版本二：In the case that Party A cancel or terminate the Contract illegally，Party A shall pay economic compensation to Party B.

　　两个版本的争议焦点在"终止"一词应译为"suspend"还是"terminate"，在此使用杨百翰语料库旗下的COCA的关键词居中功能（Key Words in Contex，KWIC）进行检索。

　　如图2-34所示，"suspend"常与"judgment""thought"和"work"搭配。结合语境，不难发现"suspend"是"中止，暂停"的意思，无"终止"义。而如图2-35所示，"terminate"常与"relation""investigation"和"contract"搭配，有"终止"义。根据语义翻译理论，翻译应注重译语与原语意义的相互对应，而法律用语应严谨规范，更具权威性。因此选用terminate对应"终止"更合适，"terminate contracts"为正解。

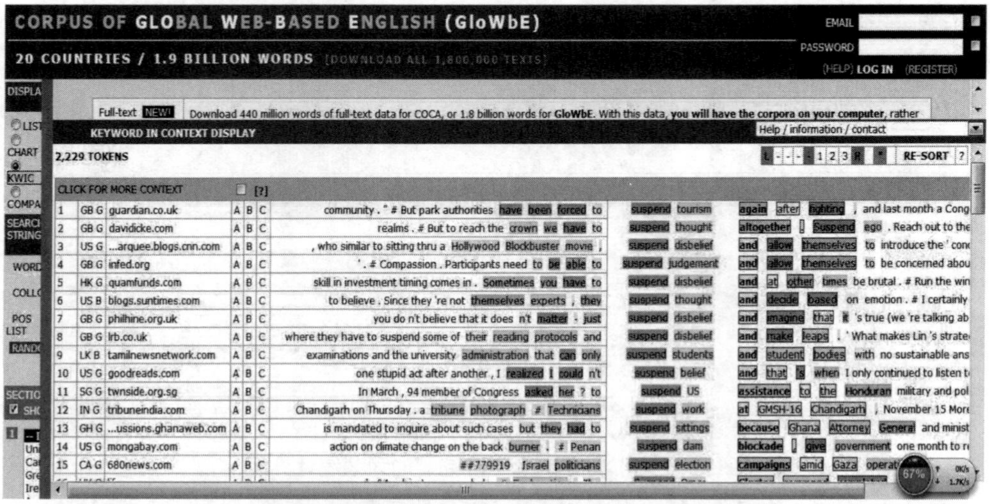

图2-34　COCA对"suspend"使用KWIC功能页面

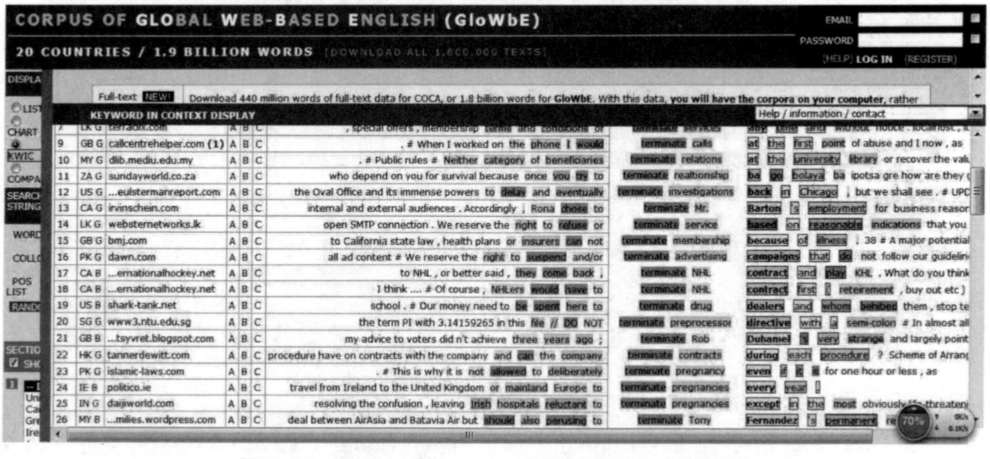

图2-35　COCA对"terminate"使用KWIC功能页面

三、综合利用Google和语料库

　　Google和语料库互补，能发挥更大作用。Google首页左侧有"翻译所有中文网站"和"翻译所有英文网站"两项，若将按关键词搜索出的所有网页转换为翻译的网页，然后查看网址来源是否可靠，再利用语料库查证找到译法，能很快解决翻译过程遇到的问题。以下是一个利用Google搜索引擎和COCA进行词语英译的实例。

　　如英译"粮食种植面积"一词，很容易找到"the area of land sown to grain crops"这一译法，为寻找更专业的译法，以下分步查询：

　　（1）输入该关键词搜索，并在检索出的网页左侧单击"翻译所有英文网站"，发现有PDF文章题目用了"acreage"一词，且Agricultural Economic Report第157期有篇文章"An Econometric Analysis of U.S. Wheat Acreage Response"，文中"小麦种植面积"使用了115次"acreage"，如图2-36所示。

　　（2）在COCA语料库中查证，输入"acreage"，发现有1000多项例子，其中"tobacco acreage"和"agricultural acreage"较多，如图2-37所示。因此，"粮食种植面积"可更简洁地译为"acreage"。

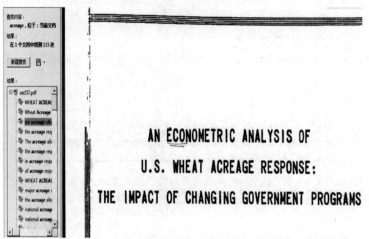

图2-36　An Econometric Analysis of U.S. Wheat Acreage Response 中多次将"面积"表述为"acreage"

图2-37　COCA语料库中搜索"acreage"的结果

其次，可以利用Google的高级检索和双语诱导词等查找待翻译文本的可能翻译，然后利用语料库对可能的翻译进行筛选，最后确定地道的翻译。以下是一个利用Google搜索引擎和杨百翰语料库旗下的COCA进行词语英译的实例：

如英译新词"小窗口私聊"的例子，QQ群、微信群让我们可以同时跟很多人进行即时通讯，但是因为群聊的信息是群内所有人都可见的，所以有时候有些不方便让大家看到的话，我们都会跟特定的人"小窗口私聊"，由此可知"小窗口私聊"的意思是在群聊时群内的某些人进行私聊。明确意义后，我们进行分步查找：

（1）考虑到China Daily（《中国日报》）会经常收录一些新词，所以在Google搜索引擎中输入"小窗口私聊 site：chinadaily.com.cn"，搜索结果如图2-38所示。可以看出有"side text"一词可以表示"小窗口私聊"的含义。

图2-38　利用Google搜索引擎搜索China Daily上的"小窗口私聊"英译

（2）因为China Daily上的英译不一定地道，所以为了验证"side-text"的地道性，分别在Google搜索引擎中输入"side-text"直接进行检索，发现urban dictionary有相关解释，如图2-39所示。

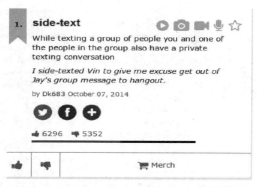

图2-39　urban dictionary中"side-text"的释义

（3）为验证urban dictionary的权威性，搜索了维基百科，发现这本字典是一本基于网络的字典（web-based dictionary），这本字典包含很多的俚语和名字，语种有英语、斯瓦里斯语和阿拉伯语等。词条选择主要靠投票。可见此本词典有一定的时效性和灵活性，虽不如牛津和柯林斯权威，但也是一种流行新语的宝库，因此"side-text"的译法绝对是可以的。

（4）为了进一步验证，在在线牛津词典里检索"side-text"，发现并没有这样的词条。在COCA里搜索，发现也没有为了找到相对权威一点的词，采取以下步骤：

①在Google搜索引擎中运用双语搜索"私聊 chat"，得到"private chat"，如图2-40所示。

图2-40 用Google搜索引擎进行双语检索"私聊chat"

②在COCA中检索发现"private chat"词频为23，如图2-41所示。同时，发现此词不仅有"网络私聊"的意思，而且还有"现实生活中的私聊"的意思，如图2-42所示。所以，"private chat"含义更加普遍一些。

图2-41 COCA语料库"private chat"词频统计

图2-42 COCA语料库"private chat"释义

（5）由此可见，"private chat"只表示"网络私聊"，缺少了群聊这一前提条件，但是从权威性和普遍性的角度，这个词也可选。综合来看，"side-text"这个词更佳，因为语言是在不断发展更新的，各权威词典每年也都在更新，且"side-text"这个词形象生动，表达更为准确。

译者在将母语译成外语的过程中不可避免地要靠经验和推测，从而导致一些错误的发生，原因有二：一是目标语语感不足；二是误差导致用词错误。解决这些问题仅靠词典、工具书纠正是远远不够的，此时目标语语料库可以较好地解决上述问题。如分析库中丰富语境和搭配关系实例，参照或对照语料语境和译文语境，处理词语搭配、语体和褒贬，辨析同义用法等，最终这些资料会为翻译找到适合的译语。总之，语料库能为翻译者提供丰富的语境，能快速而准确地提供与关键词有关的大量真实语料，从而为翻译工作提供可靠参考及权威指南。

第三节　桌面搜索与翻译

桌面搜索将业务由网络深入用户的个人计算机，除能找到用户需要的网络信息外，还可从个人电脑海量无序的资料中轻松快速地找到文件、电子邮件、即时通信信息和网页浏览历史记录，是网络搜索的有力补充。它能挖掘深藏在个人计算机硬盘上的信息，最终将突破网络与个人电脑的界限。

从2005年起，桌面搜索成为互联网领域的一大亮点，并为搜索领域带来了重新洗牌的契机。雅虎、谷歌、百度、微软等巨头展开强大的宣传攻势，开发了功能强大的桌面搜索引擎，目前主流桌面搜索软件有百度硬盘搜索、光速搜索、Everything、Search and Replace和Copernic Desktop Search等。

本节将介绍Everything、百度硬盘搜索、Search and Replace三款硬盘搜索工具。

一、Everything

（一）软件简介

Everything是voidtools开发的文件搜索工具，体积小巧、简洁易用，主要职能是"基于名称实时定位文件和目录"，可在几秒钟内完成内上百GB硬盘文件索引，文件名搜索瞬间呈现结果，且系统资源占用极低，性能远超Windows自带搜索工具；文件和文件夹名称的改变会实时反映到Everything数据库，且还可通过"http"或"ftp"形式分享搜索。

需要注意：Everything只搜索文件名，不能搜索文件内容；只适用NTFS文件系统，不支持FAT32和FAT16；支持的最长汉字文件名是256/3≈85个汉字。

（二）基本操作

1.基本设置

Everything默认索引，搜索所有本地NTFS磁盘所有目录，可设置限定搜索范围，以得到更易用的结果列表。

如无须索引某磁盘，可打开"选项"→"卷"，选择相应盘符，取消选择"检查媒体"，如图2-43所示。

如要永远排除某些目录，可打开"选项"→"排除列表"，确认后Everything会重新生成索引，如图2-44所示。

只搜索某个目录，可在资源管理器或其他文档管理器中右击该目录，在弹出的快捷菜单上选择"Search Everything"。此时Everything搜索框中出现了带引号的目录名，便可进行搜索。

2.常用搜索

Everything首次运行时，会通过读取NTFS文件系统中的USN日志❶建立索引数据库，并将数据库存储在内存中，索引后，简洁的程序状态栏中会显示已索引文件数量，且搜索结

---

❶ NTFS文件系统中的USN日志记录了系统对NTFS分区中的文件所做的所有更改。对于每一卷，NTFS都使用USN日志跟踪有关添加、删除、修改的文件信息。

果实时呈现。双击某条结果，便可打开文件，也可直接在结果中进行复制、删除等常见操作。

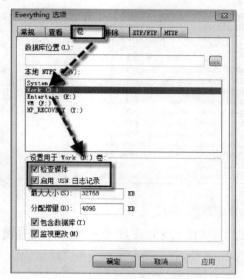 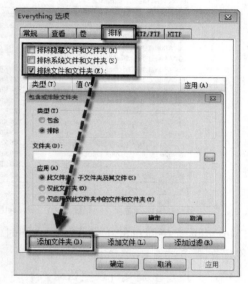

图 2-43　Everything 基本设置(一)　　　　图 2-44　Everything 基本设置(二)

如翻译时希望参考某文件，但记不住或记不全文件名，这时 Everything 的多条件搜索功能尤见功效，以下提供了若干案例。

案例一：在"break.com"翻译项目中寻找所有目标语为日语的所有*.xml 文件。

在搜索框键入"break.com ja xml"表示项目名称，"ja"是 PM 对日语的标记，空格表示 AND，即搜索时两者同时出现。搜索结果如图 2-45 所示。

案例二：在所有 IBM 本地化项目中寻找翻译过的*.html 文件，文件可能包括"trans"或"feedback"。

图 2-45　Everything 搜索案例(一)

在搜索框键入"IBM trans | feedback html"，"IBM"表示项目名称，"|"表示在"trans"和"feedback"两者之间查找，"html"表示文件后缀名。搜索结果如图 2-46 所示。

图2-46   Everything 搜索案例（二）

Everything 支持简单的正则表达式，同时内置了 HTTP 和 ETP/FTP 服务器，可通过设置把它当作简单服务器。Everything 集成性很高，可与 Total Commander 等第三方工具集成。

案例三：搜索重复文件及空目录。

搜索重复文件，输入"dupe："；查找空文件夹，输入"empty："。

二、百度硬盘搜索

（一）软件介绍

百度硬盘搜索可检索中英文双语的硬盘文件，其特点有二：一是搜索快速且定位精准，而 Windows 自带搜索工具需要几分钟甚至更长时间；二是优秀的索引架构和全文索引机制，除文件标题，还能索引文件内容、创建时间、作者等信息，且存储结构最优——哪怕记得一份文档中的只言片语，也能瞬间找到。

目前，百度硬盘搜索可搜索的文档类型有：Microsoft Outlook Express 邮件（*.msg）、WPS 文档（*.wps）、Word 文档（*.doc，*.dot*，.docx，*.dotx，*.docm，*.dotm）、Excel 文档（*.xlsx，*.xltx，*.xlsm，*.xls，*.xlt，*.xlsx，*.xltx，*.xlsm，*.xls，*.xlt）、PowerPoint 文档（*.pptx，*.ppsx，*.potx，*.potm，*.ppsm，*.pot，*.pps，*.ppt*）、PDF 文档（*.pdf）、IE／Firefox 网页（*.html，*.htm，*.php）、图片文件（*.jpg，*.gif，*.bmp，*.tif，*.png）、视频文件（*.avi，*.mpg，*.wmv，*.rm）、声音文件（*.mp3，*.wav，*.wma）、压缩文件（*.rar，*.zip）、可执行文件（*.exe）、文本文件（*.txt，*.rtf）、C/JSP 源代码文件（*.jsp，*.jspx）、EML 单独存放的电子邮件（*.eml）等。

（二）基本操作

1.基本设置

百度硬盘搜索安装成功后会自动运行，当计算机空闲时会扫描硬盘内容并创建初次索引（即初始化索引），索引完成时间取决于待索引文件数量及计算机运行速度，一般需要一至几小时时间。安装完成后，在初始化索引设置中可选择"自动索引"或"自定义索引"，如图2-47所示。前者会自动索引硬盘上全部支持类型文件，后者可自定义索引文件类型，如图2-48所示。

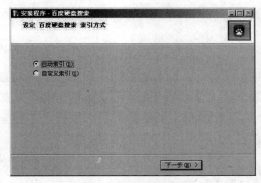 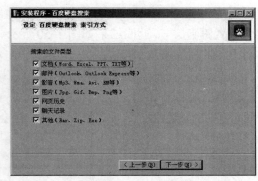

图2-47　设定百度硬盘搜索索引方式(一)　　　　图2-48　设定百度硬盘搜索索引方式(二)

　　鉴于自动初始化索引将索引全部硬盘资料，系统文件或可能不需要索引的文件也被索引了，且会形成较大的索引数据。通常用户可设置索引范围，如图2-49所示打开百度硬盘搜索设置页面"索引"页签。在"目录索引范围"和"网页索引范围"中选择"排除索引……"或"只索引……"，然后输入具体路径保存即可。

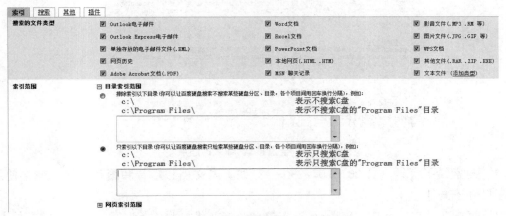

图2-49　管理索引过程及索引数据

　　百度硬盘搜索默认以"正常索引"模式索引。如希望尽快完成索引，可右键单击托盘图标，在快捷菜单中选择"索引"→"快速索引"模式。

2. 常用搜索

　　百度硬盘搜索同百度网页搜索一样支持搜索语法，以下提供若干实例。

　　案例一：在D盘翻译项目文件夹"IBM"中查找所有包括"Alfa Laval"的MS Word译文。

　　限定搜索特定类型的文件，语句为"关键词+filetype：文件格式"（文件格式可为*.doc、*.rtf、*.xls、*.ppt、*.pdf、*.txt、*.wps、*.mp3、*.jpg等）。可输入"Alfa Laval filetype：doc folder：D：\IBM"，然后回车即可。

　　案例二：查找所有同IBM客户往来的电子邮件。

　　输入"IBM filetype：email"即可。若输入"Lily filetype：chat"，百度硬盘搜索会找到符合条件的同Lily（PM名）的聊天记录。

案例三：搜索包含"环氧树脂层"的文件内容。

某个人译者搜集了某行业的详细术语信息，但文件庞杂，类型众多，不适合导入记忆库或术语库，鉴于Everything无法深入文章内部搜索，此时可利用百度全文模糊搜索功能，输入"环氧树脂层"，返回结果如图2-50所示。

图中相关概念释义如下：

（1）搜索结果分类统计（如所有文件）：列出了百度桌面搜索返回的不同类型结果的数目，包括所有文件、邮件、文档、网页历史等8类。默认显示所有文件类型的搜索结果。如需查看某一类型搜索结果，单击该链接，将会得到只显示相应类型的搜索结果页。本搜索中限制了搜索对象时间为2010年9月，所有结果都是2010年9月存储的文件内容。

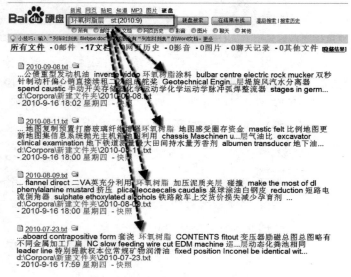

图2-50　全盘搜索"环氧树脂层"

（2）搜索结果标题（如2010-07-23.txt）：如单击文档、影音和图片链接，就会使用相应程序打开该文件。

（3）打开文件夹（如文件夹图标）：单击此链接，将打开该条搜索记录所在的文件夹。

（4）快照：百度硬盘搜索保存的该搜索记录的备份。如意外删除某文件，或需查看该文件旧版本，单击该搜索记录下的"快照"链接即可。

（三）注意事项

使用百度硬盘搜索，程序至少需要1G硬盘空间保存索引数据。出于安全考虑，安装百度硬盘搜索需具备计算机管理员权限。如文件已删除，用户可通过工具清理原来文件的索引，确保索引信息有效。清理索引分三步：

（1）在开始菜单中选择"所有程序"→"百度硬盘搜索"→"清理工具"。

（2）如此时正在运行百度硬盘搜索，系统会提示是否退出搜索，单击"是"。

（3）进入清理删除的文件信息界面，单击"开始"就能清理已删除的文件索引了。

清理已删除的文件索引时，只会清除文档类文件的索引信息，不包含邮件、聊天记录和网页历史。

三、Search and Replace

（一）软件介绍

Search and Replace 是 Funduc 公司推出的功能强大的查找与替换工具，可对同一硬盘中的所有文件（含脚本文件 Script）、二进制表示方式进行搜索与替换，也可搜索 Zip 压缩文件中的文件，并支持搜索特殊字符条件表达式。对搜索到的文件也可修改内容、属性、日期或启动关联应用程序，另外还支持文件管理器的右键快捷功能菜单。

（二）基本设置

要运行 Search and Replace，可直接单击程序图标，也可右击所选盘符或文件夹，点选运行该软件即可。软件界面如图 2-51 所示。

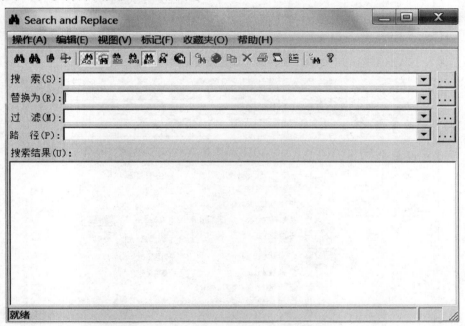

图 2-51 Search and Replace 主界面

1. 设置搜索范围

主界面窗口有四个文本框，依次为"查找""替换""文件过滤"和"路径"。查找前要设置待过滤文件。在主界面第三行输入"*.txt"表示搜索所有 txt 文件，如输入"*.*"则包含所有可能的文件格式、文件名称、文件内相同字段的文档，如图 2-52 所示。

2. 设置限制条件及呈现效果

选择主界面下拉菜单"视图"→"选项"，弹出"Search and Replace 选项"对话框，有"常规""显示""搜索""替换""输出"和"过滤"六个选项卡。可在此对设置所要查找文档的呈现形式（如前景色和背景色）、默认打开程序、查询结果存储目录及文件属性描述（所要查找的文件大小、文件生成日期）等，如图 2-53 所示。

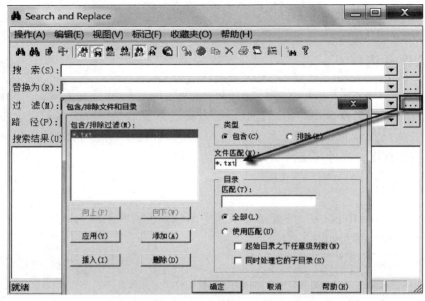

图2-52　设置搜索范围

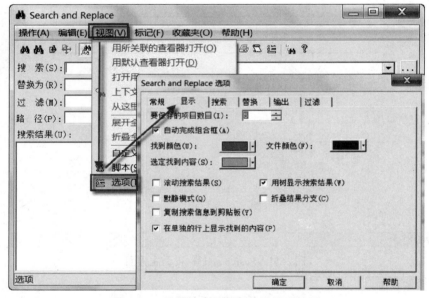

图2-53　设置搜索限制条件及呈现效果

3.设置查询对象及属性

为限制搜索范围，最大限度减少搜索"死角"，可在"标记"菜单选项中选择"区分大小写""搜索子目录""整词匹配"和"搜索ZIP文件"等选项进行具体限制。查找翻译术语时，建议选中这些选项，优化搜索范围，避免遗漏对多层子目录或压缩包内文件的搜索，见图2-54。

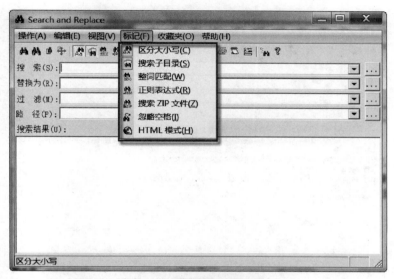

图2-54　设置查询对象及属性

（三）常用搜索●

　　Search and Replace搜索速度超快，只要把随时收集的术语文件另存为"*.txt"即可搜索，建议将"*.txt"文件做成"原文 + 分隔符/制表符 + 译文"格式；为有效查找，可用正则表达式搜索(在"标记"菜单选中"正则表达式")。

　　（1）搜索含有任一关键词的词组，用"(关键词1|关键词2|……)"，如图2-55所示。

　　（2）搜索以关键词开头的词组，用"＾(关键词1|关键词2|……)"，如图2-56所示。

　　（3）搜索"关键词1"与"关键词2"组成的词组，输入"关键词1*关键词2"，如图2-57所示。

图2-55　搜索几个关键词中的任意一个

图2-56　搜索以关键词开头的词组

●感谢资深译者黄功德先生提供相关案例和图片素材。

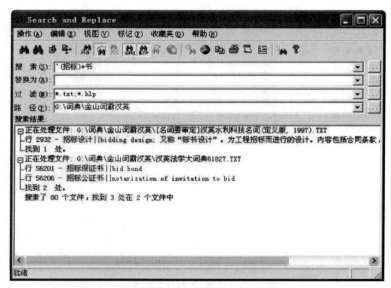

图2-57　搜索"关键词1"与"关键词2"组成的词

（4）搜索以关键词结尾的词组，输入"(关键词1|关键词2|……)\t"，如图2-58所示。

（5）比较两个关键词的译法，输入"ˆ(关键词1|关键词2)\t"，如图2-59所示。

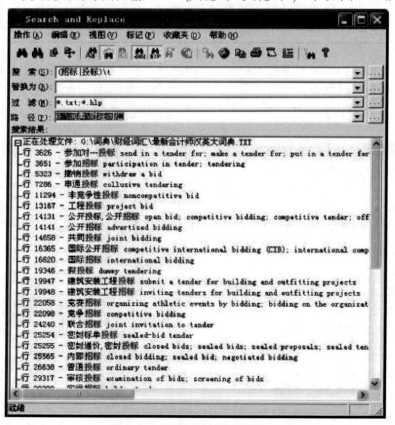

图2-58　搜索以关键词结尾的词

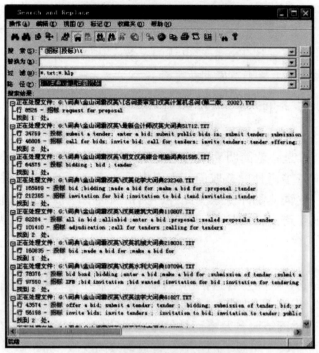

图2-59　比较两个关键词的译法

第四节　译者参考资源

如上所述，快速准确地完成翻译工作需要专业、可靠的知识、工具、技术等，这些内容合称资源，而译者翻译的过程就是综合利用搜索技巧和资源的过程。本书认为，译者参考资源主要有电子词典、双语句库、语料库等。

一、桌面电子词典

（一）简介及特点

桌面电子词典（Desktop Electronic Dictionary）指通过某种介质形式把信息存储到个人电脑硬盘中，通过键盘输入检索并使用屏幕显示词条的电子词典，也叫光盘词典。桌面词典与"在线词典"相对应，也可称"离线词典"。

与传统纸质词典或掌上电子词典相比，桌面词典具有海量、专业、便捷的特点，其在本地储存的海量信息使译者即使无法连接网络，也能随时查询所需。此外，个别在线电子词典收录了海量例句供译员参考，同时能帮助译员了解字词、词组在特定语境下的用法。

目前，多数电子词典均包含查询、翻译、句库、百科等模块，并基于其收录的巨量、权威纸质词典内容为可搜索的海量网络信息提供强大的智力支持；在大数据、云计算等技术推动下，词典收录新词和内容更新的速度不断加快，划词取词和全文翻译愈发强大，音视频、流媒体和交互操作等成为继文字信息后的又一亮点，语料库以更现代、更多元、更创新的面貌展现在终端用户面前，令人耳目一新。

《牛津英语词典》主编 J. Simpson 和 E. Weiner 曾说：电子辞书是未来辞书，它将是未来大多数人查阅的辞书形态。比尔·盖茨也认为：数字化阅读是我们长期以来坚信的一个蓝图。电子词典的发展代表了辞书发展的新常态。

（二）译者常用电子词典

1. 灵格斯

灵格斯（Lingoes）是一款简明易用的免费翻译与词典软件，支持全球超过60多个国家语言的互查互译，支持多语种屏幕取词、索引提示和语音朗读功能，并能提供阅读、书写的优质协助，是新一代词典翻译专家。此外，灵格斯拥有当前主流商业词典软件的全部功能，并创新性地引入了跨语言内核设计及开放式词典管理方案，提供大量语言词典和词汇表下载。

2. 有道桌面词典

有道词典（Youdao）是网易有道推出的词典相关服务与软件，基于有道搜索引擎后台的海量网页数据及自然语言处理中的数据挖掘技术，能挖掘大量中文与外语并行语料（包括词汇和例句），并通过网络服务及桌面软件方式方便用户查询。目前有道词典已有多个版本，包括桌面版、手机版、Pad版、网页版、有道词典离线版、Mac版及各浏览器插件版本。

3. 金山词霸

金山词霸（Kingsoft PowerWord）是金山软件推出的面向个人用户的免费词典、翻译软件，传承了金山词霸经典品质的同时，也给用户带来了更强的功能、更好的交互体验。金山词霸由金山公司1997年推出第一个版本，经过多年锤炼，今天已是上亿用户的常用选择。它最大的亮点是内容海量、权威，收录了141本版权词典、32万真人语音、17个场景的2000组常用对话。

4. 海词词典

海词词典（Dict.cn）创立于2003年，旨在为用户提供更专业、更权威、更便捷的在线查词和词汇学习服务，覆盖英、韩、日等20多个语种，粤语、沪语等特色方言以及80多个行业专业词汇的在线查词及学习服务，并在业内率先实现了模糊查词、云端服务、划词取词、悬浮查询、个性化私人学习定制等诸多先进功能服务。

5. 星际译王

星际译王（StarDict）是利用GTK（GIMP TOOLKIT）开发的国际化、跨平台（Linux、Microsoft Windows、FreeBSD及Solaris）的自由桌面字典软件，使用GPL授权，字典库文件须由使用者自行下载使用。它具有模糊匹配、屏幕取词、通配符查词和单词朗读等功能，且自带独立于系统之外的中文字体。更重要的是，它能通过与Freedict的整合来翻译外文网站，帮助使用者领略大概意思。

（三）使用建议

需要看到，在功能趋于一致的背景下，各电子词典依然各有侧重，如金山词霸注重权威和综合性，释义准确丰富，但新词、专业名词收录不足，语种少，网络搜索功能也有待提升；灵格斯在自定义方面很突出，语种最多，但准确性不能保证；有道词典则追求网络释义的海量和精准，网络搜索功能极为强大，但释义丰富程度不足。因此，可根据不同需求选用不同的词典，以达到理想的效果。

如前所述，电子词典可与google.com结合以获取最新信息。如日语新闻中出现了"アンナカ，安息香酸ナトリウムカフェイン"一词，便可首先搜索其英文词汇，然后通过百度搜索中文译文，得到"安钠咖，安息香酸钠咖啡因"这一专业术语。

二、双语句库

双语句库指利用信息检索技术，在海量双语例句对中提供双语互译信息的数据库。多数双语例句对主要由人工翻译而成，因此准确率要比机译高很多，是学生及翻译从业人员的重要辅助翻译手段，也是自然语言研究工作者面向机译的重要数据支持。目前，在线双语网站与日常工作学习融合度越来越高。主流双语句库有汉典、OneLook搜索引擎、爱词霸句库、有道桌面在线词典等，本书从翻译工作者实际出发，有针对性地介绍具有学术、专业背景的句库，如 China Daily（《中国日报》）双语栏目、《经济学人》中文网、Financial Times（《金融时报》）中文网、译言等类似句库，读者可根据需要自行选择。

（一）爱词霸句库

爱词霸句库是金山公司开发的权威双语句库系统，其特点有二：

一是双语例句按释义、类别、难度分类，能够全面满足各层次、各专业英语学习者、语言工作者的需要。特别是口语和书面语的区别，能让用户深入了解，写出更地道、更专业的英语。

二是例句详细配备出处、发音及语法分析，让用户清晰地通过句子深入学习英语，实现语料利用最大化，这些优质语料的不断增加正是爱词霸句库的最大竞争优势。

目前，爱词霸句库及其所在的爱词霸社区已成为中国英语学习者获取优质语料的最佳选择。从百度口碑的统计看，句库因其收录广泛、界面友好、操作简易、功能强大等广受用户好评。

（二）海词句库

海词由美国印第安纳大学博士范剑淼创建，于2003年11月27日（美国感恩节）正式启用，提供英汉汉英翻译、缩略语、汉语、方言等词典，即将推出韩语、日语、德语、法语、西班牙语、意大利语词典；此外还提供围绕词汇学习的学习工具，如海词生词本、海词单词管家、海词单词测试等。目前已开发网络版，Windows、Mac、Android、iOS、Windows Phone客户端、黑莓、塞班、Java等多终端均可便捷地查词学词。

海词在线翻译特别增设了译文修改功能，让用户根据需要修补结果，实现了人工智能与机器智能的有机结合。特别值得一提的是，新开发的"我的历史翻译"功能可保存所有翻译结果，既能避免重复查询，又能不断完善翻译结果，无形中提高了翻译水平。

（三）CNKI翻译助手

CNKI翻译助手是中国知网开发制作的大型中英文在线辅助翻译系统，其特点有四：

（1）海量数据：从CNKI系列数据库中挖掘整理出120余万条常用词汇、专业术语、固定用法等中英文词条及1000余万条例句。

（2）全方位涵盖：内容涵盖自然、社会科学各领域；形成辅助学术文献阅读和翻译的海量中英文在线词典和双语平行语料库。

（3）第一时间更新：助手数据与文献出版同步实时更新，确保许多刚出现在学术领域且尚未被正式收录到其他翻译词典的新词也能找到翻译范例。

（4）词句多层识别：不仅识别、翻译单个词，还能整句分解、翻译，给出与搜索内容结构相似、内容相关的例句，帮助用户“生成”或“组装”翻译结果。

图2-60给出了“城市扩张”（urban sprawl）一词的搜索结果，不难发现，CNKI翻译助手不仅能“拆句为词”，还能对短语或句子进行辅助翻译；除搜索词外，助手还给出了其相近词“都市蔓延”，且例句均按句子结构相似性排序。例句右侧的“短句来源”可供进一步探究。

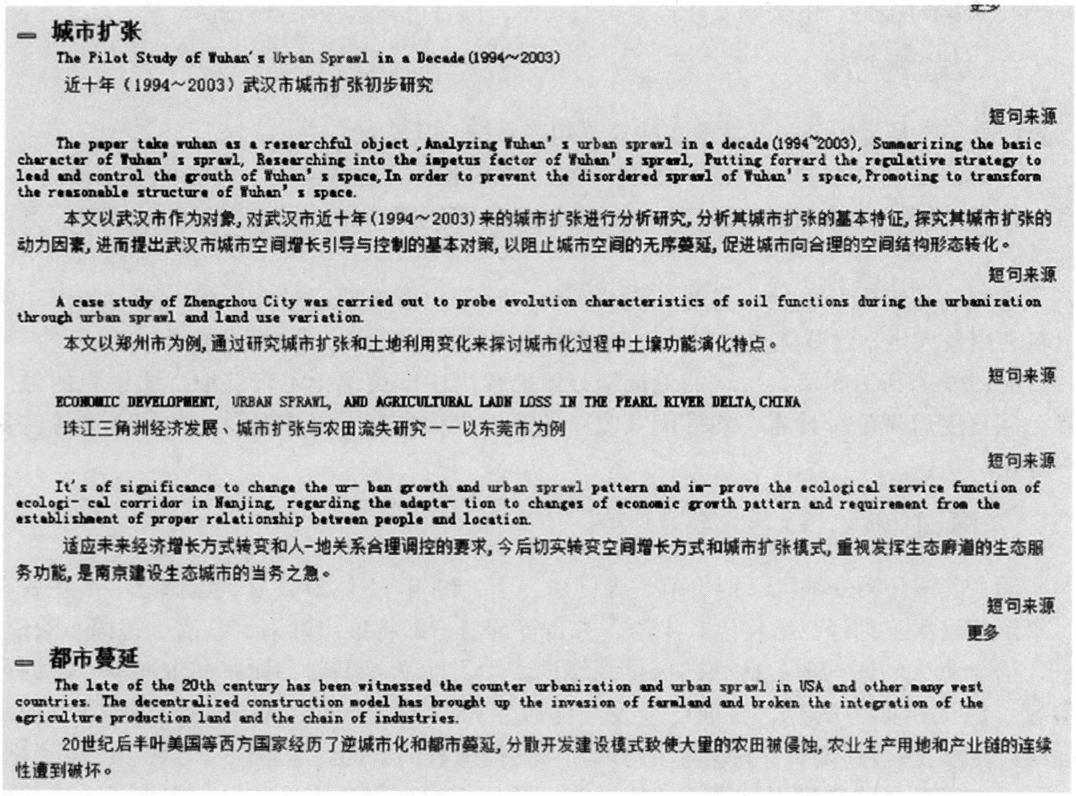

— 城市扩张

The Pilot Study of Wuhan's Urban Sprawl in a Decade(1994~2003)

近十年（1994~2003）武汉市城市扩张初步研究

短句来源

The paper take wuhan as a researchful object ,Analyzing Wuhan' s urban sprawl in a decade(1994~2003), Summarizing the basic character of Wuhan' s sprawl, Researching into the impetus factor of Wuhan' s sprawl, Putting forward the regulative strategy to lead and control the grouth of Wuhan' s space,In order to prevent the disordered sprawl of Wuhan' s space,Promoting to transform the reasonable structure of Wuhan' s space.

本文以武汉市作为对象，对武汉市近十年(1994~2003)来的城市扩张进行分析研究，分析其城市扩张的基本特征，探究其城市扩张的动力因素，进而提出武汉市城市空间增长引导与控制的基本对策，以阻止城市空间的无序蔓延，促进城市向合理的空间结构形态转化。

短句来源

A case study of Zhengzhou City was carried out to probe evolution characteristics of soil functions during the urbanization through urban sprawl and land use variation.

本文以郑州市为例，通过研究城市扩张和土地利用变化来探讨城市化过程中土壤功能演化特点。

短句来源

ECONOMIC DEVELOPMENT, URBAN SPRAWL, AND AGRICULTURAL LADN LOSS IN THE PEARL RIVER DELTA,CHINA

珠江三角洲经济发展、城市扩张与农田流失研究——以东莞市为例

短句来源

It's of significance to change the ur- ban growth and urban sprawl pattern and im- prove the ecological service function of ecologi- cal corridor in Nanjing, regarding the adapta- tion to changes of economic growth pattern and requirement from the establishment of proper relationship between people and location.

适应未来经济增长方式转变和人-地关系合理调控的要求，今后切实转变空间增长方式和城市扩张模式，重视发挥生态廊道的生态服务功能，是南京建设生态城市的当务之急。

短句来源

更多

— 都市蔓延

The late of the 20th century has been witnessed the counter urbanization and urban sprawl in USA and other many west countries. The decentralized construction model has brought up the invasion of farmland and broken the integration of the agriculture production land and the chain of industries.

20世纪后半叶美国等西方国家经历了逆城市化和都市蔓延，分散开发建设模式致使大量的农田被侵蚀，农业生产用地和产业链的连续性遭到破坏。

图2-60　CNKI翻译助手术语查询界面

（四）句酷

2004年，句酷在北京邮电大学诞生，旨在依靠国际领先的中文词语处理、信息抽取、智能挖掘等技术打造中国人自己的语言搜索引擎。截至2011年，句酷已积累了上千万双语

例句，拥有中英、中日、日英三种语言对和以白领、译员、大学生为主的用户群。

目前，句酷旗下产品有句酷在线英文版、桌面句酷、句酷翻译机、句酷 Office 扩展栏等；通过与灵格斯在线词典、翻译中国等联盟网站合作，已将双语例句搜索功能结合到其他网站或词典软件中，方便用户随时随地搜索。

（五）必应句库

必应（Bing）句库包括最常用的词典库（如微软 Office 词典），借助微软数据挖掘术，保证从网上迅速收录热词流行语，并提供英语专家人工纠错、补充翻译等。必应词典智能容错输入包括形近词检索、音近词检索、拼音检索、通配符（"*"和"?"）检索；可在用户搜索输入时实时提供高度智能的联想建议，列出所有想要的词汇，大大简化输入过程；支持超过40种语言的互译。

除了专门句库之外，译者也可结合计算机辅助翻译工具和双语对齐工具自建平行语料库，进行定制化搜索。CAT工具中，可以利用TM搜索已有的翻译资源。以 memoQ 为例，其内嵌的"web search"是一款非常便捷的网络搜索小工具，只需在翻译编辑栏内选取需要搜索的内容，并使用默认快捷键"Ctrl+F3"，就可同时在多个网页（如在线词典、在线百科和网络搜索引擎）执行搜索，且弹出的"web search"对话框中显示的是各网页搜索结果，效率远高于桌面浏览器。这一快捷功能可为译者节省很多时间。"web search"的默认设置中带有许多搜索门户，如 Collins、Oxford 等在线词典，UN Term、Microsoft Term 等术语库网站，Wikipedia 等在线百科全书，Google、Yahoo 等搜索引擎。译者可根据自己的需求和习惯勾选默认搜索网页或自行添加其他网页。该部分内容详见第三章"计算机辅助翻译技术概论"有关工具介绍。

三、语料库

（一）常用语料库一览表

常用语料库见表2-7。

表2-7　常用语料库一览表

名称	网址	语种	简介
BN BNC-World Simple Search	http://www.natcorp.ox.ac.uk/	单语	由牛津出版社、朗文出版公司和大英图书馆等机构共同建立。其中包括广泛的书面语和口语，书面语占90%，口语占10%，总词量超过1亿个
Corpus Concordance English	http://lextutor.ca/conc/eng/	单语	综合多个语料库，内容包括历届美国总统演讲及电视节目、学术、法律等，有口语和书面语两种形式，词量达数千万
The American National Corpus	http://www.anc.org/	单语	最大的关于美语使用现状的语料库，记录了自1990年起美语的口头和书面语，词量达2200万个

续表

名称	网址	语种	简介
BYU corpus**	http：//corpus.byu.edu/	多语	由美国杨百翰大学语言学教授创建,下设多个子库,语料极其丰富
Michigan Corpus of Academic Spoken English	http：//www.hti.umich.edu/m/micase/	单语	密歇根大学英语语言所建立,内容主要为学术英语口语,词量达184万个
Online BLC KWIC Concordancer	http：//www.someya-net.com/conc-or-dancer/	双语（英语、日语）	商业信函及其他信函类语料库,由日本人建立。包括商业信函、名人信函、美国总统国情咨文、部分名著等
LCMC	http：//ota.oucs.ox.ac.uk/scripts/do-wnload.php?otaid=2474	单语	由兰开斯特大学语言学系创建并得到英国经社研究委员会资助,有助于汉语的单语和英汉双语的对比研究
Corpus of Contemporary American English	http：//www.americancorpus.org/	单语	美国杨百翰大学的 Mark Davies 教授开发,是美国目前最新的当代英语语料库,同时也是当今世界上最大的英语平衡语料库,词量达4.25亿个
British Academic Spoken English Corpus	http：//www2.warwick.ac.uk/fac/so-c/celte/research/base/	单语	华威大学和雷丁大学联合开发,包含160场讲座和研讨会
British Academic Written English Corpus	http：//www.reading.ac.uk/AcaDe-pts/ll/app_ling/internal/bawe/sk-etch_en-gine_bawe.htm	单语	由华威、雷丁、牛津和布鲁克斯大学合作建立的学术书面语语料库

（二）国内开放的平行语料库一览表

国内开放的平行语料库见表2-8。

表2-8　国内开放的平行语料库一览表

开发的平行语料库	网址	简介
绍兴文理学院语料库	http：//corpus.usx.edu.cn/	由绍兴文理学院建立,主要语料有鲁迅作品、四书五经、传统经典、毛邓选集、法律文件等
北京大学 Babel 汉英平行语料库	http：//icl.pku.edu.cn/icl_groups/paral-lel/concordance.asp	北京大学计算机研究所建立,主要语料有政治、经济、社会文化类等
北京大学汉英双语语料库	http：//ccl.pku.edu.cn：8080/ccl_cecor-pus/index.jsp?dir=chen	北京大学计算语言学研究所开发,采用北大计算语言所双语语料库加工规范,包括加工流程的规范,以及语料库标记规范
数据堂（50万对双语对齐语料）	http：//www.datatang.com/data/45485	黑龙江工程学院计算机应用技术研究所开发

续表

开发的平行语料库	网址	简介
台湾"中央研究院"语言研究所语料库	http://corpus.ling.sinica.edu.tw/result/db.html	中国台湾"中央研究院"建立,主要语料包括台湾小学课本、"教育部"语料、台湾英汉词典等
哈尔滨工业大学语料库	http://ir.hit.edu.cn/demo/ltp/Sharing_Plan.htm	哈尔滨工业大学信息检索研究室建立,包括10万对齐双语句对、文本文件格式、同义词词扩展版等
中文语言资源联盟	http://www.chineseldc.org/	中国中文信息学会语言资源建设和管理工作委员会建立,该语料库涵盖中文信息处理各个层面上所需要的语言语音资源,包括词典、各种语音语言语料库、工具等

(三)可作为平行语料的网站资源一览表

可作为平行语料的网站资源见表2-9。

表2-9　可作为平行语料的网站资源一览表

网站资源	网址	网站资源	网址
FT中文网	http://www.ftchinese.com	外交部网站	http://www.fmprc.gov.cn
中国网	http://www.china.org.cn/hinese	商务部网站(6语)	http://www.mofcom.gov.cn
中国日报网	http://www.chinadaily.com.cn	联合国相关网站	http://www.un.org
美国中文网	http://www.sinovision.net	维基百科多语网站	www.wikipedia.org
北大法宝	http://vip.chinalawinfo.com	译言	http://www.yeeyan.org
发改委网站	http://www.stats.gov.cn	酷悠双语	http://www.cuyoo.com
国家统计局网站	http://www.sdpc.gov.cn		

思考题

1.简述有哪些搜索工具可以用于辅助翻译工作。

2.如何利用搜索引擎查询专业知识?

3.如何利用单语语料库验证译文是否地道?

4.如何利用桌面搜索快速查找翻译参考资料?

5.现代搜索技术对翻译工作有什么影响?

参考与拓展阅读文献

[1] http://baike.baidu.com/link?url=B9tI8xc_SlZEdaVPwez72tq-WBbCSXh40O2etuMAIg5yRcBPaehoxk1ZyN-NAS4THtLbrc-4urNjKjZ1pmKVxMp0dHDbGuoFjbiSxDVzh_drie3Rj-jbAu5fNfpKCPesn.

[2] http://blog.sina.com.cn/s/blog_742b2f420100s4bx.html.

[3]http://cn.bing.com/dict/?mkt=zh-cn&setlang=zh.

[4]http://corpus.byu.edu/.

[5]http://corpus.usx.edu.cn/.

[6]http://en.wikipedia.org/wiki/Urban_Dictionary#cite_note-Heffernan_Virginia-3.

[7]http://www.cncorpus.org/.

[8]http://www.iciba.com/%E6%89%93%E9%85%B1%E6%B2%B9.

[9]http://www.jukuu.com/.

[10]http://www.livac.org/.

[11]http://www.oed.com/.

[12]http://www.sxu.edu.cn/homepage/cslab/sxuc1.htm.

[13]http://www.thefreedictionary.com/don′t+give+a+shit.

[14]http://www.urbandictionary.com/define.php?term=I%20don′t%20give%20a%20shit.

[15]http://www.voidtools.com/.

[16]http://www.webcorp.org.uk/live/.

[17]http://www.zhihu.com/question/19697357.

[18]Baker M. Corpus linguistics and translation studies:Implications and applications[C]//M. Baker, et al.(eds.) Text and Technology:In Honour of John Sinclair[C]. Amsterdam:John Benjamins,1993:50-233.

[19]查国伟.从新华搜索面世看搜索引擎传媒功能的凸显[J].今传媒,2009(3):35-37.

[20]陈鹤阳.中文学术搜索引擎的比较研究[J].图书馆学研究,2009(10):45-48.

[21]崔卫,张岚.俄汉翻译平行语料库及其应用研究[J].解放军外国语学院学报,2014(01):81-87.

[22]冯志伟.计算语言学基础[M].北京:商务印书馆,2001.

[23]冯志伟.自然语言处理中的概率语法[J].当代语言学,2005(2):166-178.

[24]戈玲玲.汉语言语幽默英译标准的语用分析——一项基于汉英平行语料库的对比研究[J].解放军外国语学院学报,2014(06):1,8-15.

[25]黄俊红,等.双语平行语料库对齐技术述评[J].外语电化教学,2007(6):21-25.

[26]黄俊红,等.专门用途语类翻译平行语料库研究述评[J].重庆大学学报(社会科学版),2004(6):93.

[27]黄如花.英文参考源的检索与利用[M].北京:海洋出版社,2010.

[28]纪可,王苓苓.基于自建平行语料库的东盟专题口译人才培养[J].东南亚纵横,2011(08):43-46.

[29]雷鸣.第三代搜索引擎与天网二期[J].北京大学学报(自然科学版),2001(5):734-740.

[30]李晓明,等.搜索引擎:原理、技术与系统[J].北京:科学出版社,2005.

[31]李学勇.搜索引擎中网络蜘蛛搜索策略比较研究[J].计算技术与自动化,2003(4):63-67.

[32]濮建忠.语料库驱动的翻译研究:意义单位、翻译单位和对应单位[J].解放军外国语学院学报,2014(01):53,63-159,160.

[33]秦平新.法律英语增强语的语义属性及词语搭配调查——一项基于法律汉英平行语料库的研究[J].新疆大学学报(哲学·人文社会科学版),2011(02):153-156.

[34]秦平新.基于平行语料库的公示语翻译个案调查[J].新疆师范大学学报(哲学社会科学版),2011(04):92-96.

[35]宋春阳,金可音.Web搜索引擎技术综述[J].现代计算机,2008(283):82-85.

[36]宋伟华.析"不A不B"式的英译——基于同源多译本汉英平行语料库的个案分析[J].中国科技翻译,2014(1):19,42-44.

[37]汤梅,等.主要国际性学术搜索引擎的比较分析[J].中国科技期刊研究,2011(3):87-385.

[38]王慧兰,张克亮.基于语料库的轻动词结构汉英翻译研究——以"进行"类结构为例[J].解放军外国语学院学报,2014(02):62,68-144.

[39]王建新.计算机语料库的建设与应用[M].北京:清华大学出版社,2005.

[40]王克非.新型双语对应语料库的设计与构建[J].中国外语,2004(6):73-75.

[41]王克非.英汉/汉英语句对应的语料库考察[J].外语教学与研究,2003(6):410-416.

[42]王克非,等.双语对应语料库研制与应用[M].北京:外语教学与研究出版社,2004.

[43]卫乃兴.基于语料库的对比短语学研究[J].外国语,2011(4):32-42.

[44]夏章洪.英语词汇学基础知识及学习与指导[M].杭州:浙江大学出版社,2011.

[45]徐春捷,赵秋荣.中医翻译框架中的英汉平行语料库的研发[J].外语学刊,2014(4):152-154.

[46]徐珺,自正权.基于语料库的英语财经新闻汉译本的词汇特征研究[J].中国外语,2014(5):66-74.

[47]许伟.平行语料库在翻译批评中的应用——以培根 Of Studies 的不同译本为例[J].外语研究,2006(6):
54-59.

[48]语言学名词审定委员会,语言学名词[M].北京:商务印书馆,2011:165.

[49]赵朝永.基于汉英平行语料库的翻译语义韵研究——以《红楼梦》"忙XX"结构的英译为例[J].外语教学
理论与实践,2014(4):75-82.

[50]赵宏展.小型翻译语料库的DIY[J].中国科技翻译,2007(2):31-35.

第三章　计算机辅助翻译技术概论

第一节　计算机辅助翻译基本概念

纵观历史长河，人类社会每一次重大变革都与科学发现和技术发明息息相关。19世纪六七十年代开始，以发电机技术为代表的科技革命推动人类进入了电气时代；20世纪四五十年代开始，以电子计算机、网络技术为代表的第三次科技革命将人类带入了信息时代。可见，技术革命引发了产业革命，每一次科技革命都推动了社会生产力空前发展。近年来，云计算、物联网、大数据等足以改变全球经济、社会发展及人类生产方式的颠覆性技术不断涌现，引发了广泛用于语言服务各层面的翻译技术的迅猛发展，对传统手工翻译模式产生了巨大冲击——计算机辅助翻译技术（Computer-aided Translation，CAT）就是典型代表。

前CAT时代的翻译工作可用"费时低效"形容。我国近代翻译家、教育家严复曾说"一名之立，旬月踟蹰"，足见此类翻译实践的不易。而傅雷二十年间三译《高老头》的艰辛，更说明要完成翻译任务，译者要有扎实的语言功底、深厚的知识储备和长期查阅词典、文献的毅力。但随着社会高速发展，信息几何倍数的累积、爆炸，既没有精通所有领域的人，也没有包罗万象的工具书，更没有仅凭单薄人力和简单组织就能高效完成的翻译工作，CAT的重要性不言而喻。

现已明确，CAT可使译者借助网络的无限资讯快速获取最新、最全的信息，更迅速、准确地理解各术语含义及其译法，从而节省大量人力物力，更保障了翻译的及时、准确。随着语言服务的全球化、市场化，翻译职业化进一步深化，翻译市场对翻译技术人才的需求日益增长，当前高校外语、翻译专业也掀起了CAT教学热潮。

一、什么是计算机辅助翻译

计算机辅助翻译有不少相似的概念，如"计算机翻译""电脑翻译""机械翻译""自动翻译""机器翻译""机器辅助翻译""电脑辅助翻译""人工辅助翻译"等，极易混淆。实际上这些概念可以简单地分为两类：一是纯粹的自动化的机器翻译；二是计算机辅助的人工翻译。为厘清计算机辅助翻译的概念，国内外不少学者进行了研究。

（一）国外学者的观点

Bowker（2002）认为机器翻译（Machine Translation，MT）与CAT的主要区别是谁是翻译过程的主导者，前者是计算机，而后者是人工译员，他们利用各类计算机化工具辅助翻译，提高翻译效率。她认为广义CAT技术指译员在翻译过程用到的一切计算机化工具，如文字处理器、文法检查程序及互联网等。

Quah（2006）对CAT有三点认识：一是CAT翻译研究及本地化领域术语，CAT工具开发者习惯将其称为"机器辅助翻译"（Machine-aided/-assisted Translation，MAT）；二是人助机译（Human-assisted Machine Translation，HAMT）与机助人译（Machine-assisted Human Translation，MAHT）并无明显界限，均属CAT范畴。他认为CAT应包括翻译工具、语言工具及如翻译记忆系统、电子词典和语料库检索工具等。

Austermühl（2006）提出了扩展的CAT工具及分类法。CAT工具除涵盖从拼写检查工具到机器翻译系统、从文字处理软件到术语库、从电子百科全书到在线词典、从HTML编辑器到软件本地化工具，还包括电子报纸存档、视频会议、绘图软件、翻译记忆、电子杂志等。CAT工具分类法有三种，即20世纪80年代早期Alan Melby提出的功能分类法（Functional Approach）、翻译工具自动化程度（Degree of Automation）分类法及过程导向型分类法（Process-oriented Approach）。

功能分类法将翻译工具分为三层：第一层次包括文本处理、远程通信软件、术语管理系统等；第二层包括文本分析、自动查词、双语文本检索等；第三层为机器翻译。

自动化程度分类法将翻译工具由高到低分为全自动高质量机器翻译、人助机译、机助人译、纯人工翻译四类，其中人助机译及机助人译均属CAT范畴。

过程导向型分类方法将翻译涉及的语言、文化过程从源文本到目标文本分为接受、转换、形成三个阶段，如接受阶段主要涉及术语库、接受词典、电子百科、知识库、术语提取等，形成阶段主要涉及术语、产出词典、电子文档、数字语料库、文件管理等。

（二）国内学者的观点

陈善伟（2004：258）认为翻译技术是翻译研究的分支学科，专门研究翻译计算机化的相关内容和技巧。

徐彬等（2007）认为CAT工具有广狭之分。狭义CAT工具专指为提高翻译效率、优化翻译流程而设计的专门计算机辅助翻译软件，如翻译记忆软件等；广义CAT工具包括所有服务翻译流程的软硬件工具，如常用文字处理软件、光学字符识别（OCR）软件、电子词典、电子百科全书、搜索引擎及桌面搜索等。

苏明阳（2007）认为将使用翻译记忆的辅助翻译系统笼统地称为CAT系统较偏颇，广义CAT工具还应包括电子词典、对齐工具、术语管理系统及平行语料库等，有时还应包括机器翻译。

陈群秀（2007）认为智能化CAT系统至少应包括译前编辑、译后编辑、翻译记忆和检索、基于实例模式翻译及项目工程管理等功能。

俞敬松、王华树（2010）从宏观角度认为CAT应包括语言服务项目执行过程的信息环境与信息技术、网络搜索与电子资源、主流翻译辅助工具和本地化翻译、项目管理系统、辅助写作及校对工具、机器翻译、语料库与翻译、语言资产管理、网络化团队协同翻译等多方面内容。

钱多秀（2011）认为CAT由MT或计算机翻译发展而来，也可称为机器辅助翻译（MAT）。当前主流CAT工具的核心技术是翻译记忆，并与附带或独立的术语管理、翻译对齐及翻译流程管理工具结合使用，以优化翻译流程。

　　张霄军等（2013）区分了广狭义CAT，认为广义CAT指一切在语言、翻译文化交流中提高效率的电子工具，狭义CAT指利用翻译记忆技术提高翻译工作效率的系统。

　　综上，CAT涉及面极宽，构成复杂且易混淆。虽然多数学者区分了广狭义CAT概念，但鉴于各人理解差异，不妨采用"翻译技术"这一更宽泛的概念，即语言交流、文化传播过程中应用到的信息技术。若将翻译实践过程分为译前、译中、译后三阶段，翻译技术则指各阶段所用的信息技术，如译前的文档编码格式转换、术语提取、双语对齐技术、重复片段抽取技术、机器预翻译技术等，译中的辅助拼写、辅助输入、电子词典和平行语料库查询及验证、翻译记忆匹配、术语识别，译后的质量保证（Quality Assurance，QA）检查、翻译格式转换、双语或多语排版、翻译产品功能和语言测试等。表3-1列出了上述容易混淆的中英文相关概念。

表3-1　与CAT相关的易混淆概念

英文缩写	英文全称	汉语释义
HT	Human Translation	人工翻译
AT	Automatic Translation	自动翻译
MT	Machine Translation	机器翻译
MT	Mechanical Translation	机械翻译
CT	Computer Translation	计算机翻译
MAT	Machine-aided/-assisted Translation	机器辅助翻译（同CAT）
CAT	Computer-aided/-assisted Translation	计算机辅助翻译
MAHT	Machine-aided/-assisted Human Translation	机器辅助的人工翻译（机助人译）
HAMT	Human-aided/-assisted Machine Translation	人工辅助的机器翻译（人助机译）
MTM	Machine Translation + Translation Memory	机器翻译+翻译记忆
IPMT	Interactive Predictive Machine Translation	交互预测式机器翻译
FAHQMT	Fully Automatic High Quality Machine Translation	全自动高质量机器翻译

二、什么是机器翻译

（一）定义及沿革

　　机器翻译（Machine Translation，MT）是建立在语言学、数学和计算技术这三门学科的基础之上，用计算机把一种语言（源语言，Source Language）翻译成另一种语言（目标语言，Target Language）的一门学科和技术。

　　机器翻译兴起于20世纪50年代初。1946年世界上第一台计算机ENIAC诞生以后，英国工程师A. D. Booth和美国洛克菲勒基金会副总裁W. Weaver提出了利用计算机进行机器翻译的设想。1949年W. Weaver发表了以"Translation"为题目的备忘录，正式提出机器翻译问题。在这份备忘录中，他提出了下面两个重要的基本观点。

　　第一，他认为翻译类似于解读密码的过程。他说："当我阅读一篇用汉语写的文章时，我可以说，这篇文章实际上是用英语写的，只不过它是用另外一种奇怪的符号编了码而已，当我在阅读时，我是在进行解码。"在这段话中，Weaver首先提出了用解读密码的方法进行机器翻译的想法，这种想法成为噪声信道理论的滥觞。值得注意的是，这是文献中关于统计机器翻译思想的最早论述，只是由于当时尚缺乏高性能的计算机和联机语料，采用基于统计的机器翻译在技术上还不成熟，Weaver的这种方法在当时是难以付诸实践的。

第二，他认为原文与译文"说的是同样的事情"。因此，当把语言A翻译成语言B时，就意味着，从语言A出发，经过某一"通用语言（Universal Language）"或"中间语言（Interlingua）"，转换为语言B，这种"通用语言"或"中间语言"可以假定是全人类共同的。

（二）机器翻译的发展

从世界上第一台计算机诞生开始，人们对于机器翻译的研究和探索就从未终止。在过去的50多年中，机器翻译研究大约经历了热潮、低潮和发展三个不同的历史时期。

一般认为，从美国乔治顿（Georgetown）大学进行的第一个机器翻译实验开始，到1966年美国科学院发表ALPAC报告的大约10多年里，机器翻译研究在世界范围内一直处于不断升温的热潮时期，在机器翻译研究的驱使下，诞生了计算语言学这门新兴的学科。

1966年美国科学院ALPAC报告给蓬勃兴起的机器翻译研究当头泼了一盆冷水，机器翻译研究由此进入了一个萎靡不振的低潮时期。但是，机器翻译的研究并没有停止。

自20世纪70年代中期以后，一系列机器翻译研究的新成果和新计划为这一领域的再次兴起点亮了希望之灯。1976年加拿大蒙特利尔（Montreal）大学与加拿大联邦政府翻译局联合开发的实用机器翻译系统TAUM-METTEO正式投入使用，为电视、报纸等提供天气预报资料翻译；1978年欧共体多语言机器翻译计划提出；1982年日本研究第五代机的同时，提出了亚洲多语言机器翻译计划ODA。由此，机器翻译研究在世界范围内复苏，并蓬勃发展起来（宗成庆，2013）。

尤其是近几年来逐渐进入移动互联网时代，一方面随着计算机网络技术的快速发展，如3G/4G网络的普及，人们要求用计算机实现语言翻译的愿望越来越强烈，而且除了文本翻译以外，人们还迫切需要可以直接实现持不同语言的说话人之间的对话翻译。加之跨境电商的迅速发展，机器翻译的市场需求越来越大。另一方面，自1990年统计机器翻译模型提出以来，基于大规模语料库的统计翻译方法迅速发展，取得了一系列令人瞩目的成果，机器翻译再次成为人们关注的热门研究课题。

需要提及的是，虽然目前的机器翻译研究可谓全面开花，人们对高质量机器翻译需求日益迫切，但目前机器翻译的技术水平离"译文直接可用"这一目标还很遥远。

有兴趣的读者可以参阅有关文献（Hutchins，1986，1995；Kay，1996；赵铁军，2001；冯志伟，2003，2004）以进一步了解机器翻译的发展过程和问题分析。

（三）机器翻译方法

在机器翻译研究的历史上，我们大致可以将机器翻译方法分为如下四类：直接转换法、基于规则的转换翻译方法、基于中间语言的翻译方法、基于语料库的翻译方法（宗成庆，2013）。其中，基于语料库的翻译方法又可以分为基于记忆的翻译方法、基于实例的翻译方法、统计翻译方法和神经网络翻译方法。

在机器翻译研究的初期，人们一般采用直接转换的方法，从源语言句子的表层出发，将单词或者词组、短语甚至句子直接置换成目标语言译文，有时进行一些简单的词序调整。在这种翻译方法中，对原文句子的分析仅仅满足于特定译文生成的需要。这类翻译系统一般针对某一个特定的语言对，将句子分析与生成、语言数据、方法和规则与程序都融合在一起。

1957年，美国学者 V. Yngve 在《句法翻译框架》（*A Framework for Syntactic Translation*）（Yngve，1957）一文中提出了对源语言和目标语言都进行适当描述、把翻译机制与语法分开、用规则描述语法的实现思想，这就是基于规则的转换翻译方法。其代表系统是法国格勒诺布尔（Grenoble）原医科大学（现为格勒诺尔大学）信息与应用数学研究院（IMAG）机器翻译研究组（GETA）开发的 ARIANE 翻译系统（冯志伟，1996）。基于规则的翻译方法的优点在于，可以较好地保持原文结构，产生的译文结构与原文结构关系密切，尤其对于语言现象已知或者句法结构规范的源语言句子具有较强的处理能力和较好的翻译效果。主要不足是：分析规则由人工编写，工作量大，规则的主观性强，规则的一致性难以保障，而且不利于系统扩充，尤其对非规范语言现象缺乏相应的处理能力。

另外一种翻译方法是基于中间语言的翻译，该方法首先将源语言句子分析成一种与具体语种无关的通用语言或者中间语言，然后根据中间语言生成相应的目标语言。整个翻译过程包括两个独立的阶段：从源语言到中间语言的转换阶段和从中间语言到目标语言的生成阶段。对于每一种语言来说，只需要考虑该语言本身的解析和生成两个方面，大大地减少了系统实现的工作量。但是，如何定义和设计中间语言的表达方式并不是一件容易的事情，中间语言在语义表达的准确性、完备性、鲁棒性和领域可移植性等诸多方面都面临很多困难。因此，基于中间语言的翻译方法在具体实现时受到了很大限制。国际先进语音翻译研究联盟曾经采用的中间转换格式（Interchange Format，IF）和日本联合大学提出的通用网络语言（Universal Networking Language）是两种典型的中间语言。

自 20 世纪 80 年代末期以来，语料库技术和统计机器学习方法在机器翻译研究中的广泛应用，打破了长期以来分析方法统一天下的僵局，机器翻译研究进入了一个新纪元，一批基于语料库的机器翻译（Corpus-based Machine Translation）方法相继问世，并得到快速发展，包括：基于记忆的翻译方法、基于实例的翻译方法、神经网络翻译方法和统计翻译方法。其中，统计翻译方法独领风骚，是目前机器翻译科研与应用的主要关注点。

基于记忆的翻译方法（Memory-based Machine Translation）假设人类进行翻译时是根据以往的翻译经验进行的，不需要对句子进行语言学上的深层分析，翻译时只需要将句子拆分成适当的片段，然后将每一个片段与已知的例子进行类比，找到最相似的句子或者片段所对应的目标语言句子或者片段作为翻译结果，最后将这些目标语言片段组合成一个完整的句子（Sato & Nagao，1990）。

与基于记忆的方法类似，用神经网络翻译方法（Neural Network Machine Translation，NNMT）也可以实现从源语言句子到目标语言句子的映射，其网络模型可以经语料库训练得到（Scheler，1994）。

基于实例的翻译方法（Example-based Machine Translation，EBMT）由日本著名学者长

尾真（Makoto Nagao）于20世纪80年代初期提出（Nagao，1984），但真正实现于80年代末期。该方法需要对已知语料进行词法、句法，甚至语义等分析，建立实例库用以存放翻译实例。系统在执行翻译过程时，首先对翻译句子进行适当的预处理，然后将其与实例库中的翻译实例进行相似性分析，最后，根据找到的相似实例的译文得到翻译句子的译文。基于实例的方法借鉴了类比的原理，其基本结构如图3-1所示。

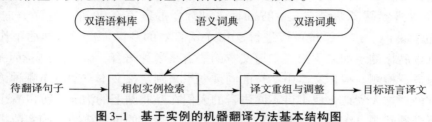

图3-1　基于实例的机器翻译方法基本结构图

统计翻译方法（Statistical Machine Translation，SMT）是基于噪声信道模型建立起来的，是目前的主流方法。该方法认为，一种语言的句子T由于经过一个噪声信道而发生变形，从而在信道的另一端呈现为另一种语言的句子S。翻译问题实际上就是如何根据观察到的句子S，恢复最有可能的输入句子T。这种观点认为，任何一种语言的任何一个句子都有可能是另外一种语言的某个句子的译文，只是可能性大小不同罢了（Brown et al.，1990，1993）。为了结合统计机器翻译和记忆各自的优势，使其优势互补，机器翻译领域的学者做了诸多尝试，取得了不错的研究成果。如Phillip Koehn提出了XML标记法（Koehn & Senellart，2010），中国科学院自动化研究所汪昆（Wang et al.，2013）提出了融合翻译记忆的统计翻译方法，取得了更好的翻译性能。近年来，随着深度学习的迅速发展，深度神经网络同样被引入到统计机器翻译的研究中，如中国科学院自动化研究所张家俊等将递归自动编码的神经网络用于学习双语的片段向量化表示（Zhang，et al.，2014）。

在机器翻译系统实现过程中，一般会在选用上述一种机器翻译方法的基础上（如统计翻译方法），采用多种方法并举的混合策略，以期最大限度提高机器翻译系统的性能。

（四）统计机器翻译方法

如前文所述，在机器翻译产生的初期，就有学者提出了采用统计方法进行机器翻译的思想了。相对于今天的计算机，当时计算机的性能不足以支撑统计机器翻译所需的庞大计算量。到了20世纪90年代，计算机在速度和容量上有了大幅度的提高，也有了大量的联机语料可以使用，因此，基于统计的机器翻译又兴盛起来。实际上，目前实际可用的统计机器翻译系统仍然需要性能强大的服务器作为硬件基础，为了进一步取得较好的翻译效果，往往需要依托于云计算环境。

著名学者严复提出，翻译应当遵从"信""达""雅"三个标准，鲁迅把严复的三个标准简化为"顺"和"信"两个标准。根据常识，好的机器翻译的译文应当是流畅的，同时又应当是忠实于原语言的，也就是说，既要"顺"，又要"信"。鲁迅的"顺"这个标准反映了语言模型的要求，"信"这个标准反映了翻译模型的要求。

机器翻译领域因统计方法的出现而充满了活力。统计方法的基本思想就是充分利用机器学习技术从大规模双语平行语料中自动获取翻译规则及其概率参数，然后利用翻译规则对源语言句子进行解码。Franz Josef Och在国际计算语言学2002年的会议上发表了题目为

"统计机器分辨训练与最大熵模型"（Och，2002）的论文，提出了统计机器翻译的系统性方法。2003年7月，Och在很短的时间内构造了阿拉伯语和汉语到英语的若干个机器翻译系统。Och模仿着阿基米德说："只要给我充分的并行语言数据，那么对于任何的两种语言，我就可以在几小时之内给你构造出一个机器翻译系统。"

越来越多的互联网公司和软件公司推出了基于统计的在线机器翻译系统。例如，谷歌的多语言在线机器翻译系统Google Translator可翻译的语言有90种，翻译方向有90×89=8010个，也就是说，这个系统可以进行8010个语言对的翻译工作，这样的工作显然是由人来翻译难以胜任的。如果用户不知道文本的语言是哪种语言，Google Translator系统还可以帮助用户进行检测，根据文本中字符的同现概率来判定该文本空间属于哪种语言，从而进行机器翻译，这大大地方便了讲不同语言的人们在互联网上的沟通。可以看出，尽管还存在这样那样的问题，统计机器翻译目前已经取得了瞩目的可喜成绩，确实值得我们高度关注。

基于词的翻译模型是最简单的统计机器翻译模型，由IBM的研究人员Brown等人（Brown et al.，1993）提出。该模型仅仅基于词汇翻译（Lexical Translation），不同词汇的翻译是孤立的，需要一个双语词典将两种语言中互为翻译的词汇关联起来。该模型起源于20世纪80年代末到90年代初IBM Candide项目中关于统计机器翻译的原创性工作。虽然这一技术已经跟不上最新的技术水平，但其中的许多原则和方法现在还依然适用。

下面结合《机器翻译研究进展与趋势》（张家俊、宗成庆，2013）一文，对统计机器翻译有关模型作简要介绍。图3-2给出了当前统计机器翻译中一些典型的翻译模型。

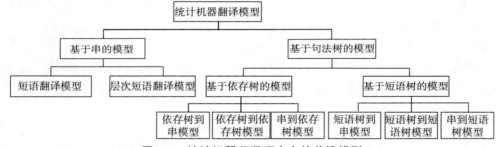

图3-2   统计机器翻译研究中的前沿模型

基于短语的翻译模型（Phrase-based Translation Model）是其中最为成熟的模型。这里的"短语"表示任何连续的词串，与语言学上的"短语"区别开。该模型的基本思想是：首先从双语句子对齐的平行语料库中抽取短语到短语的翻译规则，在翻译时将源语言句子切分为短语序列，利用翻译规则得到目标语言的短语序列，然后借助调序模型对目标语言短语序列进行排序，最终获得最佳的目标译文。

若翻译规则中的短语含有变量，短语翻译模型就发展成为蒋伟（Chiang，2005）等提出的基于层次短语的（Hierarchical Phrase-based）翻译模型，具有更强的表达能力，能够取得更好的翻译性能。图3-3以汉英翻译为例对比了短语翻译模型与层次短语翻译模型。但是，层次短语翻译模型存在一个问题：变量X过于泛化，导致抽取的规则数量庞大，且规则的区分性不够好。

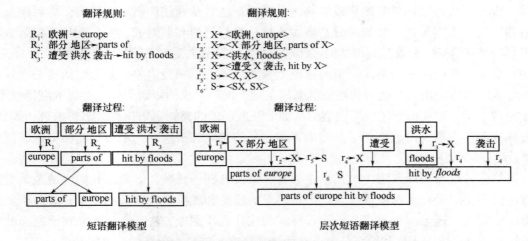

图3-3 短语翻译模型与层次短语翻译模型在汉英翻译时的对比

通过图3-3中的例子我们可以看出，短语模型翻译过程中需要短语调序模型的参与，而在层次短语模型中短语调序隐含于规则当中。

将语言学知识融入到翻译建模过程一致被认为是攻克机器翻译堡垒的正确道路。因此，基于语言学句法（Linguistically Syntax-based）的统计翻译模型正是目前这一领域研究的热点课题之一，一批基于句法（Syntax-based）的翻译模型相继被提出。

根据翻译规则表示形式的不同，这些模型可以被划分为两种：①基于依存树（Dependency Tree-based）的翻译模型；②基于短语结构树（Phrasal Structural Tree-based）的翻译模型。不管是基于依存树还是基于短语结构树，如果翻译规则的源端和目标端都是树结构，这种模型称为树到树的（Tree-to-tree）翻译模型。在树到树的翻译模型中，由于过度约束的原因，其翻译性能并不卓越。相比而言，中科院计算所谢军等（Xie，et al.，2011）提出的源端或目标端放松约束的依存树到串（Dependency Tree-to-string）的翻译模型、沈李斌等（Shen，et al.，2008）提出的串到依存树（Tree-to-dependency Tree）的翻译模型、清华大学刘洋和中国科学院计算技术研究所米海涛等（Liu，et al.，2006；Mi，et al.，2008）提出的短语树到串（Phrasal Tree-to-string）的翻译模型，以及MiChel Galley和蒋伟（David Chiang）等（Galley，et al.，2006；Chiang，et al.，2009）提出的串到短语树（String-to-phrasal Tree）的翻译模型，都能超越层次短语翻译模型。

图3-4对比了基于短语结构树的树到串、树到树和串到树三种翻译模型的翻译规则形式。

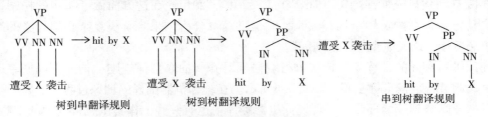

图3-4 三种翻译规则的对比

基于句法的翻译模型存在两个主要问题：一是使用的树结构由句法分析器产生，独立于平行语料库，与词语对齐不兼容；二是源语言端和目标语言端的句法知识很难同时被有效地利用。对于问题一，研究者进行了两种尝试。刘树杰等将句法树或者词对齐视为正确结果，设计算法修改词对齐结果或者句法分析树结构，从而使两者更加兼容；中科院自动化所翟飞飞等人则绕过传统句法分析器，直接从平行语料和词对齐出发，利用无监督方法生成与词对齐结果完全兼容的树结构。针对问题二，目前主要有三种尝试：①蒋伟（Chiang，2010）提出的在层次短语翻译模型的基础上发展形成的模糊短语树到模糊短语树的翻译模型；②米海涛等提出的在短语树到串模型的基础上发展形成的短语树到依存树的翻译模型；③张家俊等提出的在串到短语树模型的基础上发展形成的模糊短语树到短语树的翻译模型。这三种成功的尝试有力地推动了基于语言学句法的翻译方法研究，取得了当时最好的翻译性能。

虽然统计机器翻译方法当时几乎主导着整个机器翻译领域，但是，我们应清楚地看到该方法的不足之处：①深度依赖双语平行语料的质量和规模，领域适应性差；②对语言的分析不够深入，还未出现真正基于语言理解的统计机器翻译方法；③只关注句子层面的双语转换，忽略段落上下文和篇章信息，从而造成译文不连贯，衔接性差等问题。

近年来，从事机器翻译研究的人员越来越多，新的机器翻译方法和模型不断涌现。这些方法和模型主要关注机器翻译中的如下五个方面：①领域自适应问题；②基于语义的翻译模型；③基于篇章的翻译模型；④基于无监督学习的翻译模型；⑤基于融合技术的翻译方法。

对于统计机器翻译来说，由于翻译规则必须从双语平行语料中学习获得，这就导致了用某一领域的平行语料训练得到的翻译模型在翻译另一个领域的文本时很难取得好的译文质量。如果用时政新闻语料训练出的统计机器翻译系统来翻译专利文献，结果将非常糟糕。这就是典型的领域自适应问题，这一问题主要体现在如下两个方面：一是如何学习新领域中未登录词的翻译；二是如何在多个候选译文中选择符合新领域意境的译文。

在目前已有的统计机器翻译方法中，语言学句法知识是用于翻译建模的最深层次的信息。因此，系统在翻译时并未真正理解句子的含义。中国科学院自动化研究所翟飞飞等（Zhai, et al., 2012；2013）尝试建立了一种基于谓词－论元结构转换的语义翻译模型。这种翻译模型的执行过程分为三个步骤：①分析源语言句子的谓词－论元结构；②利用从训练语料中学习得到的概率化转换规则将源语言的谓词－论元结构转化为目标语言结构；③翻译源语言句子的每个论元，填充目标语言结构，得到最终的译文输出。

在相当长的一段时间内，机器翻译方法仅仅关注句子级的翻译（即逐句翻译，句与句之间是独立的），而忽略段落和篇章的上下文信息对句子翻译的影响，往往导致译文之间缺乏衔接性和连贯性。到目前为止，直接基于篇章理论建立翻译框架的研究还非常少见。中国科学院自动化研究所涂眉等（Tu, et al., 2013，2014）在这方面做了初步的探索，他们尝试自动分析篇章的逻辑结构和关系，并借助篇章分析结果来解决复杂长句译文的结构组织、语法衔接、语义完整等一系列问题。

统计机器翻译的训练需要依次进行双语词对齐、抽取翻译规则、估计翻译概率以及在开发集上调节特征权重等步骤，如图3-5所示。在统计机器翻译的训练过程中，每一步产生的错误都会影响到后续环节。尽管统计机器翻译中也有一些工作尝试融合其中的某些模块，例如跳过词对齐直接推导短语级别的对应关系（Cherry and Lin, 2007; DeNero et al., 2008; Zhang et al., 2008c; Blunsom et al., 2009; Neubig et al., 2011; Levenberg et al., 2012），或者直接在训练集上学习每条翻译规则的权重（Liang et al., 2006; Yu et al., 2013），但是这些方法都大大地增加了训练的复杂度，并且也没有取得非常理想的效果。

图3-5　统计机器翻译模块

(五)神经网络机器翻译

神经网络机器翻译（Neural Machine Translation，NMT）是近年来兴起的一种全新的机器翻译方法，其基本思想是使用神经网络直接将源语言文本映射为目标语言文本。完全不同于传统机器翻译中以基于离散符号的转换规则为核心的做法，神经网络机器翻译使用连续的向量表示对翻译过程进行建模，因而能从根本上克服传统机器翻译中的泛化性能不佳、独立性假设过强等问题。

神经网络在机器翻译中的早期应用是作为特征融入已有模型中(Yang et al., 2013; Zou et al., 2013; Li et al., 2013; Vaswani et al., 2013; Tamura et al., 2014; Gao et al., 2014; Cui et al., 2014; Li et al., 2014; Zhang et al., 2014a; Zhang et al., 2014b; Devlin et al., 2014)，用以增强原有的词对齐、语言模型、调序模型和翻译模型等模块，取得了非常显著的效果。完全使用神经网络进行端到端的机器翻译的方法最早由 Kalchbrenner 和 Blunsom 提出。他们使用了编码器-解码器（Encoder-coder）这一全新框架来描述翻译过程：给定一个源语言句子，首先使用一个编码器将其映射为一个连续的向量，然后使用一个解码器根据该向量逐词生成目标语言句子。他们在论文中使用的编码器是卷积神经网络，而解码器是循环神经网络。尽管该方法没有获得理想的翻译性能，但它开创了使用神经网络进行端到端机器翻译的先河，后续神经网络机器翻译的研究均沿用了编码器-解码器这一框架。

Google公司的 Ilya Sutskever 等（Sutskever et al., 2014）使用循环神经网络同时作为编码器和解码器，并且采用了长短期记忆网络（Long Short Term Memory）（Hochreiter and Schmidhuber，1997）来取代原始的循环神经网络，以解决训练过程中的"梯度弥散"和"梯度爆炸"问题。他们的模型架构如图3-6所示。给定一个源语言句子"A B C"，该模型逐个读入源语言单词并生成隐含向量表示，用以概括从句首到当前位置的所有信息，直到读入句子结束符"EOS"完成编码过程。解码时，模型根据历史信息生成每一时刻的隐含向量表示，并根据向量表示预测目标语言单词"X Y Z"，直到生成"EOS"结束。由于长短期记忆网络的引入，该模型取得了与传统的统计机器翻译相当的效果。

神经网络机器翻译的另一标志性工作来自蒙特利尔大学的 Bengio 等（Bahdanau et al., 2015）。他们在编码器-解码器的基础上增加了注意力（Attention）模型。受到认知科学中注意力机制的启发，作者认为解码器在生成每个目标语言单词时，只有少量源语言单词是高度相关的。为了达到这个效果，他们提出在预测每个目标语言单词时，使用动态的源端表示以突出相关信息，而不是对所有单词都采用固定的源端表示。他们的实验表明，注意力模型能更好地处理长距离依赖，显著提升神经网络机器翻译的质量。

神经网络机器翻译与传统的统计机器翻译相比，最本质的区别在于，前者采用的是离散符号到连续向量再到离散符号的转换，而后者是离散符号到离散符号的转换。因此，神经网络机器翻译具有更好的泛化性。另外，神经网络机器翻译在建模时不使用任何独立性假设，它在预测每一个目标端单词时能使用所有的历史信息。更重要的是，神经网络机器翻译不需要人为地设计特征，这将机器翻译任务的自动化程度又向前推进了一步。当然，新的神经网络机器翻译也面临很多新的问题和挑战，需要人们进行更加深入的研究，如重复翻译与漏翻译，词对齐效果不理想，流畅性好而忠实度差的问题，人工难以干预译文输出等。

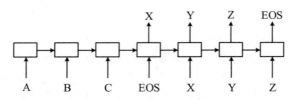

图3-6 神经网络机器翻译示意图

一般而言，在给定足够多的双语平行语料的情况下，机器翻译系统可以获得较好的译文质量。可见，提高统计翻译系统的一个关键前提是准备充足的双语平行语料。然而，在实际情况中，对于很多语言对和特定领域来说，很难获得平行语料，甚至根本没有这样的数据。人工收集成本高、代价大，而且很难规模化，领域的平衡性也难以控制。因此，近年来，机器翻译领域产生了一种新的思想：直接从两种语言的大规模单语语料中学习翻译模型。如张家俊等（Zhang, et al., 2013）设计了一个面向单语语料的基于短语的统计机器翻译方法。

任何一种机器翻译模型都有其优势和不足，若能有效地融合不同翻译模型的优势，必将有利于提高翻译质量。基于这种思路，很多研究者从不同的角度探讨了机器翻译中的模型融合问题。已有的融合方法大致分为如下五类：①多个翻译模型的融合；②统计翻译模型与其他基于语料库的翻译方法的融合；③统计翻译引擎与规则方法的融合；④多个神经网络机器翻译模型的融合；⑤神经网络机器翻译与统计机器翻译模型的融合。

容易发现，基于理性主义的规则方法和基于经验主义的语料库方法都各有优势和不足。近年来，机器翻译研究正朝着规则方法和语料库方法相结合，兼容并包，博采众长的方向发展。

（六）机器翻译应用

由于机器翻译方法具有很多优势，如开发速度快、周期短、无须人工干预等，在特定领域训练数据充分的情况下译文虽不完美，但也能够达到可理解的水平。因此，近20年来，机器翻译研究发展非常迅速，尤其随着大数据和云计算技术的快速发展，机器翻译系统已经走进了人们的日常生活，并在很多特定领域为满足各种社会需求发挥了重要作用。

Google、Microsoft 与国内的百度、有道等互联网公司都为用户提供了免费的在线多语言翻译系统。Google主要关注以英语为中心的多语言翻译，百度则同时关注以英语和汉语为中心的多语言翻译，实时语音翻译系统也纷纷出现，如中国科学院自动化研究所的紫冬口译和IBM、Google推出的产品等。不可否认，机器翻译已经影响着我们的生活。在日常生活中，机器翻译主要应用于以下三种场景：信息吸收、信息交流和信息存取（刘群，2012）。

（1）信息吸收：为"不求准确，只求大意"的用户提供翻译服务，该类系统随互联网推广得以迅速发展。一个完全不懂外语的人也可大致看懂外语网页内容，对用户吸引力极强，如国内的"看世界"网站和国外的WordLingo网站等。

（2）信息交流：为一对一交流用户提供翻译服务，分口语、文字翻译系统两类。受语音技术限制，口语翻译系统目前只限于旅馆预定、机票查询等小词汇集和非常受限的领域；文字翻译系统适用范围更广，如旅游翻译、电子邮件翻译、在线聊天（Chat）翻译等，其特点是翻译内容以口语为主，表达比较随意；大多面向特定领域；翻译实时性要求更高；人机交互更复杂等。

（3）信息存取：为多语言环境下信息检索、信息提取、文本摘要、数据库操作等目的提供嵌入式机译系统。该类系统随互联网迅速发展，如跨语言信息检索目前已成为信息检索领域的重要课题。

在专业应用领域，从项目运作实践看，机器翻译缓解了项目体量巨大、周期有限、人员紧张的窘境，只需少量服务费，且译文趋向标准化，可以作为弹性翻译质量要求的第二选择。为尽可能提高准确率，一是采用受限语言，即机译在严格受限领域内可达到极高质量，如加拿大TAUM-METEO天气预报英法翻译系统，又如采用受限语言的产品说明书不仅确保原文浅显易懂，又大大降低机译难度；二是机助人译，如采用翻译记忆（Translation Memory，TM）技术的CAT系统，又称翻译工作站（Translation Workbench）。此类产品目前已相当成熟，形成了较大产业规模，得到专业机构认可。Asia Online、SDL Language Weaver、SYSTRAN和国内的华健、格微等翻译公司已经连续多年向企业和政府提供翻译服务。国内的很多科研单位，如中国科学院自动化研究所和中国科学院计算技术研究所开发的以外汉翻译为重点的多语言机器翻译系统，已经在国家多个特定部门获得实际应用。

目前在绝大多数情形下，机器翻译系统提供的译文只是帮助用户理解原文的大致意思，不可能成为直接出版的流畅译文。要得到完全正确流利的译文，还需要专业译员的修饰和编辑。为了提高专业译员的效率，目前很多研究机构和公司致力于拉近机器翻译与专业译员的距离，为专业译员提供质量上乘的机器翻译候选结果以便其经过较少的后编辑操作就可获得正确的译文。例如，国际翻译服务提供商TAUS向专业译员提供的翻译工具中，统计机器翻译系统Moses是其中的核心模块。从目前情况来看，机器翻译技术用于专业领域翻译的时机已趋于成熟。

（七）机器翻译典型案例

以谷歌译者工具箱（Google Translator ToolKit）为例。谷歌译者工具箱作为较成熟的在线机译系统，支持译后编辑，功能强大。如图3-7所示，原文区、译文区分列两个窗口；编辑时自动高亮以句为单位的原文译文对照，译文编辑在独立编辑框内完成；某句译文编辑结束后，可调至下句，也可返回上句，还可查找替换、分割或合并翻译片段、新增评论、拼写检查，并挂接术语与翻译记忆库等辅助翻译功能，一定程度上体现出机译与翻译记忆的结合趋势。

译者在GTK中可上传.cvs格式术语库和.tmx格式翻译记忆库，可查看、搜索、共享两库内容，为两库评分，暂不支持编辑，最大限度保持多人协同下的术语一致性。如上传待译文件，谷歌会自动翻译，有时译文质量较好。该界面整合已有例句、机译结果、术语、词典，翻译结束后可下载较好保留原文格式的译文版本，也可直接翻译网页、维基百科等。

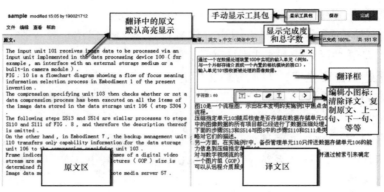

图 3-7   Google Translator Toolkit 译后编辑界面

前不久，腾讯公司发布了人工智能辅助翻译产品——腾讯辅助翻译Transmart。该产品采用人机交互式机器翻译技术，融合神经网络机器翻译、统计机器翻译、输入法、语义理解、数据挖掘等多项前沿技术，配合海量数据，为用户提供实时智能翻译辅助，帮助用户更好更快地完成翻译任务（图3-8）。

与一般的机器翻译相比，Transmart的重要特征是允许用户实时干预译文生成，提供交互式机器翻译、翻译输入法、实时译文建议等高效交互手段以提高人工翻译效率。

图 3-8   腾讯交互式辅助翻译系统 Transmart 主界面

（八）机器翻译的问题与展望

1. 存在的问题

无论从产业应用的角度，还是从国际评测的水平来看，在过去十多年的时间里，机器翻译取得了很大的进展，但仍面临很多难题需要进一步探索。这些问题可以大致归纳为如下几个方面。

（1）长句和复杂句式的处理问题。目前的翻译系统对于长句和复杂句式的处理效果还很不理想。

（2）弱规范、非规范化文本的翻译问题。互联网是产生语言文本最多的地方，而互联网上使用的语言文本具有口语化、社交化等诸多新的特征，弱规范甚至不规范的现象比较严重。而目前的机器翻译系统几乎都是面向规范文本的，如何提高非规范文本的处理能力和翻译效果，是目前面临的难题之一。

（3）双语资源缺乏问题。在实际应用中，为了实现高性能的多语言自动翻译，通常会遇到双语资源缺乏这样的瓶颈问题。尤其对于少数民族语言与汉语之间的翻译，大多数少数民族语言的电子文本和知识库规模都比较小，双语数据更少，而且缺乏相应的语言基础处理工具。

（4）缺乏基于理解的翻译模型。虽然学术界已经提出一些基于语义的翻译模型，但语义分析的质量还不够理想，在很多情况下语义分析所带来的好处远不如由于语义分析而引入的噪声。

（5）篇章级翻译问题。利用篇章信息进行机器翻译的研究工作才刚刚开始，很多问题尚缺乏有效的解决办法，如指代消解问题和主语省略等现象的处理。

（6）增长式学习问题。对于统计机器翻译系统来说，每增加一定数量的双语平行语料都需要重新训练一次模型，系统尚不能实时地从新增加的双语句对中自动学习翻译知识。这让机器翻译用户觉得系统缺乏智能。

（7）反馈学习问题。从某种意义上说，当前的机器翻译系统无法对用户反馈做出任何响应，更缺乏思考能力，不能从用户的反馈中学习并自动改进翻译模型。

（8）机器翻译评测指标问题。虽然近年来不少基于句法、语义的评测指标相继被提出，但很多方法都非常复杂，难以操作。因此，如何设计又好又方便的机器翻译评测指标也是一个需要研究的问题。

（9）应用创新问题。机器翻译目前的使用方式还比较单一，多作为独立的系统。实际上，机器翻译系统可以在很多应用领域发挥作用，或者与其他应用系统相结合。由此预测，机器翻译系统的产业化创新之路可能成为互联网产业的一个新热点。

（10）资源共享问题。很多情况下一个研究单位的双语资源虽然缺乏，但多个单位的双语资源合在一起也许非常可观。那么，如何建立数据资源与系统资源的共享机制，也是我们不能不考虑的一个问题。

问题是理论突破和方法创新的驱动力，我们相信上述的若干问题将有效促进机器翻译的快速发展。

2. 趋势与展望

综合近年来顶级学术会议中关于机器翻译的学术文章以及机器翻译当前面临的问题，我们认为未来几年机器翻译研究的重点应该包括如下几个方面。

（1）翻译模型的领域自适应问题。目前机器翻译系统的一个重要缺陷是：基于某一领域数据建立的翻译模型应用于另一个不同的领域时，系统性能下降得非常显著。虽然近年来研究者针对翻译模型、语言模型、短语调序模型和领域新词翻译等问题尝试了很多领域自适应方法，但每种方法只是解决了某一方面的问题，而缺少解决领域自适应问题统一的有效框架。因此，领域自适应问题仍将是未来几年一个非常重要的研究方向。

（2）基于语义建模的统计机器翻译方法。基于语言理解的翻译方法一直是机器翻译研究者追求的终极目标，而语言理解的本质是语义理解。翟飞飞等（Zhai, et al., 2012, 2013）提出的基于谓词–论元结构转换的翻译模型和Jones等（Jones et al., 2012）提出的基于图结构抽象语义表示的翻译模型极大地增强了我们建立基于语义的翻译方法的信心，但是如何建立适合机器翻译的语义表示和利用方法仍然是一个未解的难题。

（3）基于篇章分析的翻译模型。近年来，不少研究者开始重视篇章分析理论在机器翻译中的作用，人们已做了大量尝试。但是，由于缺乏成熟的篇章分析工具，尤其对汉语而言，因此，仍未建立起基于篇章分析理论的机器翻译模型。如何基于篇章分析的研究成果，建立基于篇章结构和语义分析的机器翻译模型将是未来几年的一个研究热点。

（4）面向弱规范或不规范文本的机器翻译方法。当今时代网络无处不在，而语言文本是网络内容的最主要的表现形式。网络语言的口语化、社交化性质导致了网络文本弱规范，甚至不规范的表达特征。如何处理网络语言的非规范现象，为多语言机器翻译研究提出了巨大挑战。汪昆等（Wang, et al., 2013）针对微博数据提出了一种面向机器翻译的文本规范化方法。这种方法仅对一些网络用语和标点等进行了恢复处理，很多复杂问题并未涉及。另外，是否必须首先对源语言文本进行规范化处理，还是直接基于原始文本进行翻译，哪种处理办法更好，也是一个有待深入研究的问题。因此，面向弱规范、不规范以及噪音文本的机器翻译研究必将是未来几年的研究热点。

（5）基于用户反馈的翻译模型自学习研究。对于机器翻译研究者来说，终极目标是希望翻译系统能够像专业译员一样高质高效地完成翻译过程。对人而言，不管是专业译员，还是普通用户，都有从反馈中不断学习、不断完善的能力，而当前的任何一种翻译模型都缺乏这种从反馈中自我学习、自我更新的能力。

（6）面向资源缺乏的机器翻译方法研究。统计机器翻译是一种数据驱动的方法，双语平行资源是统计机器翻译的基础，但很多语言对（如藏汉、越汉等）缺少大规模双语资源。为了绕开平行语料这一瓶颈，基于枢轴语的机器翻译模型研究和面向单语语料的无监督翻译模型研究显然是一个不错的选择。

（7）基于群体智慧的翻译资源获取。我们目前处在一个社交网络构成的社会，群体智慧是其中的一个典型特征。如何充分利用群体智慧，廉价且快速地获得翻译资源，也将成为一个典型的研究方向。

（8）混合机器翻译方法。虽然研究人员对统计机器翻译模型、基于实例的翻译模型和基于规则的翻译模型，以及它们之间的融合方法进行了深入研究和实践，但是，目前融合方法中各种模型的耦合方式还比较松散，融合方法无法真正凝聚各个模型的优势。因此，多模型的深度融合可能是未来研究的一个热点问题。

（9）基于深度学习的翻译方法。最近几年，深度学习在语音识别和图像处理领域取得了突破性进展。深度学习擅长于无监督的特征学习，能够学到高度抽象的语义表示。而目前的机器翻译模型使用的都是人工设计的特征，那么，是否可以基于深度学习技术建立更加灵活、有效的翻译模型，也许会成为研究者感兴趣的另一个研究方向。

第二节　计算机辅助翻译技术

　　鉴于机器翻译存在语种或领域受限、记忆库或术语库挂接缺陷、项目管理效率低下等问题，又鉴于目前尚无任一款机器翻译系统能在无人工干预状态下满足用户所有翻译需求，因此计算机辅助翻译成为主流，其不依赖计算机自动翻译，全程需要人工参与，但借助翻译流程自动化，与相同质量的人工翻译相比，CAT翻译效率可提高一倍以上。

　　MT与CAT的核心议题是翻译自动化，即机器在翻译中的比重。Hutchins和Somers（1992）曾用图3-9表示翻译自动化程度，从左到右翻译自动化程度越来越低，反向则越来越高。而CAT介于机器翻译和人工翻译二者之间，是机助人译和人助机译的结合，翻译主体是人，机器处于辅助地位。

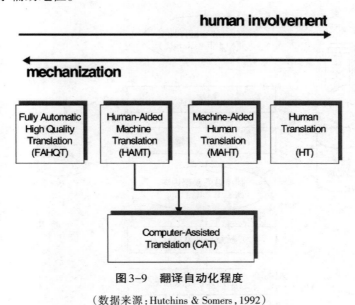

图 3-9　翻译自动化程度

（数据来源：Hutchins & Somers，1992）

一、基本原理及流程

（一）基本原理

　　翻译记忆技术是狭义CAT工具的核心技术，其技术主张是"做过的事无须再做"。译员工作时，系统在后台建立翻译记忆库（Translation Memory，TM，下称"记忆库"）这一语言数据库。每当原文出现相同或相近词句时，系统会提示用户使用记忆库中的最接近译法，译员可以根据需要采用、舍弃或编辑重复出现的文本。

　　记忆库程序可执行搜索，支持文件格式转换。译前由转换器分析源文件，通过SRX（Segmentation Rule eXchange）切分规则将文本切分为段落；记忆库程序通常内置跨语言搜索引擎，可自动为每个文本段搜索匹配条目，匹配级别范围通常为35%~100%。

　　综上，"记忆库技术"决定了CAT工具主要适用有重复或重复率较高的科技、新闻、法律、机械、医学等非文学翻译领域，能帮助译员节省大量时间，免去重复劳动，改进、提高翻译质量，但对小说、戏剧、诗歌等强调文学性、多样化的文本类型不太实用。

（二）工作流程

CAT工作流程可分为译前、译中、译后三个阶段，详见图3-10。

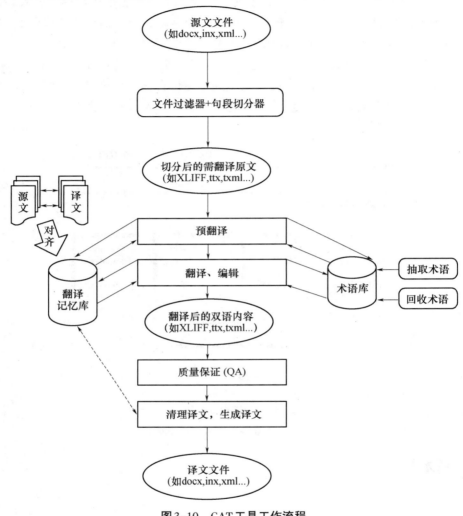

图3-10　CAT工具工作流程

（1）译前：主要有三项准备工作，一是对各类型源文件进行格式过滤及句段切分；二是原文及已有译文的对齐及记忆库建立；三是从原文中抽取、翻译术语并建立双语或多语术语库，为预翻译、编辑做好准备。实际项目中还涉及字数统计、计费及语言服务协议签订与履约。

（2）译中：主要是在记忆库、术语库"双库"辅助下进行预翻译，确定匹配率及实际翻译工作量，并确保译文风格统一、表述正确。

（3）译后：主要完成质量保证（Quality Assurance）、桌面排版（Desktop Publishing, DTP）、语料回收与管理工作，确保最终产品符合用户要求及双方协议约定。实际项目中还涉及语言资产管理、反馈与总结等。

以上描述了CAT工具操作的一般流程，实际操作中要根据项目类别、成本核算、处理难度、项目周期等调整各细分环节及岗位，还要考虑因软件故障、系统崩溃、信息源丢失或损毁、国家政策、市场调控、译员处理失当或丧失工作能力、不可抗力等因素导致的项目终止、违约等可能造成客户方、服务方损失，特殊情况下还需考虑保密等。

二、主要技术

（一）解析器

由上可知，记忆库内嵌文件格式解析器，可将原始文件从专有格式转换为翻译工具可读格式；且目前绝大多数翻译工具均内置了解析器，可直接处理 .html、.sgml、.xml、.rc、.rtf、Word、FrameMaker 等主流文件格式。CAT 工具不同，文件解析法也不同，如 SDL Trados Studio、Wordfast、Déjà Vu 等专门开发了 XML（eXtensible Markup Language）格式解析器，指定了该文件结构，规定了如何处理 XML 相关元素（Element），如何划分可译或不可译，并用符号标示出来。如下展示了包含待译文本字体、字号、页面位置的 XML 源代码（图 3-11）及其在 SDL Trados 中的表现形式（图 3-12）。

```
<body>
<h1 class="STYLE10">Getting Started</h1>
<h2 class="STYLE2">Finding a location for your <span class="STYLE12">photo  printer</span></h2>
<ol>
  <li class="STYLE7">Place the photo printer on a flat, clean and dust-free surface, <strong>in  a  dry
location</strong>, and <em>out of direct sunlight</em>. </11>
  <li class="STYLE7">Allow at least 12 cm clearance from the back of the<strong> photo printer</strong>  for
the paper to travel. When connecting power or USB cables, keep the cables  clear of the paper path to the
front and rear of the <em><strong>photo printer</strong></em>. </11>
  <li class="STYLE7">For proper ventilation<a href="#_ftn1" name="_ftnref1" title="" id="_ftnref1"> </a>,
make sure the top and back of the <strong>photo printer</strong> are not blocked. </11>
</ol>
<h2 class="STYLE2">Connecting and turning on the  power</h2>
<div>
  <p class="STYLE3"><img width="49" height="36" src="../../AppData/Roaming/Macromedia/Dreamweaver
8/OfficeImageTemp/clip_image001.jpg" />Note: Use only  the AC power adapter included with your <em>photo
printer</em>. Other adapters can  damage your camera, <em>photo printer</em>, or computer. </p>
</div>
<p>Connecting and  turning on the power <br />
  Steps:</p>
```

图 3-11　包含待译文本的 XML 源代码

Getting Started	100%	开始
Finding a location for your ▶photo printer◀	98%	为▶照片打印机◀找到位置
Place the photo printer on a flat, clean and dust-free surface, ▶in a dry location◀, and ▶out of direct sunlight◀.		将照片打印机放置于平坦、干净、无尘的表面，▶置于干燥的地方◀，▶避免阳光直射◀。
Allow at least 12 cm clearance from the back of the◀▶ photo printer◀ for the paper to travel.		◀▶照片打印机◀后部应留有至少12厘米的空间，以便纸张自由活动。
When connecting power or USB cables, keep the cables clear of the paper path to the front and rear of the ▶▶photo printer◀.		当连接到USB设备或者电源线时，确保这些电缆不会阻挡▶▶照片打印机◀纸张进出的途径。
For proper ventilation▶◀, make sure the top and back of the ▶photo printer◀ are not blocked.		为了获得良好的通风▶_◀确保▶照片打印机◀顶部和背部没有障碍物。
Connecting and turning on the power	99%	连接及开启电源
▶Note:	99%	注意事项▶
Use only the AC power adapter included with your ▶photo printer◀	98%	请使用随▶照片打印机◀附带的AC电源适配器。
Other adapters can damage your camera, ▶photo printer◀, or computer.	98%	其他的适配器可能损坏您的照相机、▶照片打印机◀，或者是电脑。
Connecting and turning on the power	Steps:	连接和开启电源▶步骤：

图 3-12　已做 XML 标记处理的句对

为保护标题、段落标记、表格、文本格式等格式，CAT 工具通常将其表述为标记符号，译者翻译时只需保持标记相对位置即可。此外，目前主流 CAT 工具都允许功能定制，并可从其他文件类型设置、架构文件及 .xml 文件导入解析器规则（图 3-13）以解析非标准文件格式，如图 3-14 所示。SDL Trados Studio 2014 可解析 .xliff、.html5 等文件，可直接解析网页文字，隐藏无须翻译的 HTML 代码，只抽取需翻译的文字。

图 3-13　SDL Trados Studio XML 解析规则

图 3-14　Alchemy Catalyst 自定义解析器

（二）完全匹配与模糊匹配

判定记忆库中已有句段与待译句段的匹配度有两种结果，即完全匹配（Perfect Match）和模糊匹配（Fuzzy Match）。完全匹配指更新的源文件与相应的旧双语文档集（非记忆库）

翻译单位在拼写、标点符号、句型变化上完全相同，如图3-15中第17行"100%"，该单元称为 Perfect Match 单元，且已经过上下文检查，无须进一步翻译或编辑；其余1%~99%称为模糊匹配，如图3-15中第19、第20行。

17	Plug the AC power cable into a power outlet.	100%	将电源电缆插入到电源插座中。
18	Press the On / Off button to turn the power on.	CM	按开/关按钮打开电源。
19	The photo printer initializes and the On/Off button glows steady green.	99%	照片打印机开始初始化，开关按钮变成稳定的绿色。
20	Allow enough space on all sides of the photo printer to let you connect and disconnect cables, change the color cartridge, and add paper.	99%	照片打印机的四周应该预留足够的空间，以便于连接、断开电缆，更换彩色墨盒，以及添加纸张。

图 3-15　翻译匹配演示

TM 系统在执行查找时，会将当前源文档句段与记忆库中相同语言的句段相比较，并用百分比表示源文档句段与记忆库句段间的匹配度，如显示100%，即完全匹配；如显示CM，即在完全匹配基础上二者文档上下文相同，也即上下文匹配。

虽然1%~99%的匹配率理论上均称为模糊匹配，但必然存在一个分界点，使得低于该点时翻译中无足够可用内容，该分界点称为"模糊匹配阈值"，且可自行设置。如设匹配度为60%，说明只显示匹配度≥60%的句段。鉴于匹配度过低可能干扰译者翻译思维，译者需合理设置匹配阈值，或直接采用，或局部调整，从而专注于新内容的翻译。

（三）上下文匹配

如上所述，上下文匹配（Context Match，CM）考虑了翻译单元的上下文情况，除达到100%匹配外，两个句段的上下文必须相同（即其前一句段必须相同）。向记忆库添加新翻译时，实际上添加了源文档句段、句段翻译及源文档句段前的句段共三个句段，若无前一句段（如文档标题），则上载其他上下文信息。图3-15中第18行属于上下文匹配，此类句段无须再编辑。

（四）相关搜索

要在记忆库中搜索特殊词汇、词组、短语及其所在翻译单元，可使用"相关搜索"（Concordance）功能，句段中符合搜索值的部分通常高亮显示（如黄色）。要启动目标语言相关搜索，需在创建项目时启用"基于字符相关搜索"项，随后在相关搜索窗口中输入、粘贴文本，单击"搜索原文"或"搜索译文"即可。

当句段匹配率较低时，通过输入单词、短语或片段来搜索记忆库中是否存在可供参考的翻译资源，以便译者利用或了解背景知识，这是"相关搜索"的最常用功能，适用于几乎所有CAT工具，如图3-16所示。

Concordance一词在CAT工具中译为"相关搜索"，在语料库语言学中译为"索引"，二者不同之处在于：记忆库以搜索可供参考的翻译资源为主，语料库以语言学习、文献分析、词典编纂为主；记忆库只高亮搜索值，语料库则通过索引工具按指定字母或单字计的跨距（Span）列出符合条件的检索值的语用、语境实例清单，检索值居中，这一方法又称"语境关键词"（Key Words in Context，KWIC）。如图3-17所示，用户在语料库中输入某单词或短语，其在语料中的位置、语境、频率、搭配均会列出，且所有符合搜索条件的匹配项会居中显示。

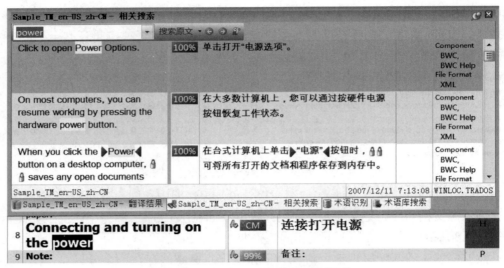

图3-16　SDL Trados 中的"相关搜索"

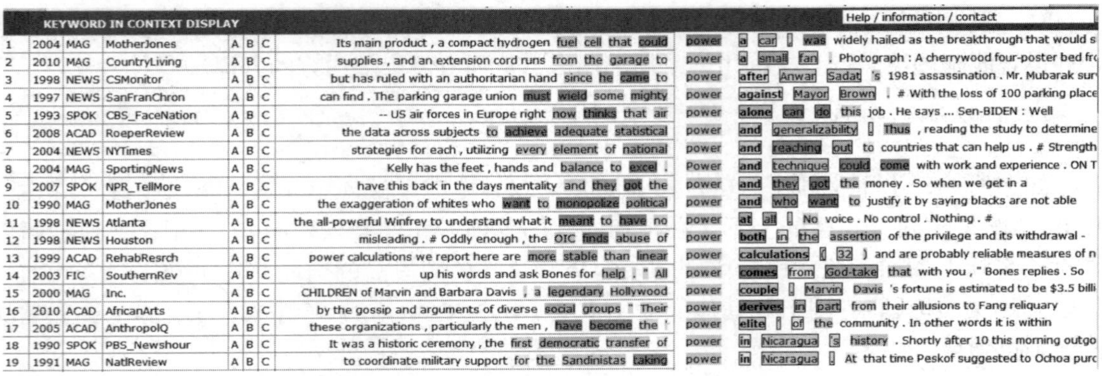

图3-17　语料库相关搜索（以COCA❶为例）

（五）断句规则

断句规则交换标准（Segmentation Rules eXchange，SRX）是LISA组织基于XML标准，针对各种本地化语言处理工具统一发布的文本段处理规则，旨在实现不同应用程序、记忆库TMX文件的便捷处理、转换。翻译记忆工具在处理待译文本内容时，需要按照一定的规则，将包含多个自然段的文档分解成可以单独处理的最小独立单元。这些最小独立单元可以是一个单词、短语或句子，也可以是一个自然段。翻译记忆工具判别最小独立单元的规则称为"断句"。如果不同工具的"断句"规则不同，会直接影响已经翻译文档的重复利用效率，也不利于不同工具之间数据的互换和兼容。

SRX文档是以正则表达式❷表达的规则集，规则有二：一是语言规则，即适用每种语言的切分规范；二是映射规则，即如何在每种语言中适用切分规则的规范。任一SRX规则均有三个组件，即表示该规则决定截断或例外的条件，表示文本段截断前文本的正则表达式，

❶ 美国当代英语语料库（Corpus Of Contemporary American English）。

❷ 正则表达式（Regular Expression，RE）即指用单个字符串描述、匹配系列符合某句法规则的字符串。如"［A-z］"表示从大写字母A到小写字母z的所有字母。

表示文本段截断后文本的正则表达式。以下是两个实例。

案例一：通过"."、"?"、"!"后一个或多个空格从标点后断句，表达式：截断前〔\.\?!〕+，截断后\s+。

案例二：为避免在形如Mr.词后面断句，表达式：截断前Mr\.，截断后\s+。

多数CAT工具遵照SRX规则。如要查看、添加或编辑断句规则，请选择"断句规则"并单击"编辑"，如图3-18所示。在弹出的对话框中添加新规则、编辑默认规则、创建规则例外；更改分隔符前、分隔符、分隔符后的值；创建同时符合分隔符前和分隔符条件的复杂正则表达式。SRX规则可使由不同工具、不同本地化公司创建的记忆库文件实现便捷的数据交换。

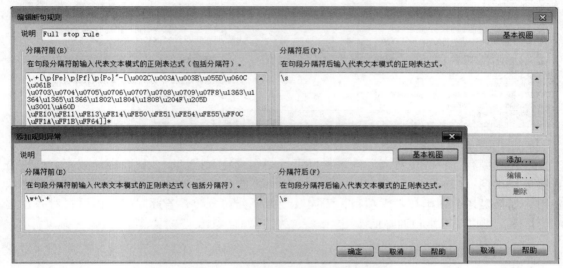

图3-18　SDL Trados断句规则编辑界面

（六）语料对齐

依据现有翻译资源建立记忆库的过程称为语料对齐（Alignment），是将双语或多语待译材料以句为单位自动切分为翻译单位，并依序匹配源语和目标语的人机交互半自动过程，其本质是建立源语与目标语词、短语、句、段等相同语言单位间的对应关系。鉴于此类机械匹配无法避免句段拆并、句序调整，自动对齐结果仍须人工干预。译员通过对齐现有翻译素材可将积累的未经TM系统翻译的资源纳入TM系统，供日后使用。

语料对齐主要依靠计算机算法实现篇、段、句、短语、词等多层次对齐。常用对齐工具有SDL WinAlign、Déjà Vu Aligner、memoQ ActiveTM、Wordfast Aligner、Alignfast、Alignfactory、Metacorpora、Champollion Tool Kit、Corpus Sort以及国内的雅信CAT、雪人CAT对齐模块等。

WinAlign是SDL Trados的双语对齐工具（图3-19），其原理是按设定的句子节点将源文本和目标文本拆分为独立的句子后对齐，可进行一对一、一对多或多对一等操作。

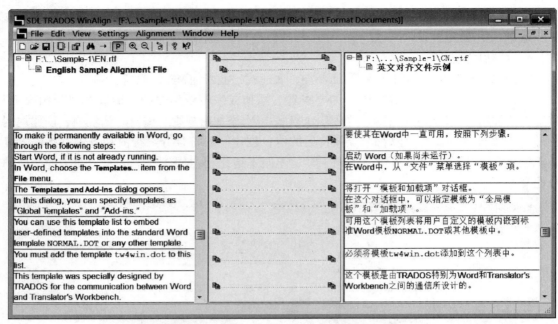

图3-19　SDL Trados WinAlign 对齐主界面

对齐优势有二：一是对齐后的语料可直接制作或导入记忆库，提高翻译效率；二是语言服务提供商（Language Service Provider，LSP）可据此计算重复率，要求翻译提供方降低费用。如某翻译公司承接较大项目，需向其他翻译公司分包，若此时提供由语料对齐建立的记忆库，则可要求承包商降低费用。

三、主要标准

CAT工具执行的常用标准涉及翻译记忆库、术语库、断句规则、本地化等领域及同一领域中不同服务提供商间各子库、子集的交换，常见的有翻译记忆交换标准（Translation Memory eXchange，TMX）、术语库交换标准（Term-Base eXchange，TBX）、断句规则交换标准（Segmentation Rule eXchange，SRX）、本地化交换文档格式标准（XML Localization Interchange File Format，XLIFF）等❶，限于篇幅，各标准语言元素及示例均不作阐述。

（一）翻译记忆交换标准

翻译记忆交换标准（TMX）是由LISA所属的OSCAR组织❷于1998年发布的一种独立于各个厂商的开放式XML标准，用于存储和交换使用计算机辅助翻译和本地化工具创建的译文记忆数据，旨在促进各CAT、本地化工具间翻译数据交换。目前，全球超过20万用户正从遵守TMX标准的TM文件中实现数据的便捷交换。鉴于TMX认证已成为产品技术的领先标志，能获得更大的市场和更多的用户，且TMX能帮助译员、翻译机构、需要本地化的公司一定程度上独立于工具厂商，本地化开发商纷纷推出TMX认证工具。

目前TMX的最新版是OSCAR组织于2004年10月发布的1.4b，更新了数据格式，增加了新特性。以下是TMX语言示例及编辑器显示示例（图3-20）。

---

❶ LISA制定了本地化五大标准，其中全球信息管理度量交换标准（GMX）及术语库交换链接标准（TBX Link）未列入。

❷ 即形式或内容再利用开放标准（Open Standards for Container/Content Allowing Reuse），此机构主要职责是持续改进标准特征内容，组织TMX认证，授权TMX标识，推广本地化和全球化行业的TMX应用。

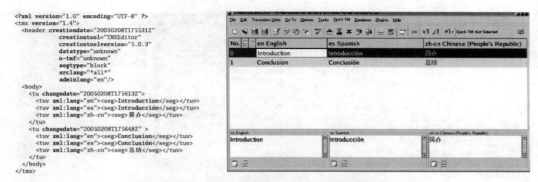

图3-20　TMX语言示例及Heartsome编辑器显示示例

OSCAR组织的行业调查结果显示，翻译记忆资源已经成为本地化或全球化服务机构不断增加的战略性资产，在某种程度上已高达百万多美元的价值，在数以亿计的国际商务中发挥着重要作用。TMX标准提供了保值这些公司资产的功能，使它们不会随着市场和技术的更新而造成损失，而且不受特定计算机辅助翻译工具的束缚（崔启亮，2006）。

（二）术语库交换标准

鉴于TMX在管理术语表数据方面存在"存储片段过大"的缺陷，2002年4月OSCAR组织推出基于ISO术语数据表示的XML标准术语库交换标准（TBX），方便用户在不同格式的术语库间交换术语库数据，极大促进了术语管理全周期内公司内外的数据处理，且普通用户也可便捷访问大型公司公开的术语库内容。

（三）断句规则交换标准

如前所述，为解决本地化工具判别最小独立单元（"断句"）的规则不一问题，确保源语与目标语的语言正确、唯一，并在不同CAT工具间可互换和复用，2004年4月OSCAR组织推出了基于XML的断句规则交换标准（SRX）。相关内容参见本节"二、主要技术"的"（五）断句规则"。

（四）本地化交换文档格式标准

为提高多格式文件处理效率，打破软件数据交换瓶颈，增强软件版本控制，特别是提高本地化参与者的竞争力，2000年10月，Oracle、Novell、Sun、IBM/Lotus等公司在原有松散"数据定义组"（Data Definition Group）的基础上组织起草XML本地化交换文件格式标准（XML Localization Interchange File Format，XLIFF）。随着Alchemy Software、Moravia IT、RWS Group、Lionbridge等公司陆续加入标准起草，2002年该规范由结构化信息标准促进组织（Organization for the Advancement of Structured Information Standards，OASIS）正式发布。

从本地化实际看，简易的XLIFF标准只包括存放原始文本的<source>元素及填充译文的<target>元素，两组元素构成了一个翻译单元；该标准从繁杂的文件格式中分离出待本地化文本，同一源文件可使用不同工具进行本地化处理，且该过程中可添加注释文字，存储有助于本地化处理的数据信息，实现了本地化数据交换格式从定制向统一的转变。

目前最新版本是该组织2003年10月31日发布的XLIFF 1.1标准。以下是XLIFF示例及编辑器显示示例（图3-21）。

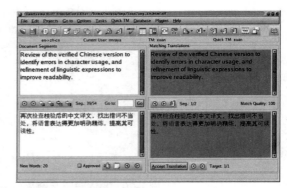

图3-21　XLIFF示例及Heartsome编辑器显示示例

四、CAT工具的五大作用

随着翻译技术突飞猛进，翻译工具功能不断改善，特别是在如今追求效率的产业化时代，CAT技术在现代翻译工作中的作用日益凸显，可总结为复用语言资产、控制翻译质量、简化翻译格式、辅助翻译协作和辅助翻译管理五项。

（一）复用语言资产

前已明确，CAT工具可自动识别翻译过程中的重复内容并写入译文对应区域，这在翻译产品文档、客户指南等含有大量重复内容的文本时可极大节约时间。以下是两个案例。

案例一：记忆库从原有翻译数据库中提供"100%匹配"或"1%~99%模糊匹配"帮助译者翻译，用其他颜色标记不完全匹配内容，且自动替换数字、日期、网址等实现完全匹配。

案例二：SDL Trados WinAlign等语料对齐技术可批量回收双语语料，且配对后的平行语料导入记忆库后，当遇到相关文本时可调用原译，复用语言资产，节省翻译时间与成本。

鉴于同类项目中记忆库存储内容越多，后续内容翻译速度会越快，且超过90%的全球翻译业务属技术、商务等非文学翻译（Kingscott，2002：247），所以CAT工具应用会有广阔的空间。

（二）控制翻译质量

当前各类LSP已深刻认识到翻译质量控制与翻译成本呈正相关，而CAT技术能通过拼写、语法、数字、单位、日期、缩略语、标签及多种格式的自动检查等实现翻译质检的高度自动化。以要求日校对30种语言、1000页文字的大工作量项目为例，完全人工校对的时间、人员成本令人生畏，而利用SDL Trados QA Checker、QA Distiller等自动校对工具可在很短时间内完成该项目的质量检查。上述工具通过如下四种途径大幅提高译文质量。

（1）外部审校：多数CAT工具可将待审阅文档导出为"源语—目标语"对照格式，以常见文本格式保存，译审只需具备计算机基本操作技能即可快速进入校阅流程，且审定稿可再导入CAT项目文件。

（2）术语统一：术语是译文质量的关键。加载术语库后，能轻松保持同一篇文章或同一项目中的术语一致性（王华树，2013：24）。

（3）实时预览：该功能"所见即所得"，实现了审核与翻译同步，提高了项目整体进度。

（4）文体统一：多数CAT工具可通过"相同或类似句段采用相同或类似译文"的方式协助译者保持译文风格一致，并筛选出风格明显有别的译文供修改。鉴于专业笔译通常涉及协作，如何确保译文风格犹出自一人之手尤为关键，而CAT工具可借助记忆库较好地解决这一问题。

（三）简化翻译格式

在传统翻译模式下，处理分栏、文本框、页眉页脚、脚注等复杂格式及 .indd、.fm、.pdf、.html等文件格式转换极为耗时，以下是两个案例及CAT解决方案。

案例一：传统方式翻译图文混排的PPT文件通常"先删除原文后键入译文"，编辑、排版极为耗时。而SDL Trados Studio处理该文件会自动提取原文字，在软件原文区呈现按单元排布的切分后短句；译文字体、字号基本与原文一致；以紫色标签标注的原文特殊格式只需按顺序插入译文对应位置即可；此外还能智能录入如时间、数字、网址、单位等非译元素，减少了译员劳动量。

案例二：SDL Passolo、Alchemy Catalyst等本地化工具会自动解析软件、程序的可译元素，保留非译元素，译者只需翻译可译元素，既不破坏源程序，也无须重新编译；翻译完成后可直接导出原文格式文件，无须转换文档类型，减少了译员非生产性工作时间。

（四）辅助翻译协作

CAT工具打破了项目团队的时间、空间界限，多数现代TM系统不仅能实现个体译者术语一致，还能实现大型团队、翻译机构的术语一致，做到"无论何时何地，均能共享一份术语表"（徐彬，2010：32）。

如前所述，现代项目运作需要重点解决术语及译文风格一致问题，科技、法律、金融等术语密集文本对上述一致性要求极严，为防止由此导致的返稿或失败，译员可利用C/S或B/S架构的协同CAT系统，有力保障译文、术语一致性。以下是两个案例。

案例一：以Lingotek、Wordfast Anywhere、XTM等在线CAT系统为例，虽然译员分配任务不同，但各子任务间联系紧密。译员A翻译在下文复现的某句后添加至在线记忆库，其他译员在下文遇到该句时，TM窗口会提供并直接采用译员A的译文，这种"同一内容唯一译文"的做法确保了内容一致性。

案例二：记忆库、术语库可存储在网络服务器上，协同处理断句规则及双语文档时即可实时共享、更新。为确保短周期、大容量项目保质、按时结项，可借助CAT工具实现翻译和审校同步，即译员译完某片段后，审校可后台校对，且译者和审校可及时沟通，不仅确保了译文质量，更极大提升了翻译效率。

（五）辅助翻译管理

如前所述，翻译管理能力是现代语言服务行业中翻译从业人员的必备核心能力，直接影响翻译项目成败（王华树，2014：54）。非CAT环境下的字数分析和报价、重复率计算、工作量统计、文档合并拆分、流程管理与进度控制等任务极为耗时。借助SDL Trados Studio等CAT工具，可快速实现项目分析、重复率计算、文件切分、资源分配、项目打包、工作流程控制等功能，优化工作流程，提高译者翻译管理效率。图3-22展示了SDL Trados Studio的快速统计文档字数功能。

字数计算报告

汇总	
任务：	字数计算
项目：	项目4
文件：	8
创建时间：	2012-3-21 20:47
任务持续时间：：	4秒

总计	句段	字数	字符数	非译元素	标记
文件：8		731	3899	21134	57	0

Chinese (People's Republic of China)

文件	句段	字数	字符数	非译元素	标记
admin.php.doc		436	1019	6148	4	0
front.php.doc		142	497	2828	9	0
x_content.xml.doc		108	1905	9360	41	0
x_content_channel.xml.doc		8	8	53	0	0
x_menu.xml.doc		15	22	134	1	0
x_page.xml.doc		16	437	2555	1	0
x_vote.xml.doc		1	5	24	0	0
x_vote_item.xml.doc		5	6	32	1	0
总计		731	3899	21134	57	0

图3-22　SDL Trados Studio快速统计文档字数

国际知名翻译社区ProZ.com发布的《2012年自由译者报告》显示，CAT技术在提高译者效率上发挥的作用高达65.3%（ProZ，2012）；SDL统计表示，自动化辅助翻译技术可降低30%~50%的翻译成本，翻译内容市场投放时间可缩短50%以上（SDL，2013）。国际语言服务调查机构Common Sense Advisory 2009年调查显示，利用人助机译技术，翻译效率比纯粹人工翻译提高了两倍，成本降低了45%（CSA，2009）。

除上述五大优势外，CAT技术在自动输入、自动图文、配合其他文本处理、翻译及内容管理系统等方面可发挥更大的作用。

五、对待CAT技术的正确态度

目前针对CAT技术的负面评价有以下6个方面。

（1）语义理解：目前CAT工具不具备人类的思维、推理、判断力，无法全面理解原文。

（2）文本切分：CAT工具根据内置切分规则把待译文章切分为句子级别，翻译对象从篇章变成单个句子会割裂译文整体性。

（3）记忆惰性：翻译记忆库可能限制译员思路，影响译者主观能动性和创造性的发挥，记忆库质量直接影响新译文产品的质量。

（4）能力退化：译者过度依赖CAT工具，可导致翻译能力逐步退化。

（5）适用文体：主要用于科技翻译，不太适合文学翻译等。

（6）价格性能：对于普通用户来说，CAT价格通常过高等。

翻译是一种跨语言交际活动，要求译者既要提升自身翻译能力，又要看到翻译技术和工具的优势。一方面，CAT工具对现代翻译仍是利远大于弊，要理性对待机辅工具，防止过度依赖或排斥；另一方面，无论技术如何发展，翻译工作永远也离不开人的创造性和主动性这一决定性因素，技术可能在某些方面提高翻译效率，但它不可能代替人的思维和判断。现代译者要做到人工与技术相结合，取长补短。技术发展既为译员提供了机会，也提出了挑战。译员要变被动为主动，学习新技术，掌握新技术。此外，国内翻译行业通过技术能更好地参与国际市场竞争，应对国际化带来的挑战，这对行业规范和标准化发展将产生积极影响。

第三节　主流计算机辅助翻译工具

一、CAT工具分类

CAT工具有多种分类法，根据编辑环境可分为嵌入式和集成式，如SDL Trados 2017将主要编辑按钮嵌入到MS Office主界面，Déjà Vu则将所有模块集成在一个操作界面；根据软件架构可分为B/S和C/S；根据授权情况可分为商用和专有等，具体分类如图3-23所示。

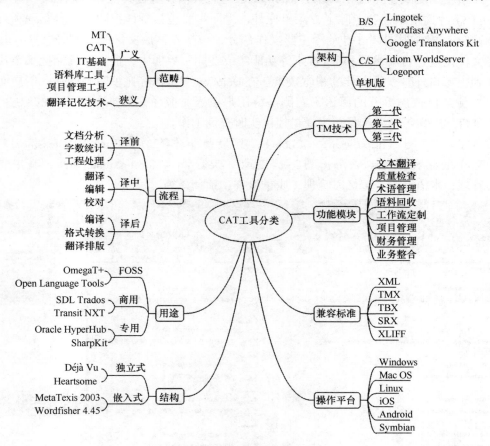

图3-23　CAT工具的分类

二、国外常见CAT工具

需要说明的是，上述SDL Trados虽是主流CAT工具，但CAT工具并不局限于此。许多国际知名企业客户也开发了自己的CAT工具，如Microsoft LocStudio、Oracle Hyperhub、Sun Suntrans等，主要用于合作伙伴，本书不予论述。此部分主要介绍国内外常见的CAT工具，帮助读者较全面地了解CAT工具概况。

（一）Déjà Vu

Déjà Vu是Atril Language Engineering公司开发的基于Windows系统的TM系统，虽与SDL Trados相比尚不具备市场占有率优势，但许多职业译员认为该系统是最具潜力的TM软件。

Déjà Vu的最大特点在于对部分句子内容或标签内容能先保存后拼合，只需一键便可将一个标签的翻译插入一个项目所有相应位置。另外，Déjà Vu工作界面的字体、颜色都可调节，以最大限度适应用户习惯。每完成一句翻译并确定后，下句会自动递补到当前位置，免除了频繁使用键鼠卷屏调节编辑区域的麻烦。这种灵活设置在其他CAT软件中并不多见。

Déjà Vu界面清晰简明，除上方菜单栏外，界面主要包括翻译视图、项目管理和自动搜索三个部分。翻译视图部分是翻译主要操作部分，包括左侧原文区及右侧译文区。其最新版本将文件浏览、自动术语和TM搜索等功能集成在同一界面中，但用户仍能把某个功能区窗口拖到主窗口外，获得更佳的视觉效果。在Déjà Vu中工作好比填写表格——用户面对的是一个左侧是已按句拆分的源语，右侧是待用户填入对应译文的空白单元格的双栏表格，最右侧是自动搜索等辅助工具，为译员提供实时查询工作。

Déjà Vu（官网：http://www.atril.com），其最新版本有Déjà Vu X3 Professional、Déjà Vu X3 Workgroup和TEAM Server。图3-24展示了Déjà Vu X2 Professional界面，其主要功能有项目管理、术语管理、记忆库管理、质量检查、预翻译等。

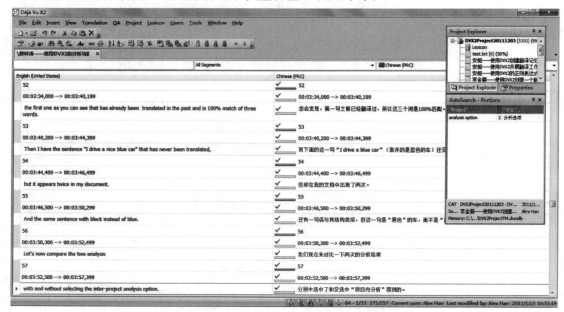

图3-24　Déjà Vu X2 Professional界面

（二）Heartsome

Heartsome（Heartsome Translation Suite）由新加坡 Heartsome 公司（官网：http：//www. heartsome.net❶）发布，是首款也是唯一一款完全基于最新开放标准（XLIFF、TMX、SRX、TBX）的语言技术制作开发，并真正实现跨平台（Mac、Windows、Linux、Solaris、Unix）使用的 CAT 工具。该工具包含两个 CAT 工具 Translation Studio 和 TMX Editor，后者是记忆库、术语库的维护、编辑工具，还可编辑 TMX 记忆库文件。

Heartsome 界面（图 3-25）包括项目窗口、编辑窗口、记忆库窗口和术语库窗口四个部分。项目窗口用来管理日常项目，记忆库和术语库窗口用来显示记忆库、术语库的匹配，编辑窗口是翻译主界面，包括左侧原文区与右侧译文区。总体来说，Heartsome 界面比较整洁，操作方便，尤其是左侧项目窗口对未完成项目一目了然。

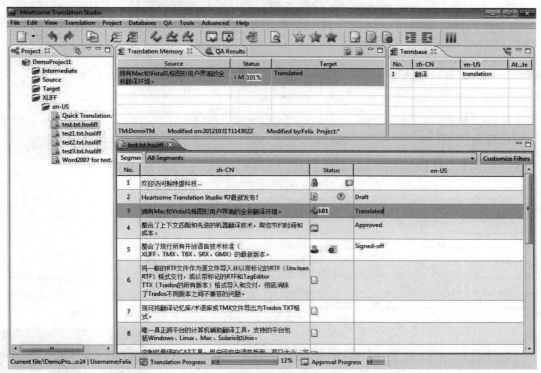

图 3-25 Heartsome 8.2 主界面

Heartsome 优势有三：一是除 .ttx 文件外其他格式无须处理即可在 Heartsome 中打开；二是 Heartsome 可作为文本编辑器编辑 SDL Trados 2007/2009/2011/2014 的 .ttx、.sdlxliff，Word-fast 的 .txlf 和 Déjà Vu 导出的 .xliff 等原生文件；三是 Heartsome 提供多数 CAT 工具均未提供的代理设置，即使谷歌无法访问，也可通过代理稳定获取在线机器译文。

（三）memoQ

memoQ（官网：https：//www.memoq.com）是 memoQ 基于 Windows 系统研发的 CAT 软

❶ Heartsome 公司于 2014 年 8 月 1 日停止运营，Heartsome 软件转向免费开源，网址：https://github.com/heartsome。

件，使用量仅次于 SDL Trados，主要产品有 memoQ server、memoQ、Qterm、Tmrepository memoQ。其具有 Déjà Vu 的优点，在 .rtf 文件过滤器、服务器—终端环境、面向 TM 标签设置等方面甚至超过了 Déjà Vu，且正在高速再研发中。

memoQ 主要特点是：实现了翻译编辑功能、记忆库、术语库等的系统集成，可搜索长字符串，可兼容 SDL Trados、STAR Transit 及其他 XLIFF 提供的翻译文件，通过 memoQ Server 还可实现多人共同翻译；其主要功能有格式标签分析、自动传播译文、基于上下文的记忆库、定制筛选条件、强化 TM 统计、集成 Euroterm bank（欧洲术语银行）查找结果、全局查找/替换、同质性统计、基于 ID 对齐句段、长字符串相关搜索、资源元信息、实时对齐句子、预翻译、校对、实时 QA、实时拼写检查、状态报告、双向记忆库、更改跟踪、自动翻译、术语提取等。

memoQ 界面（图 3-26）很清爽，界面左侧为翻译区，右侧为预翻译与 QA 区。通过自定义的 memoQ 操作，翻译时 memoQ 已经为译者考虑到目标语文化特点，翻译时能极大提高翻译效率。

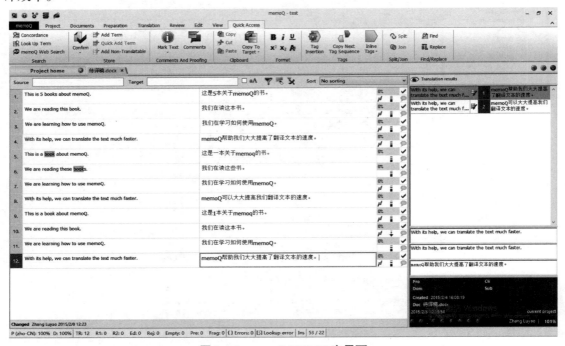

图 3-26　memoQ 2014 R2 主界面

（四）Memsource

Memsource（官网：http：//www.memsource.com）是匈牙利一家企业为翻译团队及自由译者设计的完整翻译环境，可在 Linux、OSX、Windows 等系统中运行，其最新版本为 Memsource Editor 4.150 和 Memsource Cloud 4.7。

Memsource 4.166 界面（图 3-27）清晰简明，包括翻译区、预翻译区和 QA 区。翻译区又包括左侧原文区及右侧译文区，译员在译文区翻译时，预翻译区会得出相应翻译，若译员满意可直接将译文复制到译文区，节省时间，提高效率。其最新版本将文件浏览、自动术语和翻译记忆搜索等功能集成在同一界面中，操作十分便利。

Memsource 主要功能包括翻译记忆、快速检索、集成机器翻译、术语基地和质量保证等，其翻译工作台可免费下载；其基于云平台的特点省去了管理术语库的时间。目前，Memsource 既有网页版，也有桌面软件版，且软件很小，基本不占电脑内存，使操作流畅了很多。

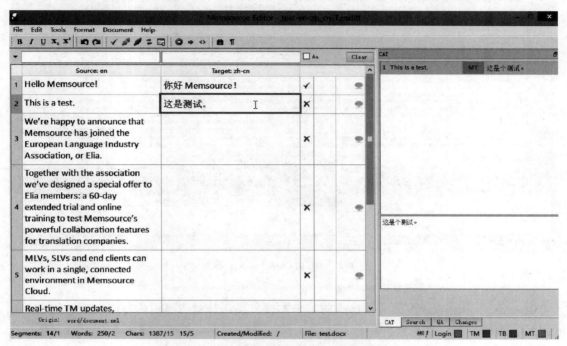

图 3-27　Memsource Editor 4.166 主界面

（五）MultiTrans

MultiTrans 是由 MultiCorpora 公司研发的基于 Windows 的企业级翻译管理软件，通过 MultiTrans Server Technology 实现网络集中化管理与实时协作，允许多个用户同时检索、分享、查看、更新中央 TM、术语库；源语言作者、同一项目译者、术语专家、编辑及审校人员可通过网络实现分布式写作、翻译、校对。

Textbase 技术是 MultiTrans 的一大特色，它采用 CSB 技术，源语在译前不用切分为句，而是采用索引模式，可充分利用上下文信息，便于利用已译文档建立大型记忆库，翻译过程中可方便查看双语语料语境。

MultiTrans Pro 3 界面（图 3-28）与 SDL Trados 相似，基本为上下结构，最上面是菜单栏，左侧是原文，右侧是译文编辑区，下面是语言资源区。其官网为 www.multicorpora.com，最新版本为 MultiTrans Prism 5.6。

（六）OmegaT

OmegaT（官网：http：//www.omegat.org）是 2000 年由德的 Keith Godfrey 使用 Java 语言编写的 CAT 工具，其特点是使用正则表达式的可自定义分段，带模糊或完全匹配的 TM、术语库、词典，参考资料搜索及使用 Hunspell 拼写词典的内联拼写检查功能。

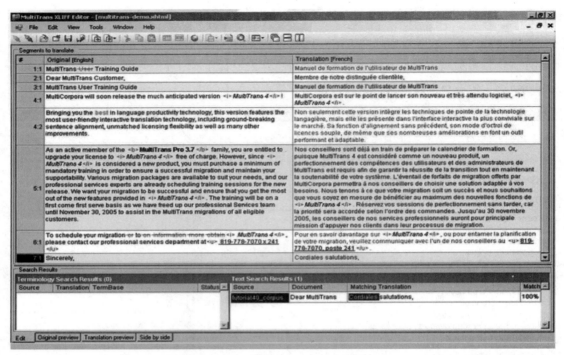

图3-28　MultiTrans Pro 3 主界面

（数据来源：http://www.multilingual.com/articleDetail.php?id=615）

OmegaT可同时翻译不同文件格式的多个文件，且在计算机可用内存限制下查阅多个翻译记忆、术语表和词典；允许用户自定义文件扩展名和文件编码，选择翻译部分文件的指定元素（如设定 OpenOffice.org Writer 文件的书签翻译，设定 Microsoft Office 2007/2010 的脚注翻译，设定.html中ALT文本的图像翻译），还可选择如何处理第三方翻译记忆中的非标准元素。

OmegaT可在译前统计项目文件、翻译记忆状态，译中统计翻译任务进度，在译后执行标签检验，确保无意外标签错误，还可从 Apertium、Belazar 及 Google 等机器翻译获取机译结果并显示在单独窗口中。

用户在OmegaT界面（图3-29）中可对各窗口向周围移动、最大化、平铺、标签化和最小化，当OmegaT启动时会显示"快速入门指南"的简短向导。

（七）Star Transit NXT

Star Transit是瑞士 STAR Group（官网：http：//www.star-group.net）开发的功能完善的CAT系统，其特点有六个：一是包含各种常用文件格式过滤器；二是文件扩展名区分语言；三是占用资源、空间小，运行速度快；四是术语库程序（Termstar）界面便于操作；五是将同一项目中多个档案按单一档案管理；六是可与DTP系统整合。该软件界面如图3-30所示。

（八）SDL WorldServer

SDL WorldServer是 Idiom Technologies 公司（官网：www.idiominc.com，现为SDL子公司）开发的一款Web程序，可提供基础翻译管理功能，包括先进的语言技术、流程自动化、内容存储库集成和业务管理服务。该软件采用服务器与客户端形式的管理系统，客户方在服务器端管理待本地化内容和翻译记忆库，语言服务商使用客户端完成文字翻译。

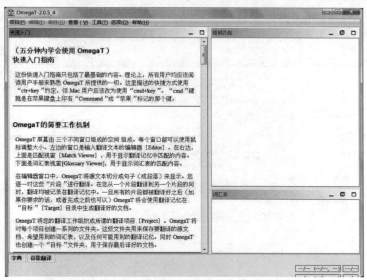

图 3-29　OmegaT 2.0.5 主界面

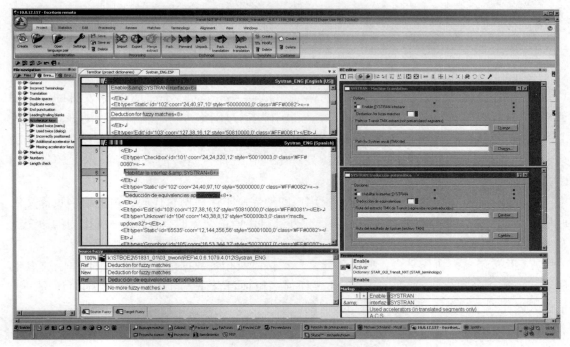

图 3-30　STAR Transit SP 6 NXT 主界面

（数据来源：https://transitnxt.wordpress.com/2013/04/30/resource-editing-in-transit-nxt/）

　　SDL WorldServer 在本地化流程、文件格式转换和翻译记忆等方面与传统本地化翻译流程存在一定差异，现支持 database records、.html、.xml、InDesign INX、FrameMaker MIF、Microsoft Office 文档格式。其主要功能有六项：一是项目文件导入、导出和管理；二是文件资产的浏览、分类、过滤、查找；三是译前处理和翻译操作；四是译文质量检查；五是在线或离线环境中搜索、编辑记忆库、术语库；六是项目文件分析。

　　SDL WorldServer 界面（图3-31）与 Déjà Vu 非常相似，除菜单栏和工具栏外，翻译窗口主要包括翻译区（由原文区和译文区组成）、项目浏览区和记忆提示区三大部分。

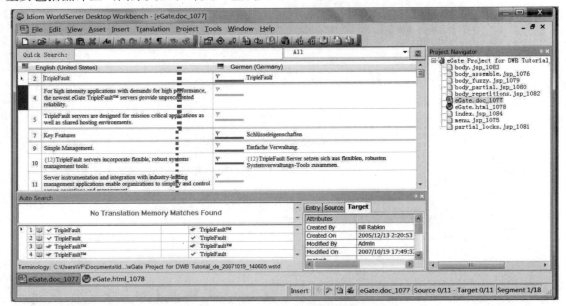

图3-31　SDL WorldServer **主界面**

（九）Wordbee

　　Wordbee 是由 Wordbee 公司（官网：www.wordbee-translator.com）2008 年发行的以云翻译平台与网络平台为基础的 CAT 软件，所有操作均通过网络进行，支持主流浏览器高级版本，无须安装本地客户端，集客户关系管理、供应商管理、记忆库与术语库管理、在线翻译、项目管理、财务管理于一体，并能处理本地化翻译，是当前云翻译技术中较先进的 CAT 工具。

　　Wordbee 拥有强大的网页支持能力，用户即使完全不了解网页代码，也能将网页译文以原格式呈现出来。此外，翻译机构与内部或外部自由译员交流时，Wordbee 可作为沟通交流和分配任务的工具，简单易用。

　　Wordbee 是多人协作平台，原文、译文、记忆库及相关数据都会保存在项目平台，其他译者或审校人员可在该项目中同时工作。任何一位项目合作人可在该平台上随时评论、标记他人译文，且对他人可见，十分节省时间。

　　该软件界面如图3-32所示。

（十）Wordfast

　　Wordfast 由伊夫·商博良在法国首创，是由美国 Wordfast 公司（官网：www.wordfast.net）开发的融合了语段切分和记忆库两种技术的 CAT 软件，知名度仅次于 SDL Trados，且在本地或远程记忆库、术语库上与 SDL Trados 高度融合。Wordfast 推出了 Wordfast Classic，此版本可以完全嵌入到 Microsoft Word 界面中。尽管有内嵌术语管理、词典查询、机器翻译、翻译记忆局域网分享、实时QA等功能，但软件小巧，操作简单，运行速度快，适合经常翻译Word文档的译员使用。Wordfast最新版的软件界面如图3-33所示。

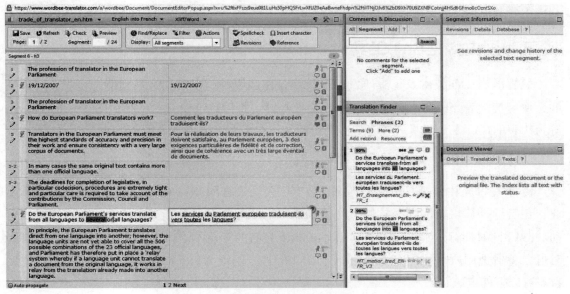

图3-32　Wordbee主界面

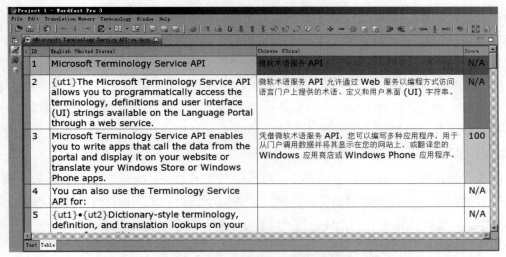

图3-33　Wordfast Pro 5主界面

Wordfast主要功能有翻译编辑、记忆库、语料回收、QA、第三方插件或软件挂接等。

（1）记忆库：使用纯文本或Unicode（UTF-16）格式，开放，易读取、维护、共享、储存，可由任何文字编辑器编辑，并可由最多20名用户同时通过LAN共享一个TM；每TM最多可储存500000个翻译单元（TU），Wordfast server可另加500万TU，但容量却比其他TM小3～4倍，且相关搜索只需半秒。

（2）语料回收：工具栏上有快捷功能键，可快速清除目的译文外的内容，快捷清晰，提高效率。

（3）QA：Wordfast最大限度减少译后工作时间，可在译后运行QA命令，并生成质检报告，照顾不可译元素和术语的要求，以找出潜在问题。

（4）第三方插件或软件挂接：可使用第三方词典，可连接MT，可加入Word宏，从定制功能上看Wordfast可无限扩展。

三、国内常见CAT工具

尽管国内CAT技术及工具研发起步较晚，在多语种、多格式文件支持，记忆库、术语库交换与挂接等方面还不够成熟，但以传神iCAT、雅信CAT、雪人CAT、Transmate（优译）等为代表的CAT工具仍具有较高的市场份额和用户满意度，以下分别阐述。

（一）传神iCAT

传神iCAT是由传神（中国）网络科技有限公司（官网：www.transn.com）推出的一款专业、免费的计算机辅助翻译软件，通过翻译记忆匹配技术提升译员翻译效率，减少重复劳动。iCAT同时拥有云术语库，目前已有4000万左右的专业术语。个人译员在使用iCAT翻译时可以免费选用所需的专业术语库。iCAT的官方网址为http://icat.iol8.com/index。其主要特点有以下四点。

（1）文档及格式：支持.doc、.ppt、.xls等常见文档格式；提供各类文档格式支持的场景式翻译；通过对Word部分文本的RTF分析实现快速翻译；利用Word批注及数据库技术保证翻译术语统一及历史语料复用；采用HTML方式封装剪贴板内容，实现不同区域文档内容同步。

（2）语料及应用：侧边栏自动以用户本地数据及网络语料搜索正在翻译内容中的术语、释义、语料、例句，提供全面参考，提升翻译品质；采用TF-IDF算法进行语料匹配，实现语料复用最大化，提高效率及准确率；用户库分为本地用户库和企业用户库，能实现多人共享，最大限度发挥语料资产价值。

（3）效率及提升：提供快速输入法，提高译员输入速度，减少输入对翻译的影响；采用最新云翻译技术，可辅助检查低级错误，最大幅度纠错。最大限度保持原文格式，减少排版工作量，能够支持中、英、日、韩、德、法、俄、西等多种主流语言。

传神iCAT 2.0主界面如图3-34所示。

（二）雅信CAT

雅信CAT（官网：www.yxcat.com/Html/index.asp）是一个基于网络、基于大型关系数据库、支持多人协作的计算机辅助翻译平台。系统提供流程化的项目管理，使翻译项目的组织和管理变得十分轻松快捷、高质有效。系统依托现代网络技术和数据库技术实现翻译语料资源信息的共享和翻译术语的高度统一；采用先进的网络技术，可以基于局域网和互联网多种网络环境部署和应用。

雅信CAT 5.0界面如图3-35所示。

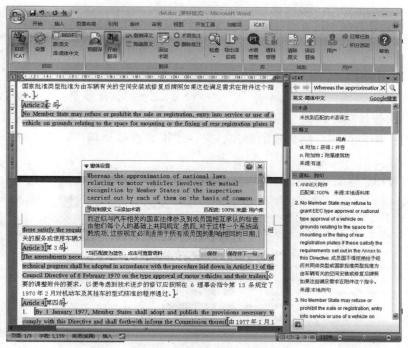

图3-34 传神iCAT 2.0主界面

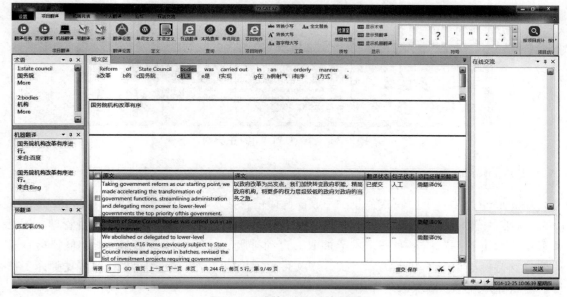

图3-35 雅信CAT 5.0主界面

(三) 雪人 CAT

　　雪人 CAT 是佛山市雪人计算机有限公司（官网：www.gcys.cn）自行研发的 CAT 软件，分为软件及网络协作平台。其中网络协作平台可实现项目文件协同翻译，翻译审校同时进行，也可对记忆库、术语库实时修改。此外，雪人与 SDL Trados、雅信等其他 CAT 软件兼容良好，可直接导入雅信记忆库，或将记忆库文件转成 .tmx 格式导入。该软件三大特点如下。

（1）快搜：百万级记忆库瞬间完成整句匹配或片段搜索；嵌入在线自动翻译和在线词典：自动给出在线自动译文供参考；嵌入 Google、EngKoo、Youdao、iCIBA、Dict.cn、JuKu 等多个在线词典，切换方便。

（2）快译：利用记忆库、词典、规则词典、本地术语库和在线翻译相结合等方式预翻译，快速生成译文；译文预览随译随见，支持译文、原文混合预览；采用 EBMT、TM 两种技术，实现自动替换翻译。

（3）快检：用户自定义语法规则翻译，进一步提高取词和翻译效率；可检查术语一致、数字校验、漏译、拼写、错别字、一句多译等。

雪人 CAT V1.07 界面如图 3-36 所示。

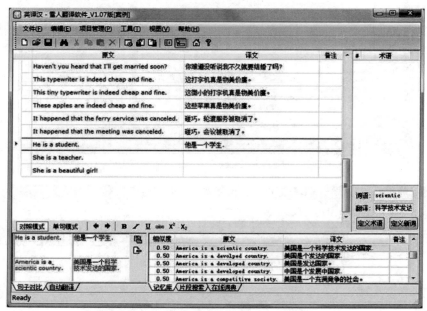

图 3-36　雪人 CAT V1.07 主界面

（四）Transmate

Transmate 是第一个由民族企业——成都优译信息技术有限公司（官网：www.urelitetech.com.cn）自主研发的 CAT 系统，分单机版与企业版，对系统配置要求低；集项目管理、记忆库管理、术语管理、语料对齐、术语抽取、自动排版、在线翻译、Web 搜索、低错检查于一体；支持标准记忆库和术语库格式、多文件格式及多语种，最大限度减少重复翻译工作量、提高翻译效率、确保术语和译文统一性。

Transmate 支持 .docx、.doc、.xlsx、.xls、.txt、.pdf、.xml、.wps 系列及其自定义的 UTX 文件，可导出 .docx、.doc、.xlsx、.xls、.txt、.utx、.tmx 格式译文，术语库支持 .xlsx、.xls、.txt、.tmx、.tbx 格式，记忆库支持 .xlsx、.xls、.txt、.tmx、.tbx 格式。其中，UTX 文件是 Transmate 软件的过渡文件，用于保存翻译文档相关信息。

Transmate 单机版 7.0 主界面如图 3-37 所示。

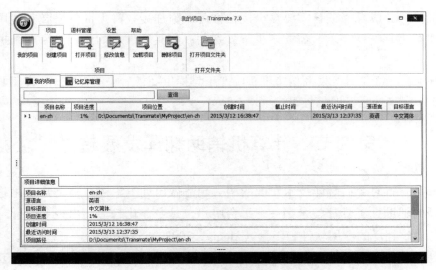

图 3-37　Transmate 单机版 7.0 主界面

四、如何选择合适的 CAT 工具

鉴于 Wordfast、SDL Trados、Déjà Vu、Catalyst、Translation Workspace 等均拥有大量用户，但侧重点、市场定位、细分客户群均不同，因此在选择 CAT 工具时应首先考虑客户需求，再考虑软件、价格等其他非客户因素。

（一）客户需求

（1）是否具备项目所需的特定功能，如术语提取、Perfect Match、双语对齐等，同时须考虑客户明确要求提交的 SDL 格式内容，包括 .sdltm 和 .sdlxliff 等格式文件。

（2）业务系统全局配置是否同客户内部业务系统对接，是否支持客户数据库、内容管理系统、文档管理系统、翻译管理系统、内部操作系统等，同时须考虑项目、TM 工具属性设置，如版本号、客户信息、TM 匹配率、罚分等。

（3）是否符合客户业务工作流（包括内容分析、重复率检查、批处理转换等）和业务规则。

（4）项目继承性、延续性是否符合客户前期语言资产管理情况。

（5）客户是否因项目资料保密需要要求使用自己定制开发的 CAT 工具。

（二）其他因素

（1）功能模块：是否支持翻译项目所需语言对；是否具备支持多种翻译格式的解析器（Parsers），如 .sgml、.xml、.dita 等；翻译记忆库和术语库是否具备数据导入和导出功能；是否支持互联网协作，如果支持，需要遵守哪些网络协议。

（2）兼容性：是否支持客户方的规范或系统标准；是否支持 TMX/TBX/SRX 等国际标准；是否支持定制化开发。

（3）便捷性：集成到现有翻译工作环境的便捷性；与当前项目使用的其他翻译工具集成的可能性；翻译协作所需部署平台等。

（4）价格：完成翻译项目需要多少授权许可；附加授权许可证价格及其使用权限；如需定制开发解决某特殊需求，需要多少额外费用；购买软件后的培训及后期维护所需额外费用等。

（5）其他：CAT工具开发商信誉度；CAT工具提供商售后支持程度；CAT工具开发商市场地位；CAT未来技术发展趋势等。

第四节　计算机辅助翻译发展趋势

Amparo Alcina对今后翻译技术发展的两大趋势做出如下论述：一是整合化趋势，各种功能和翻译的辅助性工具都整合到一个平台中；二是专业化趋势，出现专门针对多媒体翻译、法律与文学翻译的专用软件和工具（Alcina，2008）。近十年来，信息技术、人工智能、自然语言处理等的发展，特别是计算机硬件承载能力持续增长，互联网技术、云计算深入发展，促使翻译技术突飞猛进，翻译系统功能不断改善，翻译行业生产力不断提高，智能化、语境化、可视化、集成化、网络协作化等特征越来越明显。可以预见，传统翻译生产方式将逐步被新技术洪流淹没，以云计算为基础架构的云翻译系统将会闪亮登场。本书认为，CAT的发展会呈现以下趋势。

一、日趋整合的CAT工具功能

不同业务的需求迫使翻译技术提供商逐渐整合不同的功能模块。CAT工具从最初基本的模糊匹配和编辑功能发展到译中自动文本输入和自动拼写检查，到译后批量质量保证，再到翻译项目切分、项目打包、财务信息统计、过程监控、语言资产管理、即时通信、多引擎机器翻译等，功能越来越多，呈现出整合趋势。如当前Across、SDL Trados、XTM等CAT工具不再局限于翻译本身，其功能涵盖技术写作、术语管理、文档管理、内容管理到翻译和产品发布等环节，体现了将翻译技术同翻译流程各环节整合的趋势。

二、日益提高的CAT可视化程度

维基百科对可视化技术的定义是"所见即所得"（What You See Is What You Get，WYSIWYG），也即人们可在屏幕上直接得到即将打印到纸张上的效果，也称可视化操作。以CAT标签为例，它能隐藏待译文档格式信息，但格式越复杂，预览效果越差，甚至不能预览翻译结果，从而影响译者判断、翻译速度。目前，翻译技术同计算机图形学、计算机视觉、计算机辅助设计等多领域不断融合，正朝着可视化翻译方向发展。如在Alchemy Catalyst、SDL Passolo等类似翻译工具中，译者只须关注文本本身，并可在翻译的同时实时预览本地化翻译后的位图、菜单、对话框、字串表、版本信息等标准资源，及时发现可能的错误（张宵军等，2013：114），如图3-38所示。未来，更多的技术提供商会将可视化翻译技术无缝整合到翻译流程中，从翻译过程到项目管理，本地化工程到测试过程将实现全过程无阻力可视化，为翻译人员提供各种便利，全面优化翻译环节，节省成本，增强公司竞争力。

因此，可视化本地化技术已成为国际本地化软件工具的一种诉求，未来可视化技术的发展前景十分广阔。

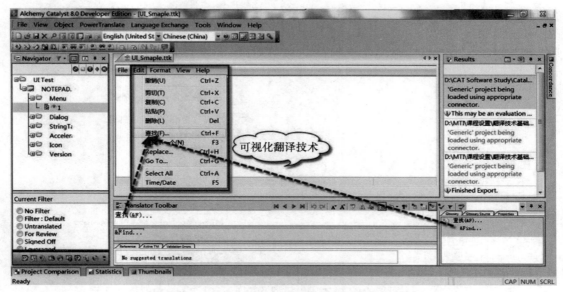

图3-38 Alchemy Catalyst 8.0软件界面可视化翻译

三、异军突起的开源CAT工具

鉴于市场需求变化必定导致对翻译工具需求的变化，如何在成本范围内提高效率就成为很多用户首先考虑的问题。随着开源社区蓬勃发展，人们越发关注开源CAT系统，如Anaphraseus、Okapi、OmegaT、Translate Toolkit、Transolution、Virtaal等一大批开源工具涌入翻译或本地化市场。由于其成本低、灵活可靠、安全性高，且无须许可证，自由和开放源码软件（Free and Open Source Software，FOSS）越来越受欢迎。此外，开源CAT系统具备商业CAT系统兼容TMX标准、模糊匹配、术语管理等基本功能，且这些功能同封闭性商用CAT系统相比优势明显（张宵军等，2013：293）。不难预见，开源工具正在超赶商用CAT系统。2010年，IBM将多年来仅供公司内部使用的TM/2开源化，并改名为Open TM2，兼容标准TMX格式。2014年8月，Heartsome工具实现开源，进一步增强了开源翻译技术阵营，给自由译者更多选择，很大程度上打破了昂贵商业CAT工具垄断的壁垒，将会促进翻译行业生产效率的提高。

四、广泛应用的CAT+MT+PE模式

CAT+MT+PE即"计算机辅助翻译+机器翻译+译后编辑"的简称。机译在信息化时代快速发展，在商业翻译中更是广泛应用。机译虽然批量翻译速度快，但不能很好地理解自然语言，所以高质量翻译仍需要人来主导，且目前越来越多的CAT工具提供商开始实现机译引擎与CAT工具的整合。当记忆库中无匹配时，CAT系统会自动调用内置机译引擎快速给出译文，译者再根据初始译文修改，确认后的内容可及时进入记忆库，供后续循环使用。如SDL Trados Studio 2017、Wordfast Pro、Déjà Vu X2、memoQ 6、Fluency Translation Suite、

Wordbee 等 CAT 工具已将 Google、Bing、Systran、Microsoft MT 等主流机译引擎内置系统当中，为译者提供了非常有用的参考。Google Translator Toolkit 是 CAT+MT+PE 的典型代表，它不仅可用 Google 机译直接翻译，还可支持翻译记忆和术语库，译员上传的术语库可以干涉、改善机译结果。

图 3-39 展示了一种可能的 CAT+MT+PE 模型及其在 SDL Trados 中的菜单体现。

图 3-39　一种可能的 CAT+MT+PE 模型及其嵌入 SDL Trados 中的菜单显示

五、迅猛发展的语音识别技术

鉴于运用语音识别能根据声音指令创建、编辑、修订、保存翻译文档，未来 Web 3.0 时代，语音识别和即时语音翻译技术将会极大发展（王华树，2013）。目前，Siri、Vocre、Say-Hi Translate、百度语音助手、搜狗语音助手、讯飞灵犀语音助手等智能语音翻译及应答系统如雨后春笋迅速蔓延移动应用市场，通过识别用户语音的要求、请求、命令或询问正确响应，既能克服人工键盘输入速度慢、极易出错的缺点，又有利于缩短系统反应时间，如译员利用 Via Voice、Dragon Naturally Speaking、Express Dictate、FreeSpeech 等语音软件翻译文本初稿的同时，TM 系统可对具体词或短语进行匹配操作。

从商用领域看，近年来 Microsoft、IBM、Philips、Motorola、Intel、L&H、Dragon Systems 等公司斥巨资研发相关产品，较成熟的系统有 IBM 的 Via Voice 和 Microsoft 的 SAPI，这些都是面向非特定人、大词汇量的连续语音识别系统，如经充分训练，Via Voice 识别率可达 93%。从日常生活看，播客/唱吧和苹果的 Siri 是两大发明，前者或通过电话点播电视 MTV 时只需歌手或歌名，电视终端就播放相应曲目；或组织多人飚歌时，利用语音识别技术可比对用户演唱和原音旋律，继而给用户演唱打分。后者通过强大的后台语音分析技术对多语种人声进行识别并智能答复。

以北京奥运会多语言信息服务系统为例，该系统包括多语言信息同步发布、信息查询和语音交互式电子商务，并重点提供关于地理位置的信息服务，此外还提供口语翻译机、自动翻译电话等际交流辅助工具。该系统工作原理是：首先由实时翻译机器将各类信息传递到语音应用平台，再以语音等方式向各种终端用户发布，为用户提供母语信息服务。实践证明，该系统为奥运相关信息查询、公共服务信息查询及社交活动等提供多语言智能信息服务，相当于建立了一支虚拟志愿者信息服务大军。这在奥运史上也是了不起的进步。

2012年10月，微软研究院主席瑞克·拉希德在"21世纪的计算大会"上演示了即时英译汉口译系统，利用深层神经网络（Deep Neural Network）技术模拟人脑，可将英语口语译成中文口语，同时还能保留语调和节奏，翻译准确率达80%～90%，成为智能语音翻译发展的新方向。可以预见，随着人工智能技术、语音识别和自动翻译系统不断整合，人机交流会更自然，信息网络查询、医疗服务、银行服务等领域的智能语音翻译会成为现实。

六、日益强劲的云驱动力

在"互联网就是超级计算机"的思想下，大数据、云计算技术迅速崛起，在语言服务领域主要体现为基于云的机器翻译、计算机辅助翻译及翻译管理系统，现分述如下。

（一）基于云的机器翻译

此类服务直接提供开放 Web 界面，让用户访问在线多个机器翻译引擎和词典引擎，甚至允许用户构建、修改个性化后台引擎知识库，不影响他人或权威译文，进而实现翻译资产云共享，代表工具有谷歌 Google Translator Toolkit、微软 BingTM、欧盟 LetsMT！项目、微软 Microsoft Translator Hub、Xcelerator KantanMT、Lionbridge GeoFluent、SDL BeGlobal 等。其提供的开放统一的应用编程接口（API）可与其他站点或应用整合，并与大数据语义信息和深层语言学知识二次融合，大幅提升机器翻译质量。

（二）基于云的计算机辅助翻译

传统 C/S 架构 CAT 工具长期存在投入大、维护费用高、更新复杂、容易盗版等问题，而现在把 CAT 应用系统统一部署在云服务器上，用户按需向开发商订购在线应用系统服务，其四大核心组件是云工作台、云记忆库、云术语库和云知识库。代表工具有 CloudLingual、eMultiTrans、Lingotek、Memsource Cloud、MEMOrg、Wordfast Anywhere、Translation Workspace、XTM Cloud 等。

（三）基于云的翻译管理系统

云计算服务托管可完成翻译项目（工作流程）管理、市场营销、成本核算、客户管理、译员管理、翻译数据处理（如文档编辑、格式转换等）、翻译记忆和术语管理、语料对齐等各种翻译管理功能。专门性工具有 Memsource Cloud、TransPMS、LSP.net OTM、MyMemmory、Glosbe、IATE、YouAlign、TransSearch 等，通用性工具有 TeamOffice、Everydo、Apptivo、Online-Converter、ZOHO、1&1 E-mail、Online Storage 等。这类系统数量众多，各具特色，是未来各中小型企业的"竞技场"，但其分散、不安全，缺乏统合门户网站（portal）及统一评价标准等问题日益成为翻译管理瓶颈。

目前，TMS（Translation Management System）、CAT、MT 三结合的综合翻译管理云平台优势明显，它充分整合云管理服务提供商、商业服务平台和互联网，实现翻译管理云托管，其统一性、安全性得以充分保证，更好地保证翻译质量和效率。较典型的有 Wordbee、Cloudwords 公司 OneTM、Lionbridge 公司的 Translation Workspace 等，其市场潜力相当可观。在未来 Web 3.0 时代，语音识别和即时语音翻译技术将极大发展,基于大数据语料以及用户交

互的智能机器翻译系统将登场。云计算和云服务很快覆盖全球，云翻译技术的应用与普及
将会极大提高行业生产效率。还有正在建设的智慧语联网，通过对资源、语言技术、社区
以及综合服务能力的有机整合，创造链接整个语言服务的云平台，可以满足语言服务产业
链更高层面的需求。

　　现代翻译技术正以自己的方式"挑衅"着传统翻译世界。CAT技术的问世与发展加快
了翻译速度，优化了翻译流程，降低了翻译成本，提升了行业整体翻译生产率。有理由预
见，在云计算和大数据驱动下，一场新语言技术革命浪潮已经来临，语言服务产业链经济
结构和语言服务产业增长模式将会得以重塑。

思考题

1.广义和狭义的翻译技术主要涵盖哪些内容？
2.计算机辅助翻译工具有哪些主要技术？
3.计算机辅助翻译工具有哪些优缺点？
4.如何选择合适的辅助翻译工具？
5.谈谈信息化时代翻译技术的发展趋势。

参考与拓展阅读文献

[1]Alcina A. Translation technologies：Scope，tools and resources[J]. Target，2008(1)：79–102.

[2]Allen J. Post–editing[C]//Somers，H.(ed.)Computers and Translation：A Translator's Guide. Shanghai：Shanghai Foreign Language Education Press，2012：297–317.

[3]Arenas A G. Productivity and quality in the post–editing of outputs from translation memories and machine translation[J]. Localization Focus：The International Journal of Localization，2008(1)：11–21.

[4]Arenas A G. What do professional translators think about post–editing?[J]. The Journal of Specialized Translation，2013(19)：75–95.

[5]Austermühl F. Training translators to localize[C]//In Pym，A. et al.(eds.). Translation Technology and its Teaching[C]. Tarragona：Intercultural Studies Group，2006：69–81.

[6]Austermühl F. Electronic Tools for Translators[M]. Manchester：St. Jerome Publishing，2001.

[7]BEYTrans：A Free Online Collaborative Wiki–Based CAT Environment Designed for Online Translation Communities.

[8]Bowker L. Computer–aided Translation Technology：A Practical Introduction[M]. Ottawa：University of Ottawa Press，2002.

[9]Bowker L，Fisher D. Computer–aided translation[C]//In Gambier，Y. & L. van Doorslaer.(eds.)Handbook of Translation Studies(Vol. 1)[C]. Amsterdam/Philadelphia：John Benjamins Publishing Company，2010.

[10]Brown P F,et al. A statistical approach to machine translation[J]. Computational Linguistics，1990，16(2)：79–85.

[11]Brown P F, et al. The mathematics of statistical machine translation：Parameter estimation[J]. Computational Linguistics，1993，19(2)：263–311.

[12]Chan，Sin–wai. A Dictionary of Translation Technology[M]. Hong Kong：The Chinese University Press，2004.

[13]Chiang D. A Hierarchical Phrase–based Model for Statistical Machine Translation[C]//ACL. Proceedings of the 43rd Annual Meeting on Association for Computational Linguistics(ACL)[C]. Ann Arbor：Association for Computational Linguistics，2005：263–270.

[14]Chiang D, et al. 11, 001 new features for statistical machine translation[C]//ACL. Proceedings of Human Lan-

guage Technologies:The 2009 Annual Conference of the North American Chapter of the Association for Computational Linguistics(HLT-NAACL)[C]. Suntec:Association for Computational Linguistics,2009:218-226.

[15]Chiang D. Hierarchical phrase-based translation[J]. Computational Linguistics,2007,33(2):201-228.

[16]Chiang D. Learning to translate with source and target syntax[C]//ACL. Proceedings of the 48th Annual Meeting of the Association for Computational Linguistics (ACL)[C]. Uppsala:Association for Computational Linguistics,2010:1443-1452.

[17]Choudhury R,McConell B. Translation Technology Landscape Report[R]//De Rijp:TAUSBV,2013.

[18]Common Sense Advisory. The Language Services Market:2009[R]. Lowell:Common Sense Advisory,Inc.,2009.

[19]Esselink Bert. A Practical Guide to Localization[M]. Amsterdam:John Benjamins,2000.

[20]Galley M, et al. Scalable inference and training of context-rich syntactic translation models[C]//In ACL. Proceedings of the 21st International Conference on Computational Linguistics and the 44th annual meeting of the Association for Computational Linguistic [C]. Sydney : Association for Computational Linguistics , 2006 : 961-968.

[21]Gow F. Metrics for Evaluating Translation Memory Software[D]. Ottawa:University of Ottawa,2003.

[22]Hutchins W J. Machine translation:A brief history[C]//In Koerner, E. F. K,R. E. Asher. Concise History of the Language Sciences:From the Sumerians to the Cognitivists[C]. Oxford:Pergamon Press,1995:431-445.

[23]Hutchins W.J. Machine Translation:Past,Present,Future[M]. Chichester:Ellis Horwood Limited,1986.

[24]Hutchins J. 机器翻译系统及翻译工具的开发和使用[J]. 中文信息学报,1999(6):1-13.

[25]Hutchins W, et al. An Introduction to Machine Translation[M]. London:Academic Press,1992.

[26]Williams J,Chesterman A. The Map:A Beginner's Guide to Doing Research in Translation Studies[M]. Manchester:St Jerome Publishing,2002.

[27]Zhang J, et al. Bilingually-constrained phrase embeddings for machine translation[A]. In ACL. Proceedings of the 52nd Annual Meeting of the Association for Computational Linguistics(ACL)[C]. Baltimore:Association for Computational Linguistics,2014:111-121.

[28]Jones B, et al. Semantics-Based Machine Translation with Hyperedge Replacement Grammars[A]. In ACL. Proceedings of the 24th International Conference on Computational Linguistics[C]. Mumbai:The COLING 2012 Organizing Committee,2012:1359-1376.

[29]Kay M. Machine translation:The disappointing past and present[A]. In Ronald A. C. et al. Survey of the State of the Art in Human Language Technology[C]. Cambridge:Cambridge University Press,1996:248-250.

[30]Kay M. The proper place of men and machines in language translation [J]. Machine Translation,1997,12(1-2):14.

[31]Kenny D. CAT Tools in an Academic Environment:What Are They Good for?[J]. Target,1999,11(1):65-82.

[32]Kingscott G. Technical translation and related disciplines[J]. Perspectives,2002,10(4):247-256.

[33]Koehn P,Senellart J. Convergence of translation memory and statistical machine translation[A]. In:Proceedings of AMTA Workshop on MT Research and the Translation Industry[C]. Denver:Association for Machine Translation in the Americas,2010:21-31.

[34]Kruger H. Training editors in universities:Considerations, challenges and strategies [A]. In Kearns, J. (ed.) Translator and Interpreter Training:Issues, Methods and Debates[C]. London:Continuum International Publishing Group,2008.

[35]Wang K,et al. Integrating Translation Memory into Phrase-Based Machine Translation during Decoding[A]. In:Proceedings of the 51st Annual Meeting of the Association for Computational Linguistics(ACL)[C]. Sofia:Association for Computational Linguistics,2013:11-21.

[36]Liu Y, et al. Tree-to-string alignment template for statistical machine translation [A]. In:Proceedings of the 21st International Conference on Computational Linguistics and the 44th annual meeting of the Association for

Computational Linguistics. Association for Computational Linguistics(COLING-ACL)[C]. Sydney:Association for Computational Linguistics,2006:609-616.

[37]Luigi M. Cloud translation[R]. Russia Forum,2011.

[38]Martínez L G. Human Translation versus Machine Translation and Full Post-Editing of Raw Machine Translation Output[D]. Dublin:Dublin City University,2003.

[39]Melby A. Computer-assisted translation system:The standard design and a multi-level design[A]. In Association for Computational Linguistics:Proceedings of the First Conference on Applied Natural Language Proceedings[C]. Cambridge:Association for Computational Linguistics,1983:174-177.

[40]Mi H, et al. Forest-Based Translation[A]. In ACL. Proceedings of the 46th Annual Meeting on Association for Computational Linguistics(ACL)[C]. Columbus:Association for Computational Linguistics,2008:192-199.

[41]Mi H,Liu Q. Constituency to dependency translation with forests[A]. In:Proceedings of the 48th Annual Meeting of the Association for Computational Linguistics(ACL)[C]. Uppsala:Association for Computational Linguistics,2010:1433-1442.

[42]Minnis S. A simple and practical method for evaluating machine translation quality[J]. Machine Translation, 1994(9):133-149.

[43]Nagao M. A framework of a mechanical translation between Japanese and English by analogy principle[J]. Artificial and Human Intelligence,1984:351-354.

[44]Och F J,Ney H. Discriminative training and maximum entropy models for statistical machine translation[A]. In: Proceedings of the 40th Annual Meeting on Association for Computational Linguistics(ACL)[C]. Philadelphia: Association for Computational Linguistics,2002:295-302.

[45]Plitt M,Masselot F. Productivity test of statistical machine translation post-editing in a typical localization context[J]. The Prague Bulletin of Mathematical Linguistics,2010,93:7-16.

[46]ProZ.com Members. State of the Industry:Freelance Translators in 2012[R]. ProZ.com,2012.

[47]Quah C K. Translation and Technology[M]. Hampshire and New York:Palgrave Macmillan,2006.

[48]Reuther U. (ed.) LETRAC Survey Finds in the Industrial Context[EB/OL]. [1999-04-02]. http://www.iai. uni_sb.de/docs/D22.pdf.

[49]Robinson D. Becoming a Translator:An Accelerated Course[M]. New York:Routledge,1997.

[50]Rodolfo M R. 本地化中的XML:实用分析[EB/OL]. [2004-09-01]. http://www.ibm.com/developerworks/cn/ xml/x-localis/.

[51]Rodolfo M R. 本地化中的XML:通过TM和TMX重用翻译[EB/OL]. [2005-03-01]. http://www.ibm.com/developerworks/cn/xml/x-localis3/#iratings.

[52]Rodrigo E Y. (ed.)Topics in Language Resources for Translation and Localization[C]. Amsterdam:John Benjamins,2008.

[53]Samuelsson-Brown,G. A Practical Guide for Translators[M]. Clevedon:Multilingual Matters,2010.

[54]Sato S, Nagao M. Toward memory-based translation[A]. In:Proceedings of the 28th Annual Meeting of the Association for Computational Linguistics(ACL)[C]. Pittsburgh:Association for Computational Linguistics,1990: 247-252.

[55]SDL公司收购Language Weaver公司[EB/OL]. [2013-09-28]. http://www.giltworld.com/E_ReadNews.asp? NewsID=689.

[56]Shen L, et al. A New String-to-Dependency Machine Translation Algorithm with a Target Dependency Language Model[A]. In:Proceedings of the 46th Annual Meeting on Association for Computational Linguistics(ACL)[C]. Columbus:Association for Computational Linguistics,2008:577-585.

[57]Somers,Harold.(ed.)Computers and Translation:a Translator's Guide[C]. Amsterdam:John Benjamins,2003.

[58]TAUS. MT Post-editing Guidelines(Produced in partnership with CNGL)[EB/OL]. [2013-06-25]. http://www.

translationautomation.com/postediting/machine-translation-post-editing-guidelines.

[59]TAUS. Post-editing in Practice[EB/OL]. [2013-06-25] http://www.translation automation.com/reports/poste-diting-in-practice.

[60]TemizÖz, Ö. Machine Translation and Postediting[A]. In: European Society for Translation Studies Research Committee: State-of-the-Art Research Report[R]. 2012.

[61]Thicke L. Post-editor shortage and MT[J]. Multilingual(January/February), 2013: 42-44.

[62]Tstsumi M. Post-Editing Machine Translated Text in a Commercial Setting: Observation and Statistical Analysis[D]. Dublin: Dublin City University, 2010.

[63]Tu M, et al. A Novel Translation Framework Based on Rhetorical Structure Theory[A]. In: Proceedings of the 51st Annual Meeting of the Association for Computational Linguistics(ACL)[C]. Sofia: Association for Computational Linguistics, 2013: 370-374.

[64]Tu M, et al. Enhancing Grammatical Cohesion: Generating Transitional Expressions for SMT[A]. In: Proceedings of the 52nd Annual Meeting of the Association for Computational Linguistics(ACL)[C]. Baltimore: Association for Computational Linguistics, 2014: 850-860.

[65]Ynvge V M. A framework for syntactic translation[J]. Mechanical Translation, 1957, 4(3): 59-65.

[66]Vasconcellos M. A comparison of MT postediting and translational revision[A]. In Kummer, K. (ed.) Proceedings of the 28th Annual Conference of the American Translators Association[C]. Medford, NJ: Learned Information Inc., 1987.

[67]Vasconcellos M. Functional considerations in the postediting of machine-translated output[J]. Computers and Translation, 1986(1): 21-38.

[68]Wang P, Ng H T. A Beam-Search Decoder for Normalization of Social Media Text with Application to Machine Translation[A]. In: Proceedings of Human Language Technologies: The 2013 Annual Conference of the North American Chapter of the Association for Computational Linguistics (HLT-NAACL)[C]. Atlanta: Association for Computational Linguistics, 2013: 471-481.

[69]White House Challenges Translation Industry to Innovate[EB/OL]. [2013-09-28] http://www.businessweek.com/innovate/content/oct2009/id2009101_196515.htm.

[70]Wikipedia. Postediting[EB/OL]. [2013-06-24] http://en.wikipedia.org/wiki/Postediting.

[71]Xie J, et al. A novel dependency-to-string model for statistical machine translation[A]. In: Proceedings of the Conference on Empirical Methods in Natural Language Processing(EMNLP)[C]. Edinburgh: Association for Computational Linguistics, 2011: 216-226.

[72]Zhai F, et al. Machine translation by modeling predicate-argument structure transformation[A]. In Proceedings of the 24th International Conference on Computational Linguistics(COLING)[C]. Mumbai: The COLING 2012 Organizing Committee, 2012: 3019-3036.

[73]Zhai F, et al. Handling ambiguities of bilingual predicate-argument structures for statistical machine translation [A]. In: Proceedings of the 51st Annual Meeting of the Association for Computational Linguistics (ACL)[C]. Sofia: Association for Computational Linguistics, 2013: 1127-1136.

[74]Zhang J, et al. Augmenting string-to-tree translation models with fuzzy use of source-side syntax[A]. In: Proceedings of the Conference on Empirical Methods in Natural Language Processing(EMNLP)[C]. Edinburgh: Association for Computational Linguistics, 2011: 204-215.

[75]Zhang J, Zong C. Learning a phrase-based translation model from monolingual data with application to domain adaptation[A]. In: Proceedings of the 51st Annual Meeting of the Association for Computational Linguistics (ACL)[C]. Sofia: Association for Computational Linguistics, 2013: 1425-1434.

[76]陈群秀. 计算机辅助翻译系统漫谈[C]//中国中文信息学会. 民族语言文字信息技术研究——第十一届全国民族语言文字信息学术研讨会论文集[C]. 2007.

[77]崔启亮.产业化的语言服务新时代[J].中国翻译,2013(增刊):33-39.

[78]冯志伟.自然语言的计算机处理[M].上海:上海外语教育出版社,1996.

[79]冯志伟.机器翻译——从梦想到现实[J].中国翻译,1999(4):39.

[80]冯志伟.机器翻译的现状和问题[C]//徐波,等.中文信息处理若干重要问题[C].北京:科学出版社,2003:
353-377.

[81]冯志伟.机器翻译研究[M].北京:中国对外翻译出版公司,2004.

[82]光明网.机器翻译的前世今生[EB/OL].[2013-09-28]http://tech.gmw.cn/2011-09/28/content_2708342.htm.

[83]韩培新.智能译后编辑器IPE[D].北京:中国科学院,1996.

[84]胡琴琴.机器翻译汉译英后编辑策略研究[J].海外英语,2013(3):147-149.

[85]黄河燕,陈肇雄.基于多策略的交互式智能辅助翻译平台总体设计[J].计算机研究与发展,2004(7):
137-146.

[86]黄河燕,陈肇雄.一种智能译后编辑器的设计及其实现算法[J].软件学报,1995(3):129-135.

[87]黄俊红,等.双语平行语料库对齐技术述评[J].外语电化教学,2007(6):21-25.

[88]李梅,朱锡明.译后编辑自动化的英汉机器翻译新探索[J].中国翻译,2013(4):83-87.

[89]林海梅.机器翻译与人工的集合[J].宜宾学院学报,2009(8).

[90]刘斌.英汉机译中的译后编辑及其实现[J].中国电化教育,2010(7):109-112.

[91]刘群.机器翻译技术的发展及其应用[J].术语标准化与信息技术,2002(1):24-28.

[92]刘群.机器翻译现状与展望[J].集成技术,2012(5).

[93]钱多秀.计算机辅助翻译[M].北京:外语教学与研究出版社,2011.

[94]秦洪武,王克非.对应语料库在翻译教学中的应用:理论依据和实施原则[J].中国翻译,2007(5):49-52.

[95]苏明阳.翻译记忆系统的现状及其启示[J].外语研究,2007(5):70-74.

[96]王华树.MTI"翻译项目管理"课程构建[J].中国翻译,2014(4):54-58.

[97]王华树.全国高等院校翻译专业师资培训讲义——翻译技术概论[Z].2013.

[98]王华树.信息化时代背景下的翻译技术教学实践[J].中国翻译,2012(3):57-62.

[99]王华树.语言服务技术视角下的MTI技术课程体系建设[J].中国翻译,2013(6):23-28.

[100]韦忠和.语联网到底是什么?[EB/OL].[2013-09-28].http://blog.sina.com.cn/s/blog_76476f1401019f3y.html.

[101]魏长宏,张春柏.机器翻译的译后编辑[J].中国科技翻译,2007(3):22-24.

[102]文军,任艳.国内计算机辅助翻译研究综述[J].外语电化教学,2011(5):58-62.

[103]徐彬,等.21世纪的计算机辅助翻译工具[J].山东外语教学,2007(4):79-86.

[104]徐彬.翻译新视野——计算机辅助翻译研究[M].济南:山东教育出版社,2010.

[105]徐彬.计算机技术在翻译实践中的应用及其影响[D].济南:山东师范大学,2004.

[106]许钧,穆雷.中国翻译学研究30年(1978—2007)[J].外国语,2009(1):77-87.

[107]杨平.拓展翻译研究的视野与空间推进翻译专业教育的科学发展[J].中国翻译,2012(4):9-10.

[108]俞敬松,王华树.计算机辅助翻译硕士专业教学探讨[J].中国翻译,2010(3):38-42.

[109]张家俊,宗成庆.机器翻译研究进展与趋势.2012年度中国计算机科学技术年度报告(B卷)[EB/OL].
[2014-09-26].http://www.ccf.org.cn/sites/ccf/contndbg.jsp?contentId=2773411245725.

[110]张霄军,王华树,吴徽徽.计算机辅助翻译:理论与实践[M].西安:陕西师范大学出版社,2013.

[111]张政.机器翻译、计算机辅助翻译还是电子翻译?[J].中国科技翻译,2003(2):57-58.

[112]张政.计算机翻译研究[M].北京:清华大学出版社,2006.

[113]赵铁军.机器翻译原理[M].哈尔滨:哈尔滨工业大学出版社,2001.

[114]朱玉彬.技以载道,道器并举——对地方高校MTI计算机辅助翻译课程教学的思考[J].中国翻译,2012
(3):65.

[115]宗成庆.统计自然语言处理:第2版[M].北京:清华大学出版社,2013.

第四章　SDL Trados 2017的基本应用

第一节　系统介绍

一、基本介绍

SDL International是全球信息管理（GIM）解决方案领导者，伦敦证券交易所上市机构（股票代码SDL），致力于帮助各大公司把高质量、多语种内容更快投向全球市场，其企业软件和服务将与企业现有业务系统相集成，能够做到从内容创作到发布，并贯穿整个本地化供应链对全球内容的交付实施管理。

SDL Trados Studio 2017是具有30多年历史的CAT工具品牌SDL Trados的品牌产品，在全球专业翻译领域占有较大的市场份额。它为翻译、审校、项目管理提供了高效的翻译工具，帮助用户提高翻译质量，加快翻译速度。

二、基本信息

（一）支持语言

SDL Trados支持Microsoft Windows支持的任何语言组合，支持语言覆盖东欧、亚洲，包括如阿拉伯或希伯来语的双向语言，还选取了常用的中文、英语、法语、德语、日语、西班牙语、韩语、日语和俄语九种语言作为软件界面语言，方便使用。

（二）处理格式

SDL Trados Studio 2017支持目前市面大部分常用格式，包括MS Office 2016、Adobe FrameMaker、InDesign、PDF等。

如图4-1所示，SDL Trados Studio 2017展示了其支持的所有文件格式。Studio 2017具有进一步强化的Microsoft Word过滤器，以更好地处理Word文件，包括文字处理软件Google Docs中的文件。另外还支持XLIFF 2.0和XLIFF 1.2版本，这样就可以处理按照XLIFF最新标准创建的文件。

三、常用功能

(一) 智能编辑

大部分文档尤其是技术文档中往往含有大量的文本样式（见图4-2中①，下同）、数量及单位②、缩写③、内嵌标记④等无须翻译的内容，又称"非译元素"，系统能自动识别原文中的这些非译元素，译者通过统一快捷键即能快速取用，既方便又不会出现输入错误。

文件类型	扩展名
SDL Edit	*.itd
Microsoft Word 2000-2003	*.doc;*.dot
Microsoft Word 2007-2016	*.docx;*.dotx;*.docm;*.dotm
Microsoft PowerPoint XP-2003	*.ppt;*.pps;*.pot
Microsoft PowerPoint 2007-2016	*.pptx;*.ppsx;*.potx;*.pptm;*.potm;*.ppsm
Microsoft PowerPoint 2007-2013	*.pptx;*.ppsx;*.potx;*.pptm;*.potm;*.ppsm
Microsoft Excel 2007-2013	*.xlsx;*.xltx;*.xlsm
Microsoft Excel 2007-2016	*.xlsx;*.xlsm;*.xltx;*.xltm
Microsoft Excel 2000-2003	*.xls;*.xlt
双语 Excel	*.xlsx
SDL Trados Translator's Workbench	*.doc;*.docx
富文本格式（RTF）	*.rtf
XHTML 1.1	*.html;*.htm
HTML 5	*.htm;*.html;*.xhtml;*.jsp;*.asp;*.aspx;*.ascx;*.inc;
HTML 4	*.htm;*.html;*.xhtml;*.jsp;*.asp;*.aspx;*.ascx;*.inc;
Adobe FrameMaker 8-2017 MIF	*.mif
Adobe InDesign CS2-CS4 INX	*.inx
Adobe InDesign CS4-CC IDML	*.idml
Adobe InCopy CS4-CC ICML	*.icml
OpenOffice.org Writer	*.odt;*.ott;*.odm
OpenOffice.org Impress	*.odp;*.otp
OpenOffice.org Calc	*.ods;*.ots
QuarkXPress 导出	*.xtg;*.tag
XLIFF	*.xlf;*.xliff;*.xlz
XLIFF: Kilgray MemoQ	*.mqxlf;*.mqxliff;*.mqxlz
XLIFF 2.0	*.xlf;*.xliff
WsXliff	*.xlf
PDF	*.pdf
逗号分隔文本（CSV）	*.csv
制表符分隔文本	*.txt
Java 资源（新）	*.properties
可移植对象	*.po
SubRip	*.srt
JSON	*.json
XML: Microsoft .NET 资源	*.resx
XML: 符合 OASIS DITA 1.3	*.xml;*.dita;*.ditamap
XML: 符合 OASIS DocBook 4.5	*.xml
XML: 符合 Author-it	*.xml
XML: 符合 MadCap	*.html;*.htm
XML: 符合 W3C ITS	*.xml;*.its
XML: 任何 XML	*.xml
文本	*.txt

图4-1　SDL Trados Studio 2017支持文件格式一览

图 4-2　SDL Trados Studio 2017 智能编辑功能

（二）预翻译

在开始逐句翻译前系统可匹配文档与翻译记忆，自动应用翻译记忆库中之前已有的翻译，减少译员逐句查询操作。

（三）翻译记忆库参考

执行交互式（逐句）翻译时，系统自动在翻译记忆库中搜索之前已有翻译（见图 4-3 中①，下同），同时凸显翻译记忆库原文与当前待翻译原文的差异，供译员参考。译员只需在此基础上进行修改编辑②，即可完成翻译。当前原文与修改后的译文同时提交至翻译记忆库，供以后重用。其中，智能匹配功能通过模糊（部分）匹配、100% 匹配、甚至在 Studio 检查周围句段时进行上下文匹配，最大限度利用翻译记忆库资源。upLIFT 片段匹配的 up-LIFT Fragment Recall 功能在"模糊匹配"和"无匹配"情况下，可以从翻译记忆库中自动获取智能片段匹配；upLIFT Fuzzy Repair 功能可使用信任的资源，智能修正模糊匹配内容。相关搜索功能能够搜索翻译记忆库源文和译文中的特定词语、语句或词组。

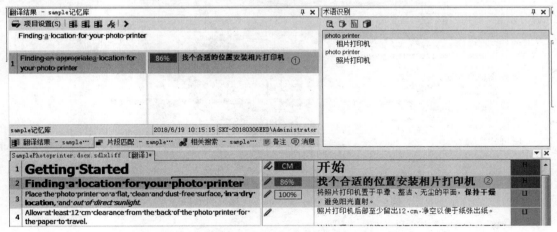

图 4-3　SDL Trados Studio 2017 翻译记忆库参考

（四）术语库

术语在交互式翻译时，系统自动识别原文句子中所含的术语（见图 4-4 中①，下同），同时在术语库中搜索对应的术语翻译②，通过鼠标点选或者键盘快捷键取用，由此避免译者使用自己非规范的术语翻译，也省却了翻查术语表的时间。SDL Trados Studio 2017 支持翻译过程中随时添加术语，只需选中原文与译文中对应的术语，右键选择"快速添加新术语"，随后即可在术语查看器中看到新术语。

图4-4　SDL Trados Studio 2017 **术语库参考**

（五）集成机器翻译

SDL Trados与Google Translate、Language Weaver、SDL Language Cloud、Tmxmall等机器翻译系统集成。当翻译记忆库中没有匹配结果时，将自动连接机器翻译系统进行自动翻译，译者对机器翻译结果进行修改后存入翻译记忆库。这种机器翻译与人工翻译结合的方式极大提高了翻译处理及翻译记忆资源增长的速度，如图4-5所示。

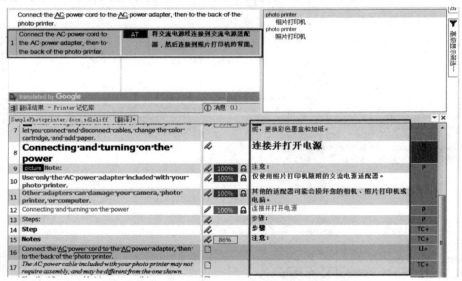

图4-5　SDL Trados Studio 2017 **集成机器翻译**

（六）实时预览

在需要参考上下文信息进行翻译时，译者可打开预览窗口，将光标悬停在应用程序右侧的预览选项卡上，此时会显示预览窗口。预览窗口在译文发布版式中高亮显示当前待翻译句子所处的位置，供译者参考上下文翻译。

注意：对于非翻译而需要参考外文信息的人员，利用实时预览功能，结合翻译记忆匹配和集成的机器翻译，可以快速阅读外文资料，如图4-6所示。

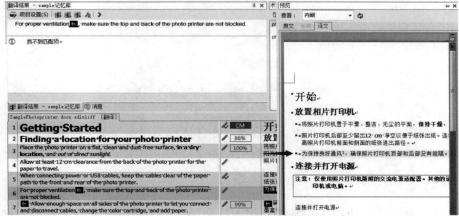

图4-6　SDL Trados Studio 2017实时预览

（七）AutoSuggest

　　拥有专利的AutoSuggest技术为翻译记忆库提供全新功能。AutoSuggest是基于TM（Translation Memory，翻译记忆）的词语、短语的参考翻译建议，能最大限度地复用之前的翻译内容。这些建议基于已有的术语库、AutoSuggest词典（翻译记忆库中的双语句子片段）、自动文本条目、翻译记忆库、自动翻译管理系统和相关搜索匹配，将在译员输入某个词语的首字母时出现（与预测文本类似），并可让译者快速简洁地选择。这将大幅提高译员的工作效率，使译员最大程度利用TM。AutoSuggest还提供术语建议和自动文本建议，进一步提升翻译速度，如图4-7所示。

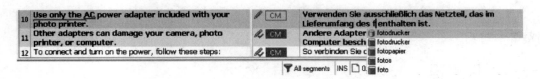

图4-7　SDL Trados Studio 2017 AutoSuggest功能

（八）实时质量检查

　　语言检查模块按预定检查规则自动执行语言检查，大幅减少校对员检查低级错误的时间。SDL Trados Studio 2017的质量检查工具有两大特点：一是支持通过正则表达式自定义检查项目；二是支持翻译时实时检查或翻译后批量检查。

　　检查完成后，生成错误报告及注释，其特点有三：一是记录每个错误类型、严重程度并生成错误报告；二是在错误报告中点选项目，能自动跳转到文档中问题发生位置；三是可通过项目模板为不同类型项目制定不同的质量检查标准。

　　目前，SDL Trados Studio 2017提供如下语言检查功能。

（1）QA Checker 3.0。

①句段验证（尚未翻译的句段）。

②要排除的句段。

③不一致。

④标点符号。

⑤数字。

⑥单词列表。

⑦正则表达式。

⑧商标检查。

⑨长度验证。

（2）标记验证。可检查当前文档，以确保在翻译过程中正确保留了所有标记。

（3）术语验证。可检查当前文档，以确保在翻译过程中使用了术语库中包含的术语。

（九）快速建库

通过以往的翻译内容快速创建翻译记忆库。如果之前工作时没有使用翻译记忆库，则可以将之前翻译的文档加入Trados，创建新的翻译记忆库。只需上传原始文件和对应的翻译文件，软件会自动将其对齐，以便为新项目创建翻译记忆库。支持根据内容中数字、格式、公式、标记等敏感元素微调对齐参数，提高对齐精度。支持近百种文件格式的直接处理，无须任何转换过程。

（十）辅助排版

翻译完成后将译文自动转换为原文文件格式，同时保持原文样式和布局完全一致。

第二节　翻译案例操作

下面通过实例，按翻译流程中的不同分工进行实际翻译演示，涉及项目经理、翻译、校对员等参与者。

一、项目流程

第一步：PM（Project Manager，项目经理）发起项目，新建翻译记忆库、术语库及预翻译，然后发送给译员。

第二步：译员完成翻译，用SDL Trados做好QA后，由PM把双语文件发送给校对员或在Trados中直接校对。

第三步：校对员完成审校并就修改意见与译员达成一致。译员完成修改后把双语文件发送给PM。

第四步：PM生成译文，完成项目。

二、步骤详解

实例使用了一篇MS Word格式的Photoprinter（英文）作为源文件，本次任务是由PM组织将其译为中文并保存为源文件格式，保持内容、样式不变并保证翻译质量。步骤如下。

（一）创建项目

第1步：选择"项目"→"新建项目"。

第2步：选择"根据项目模板创建项目"，单击"下一步"，写入项目名称Printer、截止日期、项目说明及客户信息。

第3步：选择"源语言"为English（United States），"目标语言"为Chinese（Simplified，PRC），单击"下一步"。

第4步：单击"添加文件"，添加需要翻译的文档Photoprinter.doc，并定义"用途"为"可翻译"，添加参考文件，则定义为"参考"，单击"下一步"。

第5步：选择"翻译记忆库和自动翻译"，单击"使用"按钮，添加翻译记忆库Printer.sdltb，单击"下一步"，如图4-8所示。

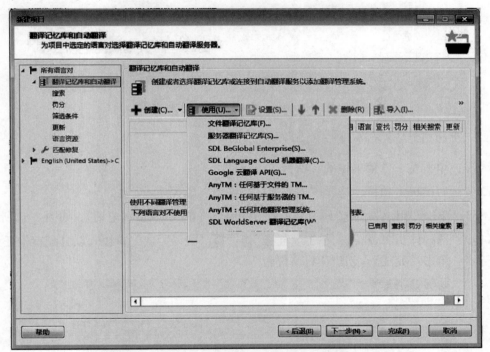

图4-8　SDL Trados Studio 2017设置翻译记忆库和自动翻译

注意：单击"使用"，可选择"文件翻译记忆库"、"服务器翻译记忆库"；案例使用了已有记忆库，如没有合适的记忆库可以单击"创建"，创建并加载一个空记忆库。

第6步：单击"使用"按钮，在弹出的对话框中单击"基于文件的Multi Term术语库"，选择术语库，单击"打开"，然后单击"确定"，添加术语库，单击"下一步"。

第7步：单击"下一步"，到"项目准备"的界面，单击"下一步"。

第8步："批处理设置"界面中单击"预翻译文件"，设置最低匹配率为75%，如图4-9所示。

第9步：单击"完成"，转换文件格式，进行预翻译。

第10步：单击"关闭"，完成项目设置。

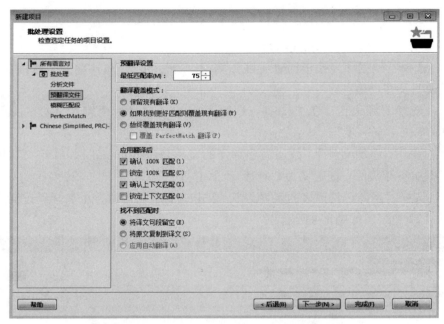

图4-9 SDL Trados Studio 2017批处理设置

（二）项目经理将文件打成项目包发给译员

第1步：单击左下方菜单栏的"项目"。

第2步：右键单击项目，选择"创建项目文件包"。

第3步：单击"用户"，编辑译员和校对员的信息（填入Email和电话），如图4-10所示。

第4步：选择译员Matthew，单击"任务"，选择"翻译"或"审校"以分配审校任务。

第5步：单击"完成"，创建项目文件包。

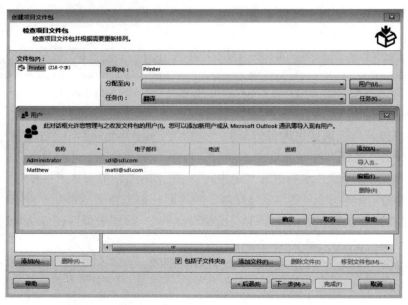

图4-10 SDL Trados Studio 2017创建项目文件包（一）

第6步：单击"通过电子邮件发送文件包"，SDL Trados 会自动把邮箱地址和项目包加入Email，项目经理只需单击"发送"即可把任务分派给译员，如图4-11所示。

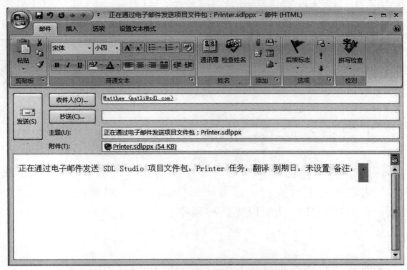

图4-11 SDL Trados Studio 2017创建项目文件包（二）

（三）收到项目包后打开并翻译

第1步：在任意视图的标准工具栏中单击打开文件包。显示"打开文件包"对话框。

第2步：选择需要打开的项目文件包，并单击打开。

第3步：单击"完成"，导入文件包。显示正在导入文件包页面。

第4步：导入完成后，单击"关闭"可关闭打开文件包向导。

与文件包中项目详情一致的项目已创建，并在 SDL Trados Studio 中打开（图4-12）。

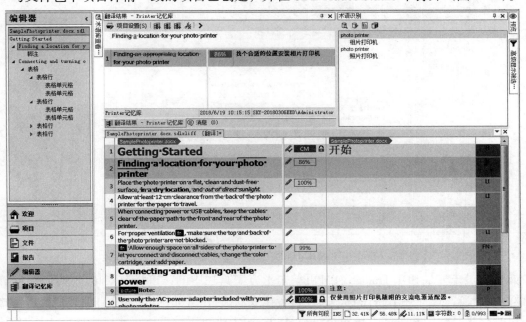

图4-12 SDL Trados Studio 2017收到项目包后打开并翻译

（四）翻译

第1步：双击文件。该文件会自动在编辑器视图中打开，一同打开的还有包含在项目或项目文件包中且与该文件相关的记忆库、术语库。这样就可以开始翻译了。如翻译记忆库中已存有重复的翻译单元，此时重复的翻译单元已经被SDL Trados自动预翻译好了。

第2步：单击译文为空的句段，开始翻译。翻译完本句段后，右键选择"确认并移至下一未确认句段"或使用快捷键"Ctrl+Enter"，打开下一个未确认句段并将上句段存入记忆库中，同时会对上一句段进行质量检查。

如在翻译过程中发现原文太长导致记忆库文件匹配率低下，则可以用鼠标选取句段中任意部分分割句段。

第3步：重复以上步骤，一直到翻译完全篇。在此过程中可以同时选点专业词汇及其译文添加到术语库，从而保持术语统一。也可使用Quick Place快速复制格式及非译元素到译文，并可选择加载Word拼写检查功能以提高准确率。

（五）审校

翻译完成后译员返回双语文件给PM，PM可安排校对员用SDL Trados审校，右键单击SamplePhotoPrinter.doc.sdlxliff文件，然后从快捷菜单中选择"打开并审校"，文件将在编辑器视图中自动打开，呈现审校布局。使用跟踪修订功能可以与原文并排查看对已翻译的文本做出的更改。审校将修改意见保存下来后由译员进行确认修改，译员可以右键单击每个建议并接受或拒绝更改，如图4-13所示。

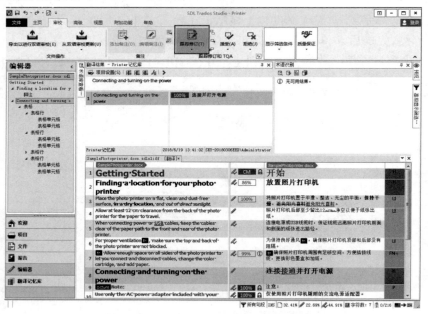

图4-13　SDL Trados Studio 2017审校过程

如校对员未安装SDL Trados，PM可单击上方工具栏中的"审校"菜单，选择"导出以进行双语审校"，选择导出路径后，文件将转化成双语MS Word格式，并自动选择修订格式，以保留所有修订标记和批注。校对员可在MS Word上进行审校工作，完成后选择"从双语审校更新"，从而将文件导回到 SDLXLIFF 双语文件中，格式保持一致。此功能可以使 SDL Tra-dos 用户和没有使用 SDL Trados 的用户协同工作，以提高翻译效率，如图 4-14 所示。

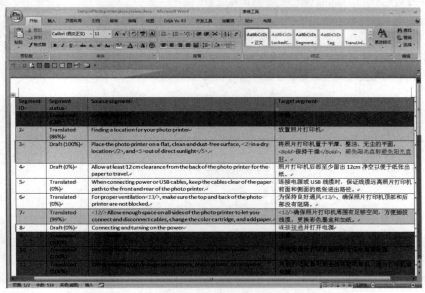

图 4-14　SDL Trados Studio 2017 外部审校文档

（六）生成译文

校对员和译员合作完成审校工作后，返回双语文件给 PM。PM 经审查无误便可生成译文。操作步骤为选择"文件"→"批任务"→"导出文件"，在弹出的对话框中选择目标版本，单击"完成"，翻译完成。对比译文和原文，可以发现译文格式和原文格式保持一致。

第三节　软件评价

作为全球专业翻译领域标准工具，SDL 系列工具已成为业界标准，其核心技术翻译记忆（Translation Memory，TM）是目前世界上唯一适合专业翻译领域的 CAT 技术。实践证明，应用 SDL 决方案后，用户翻译工作效率提高了 20%~80%，翻译成本降低 50%。全球企业排名前十位的企业有九家在使用 SDL Trados，前百强企业有 78 家在使用 SDL Trados。目前全球有超过 500 所大学将 SDL Trados 纳入他们的正式授课体系。

SDL 迄今已斥资 1 亿美元来开发软件，聆听用户的声音，不断丰富产品功能，提高产品稳定性。它具有如下三方面的显著特性：

一是 SDL Trados 采用了开放的行业标准，有助于更轻松地在支持 XLIFF 2.0，TMX 和TBX 的工具间共享文件、TM 和术语库。

二是 SDL Trados 提供软件开发手册（SDKs），可以与第三方应用程序无缝整合。

三是 SDL Open Exchange – SDL 开发者社区可以提供一系列 SDL 应用程序插件。

Trados 实现的 CAT 工具产品研发创新如今通过 SDL Trados Studio 的强大功能继续发扬，并在翻译效率产品平台的发展进程中进一步发挥作用。

思考题

1. 如何使用 SDL Trados Studio 2017 创建翻译项目？

2. 创建翻译项目时能否不添加任何文件？

3. 如果事先准备了翻译记忆库文件，如何在翻译项目中添加翻译记忆库文件？

4. 如果事先准备了术语库文件，如何在翻译项目中添加导入术语库文件？

5. 项目进行中如何更改项目名称和项目的保存位置？

第五章　Déjà Vu 基本应用

第一节　系统简介

一、系统特色

Déjà Vu 是 Atril 公司发布的一款功能强大、可定制的电脑辅助翻译系统，结合先进的翻译记忆技术（Translation Memory，TM）和基于实例的机译技术，实现了效率和一致性方面无可比拟的突破。

对译员而言，Déjà Vu 是译员记忆的无限扩展，可即时存取；对项目经理而言，它提供了所有必需的工具来评估、准备和控制所有 Windows 操作系统支持语言进行的翻译项目。与传统翻译记忆工具不同，Déjà Vu 可智能地使用记忆库、术语库和项目词典，通过小文段处理极大提高了模糊匹配质量。针对相似度高的模糊匹配，Déjà Vu 更是能根据译员风格创造出完美的译文。

Déjà Vu 提供一个功能齐全的综合翻译环境，为本地化行业涉及的翻译、审校、术语管理、语料对齐、项目管理一系列流程提供了整体解决方案。Déjà Vu 支持格式众多，使用统一界面为用户直观呈现翻译原文、保护编码信息，用户不用担心复写格式和排版信息，也无须购买排版软件和软件开发工具。

Déjà Vu 界面简洁、安装容易、内存占用率小，所有过程都具备软件向导，初学者也能轻松上手。而且 Déjà Vu 不断结合先进技术，持续更新软件功能，最新版 Déjà Vu X3 更是整合了谷歌、微软、iTranslate 4、MyMemory、SYSTRAN 企业服务器、PROMT 翻译服务器、亚洲在线语言工作室、PangeaMT 和 Baidu Translate 等机译功能，给译员的翻译工作提供更大便利。

二、视图介绍

Déjà Vu X3 主界面如图 5-1 所示。

（一）菜单栏

Déjà Vu 菜单栏包含了软件基本的设置功能，现分述如下。

（1）文件菜单：均为标准 Windows 选项，用于创建、打开、另存为、关闭文件，此外还有一些共享（导入、导出）、交付、工具（修复或压缩项目、记忆库、术语库和筛选器的命令）、账户（用户可登录或登出项目）、选项（常规、显示、翻译、机器翻译、句段切分、客户、主题、筛选器、SDL、校对）等设置与选项。

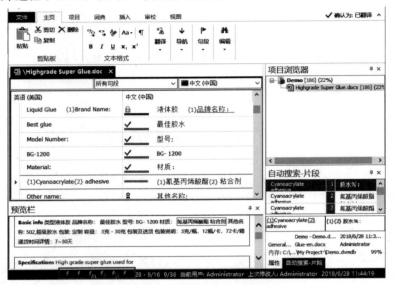

图5-1　Déjà Vu X3主界面

（2）主页：包括标准Windows选项，用于复制、剪切、粘贴、搜索、替换及选择文本，此外还有搜索并添加进数据库、传播译文、更改中选文本状态、合并及拆分句子的选项等。

（3）插入菜单：包括了将选定内容保存到自动图文集、把原文文本填充（复制）到译文中及插入自动搜索的数据库文本的各项命令。

（4）视图菜单：可转换布局方式，并在项目浏览器和文件导航器之间切换。

（5）项目菜单：允许用户访问项目属性对话框、添加文件、导出翻译项目、查找重复句段、分析、预翻译、伪翻译、将文件添加到翻译记忆库、执行结构化查询语言（Structured Query Language，SQL）命令。

（6）词典菜单：允许用户创建、删除、导入、导出一个专业词典，并能将专业词典和记忆库、术语库结合。

（二）软件参数设置

如图5-1所示，软件下方有一排软件参数设置标签，翻译项目开始前，用户需要自定义设置软件参数，设置如下：

（1）自动写入（AutoWrite），单击显示启用自动写入即为启动阶段，开启汇编功能，翻译项目中需要开启。

（2）自动翻译（AutoTranslate），单击显示启用自动翻译即为启动阶段，集扫描、查找、汇编、模糊匹配和机器翻译于一体，翻译项目中需要开启。

（3）自动搜索（AutoSearch），单击显示启用自动搜索即为启动阶段，开启翻译记忆和术语搜索功能，翻译项目中需要开启。

（4）自动传播（AutoPropagate），单击显示启用自动传播即为启动阶段，开启自动传播功能（详见第二节）。翻译项目中需要开启。

（5）自动传播（AutoSend），单击显示启用自动传播即为启动阶段，开启自动发送功能，一般为关闭状态，单击显示禁用自动传播。

（6）自动检查（AutoCheck），单击显示启用自动检查即为启动阶段，开启自动检查的功能，翻译项目中需要开启。

第二节　系统基本信息

截至2018年，Déjà Vu版本包括Déjà Vu TEAM Server、Déjà Vu X2 Workgroup、Déjà Vu X2 Professional、Déjà Vu X2 Standard、Déjà Vu X2 Editor、Déjà Vu X3 Free、Déjà Vu X3 Professional、Déjà Vu X3 Workgroup。

界面语言包括德语、英语、法语、西班牙语、荷兰语、俄语和中文。支持德语、英语、法语、西班牙语、荷兰语等210多种语言和语言对。

支持格式如下：

· Office 2007／2010／2013（Word，PowerPoint，Excel）

· RTF（Rich Text Format）

· PDF

· XLIFF

· SDLXLIFF

· TMX

· XML

· YAML

· FrameMaker（MIF）

· PageMaker

· InDesign INX

· InDesign IDML

· InDesign Tagged Text（TXT）

· QuarkXPress

· QuarkSilver/Interleaf ASCII

· Java Properties（.properties）

· HTML

· HTML Help

· RC

· C/C++/Java

· Text

· IBM TM/2

· Trados Workbench

· Trados TagEditor

· Trados BIF（old TagEditor format）

· SDLX（ITD）

- JavaScript
- VBScript
- Access（MDB）
- ODBC（only supported in DVX workgroup）
- EBU（only supported in DVX workgroup）
- GNU GetText（PO/POT）
- OpenOffice
- OpenDocument
- ResX
- Visio（VDX）
- Help Contents（CNT）
- Wordfast TMXL
- MemoQ XLIFF
- Transit NXT（PPF）

一、翻译记忆库

　　Déjà Vu的记忆库为.dvmdb格式，支持德语、英语、法语、西班牙语、荷兰语等210多种语言和语言对。记忆库分个人使用时的本地记忆库及团队使用时的记忆库服务器，且可同时支持多个记忆库预翻译处理。它可导入Déjà Vu 2.X/3.X等各种Déjà Vu格式的记忆库、文本格式、Access、ODBC数据源、Excel、Trados数据库、TMX、CSV等，也可通过对齐源语和目标语文件向记忆库添加句对。

　　记忆库包含多个电脑文件，可添加成对源语和目标语对照句段。每对句子都包含主题、客户、用户、项目ID和时间日期戳。

　　可通过翻译记忆库主页菜单下的属性菜单，针对常规（记忆库命名和记忆库描述信息）和统计（统计记忆库源语和目标语数量）等进行具体设置。图5-2显示了如何设置记忆库。

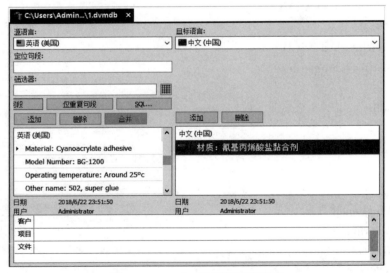

图5-2　Déjà Vu翻译记忆库设置

二、术语库

Déjà Vu术语库格式为.dvtdb格式，支持德语、英语、法语、西班牙语、荷兰语等210多种语言和语言对。可导入Déjà Vu X2/X3术语数据库、文本格式、Access、ODBC数据源、Excel、MultiTerm、CSV等格式，并可导出为文本格式、Excel、CSV及TM Server等多种格式。

术语库保存的信息是用户添加的源语言–目标语言词条。每个词条都有默认语法信息、定义、主题、客户、时间日期戳等。同一源语言术语词条可对应多语言目标语术语词条。术语库能储存译员翻译过程中积累的术语词条，以便后续翻译工作中使用，保持文档术语一致性，并能够提高译员工作效率。

术语库也可通过术语库菜单下的属性设置对术语库常规、词条关系、属性、类别和统计进行自定义调整和设置，制作符合用户要求的术语库。

三、词典

Déjà Vu的词典（Lexicon）功能可利用自带术语提取工具制作当前项目词典库，在译稿过程中可极其方便地添加单个术语或单个单词，且译员可在翻译过程中随时修改，及时更新数据库。翻译时可通过建立词典提高不同译员间术语统一度。建立词典后在整个项目资源树中会出现词典。建立过程中软件会自动统计词频、源语、译语，译者可在此基础上进行修订和更正。建立词典后，翻译过程中就可随时添加词条。项目词典指项目中所有源语言的单词或词组的列表，即所有术语和短语的索引。在Déjà Vu中创建了索引，词典也会提供单个术语或片段出现的次数，让用户对项目中的关键术语一目了然。

四、语料对齐与回收

Déjà Vu具备语料对齐功能，对齐文件的格式为.dvapr，软件支持的对齐文件格式有DOC、RTF、CNT、XLS、PPT、MIF、HTML等40多种。对齐后的文本可直接导入已存在的Déjà Vu记忆库里，以实现语料再利用。

对齐语料是对语言资产的回收和再利用，Déjà Vu的对齐工具界面简单，容易操作。用户只需在菜单文件菜单中选择新建选项，新建对齐工作文件，就会自动弹出对齐过程向导，用户根据向导指示添加源语文件和目标语文件，对齐工具就会自动分句对齐。对齐后，用户可对句段进行合并、拆分、删除和移动，可添加到术语库，也可将对齐后的文本添加到记忆库中，以便以后重复利用。

图5-3显示了语料对齐页面。

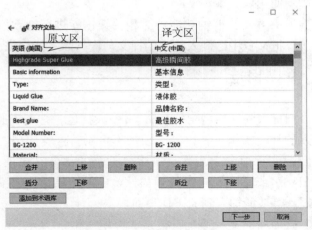

图5-3　Déjà Vu语料对齐页面

五、质量保证

Déjà Vu具有极强的质量保证校对功能，可检查译文术语一致性、数字完整性、标记正确性、空格有无丢失、重复句段和拼写等。检查结果会明确标示出有问题的部分，并提出修改意见，帮助译者快捷方便地修改译文，保证译文的正确性。

同时，QA检查结果可外部查看，选择"文件"菜单下"共享"→"双语RTF"命令，导出为表格形式，标注出译文错误类型，由不通晓翻译软件的翻译人员校对查看。

图5-4显示了QA界面。

图5-4　Déjà Vu的QA菜单栏

六、汇编

Déjà Vu具有特殊汇编功能，借助DeepMiner功能，实现了基于实例的机译思想和专向搜索功能的结合。

鉴于多数类型文本中相同句子的重复率较低，而部分语段重复率较高，所以该功能可将搜到的术语、数字及其他无须翻译的元素自动排列在译文区。此功能适用于术语、数字及无须翻译元素较多而语法较简单的文本翻译，可减少译者输入术语、数字及无须翻译元素耗费的时间，提高译者翻译效率。汇编功能针对整个项目或待译句段，能在单独的句子基础上使用。

另一方面，汇编功能针对相关数据库进行细致检查，获取有关片段，或有类似结构的句子，把文章中已嵌入句中的译文与嵌入后不能扫描获得的翻译放在一起。

七、扫描

扫描（Scan）功能是Déjà Vu一大特色，帮助手册中将它列为预翻译、自动汇编和自动搜索的补充措施，在以上三项都不可用时推荐使用。使用该功能可快速查找需要修改或有疑问的文字部分，步骤是选中要扫描的部分（单词、短语、短句等均可）后使用快捷键"Ctrl+S"或右键Scan进行扫描，给出的结果会注明不匹配部分，并给出所有匹配结果，通过插入等功能加入到原工作界面。

扫描功能支持通配符搜索，可使用*、?、#等通配符帮助模糊搜索。扫描能保证译者翻译过程中单词、短语或短句的翻译一致性。但扫描只提供与当前待译的整个句子相匹配的翻译，因此如果找不到好的备选项，它不会显示任何内容。

八、自动图文集

自动图文集（AutoText）功能类似于 MS Word 的自动图文功能，输入缩写可给出全拼，用户可手动添加新标记，自定义需要的缩写形式，也可导入 Word 中的用户词典。这项功能给译者提供了便利，可用快捷键代替需要经常输入的术语或短语，节省翻译时间。

自动图文集功能同时还具备自动更正功能（AutoCorrect），如果设定的某一个缩写的翻译有误，可通过自动更正功能统一更正所有错误的翻译。

九、传播

传播（Propagate）功能是 Déjà Vu 翻译功能的一项辅助工具。如翻译过程中发现某句段、某词汇翻译有误，且此错误在已译文本部分也存在，则需要传播功能来自动更正所有错误的翻译句段。同时，每当一个句子翻译完成后，Déjà Vu 可检查剩余项目中相同的句子，并自动插入相同的译文。如果 Déjà Vu X3 认定找到类似句子，会提示译员确认并自动插入一个自我修复的模糊匹配。只要译文在特定语境中是正确的，传播功能就会发挥效用，译员可视情况不同进行选择。

第三节　基本操作示例

本书通过实例演示 Déjà Vu 基本操作，本演示以 Déjà Vu X3 版为例。示例中使用的文件是胶水产品说明，文件格式为 .doc，语言方向为英文→中文，翻译内容相对简单。操作步骤如下。

一、软件基本设置

翻译前，用户需根据第一节中软件参数设置的要求开启 AutoSearch、AutoAssemble、AutoPropagate、Auto Check 等参数，保证翻译记忆和术语库搜索的正确显示及其他相关功能的应用。

二、创建项目

Déjà Vu X3 中，所有翻译工作都需要在项目中进行。所以首先要创建一个项目：

第 1 步：运行 Déjà Vu X3，选择"文件"→"新建"菜单，创建新项目。

第 2 步：按照新建项目向导指示，单击"下一步"。

第 3 步：单击"浏览"，选择保存项目的文件夹（本例中项目保存在 C：\Users\Administrator\Desktop\My Project 文件夹），然后输入项目的名称（如 Demo），单击"下一步"。

图 5-5 展示了项目新建向导之选择保存路径。

第 4 步：选择项目源语言和目标语言，在下拉列表中选择源语言，在下方语言栏中双击选择目标语言，也可单击"添加"按钮添加。在此设定源语言为英语（美国），目标语言为中文（中国），单击"下一步"，如图5-6所示。

    第5步：登录翻译记忆库服务器或添加、创建本地的一个或多个翻译记忆库，单击"下一步"。

    第6步：登录术语库服务器或添加、创建本地一个或多个术语库，单击"下一步"。

    第7步：添加一个或多个指定机器翻译引擎，单击"下一步"。

    第8步：指定项目的客户和主题信息。

    第9步：添加待译文件，单击"添加"打开本地资源管理器，选择源语言文件，单击"打开"将文件添加进项目中，单击"下一步"，弹出项目创建成功对话框，单击"关闭"，一个项目就建好了。

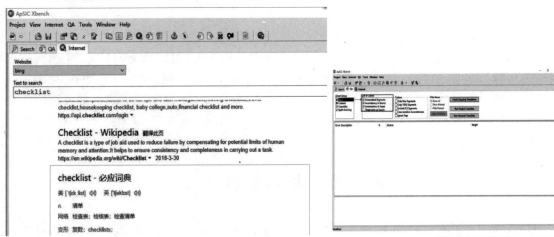

图5-5　Déjà Vu X3项目新建向导之选择保存路径　　　图5-6　Déjà Vu X3创建项目的语言对设置

Déjà Vu X导入源语言文件过程中会执行以下操作：一是过滤文本，隐藏大多数格式代码；二是用标记取代字符格式代码，并将标记按阿拉伯数字编号，防止意外删除；三是按一定规则将段落切分为句子，方便用户翻译。

三、创建翻译记忆库

创建项目的过程中已有添加或创建记忆库的环节，用户也可在创建项目前先创建记忆库。步骤如下。

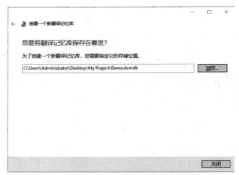

    第1步：运行Déjà Vu X3，单击"文件"→"新建"选项，创建新记忆库。

    第2步：按照"创建一个新翻译记忆库"向导指示，设置记忆库名称和存放路径，此处仍存放在C：\Users\Administrator\Desktop\My Project，记忆库名称为Demo，单击"关闭"，一个记忆库就建好了，并可按第二节中记忆库介绍进行设置。

图5-7　Déjà Vu X3创建翻译记忆库操作界面

    图5-7展示了创建翻译记忆库的操作界面。

四、创建术语库

创建完成后，可导入已有术语库，也可对新术语库进行添加、删除和修改等设置。

第1步：运行Déjà Vu X3，单击"文件"→"新建"选项，创建新的术语库。

第2步：按创建一个新术语库向导指示，为新术语设置名称和存放路径，单击"下一步"。

第3步：选择术语模板，术语库模板有最小、CILF、CRITER等13种格式，可添加词条缩写形式、同义词、反义词等，在此选择最简单的形式（最小），单击"关闭"，一个术语库就建好了，并可照第二节中术语库介绍进行设置。

图5-8展示了术语库创建之选择保存路径，图5-9展示了设置术语库模板。

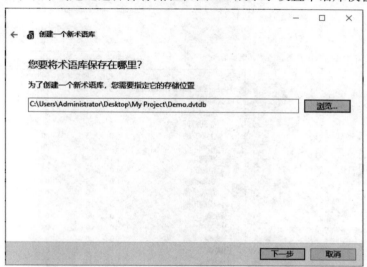

图5-8 Déjà Vu X3术语库创建之选择保存路径

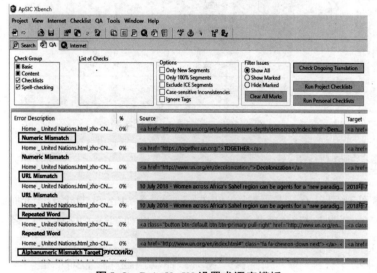

图5-9 Déjà Vu X3设置术语库模板

五、字数统计

项目创建完成后，在翻译前可统计源文件字数，分析待译文本单词、符号及编码信息。如果有之前的记忆库，就能统计当前文件的匹配率和重复率，为译员的翻译工作提供便利。

第1步：在工具栏上选择"审校"→"字数统计"选项，弹出"字数统计"对话框。

第2步：针对语言（当前语言和所有语言）、文件（所有文件和每个文件）、输出形式（简单和全部）和其他杂项（统计重复句段）进行设置。

第3步：单击"计算"，软件会自动统计，统计结果显示全文字数、重复字数、重复率、匹配率等信息，如图5-10所示。

第4步：统计完成后，可"复制"和"保存"统计结果。

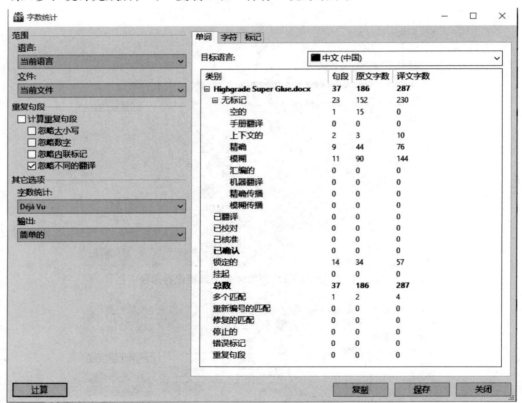

图5-10　Déjà Vu X3统计字数

六、预翻译和伪翻译

Déjà Vu X3可利用已有记忆库对文件进行预翻译（Pretranslate），预翻译会替换记忆库中原有句段，且自动替换数字和非译元素，将译文排列到译文区内，供译者进行后续翻译工作。

第1步：选择"项目"→"预翻译"选项，弹出预翻译设置对话框。

第2步：可设置语言、文件、覆盖、匹配、质量保证、翻译范围，单击"确定"，对原文进行预翻译，如图5-11所示。

第3步：预翻译选项中提供了Déjà Vu X3的机器翻译功能，在"匹配"中选择"修复模糊匹配"→"为在数据库中未找到的片段"→"使用Deep Miner统计提取与使用机器翻译"以及选择"由片段汇编"→"为在数据库中未找到的片段"→"使用Deep Miner统计提取与使用机器翻译"，进一步提升预翻译效果。

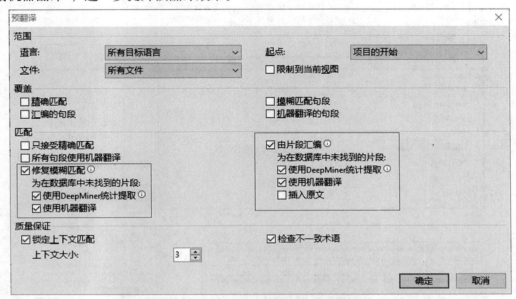

图5-11　Déjà Vu X3预翻译设置对话框

Déjà Vu X3还具有伪翻译（Pseudotranslation）功能，打开"项目"工具栏中的"伪翻译"选项，可设置语言、文件和开始位置。伪翻译能模拟原文长度，将原文复制到译文区，让译者能直观地看到译后模拟样式，以便发现原文存在的格式、排版、文字长度等问题，为翻译过程提供便利。

七、翻译

Déjà Vu X3的翻译环境左边为翻译区，翻译区一分为二，左边为原文区，右边为译文区。而翻译区右边为术语库和翻译记忆显示区域。

第1步：打开文件，首先要确定软件参数设置区的相关设置处于打开状态（见本章第一节"软件参数设置"），翻译区域内显示出原文和译文一对一界面状态，当前翻译句段会被灰色框包围。

第2步：单击翻译区中的首个句子，将光标置于目标单元格中，输入翻译内容，然后按"Ctrl+↓"移动到下一个句子，或单击上方工具栏中的导航选项，选择"确认并移动到下一个句子"选项。翻译的句子左侧出现了✔符号，说明已翻译该句。

如记忆库里有相同的匹配句段或术语，右端术语区和记忆区就会用蓝色、红色高亮显示。如图5-12所示，此时可通过两种方式添加匹配信息：一是双击匹配信息框（蓝色框任意处），译文会自动添加到目标区内；另一种是使用快捷键"Ctrl+匹配序号"（红色为匹配序号），如当前匹配序号为1，添加译文时只需使用"Ctrl+1"就能直接将译文添加到目标区内。

如图5-12中灰色框包围的当前翻译句段所示，灰色数字标签 ⒈ 和 ⒉ 为标记，包含了原文句子的格式信息。大多数情况下，译员无须了解标记内容，只要翻译时保持标记的相对位置正确即可。

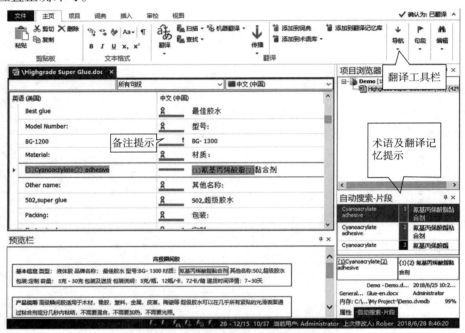

图5-12　Déjà Vu X3翻译界面

翻译过程中添加标记的方式有三种：一是直接复制原文代码粘贴到目标区域内；二是使用快捷键"Ctrl+D"复制当前位置标记；三是右击目标文本单元格，弹出关联菜单，选择"复制下一个标记"选项。例如演示文件此处有标记 ⒈ 和 ⒉，可按两次F8复制到译文区内。有时，译文区会出现 ✖ 符号，表示当前句段包含标记信息，需要从原文复制标记到译文。

翻译区内翻译完的句子分别用不同的颜色标示，黄色代表模糊匹配，绿色代表完全匹配，蓝色代表汇编句段。这些标示的颜色可在工具栏下方语言栏的"所有句段"下拉框中具体了解，Déjà Vu X3对翻译中不同的翻译状态进行颜色标示。译员可自己设置自己的颜色标示。选择"文件"→"选项"，在"显示"中进行自定义的设置，如图5-13所示。

翻译中如出现术语，如文中"Cyanoacrylate"译成"氰基丙烯酸酯"，此时需将此术语添加到术语库中，方法有两种：首先选中原文和译文区内对应术语（图5-12），右击出现关联菜单，选择"添加到术语库"；或使用快捷键F11，或单击工具栏上的 🔖 符号，可直接将术语添加到术语库。

Déjà Vu X3有时会错误切分句子，如图5-12所示。Brand、Name本应是连接字段，却被切分到不同句段，为此需要合并句段。右击原文句段，弹出关联菜单，选择"合并句段"选项或使用快捷键"Ctrl+J"合并上下句。Déjà Vu X3也能拆分句子，同样右击选择"拆分句段"或使用快捷键"Ctrl+Shift+J"拆分某一句段。

翻译过程中，译员可能对某句段译文存疑，此时可插入备注（图5-14），右击当前译文区，弹出关联菜单，选择"备注"（或"Ctrl+M"），弹出备注对话框，可记录当前翻译句段存在的问题。备注完成后，当前翻译句段会出现！，标示当前翻译句段存疑。译员可在翻译完成后对其做出修改。

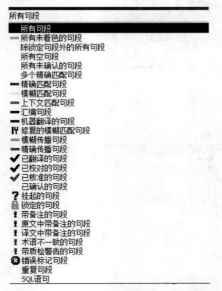

图 5-13 Déjà Vu X3翻译匹配颜色设置

图 5-14 Déjà Vu X3备注对话框

八、质量保证QA

翻译完成后，可选择审校工具栏的各项校对功能选项校对译文。译者可针对不同选项检查术语、格式、语法等，检查结果会直观显示在翻译区内。出现错误的翻译对会有红色叹号标示，将鼠标移动到红色叹号上，就能看到错误说明及修改建议。译者可根据建议具体修改，如图 5-15所示。

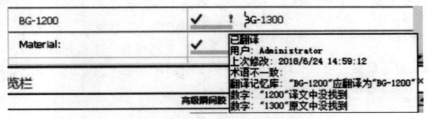

图 5-15 Déjà Vu X3的QA错误提示

九、生成译文

完成QA后，译员需要导出翻译后的文件。Déjà Vu X3支持用户导出多种格式，可导出为项目格式、文件格式、外部查看、打包项目等，译者可按照需求导出文件。本书演示例子为MS Word格式，翻译后导出为原格式。

第1步：选择"文件"→"交付"选项，弹出"交付设置"对话框。可设置导出语言和相关格式信息，并选择导出的存储路径，在此按照默认设置，单击"OK"，如图 5-16所示。

交付

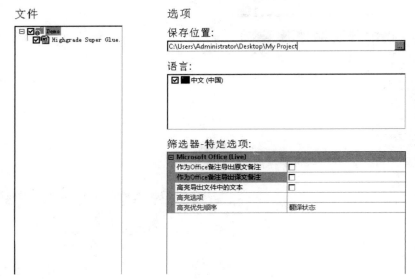

图5-16　Déjà Vu X3导出译文设置

　　第2步：如果项目存在格式问题（如漏译），会弹出提示对话框，译员可对译文进行修改和更正。如图5-17所示就有漏译句段，需要进行补译。

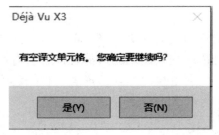

图5-17　Déjà Vu X3导出译文错误提示

　　Déjà Vu X3会在文件夹中创建子文件夹，该文件夹使用目标语言代码命名。如把英语文件译为汉语，新文件夹就会命名为C：\Users\Administrator\Desktop\My Project\zh_cn，可看到最终译文结果。

　　至此，我们完成了一个项目从开始到建立记忆库和术语库、字数统计、预处理、翻译、导出译文等一系列过程。本书只介绍了Déjà Vu的简单翻译功能，限于篇幅，项目管理、数据库维护等高级功能不予介绍，用户如对其他高级功能感兴趣，可参考Déjà Vu帮助手册深入学习。

第四节　软件评价

　　综上所述，Déjà Vu软件的记忆库、术语管理技术、便利项目管理功能以及集翻译、QA、语料对齐于一身的综合翻译环境适应了当前信息化新形势对翻译任务提出的要求，对提高翻译效率和质量意义重大。同时，Déjà Vu具有独特的汇编（Assemble）、扫描（Scan）、词典（Lexicon）和传播（Propagate）功能，相对于其他CAT软件来说，更关注翻译过程中译员对翻译记忆的处理和及时利用，使译员能够快捷、正确地处理翻译项目。

　　Déjà Vu用户占有率仅次于SDL Trados，受到广大用户好评。很多职业译员将它视作最有潜力的TM软件。Déjà Vu是真正的多语言TM系统，只要是计算机操作系统支持的语言，都可作为Déjà Vu的翻译项目的源语或目标语。而且针对一种源语Déjà Vu可设定多个目标语，这一点特别适合多国公司翻译内部资料。

根据不同的版本，Déjà Vu市场价格从€420至€1490不等，相对于同类CAT软件来说，价格较为合适，适合公司或职业译员购买。随着Atril公司不断维护开发，它将支持本地化涉及的全部格式，并可导入其他软件的记忆库和术语库，更容易实现与其他软件的协作，方便用户使用。

Déjà Vu作为法国公司Atril开发的软件，其对欧洲语言的支持度较高，但Déjà Vu X3支持中文界面，为广大的中国翻译工作者提供了相当大的便利。Déjà Vu翻译环境整合度较高，集众多功能于一身，初学者需要一段时间才能完全掌握和利用。不过可以预见，凭借其独特优势，Déjà Vu将不断完善和提高，面对未来信息化需求更高的市场，必将有更光明的发展前景。

思考题

1.Déjà Vu X3有哪些基本功能？

2.在利用Déjà Vu X3翻译过程中，如何合并或拆分句子？

3.如何利用Déjà Vu X3导出外部查看？

4.如何利用Déjà Vu X3创建术语库？

5.如何将Déjà Vu X3的术语库导出为XLS文件？

第六章　Wordfast基本应用

第一节　软件简介

一、系统介绍

Wordfast是美国Wordfast公司出品的一款CAT软件。Wordfast是一款跨平台的翻译记忆软件，可在Windows、Mac、Linux等多种操作系统下运行，数据易用、开放（其翻译记忆和术语库都是纯文本格式，便于处理），又与Trados等大多数CAT工具兼容。它既可处理Word、Excel、Powerpoint等常见文件格式，也可处理各种标记文件（如HTM、HTML等）和其他文件格式。此外，它还可与Google Translate、Power Translator™、Systran™、Reverso™等机译软件连接使用。

自1999年Wordfast推出首个版本，至今主要有四款产品：

（1）Wordfast Classic（WFC）：为主要使用Microsoft Word进行翻译的人员设计的一款软件，可通过局域网进行翻译记忆和术语库共享，且与Trados和其他CAT工具具有兼容性。

（2）Wordfast Professional（WFP）：本地化公司和自由译员都可使用的独立CAT工具，支持多种文件格式，具有翻译记忆和术语库等功能，便于项目管理。

（3）Wordfast Anywhere（WFA）：一款免费的在线CAT工具。

（4）Wordfast Server（WFS）：用于局域网或互联网的协同翻译软件，支持庞大的共享翻译记忆库。

Wordfast还提供超大翻译记忆VLTM（Very Large Translation Memory），即可通过网络访问的基于服务器的公共翻译记忆库，用户可利用VLTM的内容，也可设立私人工作组，与合作的翻译人员共享翻译记忆，有利于翻译人员协同工作。拥有Wordfast许可证的用户可免费通过其桌面翻译记忆软件使用VLTM。

本章介绍的是Wordfast Professional 5。该版本可在其官方网站下载并免费试用，试用有三大限制：无法试用远程翻译记忆，本地翻译记忆最多只能存储500个记忆单元，无法使用Wordfast Aligner功能。

二、界面概览

追踪可扩展标识语言，即TXLF Editor是翻译人员进行翻译和质量检查的视图，如图6-1

所示。TXLF是Wordfast本地格式，用户在创建一个项目并分析源文件后，便会生成一个经预翻译的TXLF文件，打开该文件便可开始翻译。

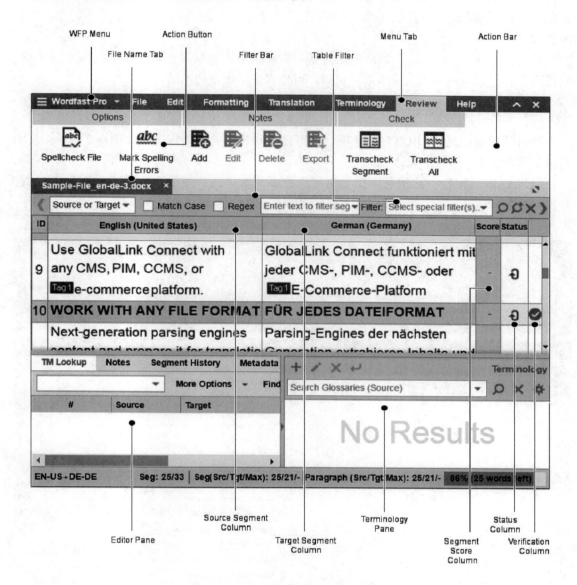

图6-1　Wordfast Pro 5的TXLF编辑视图

（一）TXLF编辑视图

TXLF编辑视图中，中部面积最大的区域就是翻译工作区，该工作区为Table视图，对应图示的"表格格式视图"，该视图简单明了，分四栏分别显示句段序号、源句段、目标句段及翻译记忆的匹配情况。

译文栏会呈现不同的颜色。如图示蓝色表示该句段已保存至翻译记忆中，图示橙色表示机译（未经修改直接使用的机译内容），绿色表示完全匹配，黄色表示模糊匹配等，这些颜色可在软件的"偏好设置"（Preferences）里进行查看和自定义修改。图示Score（分数）一栏中显示的是句段与翻译记忆的匹配情况，N/A表示没有匹配，MT表示机译，数字表示匹配百分比，例如，100表示100%完全匹配，77表示该句段与翻译记忆中的某句段有77%的相似度。

底部左边为TM Lookup（翻译记忆搜索）窗口，可检索翻译记忆库中的内容，如单词、句段等。右边为Terminology（术语）窗口，可检索术语库中的术语。

（二）项目管理视图

项目管理视图是PM用以对翻译项目进行前期和后期处理的视图，如图6-2所示，其中有以下两个标签。

（1）Analyze标签：使用翻译记忆对一个或多个文件进行字数、重复率和匹配率分析，并进行预翻译。

（2）Cleanup标签：生成译文并在翻译结束后更新翻译记忆。

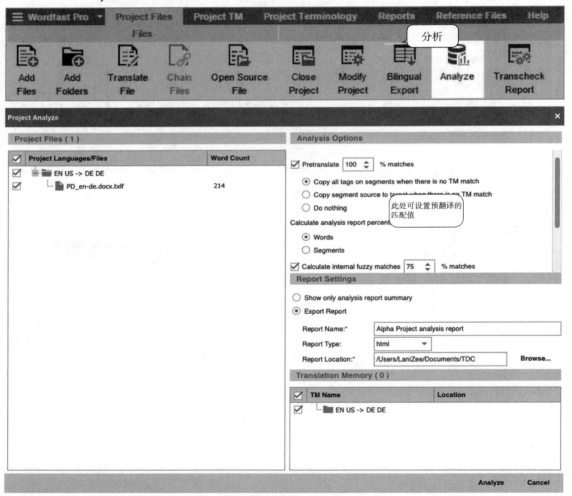

(a)

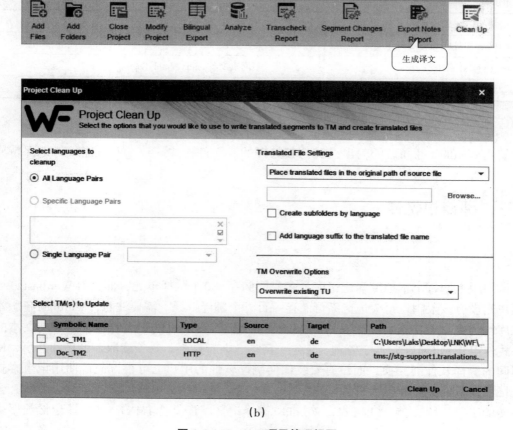

(b)

图6-2 Wordfast项目管理视图

第二节 软件基本信息

一、支持语言

Wordfast支持所有Microsoft Word能够处理的语言，包括常用的英语、法语、西班牙语、葡萄牙语、中文、日文、韩文、阿拉伯语，以及各种印地语和很多小语种语言等。

二、支持格式

（一）处理格式

Wordfast支持如表6-1所示的常用文件格式，这些都可在设置里查看。

表6-1 Wordfast常用文件格式

文本文件（.txt）	FrameMaker文件（.mif）
Trados TagEditor文件（.ttx）	InDesign文件（.inx、.idml）

文本文件（.txt）	FrameMaker 文件（.mif）
Word 文件（.doc、.docx、.rtf）	PDF 文件（.pdf）
PowerPoint 文件（.ppt、.pptx）	ASP 文件（.asp）
Excel 文件（.xls、.xlsx）	网页文件（.htm、.html、.jsp）
Visio 文件（.vsd）	SDLXLIFF 文件（.sdlxliff）

（二）输出格式

使用 Wordfast 翻译后的输出格式与其处理的源文件格式一致，而且能较好地保持原文样式。

三、翻译记忆库

（一）本地翻译记忆库

试用版本的每个本地翻译记忆库最多只能储存 500 个翻译单元，而具有 Wordfast 许可证的用户则没有该限制，每个记忆库可储存一百万个翻译单元。需要注意，Wordfast 各版本中记忆库均为纯文本格式，编码支持 Unicode，这也是 Wordfast 的一大特色。这一纯文本的开放格式使得 Wordfast 非常便于管理，稳定、灵活、兼容性强，易于读取、维护和共享，便于在不同的翻译软件间互换，而没有安装任何翻译软件的用户也可很方便地使用记事本打开该记忆库，从而进行查看或管理。Wordfast 本身就带有对 TM 进行编辑、压缩、剪裁、合并和反转的工具。除支持 TXT 格式，Wordfast 翻译记忆库还支持 TMX1.4（翻译记忆数据交换标准）。

在一个项目中可同时使用多个翻译记忆库，并可设置优先权，在使用时还可选择"只读"或"读写"，即只从该翻译记忆库中读取信息，或向翻译记忆库中读取和写入信息。

Wordfast 可搜索翻译记忆库，检索完全匹配和模糊匹配的翻译单元。在翻译过程中还可搜索翻译记忆库进行词、短语或句段，从而为翻译做参考，每一条句段的平均检索时间不到 0.5s。

（二）远程翻译记忆库

除本地翻译记忆库，Wordfast 还可使用远程翻译记忆库。这个功能可配合 Wordfast Server 使用，Wordfast Server 提供了庞大的翻译记忆库容量。既可是局域网也可是互联网共享的记忆库，只要输入记忆库地址，并具有有效的账户和密码就可远程共享记忆库。

四、术语库

Wordfast 术语库文件的容量无上限，每个术语库可储存 250000 个术语。同翻译记忆库一样，术语库格式也是纯文本格式，使用制表符隔开。因此，只需要简单地复制粘贴，就可很方便地把客户的术语文件输入术语库。Wordfast 术语库还可导入 SDL Multi Term 的 TBX 文件，从而在Wordfast中使用。

同样地，一个项目也可同时使用多个术语库，并设置优先权等操作。

Wordfast可对术语库进行精确或模糊的词汇匹配，可使用通配符搜索，还可设置区分大小写等操作，Wordfast的模糊词汇识别引擎还可自动识别术语或短语的多种变格形式。

五、机器翻译

Wordfast支持机译，不同版本支持的机译不同。Wordfast Pro支持Google Translator、Microsoft Translator、WorldLingo机译，而Wordfast Classic支持Systran™、Power Translator™、Reverso™等机译（使用时应考虑与Word版本的兼容性）。当用户需要机译提供参考时便可启用该功能。这一功能给翻译人员带来了便利，但是机译译文在很多情况下都要经翻译人员修改才能使用。机译功能需要在"偏好设置"里选择。默认情况下是在没有翻译记忆匹配的情况下进行机译，用户也可设置始终运行机译。默认设置中，机译结果的罚分会很高（系统默认值为15）。在翻译工作区，机译的结果会以橙色为底色显示，并在打分一栏中标识为MT。

六、语料对齐与回收

安装最新版本的Wordfast时还会同时安装另一组件Wordfast Aligner，如图6-3所示。这是一款专门的语料对齐/回收组件。它支持TXLF、DOC、PPT和XLS文件格式，可对齐、回收双语的两个文件（一个源语言文件和一个目标语言文件），从而方便日后复用该语料。图6-3所示的是一个英中双语文件，左边是英文，右边是中文，中间连线表明了两边句段的对应关系，对齐完成后可保存至记忆库，便于日后使用。

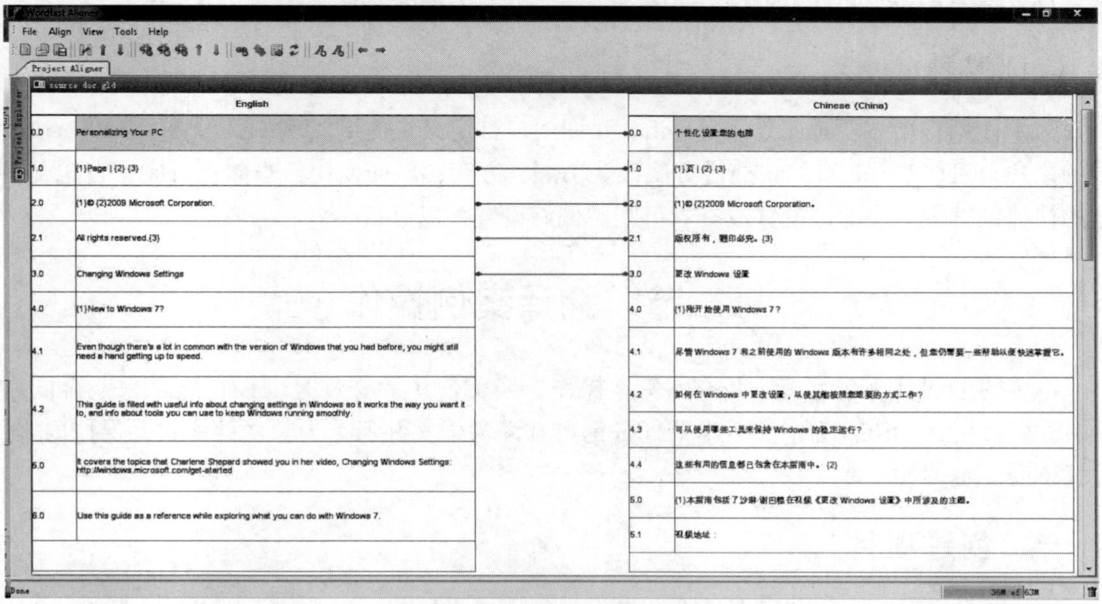

图6-3 Wordfast的Aligner界面

七、质量保证（QA）

Wordfast 提供了一系列质量检查功能，既可在翻译过程中进行控制，也可在翻译结束后进行检查并生成检查结果报告。检查内容包括拼写检查（可选择使用 Microsoft Office 拼写检查器，也可选择 Wordfast 自身的拼写检查器，默认为后者）、术语检查、句子完整性检查、标签检查、非译元素检查、数字检查、标点符号检查等。这些都可在偏好设置里设置，可针对项目进行选择性检查。

八、其他功能

（一）黑名单

Wordfast 的"黑名单"（Blacklist）功能与质量检查功能一起使用，用以检查目标语言文件中是否有不希望出现的单词或短语。用户可在偏好设置里导入黑名单，黑名单是一个纯文本，以单列形式保存。

（二）禁用词

Wordfast 的"禁用词"（Forbidden Chars）功能也是质量控制功能之一，用以检查目标语言文件中是否有禁用字符。与黑名单不同，它不导入 Wordfast，而是在设置里添加和编辑。使用禁用词功能必须先在"偏好设置"的"Transcheck"中勾选"禁用词"。

（三）勿译文本

和禁用词一样，使用"勿译文本"（Untranslatable Text Check）也需先在"Transcheck"中选定使用。"勿译文本"是用以检查一些不需要或不应该翻译的内容是否在目标语言文件中被翻译了，如在一些情况下用以检查公司名、产品名是否按要求保留为源语言。

（四）快捷键设置

为了使用户更方便地工作，Wordfast 允许用户自定义快捷键。例如，习惯了 Trados 快捷键的用户，可将 Wordfast 的快捷键方案改为 Trados 方案，以便使用，当然也可完全自定义自己的快捷键方案。快捷键设置或查看可在"偏好设置"里进行。

第三节　翻译案例操作

本节将通过实例演示 Wordfast 的基本操作。实例使用的文件是《设计施工采购合同》，为 MS Word 格式，语言为中文，本节任务是将其译为中文并保存为源文件格式，保持内容、样式不变。步骤如下。

一、创建项目

在 Wordfast 中，所有翻译必须在项目中进行，所以第一步要创建一个英-中项目。具体操作如下。

第1步：打开"Projects"→"Create Project"。

第2步：在弹出的对话框中输入项目名称，设置源语言为"中文（Chinese）"，目标语言为"英语（English）"。

第3步：单击对话框右边的"Add file"添加要翻译的文件。

第4步：单击下方的"Create Project"按钮，一个项目就建好了。

二、创建翻译记忆库

创建项目时，界面中会显示"Translation Memory"中翻译记忆库的设置窗口，如图6-4所示。此时，用户需添加或创建翻译记忆库。创建翻译记忆库的目的是在翻译过程中记录经翻译的双语翻译单元，以方便随后的翻译甚至日后其他项目的翻译提供参考。在翻译过程中，系统将自动搜索记忆库中相同或相似的翻译单元，给出参考译文，使用户避免无谓的重复劳动，只需专注于新内容的翻译。

本例创建一个新记忆库，共分三步。

第1步：单击"Create"或者"Add"，选择创建或者添加本地记忆库。

第2步：在弹出的对话框中输入记忆库保存路径、名称及语言（默认与用户创建项目时的语言一致）。

第3步：单击"OK"按钮，一个新记忆库就建好了。

如在图6-4的Read only处勾选，即表示对该记忆库仅读取不写入，术语库也一样。

以上步骤是创建本地记忆库，如果想使用远程记忆库，可在Translation Memory中选择"Add"→"Add Remote"，然后选择新建或打开一个远程记忆库。

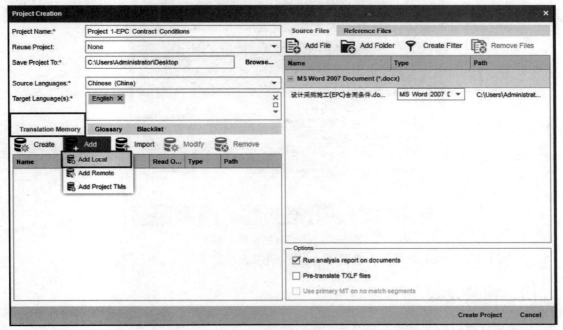

（a）

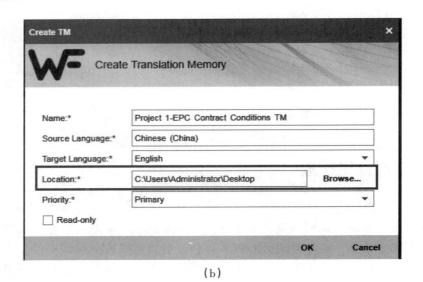

（b）

图6-4　Wordfast**设置翻译记忆库和术语库**

三、创建术语库

创建术语库的目的是在翻译前统一规定术语，翻译过程中收集、修改和扩充术语词条，并能快速查询术语，翻译后进行术语一致性检查。一般在记忆库建好后用户就可接着创建术语库。本例新建一个新的术语库，以下分三步。

第1步：在项目创建的窗口中找到"Glossory"→"Create"，如图6-4所示。

第2步：选择"Create"新建术语库，在弹出窗口中分别设置术语库名称、源语言（中文）和目标语言（英文），并选择保存的路径，如图6-5所示。当然，也可选择"Add Project Glossory"添加Wordfast中已有的术语库，或选择"Import"导入术语库。

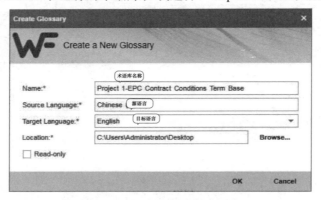

图6-5　Wordfast**创建新术语库**

第3步：单击"OK"按钮，会提示术语库创建成功。

四、相关设置

接下来应进行相关设置，如图6-6所示。

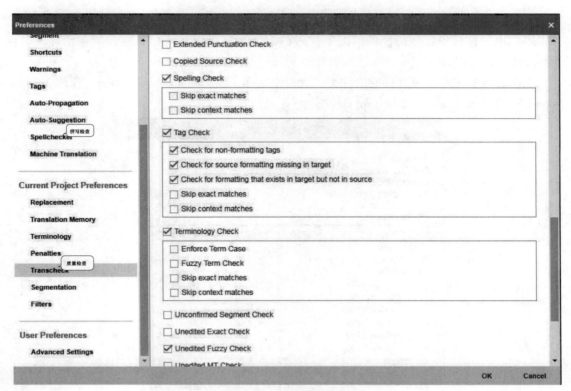

图6-6　Wordfast**偏好设置**

　　Wordfast中多数设置都在偏好设置"Preferences"中进行。用户可在"Penalties"中设置罚分；在"Transcheck"中选择可能需检查的项目，如此例中首先在"Transcheck"中选中"Untranslatable Text Check"，再输入缩写DAB和FIDIC，表示两词不需翻译；同时，再打开Machine Translation。如新手使用，也可使用默认设置。

五、分析和预翻译

　　上述设置完成后，用户就可以正式进行文件处理了。首先要分析、预翻译word文件，分析可获得文件字数和重复率等信息。预翻译可自动翻译与翻译记忆100%匹配的翻译单元（如果有）进行，并生成Wordfast进行翻译工作所需的TXLF格式文件。

　　第1步：单击上方的"Project Files"，打开项目管理视图，如图6-2所示。

　　第2步：在Analyze标签中单击"Add Files"按钮，打开要翻译的文件，可打开整个文件夹，也可将文件夹直接拖入该窗口实现添加操作。

　　第3步：勾选该文件，并在右侧选定要使用的翻译记忆库，单击"Analyze"按钮。

　　第4步：显示分析报告，包括全文字数、重复字数、重复率及与翻译记忆的重复率等信息，如图6-7所示。

　　第5步：在分析过程中，预翻译也已完成。

　　如客户已提供了翻译记忆文件，用户一般应在设置翻译记忆时打开该翻译记忆，也可在此时单击Project TM（见图6-2右上角），在"Add Local"中打开该翻译记忆，然后使用该翻译记忆分析和预翻译文件。此时，Wordfast就会自动翻译该文件与翻译记忆中完全匹配的句段。

　　用户也可自行设置预翻译的匹配率（图6-2），如选择90%匹配，则表示在预翻译时自动翻译该文件与翻译记忆中90%模糊匹配的句段。

　　现在观察本来存放源文件的文件夹，此时会多出1个文件夹，名为report，存放Analysis Report.rpt文件和Analysis Report.rpt.sfc文件。

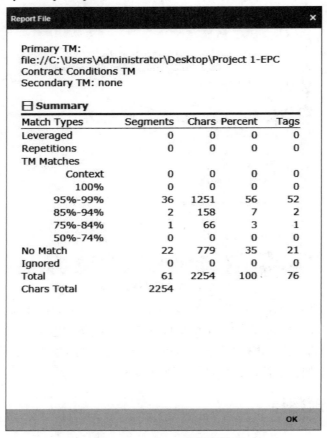

图6-7　Wordfast分析报告

六、翻译

　　打开项目视图，双击该文件，便可打开文件正式翻译了。如用户使用的记忆库中已存有重复翻译单元，那么此时就会发现完全匹配的翻译单元已被Wordfast自动预翻译完毕，通过绿色底色显示，且在分数栏中显示100，即100%匹配。打开一个翻译单元后，淡蓝色底色显示原文，粉红色底色显示译文，如图6-8所示。具体步骤如下。

　　第1步：在English一栏中输入自己的译文。如已打开机译功能，在自己翻译前可手动单击"Machine Translation"按钮（如按钮为灰色则不可用，说明未在设置中打开该功能，或网络未连接），查看机译结果做参考。

　　第2步：单击"Next Segment"（下一句）或按快捷键"Alt+Down"打开下一个翻译单元，并将上一个翻译单元存入记忆库中。

第3步：如此反复一直到译完全篇。在此过程中用户可将一些专业词汇添加到术语库（使用右下角"Terminology"的"+"按钮）中，从而保证术语统一。

遇到完全匹配的翻译单元（如图6-8所示的第6、第7句段），Wordfast会自动搜索到该单元并完成自动翻译，并以绿底突出显示；遇到模糊匹配的翻译单元，Wordfast也会自动搜索到并填充至相应译文的位置中，但会以黄底突出显示，同时在底部的TM Lookup中显示记忆库中与其模糊匹配的翻译单元，并以黄色突出显示新单元与已有单元之间的不同之处，如图6-9所示。将鼠标放置于TM源文本或目标文本上，会提示该翻译记忆的名称、创建日期等信息。

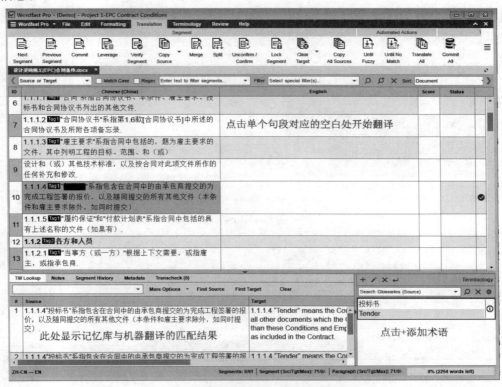

图6-8　Wordfast表格格式视图下的翻译窗口

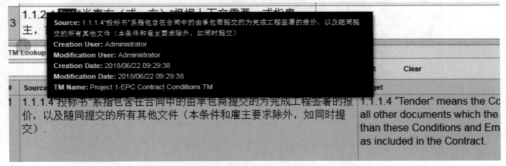

图6-9　Wordfast模糊匹配时TM查询窗口的显示内容

遇到术语库中包含的条目，Wordfast会在原文栏中用浅红色标示该术语，鼠标移到该术语上会显示该术语对应的译文，如图6-10所示。使用工具栏术语按钮进行操作，单击

"Next Term"按钮，选定该术语（此时该术语变蓝），再单击"Copy Term"按钮，便可将术语复制到译文栏中。

翻译过程中用户需要即时维护术语库，可从右下角"Terminology"→"Edit"中选择该术语库，从而打开术语库（图6-11），翻译时可随时单击该术语库标签进入术语库管理窗口。用户可在此处进行添加、删除、搜索、导入、导出等操作，还可对该术语进行描述。

图6-10　Wordfast遇到术语库中术语时原文栏的显示

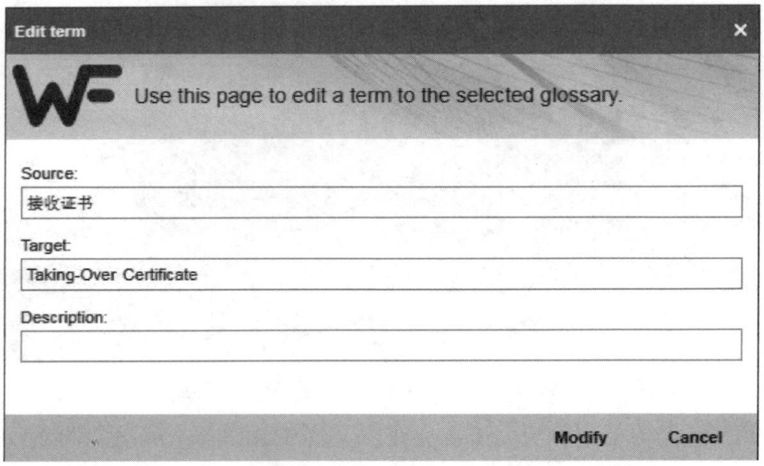

图6-11　Wordfast术语库管理窗口

Wordfast还提供了拆分、合并句段功能，即如果Wordfast切分了一句话，用户可使用"Merge"（合并句段）按钮合并该句。同样地，如本应切分的两句话却合为一个句段，用户可单击"Split"（拆分）按钮拆分。

注意：切分句段的如果是分页符（PageBreak）、段落标记（ParagraphMark）、制表符（Tabulator）、表格单元（Table Cell）等，使用该按钮无法合并这两个句段，只有等翻译完成后手动合并。这就要求在译前处理好待译文档，确保原文没有在不该断句的地方断句，否则会影响切分效果。

标签的处理也是翻译软件的重要功能之一。此处示例为一份word文件，Wordfast中对标签使用{tagN}处理（N是数字，每个句段中从1开始分配），一般两个标签一一对应，如图6-12所示。{tag1}代表原文中的制表符，{tag2}与{tag3}是一对标签，表示该句段的原文格式。当鼠标停留在首标签（如{tag3}）上时，会显示该标签含义（此处是表示字体格式）。遇到这类标签，如果使用了机译功能（如此例），会自动在目标语言文本区插入这些标签。由于机译语序并不一定准确，如需要调整标签位置，可使用"剪切"（Ctrl+X）和"粘贴"（Ctrl+V）调整（无法直接使用Delete删除标签），也可使用工具栏的按钮。如未使用机译功能，也就意味着在没有匹配的情况下，Wordfast不会自动翻译，更不会自动填充标签，此时可使用Tag工具栏中的"Next Tag"（下个标签）按钮和"Previous Tag"（上个标签）按钮定位该标签位置（此时标签会变红），再单击"Copy Tag"（复制标签）按钮将该标签复制到目标文本中，也可使用"Edit Tag"（编辑标签）按钮对标签进行编辑。

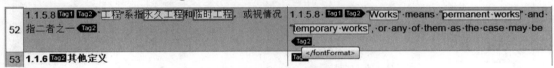

图6-12　Wordfast中的标签

七、质量保证

如果已在"Preferences"中设置，则可单击工具栏中的"Spell Check（拼写检查）"和"Transcheck（质量检查）"，如图6-8所示。

如未做设置，此时可再打开"Preferences"启用"Spellchecker"，并在"Transcheck"的众多选项中选择需要检查的选项（图6-13），从上至下分别是黑名单、大写检查、译文为空、禁用词、数字检查、标点符号、拼写检查、标签检查、术语、勿译文本、未译文本等。设置完成后再单击Transcheck All执行检查。

如检查出错误，会在图6-8中标注的位置显示错误，并弹出窗口提示质量问题汇总，提醒修改。

八、生成译文

完成翻译和校对后，便只剩下最后一步，即生成译文，该步骤分两步：

第1步：单击"File"→"Save File as Translate"。也可使用Project Files视图下的"Cleanup"生成译文。（均能生成干净的译文，但使用"Cleanup"还可通过设置更新翻译

记忆）

　　第2步：保存至需要的位置即可，用户可注意到此时保存的格式正是源文件的格式，对比源语言文件和目标语言文件，两者样式也保持了一致。

　　保存前用户也可通过"File"→"Preview File"以原文格式预览文件。也可通过"File"→"Preview"→"Office Preview/Live Preview"，以预览其PDF格式或实现实时预览。

　　为便于日后复用，还应回收翻译记忆和术语库。使用"Cleanup"可更新最后的翻译记忆，而术语库则需在术语库窗口中导出。至此，该项目的设置、预处理、翻译、质量检查、生成译文和回收资源过程就完成了。

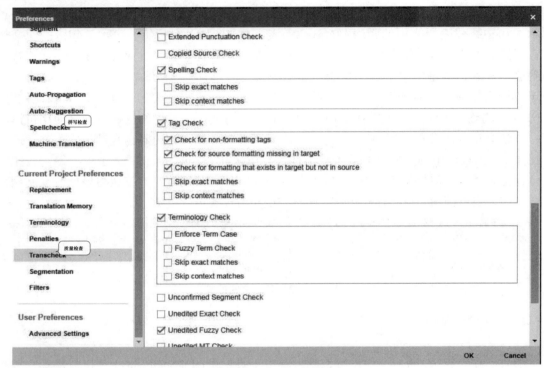

图6-13　Wordfast质量检查

第四节　软件评价

一、业界评价

　　Wordfast是世界领先的多平台兼容的翻译记忆软件提供商，为世界各地的自由译员、翻译机构、跨国公司和教育机构提供了强大的桌面应用软件、服务器软件和网页解决方案，是世界第二大翻译记忆技术提供商。Proz.com成员认为Wordfast性价比较高，使用方便，客户支持度较好。但国内目前使用人数较少，用以参考的网络资源也较少。

二、用户评价

根据国内外各大翻译论坛及使用该软件人士的反映，Wordfast安装简易，使用非常方便、灵活、内存占用量小，且其试用版本对使用限制较小，因此很多人都愿意尝试，尤其是对于中小型项目（TM翻译单元在500条以内的项目），几乎可免费使用其正版的所有功能（除远程TM和Wordfast Aligner）。

但Wordfast还存在一些缺点，如Tag使用不方便，格式处理上也有欠缺（如一些特殊样式或复杂表格往往处理得不是很好）、术语库中不能保存图片字段、导入术语库后不能自动去除重复的术语、术语库使用时无法辨别细微差别的单词（如无法区别employee和employer）、对语法结构检查识别也不是很好等。

三、技术展望

本节从价格、软件大小、易用性、兼容性、格式支持能力等方面比较Wordfast与其他著名翻译软件，见表6-2。

表6-2　几款CAT软件价格比较

CAT软件	价格	备注
SDL Trados Studio 2017	$620	SDL Trados Studio 2017分为个人译员和公司版,此价格为个人译员版,鉴于版本不断迭代以及厂家营销策略的实时更新,关于价格,请以厂家确认的为准
SDL MultiTerm Desktop 2017	$300	如使用Trados,则必须使用其术语库软件SDL MultiTerm Desktop 2017,此价格不包括SDL MultiTerm Extract 2017
Déjà Vu X3 Professional	€420	此为官方不加税价格,由于中国教育市场特供定制版,实行差异化价格体系
Wordfast Professional	€400	
Wordfast Classic	€400	
Wordfast Studio	€500	同时包含Wordfast Professional和Classic

数据来源:SDL、Déjà Vu和Wordfast官方网站。

表6-2是三款常用CAT软件的价格比，数据分别来自各官网产品销售页面。相比Trados昂贵的价格，Wordfast非常便宜，其平均价格也比Déjà Vu略低，购买一个证书或在发展中国家生活或工作的自由译者还可享受50%的折扣。

比较软件大小，Wordfast比Trados小，比Déjà Vu大。Wordfast Pro为249MB，而SDL Trados Studio与MultiTerm总计968MB，Déjà Vu X3仅为142MB。Wordfast安装方便，易于上手，官方网站亦有免费用户手册[1]和视频教程，简明易懂。

但是Wordfast支持的格式不如Trados和Déjà Vu多，与它们导出的翻译记忆和术语库的兼容性也不是很好。

Wordfast从推出首个版本起就不断改进，功能也不断丰富和强大。作为翻译辅助软件，必须不断扩展自己的功能才能满足客户需要，Wordfast后来推出的Wordfast Aligner组件也是其功能不断扩展的一个见证。Wordfast Anywhere近年来宣布支持iPhone等移动智能手机平台，这也是翻译辅助软件向移动端发展趋势的表现。

---

[1] http://wordfast.com/pdf/WFP_5.4.0_User_Guide.pdf.

思考题

1.Wordfast Pro 与 SDL Trados Studio 的主要功能差异有哪些？

2.如何将 SDL Trados Studio 的记忆库数据导入 Wordfast 的记忆库中？

3.将一个 .txt 格式的术语库（格式正确，即"源语言→制表符分隔→目标语言"格式）导入 Wordfast 中时出现乱码，该如何解决此问题？

4.使用 Wordfast 翻译，遇到不需要翻译的内容（如单词、数字等）时，只要输入第一个字符便会提示该内容，使用 Enter 键便可输入该内容。如果未出现该提示，应该如何设置使其出现该提示？

5.简述 Wordfast 有哪些 QA 功能。

第七章　本地化翻译基础

第一节　本地化概述

一、本地化概念

翻译公司招聘启事中经常能看见"本地化""本地化经验""本地化工程师"和"本地化翻译"等名词，那么到底什么是"本地化"？

通俗地讲，本地化即改造、加工产品（或服务），使之满足特定人群、特定客户的特殊要求。如微软产品依照当地文化和技术规范提供本地化，需要考虑货币、度量衡、法规、命名、地理、宗教甚至气候等因素；再如沃尔玛在中国运营的长久战略之一便是人才本地化，即雇用熟知当地文化、生活习惯的本地员工和管理人员。

学者和业界人士由于角色、观察角度、可用研究资源等不同，对本地化的定义各不相同。以下是代表学者及其定义。

（1）Esselink（2003）：本地化是实现语言与技术结合，提供跨越文化与跨语言障碍的产品。

（2）Anthony Pym（2004，2005）：本地化是针对特定区域进行国际化文本的适应性处理，常没有明显的开始或结束；本地化文本处于动态更新之中，可理解为信息的跨文化文本适应，适用于软件、产品文档、网络技术和国际新闻服务。

（3）Schäler（2007）：本地化是为满足国外市场与多语言管理对数字产品或服务的需求而进行的语言与文化的适应活动。

（4）Lommel（2007）：本地化是调整产品或服务以满足不同市场需求的过程（这也是LISA官方对本地化的定义）。

（5）中国翻译协会（2011）：本地化是将一个产品按特定国家、地区或语言市场需要进行加工，使之满足特定市场用户对语言和文化特殊要求的生产活动。

综上定义可知：本地化对象不仅是传统翻译的"文本"，而且通常是数字化"产品"或"服务"，如软件、在线帮助文档、网站、多媒体、电子游戏、移动应用等多元化内容或与之相关的服务。通过"加工"或"调整"，使产品或服务满足特定市场用户对语言、文化、法律、政治等特殊要求。本地化可分解成软件编译、本地化翻译、本地化软件构建、本地化软件测试等系列工程技术活动，每项活动均需使用特定技术及工具，如编码分析、格式转换、标记处理、翻译、编译、测试、排版、管理等，由此最终实现产品或服务的"本地化"。

本地化是经济全球化的结果，经济全球化和 IT 技术的深入发展会推动本地化的快速发展。本地化产品已无处不在，已深入到日常工作、生活和学习中，深入到社会的各个方面。据统计，微软软件收入中，60% 以上的销售额来自本地化产品；对软件本地化投入 1 美元，可换来 10 美元的收益。

本地化的作用主要有如下四方面：

（1）满足特定语言市场在功能、法律、习俗等方面的需要；

（2）尊重不同语言用户需求，展示开发商发展实力；

（3）降低产品生产成本，提升综合竞争力；

（4）拥有更多用户，拓展市场份额，实现业务全球化，获得更大的经济利益。

二、本地化与翻译

尽管本地化行业在国外至少已有十几年历史了，但目前国内本地化发展仍处于起步阶段，很多人对本地化的概念并不清晰，还将其视为"高技术翻译"。实际上，本地化很复杂，涉及许多业务和技术问题，需要很多专门知识才能成功实现。本地化通常包括本地化翻译，即将用户界面、帮助文档和使用手册等载体上的文字从一种语言转换为另一种语言的过程。可见，本地化和翻译存在区别，这种区别有以下六个方面。

（1）翻译内容不同。传统翻译更多针对文档、手册，而本地化翻译涉及软件界面、网页互动内容、帮助文件、电子手册、多媒体等，不仅包括简单的内容翻译，还经常需要多种类型的文件格式转换。因此，为准确翻译，需要具备 IT 背景知识，理解产品使用功能。

（2）处理流程不同。传统翻译的处理流程主要是文字转换工作，工序相对简单，但翻译只是本地化业务的一个环节。本地化业务除翻译外，还包括文件准备与转换、译前处理、译后处理、本地化桌面排版和本地化测试，由此产生的业务收入也有差别——本地化公司的翻译业务收入通常占其总营业额的一部分，每个公司比例略有差别；翻译公司的翻译收入通常占据较大比重，甚至就是其全部业务。

（3）使用工具不同。传统翻译很少或根本不用 CAT 工具。在本地化各流程还要配合多种软件和工具，如文字抽取还原、图形图像处理、音频视频编辑、工程编译工具等。本地化领域常见工具有 SDL Passolo、SDL Trados、Alchemy Catalyst、Scaleform、XLOC 等。

（4）报价方式不同。本地化按源语言计算字数，一般使用 CAT 工具（最常用的是 SDL Trados）来进行统计，CAT 工具可同时计算出文件中字数重复率（Repetitions 和 Fuzzy match），对于重复的字数，报价时给予相应折扣。翻译公司一般按中文字数计算。由于翻译公司往往是从其他语言翻译成中文，所以翻译公司一般是按目标语言计算字数，计算方法基本是 Word 字数统计。这种方法的缺点是不能计算字数重复率，当文件中含有大量重复字数时（即使重复率达到 90%），仍按全新字数报价。

（5）翻译要求不同。为保证多语言版本和源语言版本同时发布，软件翻译过程经常与源语言版本的开发同步进行，以适应激烈竞争的软件市场和不断提高的软件质量要求。本地化翻译不仅是语言文字的转换，还要考虑目标市场和用户的文化、习俗、传统、法律、宗教等。本地化既属技术性行业又属语言服务类行业，服务于众多行业，要求技术范围广，服务客户是国际化企业，要求较高，要求从业人员兼备外语、IT、技术甚至商务和管理技能。

（6）客户群体不同。从客户分布和来源看，传统翻译公司的客户大多数是国内公司，本地化公司客户绝大多数来自欧美等国外市场，本地化公司遵守本地化行业的国际规则、沟通惯例（如工作语言为英语，Email沟通为主），具备规范的业务流程、完善的管理手段，实施严格的质量控制和应用先进的技术工具。

三、一般本地化流程

同传统翻译项目流程相比，本地化项目翻译流程相对复杂，项目不同，流程也有所差异。以软件本地化项目为例，本地化主要包括如下内容，如图7-1所示。

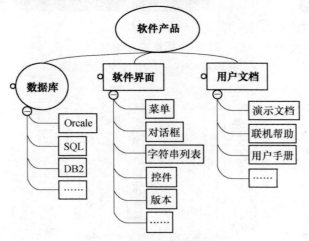

图7-1 本地化的主要内容

Esselink（2000：17-18）提出的本地化流程是售前阶段→启动会议→源资料分析→制定计划和预算→术语准备→源资料准备→软件翻译→在线帮助和文档翻译→软件工程处理和测试→屏幕截图→帮助文档工程处理和文档排版→工程处理更新→产品质量保证和提交→项目结束。简化的流程为项目准备→翻译→审校→生产→质量保证→项目收尾（Esselink，2003：76）。

杨颖波等（2011）提出的软件本地化流程是：评估与准备→抽取资源文件→标识资源文件→检查资源文件→调整用户界面尺寸→编译本地化软件→修正软件缺陷等环节。

综上，本地化翻译只是本地化的一个环节，译前和译后仍需要做很多相关的工作，需要多个部门之间协作，更需专业本地化工具支持。图7-2给出了一种可能的同步本地化模型。

按现代项目管理理念，本地化流程为启动阶段→计划阶段→执行阶段→监控阶段→收尾阶段，共五个阶段，每阶段又可分为不同的环节和若干任务。本地化项目千变万化，流程却普遍一致。图7-3是本地化项目的一般运作流程，从源语文档到输出本地化后的产品涵盖了十多个环节，同时又涉及项目部、翻译部、工程技术部、排版部、测试部等多部门协作。

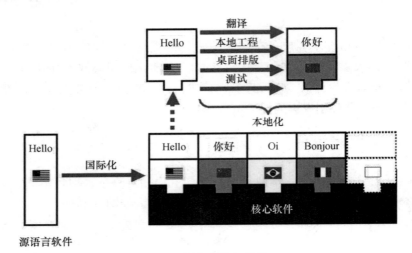

图7-2　同步本地化模型

（数据来源：崔启亮，国际化软件测试，2006）

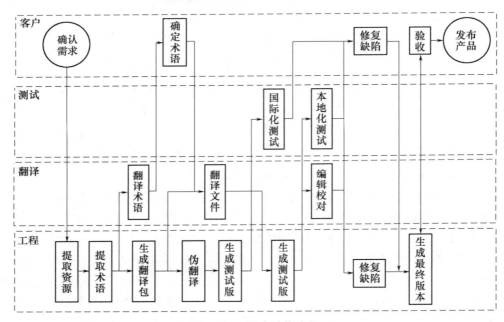

图7-3　一般本地化流程

　　崔启亮等（2011）提出的软件界面本地化简化流程为预处理→翻译／编辑／校对→后处理→编译构建→修正缺陷，较有代表性，现说明如下，其中翻译／编辑／校对与翻译项目相同，此处不做介绍。

　　（1）预处理：主要包括抽取资源文件；抽取并重复利用软件／文档的本地化资源；生成字数统计内容；生成本地化术语表；生成本地化工具包。

　　（2）后处理：主要包括配置编译环境（Build Environment），验证本地化过程中的错误（如热键重复、热键丢失、热键不一致、控件重叠等），调整翻译的用户界面的控件位置和大小，编译本地化软件和联机帮助文档，编译构建本地化的软件版本（Build）。

　　（3）修正缺陷：通过修正软件本地化测试发现和报告的缺陷（Bug），提高软件本地化质量；正确处理软件的本地化缺陷，满足本地化软件发布对缺陷数量和特征的要求。

本地化项目类型繁杂，各有千秋，很少有完全相同的本地化项目。当前，本地化行业处于蓬勃发展期，新型本地化内容层出不穷，本地化企业面临更加激烈的竞争和更加多变的外部环境，技术创新和流程优化成为本地化企业获取竞争优势的重要战略途径。本地化技术的创新推动本地化流程不断优化，诸如SAP、DELL、IBM等语言服务大客户已部署全球化管理系统（GMS），实现本地化业务管理、定制化技术与GMS的整合，大大优化了本地化的工作流管理（王华树等，2013：9）。

四、本地化服务角色构成

由于本地化行业本身的特殊关系，各项目中可能涉及的典型活动大体可归纳并抽象出来。较大的项目可能涉及所有的活动，规模相对较小的项目则可能仅包含一个或几个活动。本地化项目典型活动包括国际化、本地化工程、桌面出版、语言处理、技术审核、项目管理、质量管理、销售分析、软件测试等，这些活动需要多种角色参与，如图7-4所示。

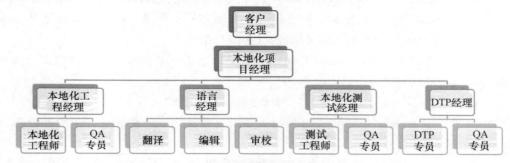

图7-4　本地化企业组织结构图

根据中国翻译协会发布的本地化业务基本术语，本地化业务流程中通常有以下角色：

（1）本地化服务提供商（Localization Service Provider，Localization Vendor）：提供本地化服务的组织；本地化服务除翻译工作外，还包括本地化工程、本地化测试、本地化桌面排版及质量控制和项目管理等活动。

（2）单语言服务提供商（Single Language Vendor，SLV）：仅提供一种语言的翻译或本地化服务的个人或组织，可包括兼职人员、团队或公司。

（3）多语言服务提供商（Multi-Language Vendor，MLV）：提供语言翻译、本地化服务及各种增值服务的组织，大多数MLV在全球拥有多个分公司和合作伙伴。

（4）本地化测试服务提供商（Localization Testing Service Provider，Localization Testing Vendor）：提供本地化测试服务的组织，主要服务是测试本地化软件语言、用户界面及本地化功能等，以保证软件本地化质量。

（5）翻译公司（Translation Company）：提供一种或多种语言的翻译服务的组织，主要服务包括笔译和口译。

（6）服务方联系人（Vendor Contact）：服务方中面向客户的主要联系人。

（7）客户（Client）：购买本地化服务的组织。

（8）客户方联系人（Client Contact）：客户方中面向服务提供商的主要联系人。

（9）客户方项目经理（Client Project Manager）：在客户方组织内负责管理一个或多个本地化或测试项目的人员，通常是客户方项目驱动者和协调者，也是客户方主要联系人之一，负责在指定期限内管理服务提供商按预定时间表和质量标准完成项目。

（10）服务方项目经理（Vendor Project Manager）：在本地化服务提供商组织内负责管理一个或多个本地化或测试项目的人员，通常是服务方项目执行者和协调者，也是服务方主要联系人之一，负责在指定期限按客户预定时间表和质量标准完成项目交付。

（11）全球化顾问（Globalization Consultant）：该角色人员负责评估全球化相关战略、技术、流程、方法，并提出实施、优化全球化及本地化工作的详细建议。

（12）国际化工程师（Internationalization Engineer）：在实施产品本地化前，针对国际化或本地化能力支持方面，分析产品设计、审核产品代码、进行问题定位、制定解决方案并提供国际化工程支持的人员。

（13）本地化开发工程师（Localization Development Engineer）：从事与本地化相关的开发任务的人员。

（14）本地化测试工程师（Localization Testing Engineer，Localization Quality Assurance Engineer）：负责全面测试本地化后的软件语言、界面布局、产品功能等，以保证产品本地化质量的人员，有时也称为本地化质量保证（QA）工程师。

（15）本地化工程师（Localization Engineer）：从事本地化软件编译、缺陷修正及执行本地化文档前（后）期处理的技术人员。

（16）译员（Translator）：将一种语言翻译成另一种语言的人员。

（17）编辑（Reviewer，Editor）：对照源文件，对译员完成的翻译进行正确性检查，并给予详细反馈的人员。

（18）审校（Proofreader）：对编辑过的翻译内容进行语言可读性和格式正确性检查的人员。

（19）排版工程师（Desktop Publishing Engineer）：排版本地化文档的专业人员。

（20）质检员（QA Specialist）：负责抽样检查和检验译员、编辑、审校、排版工程师等完成任务的质量的人员。

第二节　本地化项目主要类型

常见的本地化类型有文档、软件、网站、多媒体、游戏及移动应用（APP）等。

一、文档本地化

文档概念宽泛，统称"源文件"，可理解为以文字、格式标记为主的数据集合，常见文档格式有 Windows 文本文件*.txt、Microsoft Office Word 文档*.doc/*.docx/、Office Powerpoint 演示文稿*.ppt/*.pptx、Office Excel 表格*.xls/*.xlsx、Office Visio 图表文档*.vsd、富文本文档*.rtf、Adobe Reader 文档*.pdf、歌词文本*.lrc、超文本*.htm/*.html/*.shtm/*.shtml、汇编的帮助文件*.chm 等；文档本地化指将客户提供的源文件从其原产国语言版本转化为另一种语言版本，使之适应目标国家的语言和文化的过程。

　　文档本地化可能涉及的文档类型有用户辅助文档、快速入门指导手册、疑难排解指南手册、系统恢复指南手册、联机帮助、培训教程、课件等。

　　文档本地化是整个产品本地化的重要部分，其涉及面广，又因为处于整个产品开发周期下游，因此受到诸多因素制约。此外，由于不同公司产品性质不同，需要本地化的文档类型也不同，如公司以生产硬件为主，则不太可能涉及联机帮助一部分的文档本地化。某些客户需要本地化的文档可能包括培训教程、课件等特殊文档。

二、软件本地化

　　软件本地化指将某一产品的用户界面（UI）和辅助材料（文档资料和在线帮助菜单）从其原产国语言向另一种语言转化，使之适应某一外国语言和文化的过程，即将软件产品按最终用户使用习惯、语言及需要进行转换、定制的过程，包括文字翻译、多字节字符集支持、用户界面重新设计和调整、本地化功能增强与调整、桌面排版、编译、测试等。

　　语言翻译是软件本地化的基础，鉴于许多软件源自欧美，因此这些软件进入特定国家、地区时需要修改或重写软件源代码。为提高本地化效率，软件开发与本地化两者应同步进行，否则软件投入市场后再进行本地化将耗费大量人力物力，日后维护也十分复杂。

　　人机交互界面是软件本地化的最直观感受，用户界面的图文设计、信息提示方式等应符合最终用户的思维和表达习惯。工程人员需进行适当的代码修改和改进，使软件操作更加本地化。

　　互联网热潮汹涌，智能手机和移动3G/4G网络的迅速普及推动了移动APP的迅速发展。在苹果应用商店（App Store）商业模式推动下，移动APP已成为一个新的商业热点和业务增长点，这一方面的软件本地化需求正逐步上升，未来形势看好。

　　软件本地化通常由多个流程构成，尽管可使用辅助工具，但每个流程都对项目管理人员的知识、经验、技能掌握和背景知识有一定依赖，因而本地化过程中就需要通过一定的方式，尽可能将这些存在于人脑中的技能、经验、背景知识物化，以便收集、积累、改进、提升和应用，提升本地化处理能力和竞争力（郑国政，2007）。

三、网站本地化翻译

　　网站本地化指将网站从其原产国语言版本转化为另一种语言版本，使之适应目标国家的语言和文化的过程。具体而言，网站本地化包含网站内容本地化、网站图形与多媒体本地化及动态内容本地化等。网站本地化不同于简单的网站翻译，不仅要译文精确，还要兼顾到对应客户群体的民族信仰、色彩好恶、言辞忌讳、风俗等等系列问题。因此，网站本地化是一项极其复杂的工程。以下列出了一些细节问题：

　　（1）默认语言在特定地区应如何展示？

　　（2）如何按从右到左的阅读习惯展示内容？

　　（3）在某些语言中应该如何处理字间距问题？

　　（4）如何选择正确的编码方式（如UTF-8，UTF-16等）显示特殊字符？

　　（5）如何按当地语言习惯安排姓氏和名字的顺序？

　　（6）如何解决日期和货币所导致的编码混乱问题？

（7）如何按当地时区正确显示日历？

人们通常认为网站本地化即将源语言网站翻译成几种或几十种目标语言网站，但情况并非如此简单。网站本地化除涉及内容翻译外，还涉及很多设计层面因素，可供全球化的网站是网站本地化的重要前提，这就涉及网站的架构和技术等。

一般来说，文本本地化包括文字翻译、排版和网页制作，使用软件包括 SDL Trados、Adobe Dreamweaver、Microsoft ASP 等；多媒体文件本地化包括 Flash 动画、图像、视频、音频等的本地化，使用软件包括 Photoshop、CorelDraw、Macromedia Flash 等；需要本地化的网站动态内容包括表单、Java 脚本、Java 小程序、ActiveX 应用程序，另有 XHTML 语言、CGI、ASP、PHP、JSP 编程，网络数据库 Access、SQL、Oracle 等。

目前，本地化需处理的文件可分为四类，分别如下。

（1）网页文字：一是可见的导航栏、按钮、网页内容等，二是从数据库导出的表数据文件，如*.html、*.asp、*.php、*.xml 等常见格式。

（2）图片和动画：多媒体资源，包括 LOGO、Banner 图片、视频动画等部分，文件格式通常为*.jpg、*.tif、*.gif、*.swf 等。

（3）代码文件：多用于实现网站个性化特殊功能，文件格式通常为*.java、*.jsp、*.vb、*.script 等，部分文件可能包含需处理的字符串等，某些情况下这些文件无须本地化处理。

（4）下载文档：多为表格或说明文件，文件格式常为*.doc、*.pdf 等。

网站本地化包含以下几个阶段。

（1）准备工作：创建词汇表、创建风格指南、翻译测试文档。

（2）生产管理：网站内容、网站图形与多媒体、动态内容、代码文件的本地化。

（3）更新管理：上述内容的更新。

（4）调试/修复：内容 QA、运行测试、程序缺陷修复、可视化内容修正等。

四、多媒体本地化

（一）定义及内容

多媒体，即多媒体技术（Multimedia Technology），指将文本、图形、图像、动画、视频、音频等形式的信息通过计算机处理，实现多种媒体建立逻辑连接，集成为一个具有实时性和交互性且能系统化表现信息的技术。简言之，多媒体技术是综合处理图、文、声、像信息，并使之具有集成性和交互性的计算机技术。正是由于多媒体的多样性、交互性、集成化、数字化和实时性，其系统应用得到了广泛认可，对商业领域的革新作用尤其显著，如很多商家不再选择原有平面媒体或印刷物方式，而开始使用多媒体（如视频、动画、交互软件）实现产品宣传目的。

根据文档、网站等的本地化定义，自然可将多媒体本地化定义为将多媒体文件从其原产国语言版本转化为另一种语言版本，使之适应目标国家的语言和文化的过程。文件类型通常涉及图片、音视频、课件、动画等。其中涉及许多软件的使用，如图片翻译涉及抓图、截图、制图，常用软件有 SnagIt、HyperSnap、Photoshop 等，而音频翻译常用 Adobe Audition 等音频编辑软件开展配音、声音合成等。

（二）特点

需要看到，一方面，多媒体文件类型众多，制作流程复杂，要求严格、标准的本地化流程；另一方面，技术的更新换代也造成了本地化技术和方法需要不断更新，由此造就了多媒体本地化的四大特点，即多样性、复杂性、标准性、发展性。

1.多样性

文本、图形、音频、动画、视频和交互称为"多媒体六要素"，而这些要素的组合又进一步导致了多媒体文件及本地化的多样性。如北京奥莱克翻译公司提供的本地化服务就有：在DAT、Beta SP或硬盘上进行语音和解说词的录制及混音，音视频后期制作及数字化，译制配音，语音本地化服务，多媒体课件本地化服务，公司和AV演示文稿录像带，电话和其他计算机系统语音提示，有声读物，教育娱乐，音频和数据CD-ROM等。其多样性可见一斑。

2.复杂性

事实上，多媒体本地化流程中翻译仅占很小一部分，而译前、译后文件处理，包括文件格式转换、待翻译内容抽取、测试、后期集成制作等则要占据大量时间。以视频文件本地化为例，需要字幕本地化、音频本地化及合成、视频本地化三个流程，如下以Premiere Pro为例分步阐述：

第1步，字幕本地化：向*.wma视频文件加载*.xml格式字幕文件，一般要经历五个步骤：①创建字幕层；②在字幕层上或再翻译后的字幕文件上调整字幕，确保每个时间点或每一屏只对应一句字幕并注意字幕断行；③在Premiere Pro提供的Area Type Tool中调整字幕属性及设置，包括对齐属性、坐标位置、字幕层宽高值、字体、字号和显示样式等；④发布前应确认视频编码及视频属性信息，保证其与源语言视频文件一致；⑤发布后，带有本地化后字幕的视频应安排检查，确保其字幕中不存在文字截断现象，字幕、声音及视频画面中动作之间应保持同步等。

第2步，声音本地化：分配音和声音叠加两种，显而易见，配音比声音叠加翻译更彻底。

第3步，向源视频文件加载翻译后的声音，一般要经历几个步骤：①导入处理后的本地化音频文件并进行音视频同步，输入视频前，应确认视频分辨率、色位及编码与音频编码、采样频率、比特率和声道数等属性信息，保证其与源语言视频文件一致；②输出视频后，检查带有本地化后音频的视频清晰度与连贯性。由此例不难看出，多媒体本地化非常复杂。

3.标准性

多媒体本地化任务的复杂性及不断增加的工程量要求该类本地化流程必须依靠标准生产文件夹结构加以控制，这是一个由九部分构成的标准化文件管理结构，且各文件夹下必须细分源文件、质量保证文件和最终文件等子文件夹。

（1）00_Source：源语文件夹，便于后期文件数量等对比检查。

（2）01_Markup Files Prep：需要标记的交互文件夹。

（3）02_Art：待译或待处理图片文件夹，其子文件夹有① 0_Source：源文件夹；② 1_Extracted OnscreenText：需抽取文字及修图中间文件夹；③ 2_Translated OnscreenText：译后文件夹；④ 3_Screenshot：目标语言环境截图文件夹。

（4）03_Audio：待译或待处理音频文件夹；其子文件夹有① 0_Source：源文件夹；② 1_Extracted Scripts：原始脚本文件夹；③ 2_Translated Scripts：译后脚本文件夹；④ 3_Translated Audio：录制后的本地化音频文件夹。

（5）04_Video：待译或待处理视频文件夹。

（6）05_Animation：待译待处理动画文件夹。

（7）06_Integration-Locales：译后多媒体元素文件夹。

（8）07_QA&LSO：功能和语言检查后的反馈信息文件夹。

（9）08_Final：通过最终 QA 并提交给客户的文件夹。

上述文件夹结构可根据实际多媒体本地化工作范围进行结构优化和删减。

4.发展性

多媒体技术应用是当今信息技术领域发展最快、最活跃的技术。从 X86 开启多媒体纪元，到 20 世纪 80 年代声卡标志着电脑发展新纪元，再到 1988 年的 MPEG（Moving Picture Expert Group，运动图像专家小组），最后在 90 年代硬件技术创新背景下到来的多媒体时代，其发展速度让人惊叹。如今，多媒体编辑、图形设计、动画制作、数字视频、数字音乐等改变着生活的方方面面，而人机交互、全息技术等更是激动人心。因此，多媒体本地化技术必须随着多媒体技术的发展不断进步，才能真正实现多媒体本地化。之前应用广泛的 HTML 语言正被 XML 取代，许多软件开发商和设备制造商也都提供了 XML 支持，因此多媒体本地化技术也逐步以 XML 作为数据交换标准。

五、游戏本地化

游戏本地化始于 20 世纪 70 年代的 Space War 和 Pong 两款游戏，当时的游戏本地化只局限于翻译产品包装、文档和市场宣传资料等，属于支持或市场类的问题，远未上升为开发性问题。而今天，完整的本地化及同时（或基本同时）发布多个语言版本的情况越来越多了。

游戏的内容核心是场景和故事，就像多数游戏软件中加载的大量地图文件和故事说明一样，由此看来，本地化的困难是让这些故事能让不同文化背景的玩家产生共鸣。需要进行本地化的元素有游戏界面、错误信息、经过配音的音（视）频、字幕、任务简述、游戏物品（如武器）信息文件、地图、标志、剪辑、非玩家人物对话、帮助文件、教程、各类文档、工作人员名单和产品包装等，文件类型可能包括文本文件、Microsoft Word 文档、Excel 电子表格、Access 数据库、HTML 代码和（或）源代码及位图图形。

游戏本地化涉及三层内容：

（1）技术层：如平台定位（需确定待植入平台）、输入法（需适应不同地区的不同键盘布局和输入设备）等，鉴于部分作品中图标可能最终代替语言来实现跨文化沟通，故应使用易于大众理解的图标。

（2）翻译层：鉴于游戏玩家各有自己习惯的语汇，容易就某种语法是否贴切产生分歧，译员须是会目标国家或地区语言的人士，必须熟悉目标国家或地区的行话俚语和游戏术语。

至于测验、笑话、双关语甚至故事情节等元素都有可能重新设计，而不只简单翻译。

（3）文化层：由于不同市场受众心理不同，本地化工作者可能需要为目标市场重新制作任务，如西方游戏人物通常比较成人化，外在特征显著，而亚洲人物通常强调儿童化特征，某些作品外观梦幻。但不经原设计者同意，这些角色不允许改动或重新设计。此外，游戏中暴力和色情成分多少，不同国家/地区有不同的容忍度或法规，本地化人员需熟悉不同市场的不同分级系统，如欧洲休闲软件发行商组织（European Leisure Software Publishers Association，ELSPA）和娱乐软件分级委员会（Entertainment Software Rating Board，ESRB）；如德国对游戏中可出现的暴力内容和图形数量有严格规定——红色的血会被认为是表现杀戮，而绿色的"血"则不会，因此需要在本地化过程中通过参数修改来改变血的颜色。

需要看到，游戏类型不同，本地化特点也不同：

（1）动作游戏：文字较少，但会涉及特殊文化问题，尤其是暴力及性的画面和宗教情节等。

（2）角色扮演游戏：是一种很特殊的挑战，语言一般具有强烈的古风，可能包含大量只在特定游戏中存在的神话人物、符咒、法器和武器。

（3）模拟类游戏：对应生活中的事物和场景，对真实性和准确性要求很高。

六、移动应用本地化

随着计算机、移动通信和互联网技术的飞速发展，移动互联网呈现出广阔的市场空间。3G/4G技术的使用与推广使移动终端不仅是通信网络终端，还成了互联网终端。因此，用户对移动终端应用与服务的需要使得各手机开发厂商在手机操作系统上不断推陈出新。据美国科技博客网站APP Annie统计，中国是迄今为止全球最大的APP市场。2017年第4季度，中国APP用户iOS、Google Play及第三方Android APP的使用时长达到2000亿小时（将位居第二的印度远远甩在后面，其同一时段内的用户App使用时长仅为500亿小时）。此外，全球APP商店、APP内广告和移动商务带来的消费额中，有1/4由中国市场创造。

移动应用本地化主要是实现移动平台中的APP本地化，目前移动本地化涵盖iPhone、Android、Symbian、J2ME、Windows Mobile等平台开发的游戏或软件。在中国，中文版的iPhone和iPad应用程序需求非常强劲，在中国排名前25位的应用程序有近一半是带中文名称的应用程序。现在，中国是全球第二大免费iPhone和iPad应用程序下载市场，日益凸显本地化的重要性。

APP类型不同，本地化流程也要相应调整，但总体上与软件本地化相似，都要面对多媒体要素的提取和分析、音视频翻译、处理与载入、文本翻译与载入、APP调试及可视化元素重新设计等必要步骤。但由于APP充分发挥了多点可触控设备的交互优势，特别注重用户的触控体验，因此除做好一般软件的本地化流程外，还要特别注重如下问题：

一是特别注重因国家、地区不同导致的文化差异，如APP Store的应用遍布全球120余个国家和地区，要特别注意民族、宗教等因素导致的文化差异，确保APP所在国家或地区的用户从文化和情感上可以接受并愿意使用。

二是特别注重可视化效果，多点触控时代的一切操作都可以通过多根手指的配合完成，因此如何为首次使用本地化产品的用户构建简易、友好的操作指引，如何将文本信息充分转化为可触控的元素（如按钮、动画等）就成为重中之重。

三是特别注重程序兼容和稳定性，在使用本地化版本的APP过程中，用户对程序加载等待时间和运行稳定性特别敏感，极有可能因为一次闪退选择换用其他开发者提供的APP。以英-汉本地化为例，要特别注意因代码和可译元素的汉化导致程序加载和响应出现技术性故障或可视化障碍，特别注意由于iPad、iPhone等移动终端系统频繁升级及打补丁而导致的程序兼容性问题。

第三节　本地化技术和工具应用

一、本地化技术概述

翻译服务需求的迅速膨胀催生了本地化语言工厂（Local Language Factory），推动了翻译行业规模经济（Economy of Scale）的发展，促使翻译方式由传统手工作坊模式转向工业自动化（Cronin，2013：93）。本地化团队内部分工高度专业化，设有翻译、质量保证（QA）专员、工程师、测试专员、排版专员、项目经理等细分工种，各自需掌握专门的技术，各个工种在本地化实施过程中协同发挥作用。下面将探讨不同工种使用的主要技术及工具应用。

（一）本地化翻译技术

本地化项目的核心工作是将产品或服务进行本地化翻译，该过程使用的技术通常包括翻译记忆技术、术语管理技术、机器翻译技术等。

本地化业务通常是全球化服务，业务量巨大是其显著特征，需要快速交付甚至同时发布（simultaneous shipment，simship）。为提高效率，须充分利用以前的翻译语料，保证术语和翻译风格的一致性，本地化企业通常采用SDL Trados、Déjà Vu、memoQ、STAR Transit等CAT工具提高效率。

大数据时代的本地化企业常面临在有限时间里实现海量信息快速本地化的挑战，若速度优先而质量要求不太高，机器翻译便大有用武之地。本地化企业充分利用机译和译后编辑（Post-Editing）技术，大幅降低业务成本，如客服专员可借助机器同步翻译技术实时翻译在线支持内容、聊天信息和电子邮件。本地化领域常见机译系统有Systran、Google Translate、Microsoft Bing、SDL Language Cloud MT等，实力较强的企业会定制开发适合自己业务的机器翻译系统。

本地化翻译离不开有效的术语管理技术，如术语提取、预翻译、存储、检索、自动化识别等技术。实现上述技术的工具有Acrolinx IQ Terminology Manager、Across crossTerm、AnyLexic、LogiTerm、qTerm、SDL MultiTerm、STAR TermStar、Term Factory、T-Manager、

TBX Checker 等（王华树，2013：13）。

此外，本地化翻译中需要整理和维护翻译记忆库、术语库、双语或多语文档等语言资产，还涉及翻译记忆索引优化、术语库转换、文档版本控制以及数据备份和恢复等技术。

（二）本地化质量保证技术

质量保证（Quality Assurance，QA）指在质量体系中实施并根据需要进行证实的全部有计划、有系统的活动。本地化全过程，如翻译、工程、排版、测试等均需 QA。本节仅讨论本地化翻译 QA 技术，该技术用于对软件界面、帮助文档等本地化内容进行质量检查和校对，并对整个项目的语言质量进行全局控制。如利用 QA 工具可快速批量检查拼写、术语、数字、标点符号、多余空格、日期格式、标签（Tag）和漏译等问题，大幅降低人工劳动量，节省时间和成本。本地化中的 QA 工具主要有两类：一是 CAT 工具自带 QA 插件或模块，如 SDL QA Checker、memoQ Run QA 等；二是独立 QA 工具，如 ApSIC Xbench、ErrorSpy、L10n Works QA Tools、Okapi CheckMate 和 QA Distiller 等。

（三）本地化工程技术

本地化工程（localization engineering）是使用软件工程技术和翻译技术，针对产品开发环境和信息内容，对其进行分析、内容抽取和格式转换（如利用 ABBYY FineReader 等文字识别工具将图片文档转为可编辑格式），然后将已翻译内容再次配置到产品开发环境中，从而生成本地化产品的一系列技术工作。该过程使用的核心技术之一是针对各种文档格式的解析技术，常见操作是：本地化工程师分析需要本地化的文档类型，编写相应解析器（脚本、宏、小程序等），抽取文档中的待译文字，并用内部代码保护或隐藏不需要翻译的格式信息，让本地化人员只关注待译文字本身，减少不必要的"非生产性时间"。

编译是本地化工程的重要工作，翻译对象不同，编译类型也不同。如利用 Microsoft Visual Studio、Visual Studio .Net 等工具将 ASCII 本地化翻译资源文件（如*.rc 文件）编译成二进制的本地化资源文件（如*.dll 文件），然后使用软件安装制作工具（如 Setup Factory）创建本地化翻译后的软件安装程序。可以用于联机帮助文档编译的工具有 HtmlHelp Workshop、Madcap Flare、RoboHelp、WebWorks ePublisher 等，用于软件本地化的编译工具有 Alchemy Catalyst、Lingobit Localizer、RC-WinTrans、ResxEditor、SDL Passolo 和 Visual Localizer 等。

本地化工程技术还包括校正和调整用户界面控件大小和位置，定制和维护文档编译环境，修复软件本地化测试过程中发现的缺陷等。本地化工程技术在产品本地化的全过程中扮演着举足轻重的角色。

（四）本地化测试技术

本地化测试是对本地化后的操作系统、应用软件、网站和游戏等进行测试，找出缺陷并修正，以确保语言质量、互操作性及功能等符合既定要求。按测试对象分类，本地化测试可分为软件程序测试、联机帮助测试及文档测试；按测试阶段分类，本地化测试可分为软件版本验收测试、软件常规测试及软件最终验收测试。

测试工作通常包括安装与卸载测试（Install/Uninstall Testing），主要检测本地化软件能否正确安装与卸载；本地化外观测试（Cosmetic Testing），主要检测本地化对话框、菜单和工具栏等界面是否完整、协调；功能性测试（Functionality Testing），主要检测本地化产品是否正常工作，是否与源语言软件保持一致；本地化语言测试（Linguistic Testing），主要检查本地化翻译的文字表达是否准确，是否符合目标用户表达习惯，确保语言质量符合相应语言要求。

从翻译角度看，本地化语言测试是对翻译整体质量的"再把关"。常用本地化手工测试工具有 Alchemy Catalyst 和 SDL Passolo，常用自动化测试工具有 LoadRunner、Quality Center、QuickTest Pro、Rational Robot 和 SilkTest 等。

（五）本地化桌面排版技术

本地化桌面排版（Desktop Publishing，DTP）明显区别于一般文字排版，指在原始语言文件基础上根据不同语言的特点（如阿拉伯语、希伯来语、乌尔都语等是双向语言，越南语排版须特别注意音调符号，日语排版不允许促音、拗音在行首及常见本地化语言的文本扩展比例等）、专业排版规则（如环境配置、模板设置、复合字体设置等）和项目指南等进行的排版工作。本地化排版要求排版人员具备专业的字符编码和排版知识（如字符集、字体、变量、对齐、跳转、索引等），熟练使用主流排版工具，同时要对常见语言对及其语言规则有一定的敏感性。

本地化排版通常涉及字体管理工具（如 Extensis Suitcase）、排版工具（如 FrameMaker、InDesign、QuarkXPress）、图形处理工具（如 Illustrator、Photoshop）、看图工具（如 ACDSee、XnView）、抓屏工具（如 HyperSnap、SnagIt）和图像格式转换工具（如 Konvertor、XnConvert）等。本地化排版还会涉及定制化开发工具，如针对 FrameMaker 的 FrameScript 和 CudSpan 等，针对 InDesign 的 InDesign SDK 和 InDesign Script 开发插件等。用户可通过编写脚本突破软件本身功能限制，实现多种排版任务的自动或半自动化处理，提高工作效率。

（六）本地化业务管理技术

在本地化项目实施过程中，通常会涉及客户管理、团队管理、供应商管理、进度管理和文档管理等多种管理工作。项目管理者必须考虑在不超出预算的情况下，确保资源合理配置，最终按时保质保量地完成翻译项目（王华树，2013：54）。如何利用本地化项目管理平台提升效率，利用自动化流程代替重复的人工操作，是本地化服务商必须要面对的挑战。

市场需求的激增催生了多种翻译和本地化项目管理系统，这些系统通常包括语言处理、业务评估、流程管理、项目监督、人员管理和沟通管理等功能。诸如 Adobe、Eachnet、HP、SAP 和 Symantec 等企业都在使用本地化项目管理系统。目前常见的一些商用系统包括 Across Language Server、AIT Projetex、Beetext Flow、GlobalLink GMS、Lionbridge Workspace、MultiTrans Prism、Plunet Business Manager、Project-open、SDL TMS、SDL WorldServer、thebigword TMS、Worx、XTRF 等（王华伟等，2013：220）。大型机构会根据其业务特点和需求研发适用的管理系统（如 Elanex EON、LingoNET、LanguageDirector、Sajan GCMS 等），并将这些系统与本地化平台整合在一起，提供一站式解决方案。

需要注意，上述技术中本地化翻译技术均是与翻译直接相关的核心技术；本地化翻译 QA 技术进一步支持和保障该核心技术；本地化工程技术在本地化流程中处于译前和译后两个环节，为本地化翻译提供先决条件和后置条件，在本地化过程中与其他技术交互作用；

本地化测试和本地化排版等技术从本地化产品的不同层面为本地化过程提供技术支持；业务管理技术贯穿于本地化流程始终，它既关照某个流程细节，又起到统摄全局的作用。

一个完整的本地化项目不限于上述技术的应用，根据项目类型差异及客户多元化要求，会有各种各样的技术和工具参与，通常要做定制开发。

二、本地化工具概述

如前所述，本地化工具根据项目需求、文件类型等有所不同。如多媒体本地化项目涉及图片、音频、视频、动画、脚本等内容，需要文字抽取、字幕翻译、字幕格式转换、配音及时间轴调整等技术和工具（如 Adobe Captivate、Adobe Flash、Adobe Premiere）。软件本地化工具可分为通用商业工具（Alchemy Catalyst、SDL Passolo）和企业内部专有工具（Microsoft LocStudio、Oracle Hyperhub 等）。

根据软件运行环境，本地化工具还可按 Windows、Macintosh 或 Linux 等操作系统分类，SDL Trados 等多数本地化工具支持 Windows 系统，ResEdit、Resorcerer、AppleGlot 是 Macintosh 系统上常用的本地化工具，Heartsome 则可兼容上述三种系统。

此外，软件界面本地化工具有 Microsoft LocStudio、RC-WinTrans、eXeScope、Restorator 等。近年来，Okapi Framework、Open TM、OmegaT 等开源本地化工具呈现蓬勃发展的趋势，可以预见，本地化工具的种类会越来越多，功能会愈加强大和完善。

熟练使用本地化工具，可极大提升本地化效率，但并非所有问题都可直接用工具解决。多数情况需要本地化工程师发挥主观能动性，在有限时间内找出解决问题的办法。本地化工作者除学习简单编程、宏录制、批处理等本地化工程相关技术外，还要不断学习软件开发技术，根据项目特点和基本流程，选择最有效的软件本地化工具。

非通用本地化格式是本地化中的一大难点，如果是文本类型文件，可分析需要本地化的文本特征，然后编写 Office 的宏或开发小工具，标记无须翻译的标识符（Tag），只保留待译文本。除 Office 宏外，Alchemy Catalyst 和 SDL Passolo 等本地化工具都可针对特定文件开发各种解析器（Parser）和过滤器（Filters）。如 Alchemy Catalyst 的 ezParser 可定义特定文本文件的解析；SDL Passolo 包含一个与 VBA 兼容的脚本引擎，可免费下载 Passolo 的各类宏，也可自行开发 Passolo 宏。一般认为，内部开发工具须在项目实践中不断应用，根据使用发现的问题进行修改升级。

就文件格式而言，良好的文件格式转换工具不仅支持把特定格式文档转换成 CAT 工具可打开的格式，且译后文件可再次转换为源文件格式。理想情况下，这些文件转换工具应该可对多个文件和文件夹进行批处理转换，对本地化后的文件可自动检查翻译格式和标识符是否存在错误。

三、案例演示：Alchemy Catalyst 本地化实战

软件本地化是指将某一产品的用户界面（UI）和辅助材料（文档资料和在线帮助菜单）从其原产国语言向另一语言转化，使之适应某一外国语言和文化的过程（王华树，2016）。与传统文档格式本地化相比，软件本地化具有更高的复杂性，因此具有更高的技术要求。

Alchemy Catalyst 是 Alchemy 公司开发的可视化软件本地化专业工具，支持多种资源文件

格式，遵循TMX（Translation Memory eXchange）等本地化规范，具有自定义解析器功能，近年来市场占有率在80%左右。Alchemy Catalyst根据使用对象分为四个版本，即Developer/Pro版本、Localizer版本、Translator Pro版本及Translator Lite版本，四个版本功能从强到弱。表7-1展示了最新Alchemy Catalyst 12.0的10个主要功能模块。

表7-1 Alchemy Catalyst 12.0主要功能模块

主要功能名称	功能说明
Analysis Expert	统计翻译字数，并生成报告
Comparison Expert	确定两个项目TTK文件之间的差异
Leverage Expert	重用本地化翻译资源
Layout Manager Expert	为应用程序自动创建新的布局，即时查看已翻译的应用程序
Validate Expert	自动化检测本地化过程中的常见错误
Update Expert	用新版本文件替换旧的应用程序文件，并执行预翻译
QuickShip Expert	将项目文件打包生成一个自解压的可执行文件，方便分发
Pseudo Translate Expert	模拟本地化处理的结果
Term Harvest Expert	从项目文件中抽取本地化术语，自动生成多种格式的术语文件
Clean Up Expert	打包项目TTK文件，更新翻译记忆库

Windows记事本程序用于查看和编辑文本文件的执行程序，主要处理TXT文件扩展名标识的文件类型。下面以英文版Windows 10自带记事本程序为例，说明如何使用Alchemy Catalyst 12.0完成一个软件界面本地化项目。本地化翻译之前，记事本程序界面如图7-5所示。

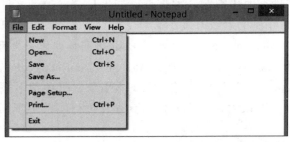

图7-5 Windows 10自带英文版记事本（Notepad）界面

（一）新建本地化项目

（1）启动Alchemy Catalyst，弹出如图7-6所示的"Project Selection"对话框。

（2）选择"Project Selection"对话框左上角的"Create New Project"，然后单击"OK"，进入如图7-7所示的界面。

（3）在"File Properties"选项中，将示例项目命名为"Notepad_Test"；在"Languages"选项中，设置源语言为"English（United States）"，目标语设置为"Chinese（Simplified，People's Republic of China）"，单击"确定"按钮，这样就创建了一个新的本地化项目。

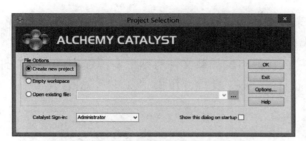

图7-6　Project Selection 对话框

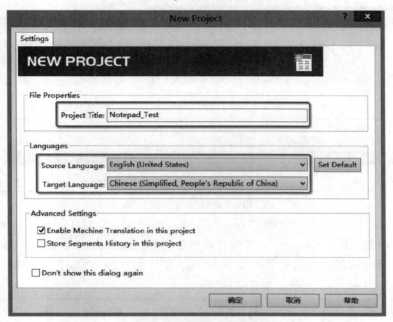

图7-7　New Project 界面

（二）重用本地化翻译资源

（1）添加要本地化的文件：右键单击项目文件夹"Notepad_Test"→"Insert Files"，将待译的"Notepad.exe"文件导入项目。稍后，在主界面左上方"Navigator"区域会显示项目文件结构，在主界面右上方"Results"区域会出现系统提示"Finished file insertion"，表示文件加载完成，如图7-8所示。

图7-8　添加本地化文件界面

（2）添加记忆库文件：单击"Translator Toolbar"中的"Active TM & MT"，然后单击右侧"+"图标，在弹出的"Active TM"文件对话框中，单击"Active TM and MT Sources"选项卡下方右侧图标"+"，在弹出的加载文件对话框中添加翻译记忆文件，选择"*.tmx"，找到已准备好的"Notepad_Test.tmx"文件，单击"打开"，如图7-9所示。

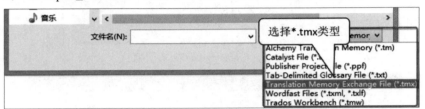

图7-9　添加记忆库文件

返回主界面，在"Translator Toolbar"中，翻译记忆库文件加载完成，系统显示如图7-10所示。

图7-10　成功加载TMX文件

（3）添加术语文件：单击左侧"Translator Toolbar"中的"Term Sources"，然后单击右侧图标"+"，在弹出的"Glossary"文件对话框中单击"Attach Glossaries"选项卡下方右侧图标"+"，在弹出的加载文件对话框中添加术语文件，选择"*.txt"，找到已准备好的Tab分割的"Notepad_Test.txt"文件，如图7-11所示。

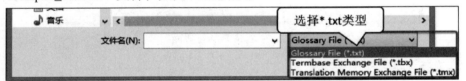

图7-11　添加术语文件

返回主界面，在"Translator Toolbar"中，术语文件加载完成，系统显示如图7-12所示。

图7-12　成功加载TXT文件

（4）至此，已完成示例项目翻译前的准备，已加载的翻译记忆库和术语库在翻译过程中会根据匹配率显示，供译者参考。

（三）本地化翻译

（1）在Navigator工作区，单击Notepad_Test前面的"+"，展开项目文件；单击"Menu"文件夹，翻译工作区会显示"Menu"文件夹中的资源。翻译工作区有四种视图模式，可从

"View" → "Workspace View" 里选择。在翻译软件界面时，选择 "Visual View" 视图，译者可即时看到翻译后的界面，如图7–13所示。

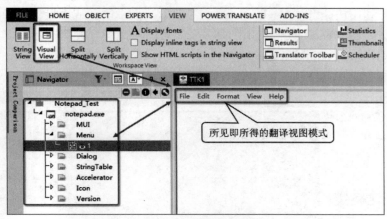

图7–13 本地化工作界面

（2）单击Navigator工作区中的待翻译项目文件，选择 "String View" 视图，进入翻译模式，在翻译工作区可以看到各个翻译条目是以字符串形式显示的，在 "Translator Toolbar" 中译文区输入相应译文。在 "Translator Toolbar" 菜单状态区会显示每个翻译单元的状态，最初状态为 "Untranslated"，专业译者翻译后，系统会自动显示该单元为 "For Review" 状态，确认正确无误的翻译单元会标记为 "Signed Off"，如图7–14所示。

图7–14 翻译状态一览

翻译软件界面菜单需注意，翻译后确保相应字母与Alt键组合使用仍可接激活相应菜单项。如翻译 "&Open..."，译文应为 "打开（&O）..."。其中，译文所用括号为英文括号，前面中文无空格；省略号放在热键后，使用三个点的英文省略号，如图7–15所示。

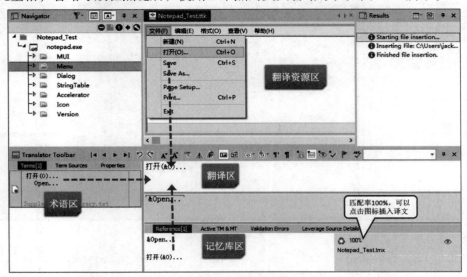

图7–15 菜单翻译须知

如果记忆库区系统提示正在翻译的某局匹配率为100%，可利用快捷键"Alt+Home"获取译文，或直接双击匹配图标，将匹配译文直接插入译文区。如图7-15的右侧术语区显示有匹配术语，可利用快捷键"Alt+Down Arrow"获取当前术语，或直接双击术语，将匹配术语直接插入译文区。"Menu"文件夹中的翻译资源可通过此种方式翻译完毕。

（3）在"Navigator"工作区域单击"Dialog"文件夹，翻译工作区会显示"Dialog"中的可译资源。单击"12-Page Setup"，显示如图7-16所示的界面。

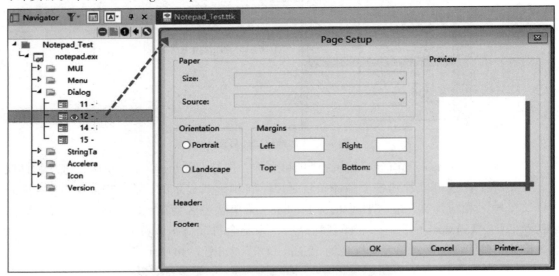

图7-16　显示Dialog中可译资源

（4）在"Visual View"模式下逐个单击对话框中的英文单词，使用组合键"Shift+ Ctrl + N"，可逐步向下翻译。翻译后的界面如图7-17所示。

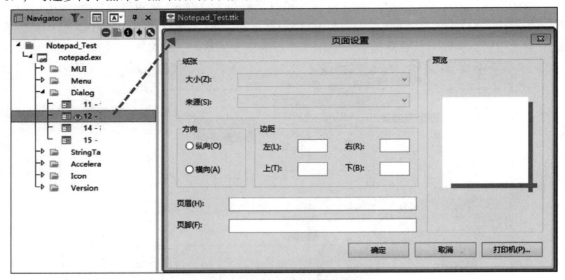

图7-17　翻译后的Dialog效果

以上翻译过程基本通过手工逐个翻译，旨在演示Alchemy Catalyst基本操作。事实上，Alchemy Catalyst具有强大的预翻译功能，可通过"Leverage Expert"重复使用以前本地化翻译的内容，实现局部或全局预翻译。它支持多种格式资源的重用，如可从原项目文件（*.ttk）中导入翻译内容，也可从纯文本术语文件（*.txt）、翻译记忆交换文件（*.tmx）、Trados Workbench（*.tmw）及 Alchemy Publisher（*.ppf）中导入先前翻译的内容。在重复利用翻译资源时，可设置模糊匹配百分比，设置重用的具体选项和对象类型，并可在运行后生成报告。

（四）验证本地化资源文件

（1）完成源文件本地化翻译后，可能会产生一些本地化错误，如拼写错误、热键失效、热键不一致、控件重叠、控件截断等，可以使用 Alchemy Catalyst 的"Validate Expert"进行检查，然后更正。

（2）通过单击菜单"EXPERTS"→"Reporting"→"Validate Expert"进行资源的验证处理，在弹出的"Validate Expert"对话框中选择"Options"，可以设置各类软件本地化错误检查类型，然后单击"确定"完成检查，如图7-18所示。

（3）检查结果在主界面右侧的"Result"窗口中显示，它包含了对象名称、路径和错误类型描述，双击相应条目可以进行定位查找和修正，如图7-19所示。

在编译和导出软件本地化版本之前，使用"Validate Expert"能够有效检查、修正本地化错误，可以减少后续本地化测试报告的本地化错误数量，缩短了修正软件错误的时间，提高了工作效率，降低了本地化成本。

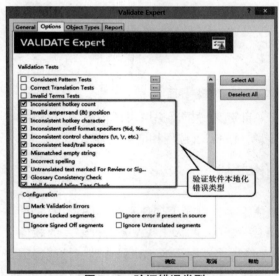

图7-18　验证错误类型

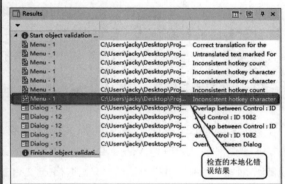

图7-19　检查本地化错误结果

（五）生成本地化的文件

（1）验证并修正错误后，可导出本地化后的文件。单击"Home"→"Extract Files"，弹出保存对话框，选择"006_Localized"文件夹，将导出文件命名为"Notepad_CN.exe"，单击"保存"即可，如图7-20所示。

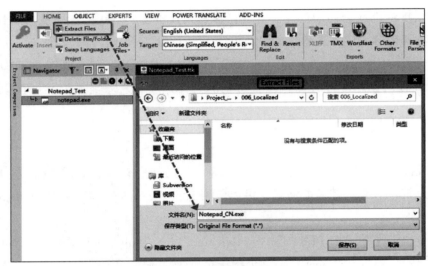

图7-20　本地化完成结果

（2）在"006_Localized"文件夹中双击"Notepad_CN.exe"文件，可看到本地化翻译后的记事本程序，如图7-21所示。

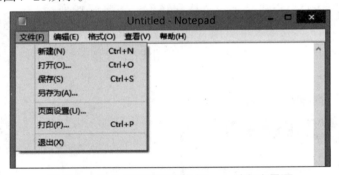

图7-21　本地化后的记事本（Notepad）程序界面

此软件还有很多功能，如可以利用"ezParse"自定义解析器提取可译内容、可视化地调整界面布局、进行质量校对等，用户可根据不同项目的需求选用相应的功能。

四、案例演示：SDL Passolo 本地化实战

SDL Passolo 2018是一款功能强大的软件本地化工具，可显著加速和帮助图形用户界面（GUI）的翻译，支持以Visual C++、VB、Borland C++、Delphi及JAVA等语言编写的软件、各种数据库、XML和脚本等众多文本格式文件的本地化，界面简洁、布局合理、性能稳定、易于使用，用户无须专门训练或具有丰富编程经验便可使用，本地化过程中可能发生的许多错误也都能由SDL Passolo 2018自动识别或纠正。同时，SDL Passolo 2018集成了功能强大的正则表达式，可处理各种各样的文本文件；支持直接引用、导入、导出SDL Trados等翻译软件的术语库和多种格式字典；支持字串自动翻译，对话框自动布局，翻译检查和验证，软件菜单、对话框及HTML文件的可视化编辑；内置图像编辑器，可直接对图标、位图等图片资源进行修改等。

与早期版本相比，SDL Passolo 2018具有更强大的集成能力和增强功能，拥有更直观的

全新用户界面，简化了软件本地化流程，具有强大的术语支持，确保更快的翻译速度和更好的一致性，通过扩展的筛选和搜索选项，任务处理更加高效省时，支持云存储Box平台，让团队协作更加快速轻松。此外，还具有拓展的语言支持以及更新的文件过滤器和插件，为.NET、XML、Delphi等文件格式提供了支持。通过提供智能工作流以及直观的项目管理功能，加快多语言软件的发布速度，优化软件本地化质量并提升流程效率。

下面以QA软件Xbench 3.0用户界面本地化为例分别介绍软件界面本地化创建项目文件、中文字串列表创建、重用本地化翻译资源、本地化翻译、检查本地化翻译后的内容、生成本地化后的资源文件等过程。软件本地化过程需要处理的软件资源文件可分为两类：一类是未经软件开发工具编译的原始资源文件，这类文件内容包含软件控件属性的文本字符串，可使用任何文本编辑器（如TextPad、Notepad++或文本文档）直接编译内容；另一类是经软件开发工具编译后的二进制格式资源文件，必须使用查看资源文件的专用软件才能打开和编辑其中的用户界面文字内容。Xbench 3.0是使用Delphi语言进行编程，其用户界面文件扩展名为".exe"，须使用软件本地化工具处理，通过使用SDL Passolo 2018自带Embarcadero Delphi/c++Builder解析器，以获取完整的文件夹结构和字串列表。

（一）新建本地化项目

选择菜单"开始"→"项目"→"新建"，在弹出的"方案设置"添加源语言资源文件和目标语言，单击"目标规则"，单击解析器按钮，选择插件Embarcadero Delphi/C++Builder作为解析器。待原文件和目标语言设置完毕后，单击"确定"按钮，即可在左侧项目文件区指定文件夹内创建工程文件。如图7-22所示的文件资源树窗口，文件夹中包含Xbench用户界面需要本地化的内容。

图7-22　Xbench本地化资源树

1.对话框

对话框是用户改变软件选项或设置软件的窗口，某些复杂的对话框含有多个选项卡，允许用户分别设置各个选项。对话框中包含了命令按钮、单选按钮、复选框、下拉列表框、文本编辑框和静态文本框等多种控件（崔启亮、胡一鸣，2011）。Xbench 3.0用户界面本地化资源文件中，对话框文件夹内容为空。

2.字串表

字符串是软件运行过程中，根据用户的不同操作而在软件界面中出现的短语或句子等提示，用于警告错误或确认提示，或当用户鼠标指针指向工具栏按钮时在按钮的下方对按钮的功能进行提示等。

Xbench 3.0包含众多字符串，在软件资源文件中以字串表形式保存，是软件用户界面中较难翻译且费时的工作。许多字符串内容都比较短，某些字符串还带有变量，在软件运行时根据用户操作不同而动态生成字符串完整内容，由于Passolo Translator中翻译没有上下文可参考，需要本地化工程人员对字符串添加注释，供翻译人员在翻译过程中参考，如图7-23所示。

3.菜单和RC数据

菜单是软件命令或选项的组合，实现软件的各个功能，可分为常规菜单和快捷菜单。常规菜单是软件运行后软件窗口上方菜单栏区域固定显示的菜单，快捷菜单是用户使用软件时单击鼠标右键弹出的菜单，通常包含了用户最常用的功能。每个菜单都有一个带下画线的字母，叫作热键，按住 Alt 键加热键字母即可执行菜单命令。此外，某些菜单右方带有快捷键或组合键，用户可不选择菜单而直接在键盘上按下这些键，即可快速执行菜单命令。

编号	ID	状.	英语(美国)	中文(简体/中国)
4	65040		Line %d: %s	Line %d: %s
5	65041		Error loading glossary %s: %s	Error loading glossary %s: %s
6	65042		Not a Trados Exported Memory file	Not a Trados Exported Memory file
7	65043		No segments found for file %s, which is not defined as "ongoing translation". Only on-going translations can have zero segments initially. Most likely, the file is empty or the wrong file type was selected.	No segments found for file %s, which is not defined as "ongoing translation". Only on-going translations can have zero segments initially. Most likely, the file is empty or the wrong file type was selected.

XBench: 字串表

图7-23　Xbench 中待定义的字符串

（二）创建中文字串列表

新建项目后，需要为待翻译文件创建字串列表，双击"全部字串列表"中的中文目标文件，在弹出的"字串列表"对话框中选择创建字串列表，此时会弹出"更新字串列表"对话框，提示成功创建新的资源标记列表，如图7-24所示。创建字串列表后，可以在"开始"→"文本列表"→"字串列表设置"中进行标签设置，提取出需要翻译的内容，为翻译做好准备工作。

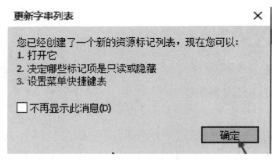

图7-24　更新字串列表

（三）重用本地化翻译资源

创建完工程文件后，如果有以前已本地化翻译的工程文件，则可重用这些翻译。为保持翻译术语的准确性、专业性和一致性，翻译前软件开发商一般会提供以前版本的术语表，供翻译时参照。由于每个测试版本都有更新或新增术语，所以术语表是动态更新的。为快速准确的翻译本地化内容，须使用SDL Trados等翻译记忆软件。SDL Passolo 2018使用资源重用（Leverage）功能，可重复使用以前本地化翻译的内容，在软件资源文件更新后，可导入以前版本的本地化翻译的内容，提高本地化效率，保持本地化一致性。

重复利用现有翻译记忆库和术语数据库中的资料可显著加快翻译流程。SDL Passolo 2018具有内部翻译记忆库（TM）以及"相关搜索"和"模糊匹配"功能。用户可以使用翻译记忆库对单个文本条目进行自动预翻译和交互式翻译。

具体操作是：选择菜单"开始"→"文本列表"→"资源重用"重用翻译资源。建设最新的工程文件为Xbench 3.0，前一版本已本地化的工程文件是"Xbench_Previous"，执行"Leverage"操作后，Xbench 3.0中与前一版本相同的源语言内容被已本地化内容覆盖了。资源重用后，Xbench 3.0中没有本地化的内容就只剩下新增或更新的内容了，这样可最大限度地重复利用已翻译内容，节省翻译时间，保证翻译内容的一致性。

（四）本地化翻译

SDL Passolo 2018提供了多种所见即所得（WYSIWYG）的编辑器来处理软件的用户界面，包括对话框、菜单、位图、图标和指针编辑器。在翻译工具区，采用源语言与目标语言对照的可视化方式，译者只需在目标语言翻译区进行翻译，而不用担心意外删除或者改变现有的元素或结构。在开始正式翻译之前，通过选择菜单"开始"→"文本列表"→"模拟翻译"可以使用Passolo的模拟翻译功能，在实际翻译之前检查软件是否适合进行本地化。

在翻译工作区的字串列表中，选择中文那一列，双击字符串可直接进行翻译。翻译完成的文字会由红色变成蓝色，并且字符串状态变为待复审。待翻译部分内容后，单击"开始"→"文本列表"→"预翻译"，会出现之前翻译过的内容，字符串状态也会自动更改为预翻译，翻译工作区如图7-25所示。

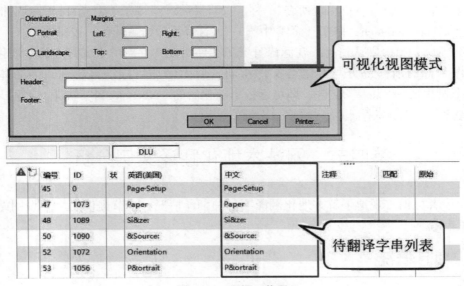

图7-25 翻译工作区

与Alchemy Catalyst一样，翻译过程需遵守本地化控件中热键翻译格式规范。如Xbench 3.0英文菜单"&Help"，本地化后为"帮助（&H）"。此处需要注意三点：第一，符号"&"和热键字母"H"被半角括号括起来，位于菜单译文后；第二，菜单译文"帮助"和半角括号间无须空格；第三，无论原文热键字母是大写还是小写，本地化热键字母一律大写。有些菜单中后面有"…"，表示单击后，还会出现对话框，在本地化这些菜单过程中，要保留"…"，不能将其更改或删除。

（五）检查本地化资源文件

如热键重复、热键不一致、控件重叠、控件截断、拼写错误等错误，可使用SDL Passlo 2018的"检查所有字串"检查。由于SDL Passolo 2018具有插件支持和宏功能，用户可下载检查软件界面本地化界面插件，导入SDL Passolo 2018；或录制或下载检查热键等的宏。SDL Passolo 2018已嵌入了"快捷键、终止符和加速器检查宏"，将该宏导入到Xbench 3.0用户界面本地化项目中，可检查快捷键、终止符等本地化是否存在缺陷，保证软件界面本地化质量。

具体操作是：选择菜单"开始"→"段命令"→"翻译和检查"，在弹出的对话框中选择和设置要检查的本地化缺陷类型。需要看到，SDL Passolo 2018将所有字串、菜单、字串表、对话框、快捷键表、内联样式等部分可能出现的缺陷做了分类，既可全部检查，也可各个击破。检查结果可在"导出"区域中显示，包含对象名称和缺陷类型，双击相应条目可直接修正。这样很多在本地化过程中可能出现的潜在错误可以得到避免或被Passolo识别出来，既可保证检查结果准确性，也可使检查出的缺陷出处更加明确，便于工程人员后期修改和整理。

（六）生成本地化的文件

选择菜单"开始"→"文本列表"→"生成目标文件"，在"生成目标"对话框中选择生成"译文列表-XBench：中文（简体/中国）"，选择后单击"确认"按钮即可。

SDL Passolo 2018默认情况下在源语言资源文件所在文件夹中生成对应的本地化资源文件，文件名称的前面部分与源语言文件相同，后面增加目标语言名称，如简体中文是"chs"。双击生成的".exe"文件，即可运行本地化后的"Xbench 3.0"软件，工程人员可测试生成程序，并生成缺陷报告。

第四节　网站本地化翻译案例分析

为让读者更加直观地了解本地化翻译项目的翻译情况，本节提供一个小型网站本地化案例，供参考。

一、项目概况

（一）项目简介●

（1）项目名称：ITechnology 网站本地化。

● 此案例来自首届北京高校计算机辅助翻译大赛项目,感谢北京大学语言信息工程系郭莘同学提供资料。

（2）客户：A 公司。

（3）承办方：Group X。

（4）开始时间：2012 年 06 月 03 日。

（5）结束时间：2012 年 06 月 12 日。

（6）源语言：英语（EN）。

（7）目标语言：中文（ZN）。

（8）项目经理：Jason。

（9）参与人员：Henry、John、Jenny 和 Patrick。

（二）项目目标

（1）网站前台和后台界面及内容为中文，符合网站本地化规范和客户要求。

（2）格式和风格与原网站保持一致。

（3）网站须经过测试，确保客户上传至服务器即可使用。

（三）项目工作量

（1）待翻译文件：PHP 文件 2 个；XML 文件 6 个。

（2）需 DTP 文件：图片 4 张。

（3）网站测试：搭建测试平台、网站文件对比、网站本地测试。

（四）工程流程

工程流程如图 7-26 所示。

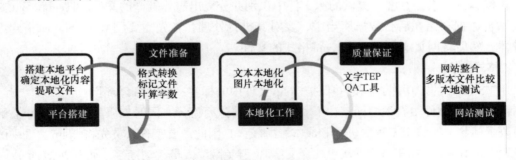

图 7-26　工程流程

（五）工具选择

可能用到的本地化工程软件见表 7-4。

表 7-4　可能用到的本地化工程软件

用途	软件版本
文本处理	MS Office 2010 或 Notepad++ 5.9.8
文件翻译	SDL Trados Studio 2009
术语管理	SDL Multi Term 2009

续表

用途	软件版本
质量检查	ApSIC Xbench 2.9
文件比较	Beyond Compare 3
图片处理	Photoshop CS4
截图工具	FastStone Capture V7.0
本地服务器	WampServer 2.2
项目管理	Microsoft Project

（六）提交文件

（1）项目时间计划表（*.xls）。

（2）工程分析报告（*.doc）。

（3）本地化后的网站文件包（以"zh"命名，压缩成为*.zip 文件包）。

（4）翻译记忆库（压缩成为*.zip 文件包）。

（5）工程完成报告（*.doc）。

二、项目分析和工程处理

（一）文件预处理

1.文件准备

根据客户需求，在客户提供的源文件中识别并分离出需要翻译的文件。ITechnology 是动态网站，数据存储在后台数据库当中，要对其进行处理，首先需要用 WampServer 搭建本地服务器，然后将网页文件导出为*.xml 格式的文件。

2.格式转换

用 MS word 的宏功能，标记并保护*.php 文件中的标签，简化翻译环境。

由于*.php 文件中有很多标签，不利于翻译人员进行翻译，同时如果翻译人员不小心删除或更改了标签，对整个工程的进度和成本影响较大，因此需要工程人员先将*.php 文件中的标签设置为tw4winExternal 格式（灰色非译文字），避免翻译人员改动标签，如图7-27所示。

```php
<?php
//Common
$language['title']='Administration';
$language['welcome']='Welcome!';
$language['add']='Add';
$language['edit']='Edit';
$language['delete']='Delete';
$language['go_back']='Return';
$language['submit']='Submit';
$language['search']='Search';
$language['best']='Recommend';
$language['confirm_submit']='Confirm submission?'
```

图7-27　标记后的 admin.php 文件

（二）工作量统计

ITechnology 网站本地化工程包括六个 *.xml 文件、两个 *.php 文件和四个图片文件的本地化处理，并需要进入网站的后台，将网站的通知本地化。使用 SDL Trados Studio 2009 的分析文件功能计算 *.xml 文件字数。除图片以外的字数共计 6054 个词，具体见表 7-5。

表 7-5　SDL Trados Studio 2009 本地化项目字数统计

文件类型	文件名及路径	
*.xml 文件	由 WampServer 后台数据库导出	
	x_content.xml（3999 个词）	x_content_channel.xml（16 个词）
	x_menu.xml（37 个词）	x_page.xml（445 个词）
	x_vote.xml（5 个词）	
*.php 文件	En\languages\english	
	x_vote_item.xml（6 个词）	Admin.php（1028 个词）
图片文件	En\templates\default\images	
	home_EN.jpg	login_submit.gif
	logo.gif	more.gif

（三）网站本地化策略

1. 沟通策略

除面对面沟通外，项目交流主要通过 QQ、邮件、电话、Query 表和定期会议等方式进行。其中项目经理通过发送邮件和群消息等发布项目的相关消息，并控制项目进度。各位语言专家通过 Query 表交流翻译时遇到的问题。

2. 项目进度保证策略

项目经理通过 Microsoft Project 软件进行项目管理，严格控制项目进度。语言专家、工程人员等要定期向项目经理汇报进度。其次，项目经理在分配任务时，要仔细分析项目难易程度，科学分配任务，同时，要注意规避可能存在的影响项目进度的风险。

3. 质量保证策略

翻译过程分为翻译、编辑、校对三个过程，可保证翻译的语言质量。其次，使用 ApSIC Xbench 软件进行质量检查，可检查术语不一致、漏译等质量问题。同时，语言专家之间通过 Query 表等方式讨论翻译中遇到的问题和翻译标准。语言专家要根据事先拟好的翻译规范进行翻译。

4. 文档管理策略

为避免由于语言专家使用的软件不同，造成文件之间转换困难或无法交换的现象，规定在本项目中语言专家统一使用 SDL Trados Studio 2009 进行文档的本地化。

中间文件（双语文件）及最终文件，用固定文件夹结构进行管理，并且使用 Beyond Compare 软件进行文件夹比对，避免文件混乱。

三、项目计划

（一）具体日程及进度图

具体日程及进度图见表7-6和图7-28。

表7-6　具体日程

项目进程	工作日	日期	负责人
Ⅰ.前期项目准备	3天	6.3—6.5	
A.项目计划	2天	6.3—6.4	项目经理
1.成本与工作量预估	1天	6.3	Jason
2.与客户沟通	1天	6.3	Jason
3.与团队成员沟通	2天	6.3—6.4	Jason
B.平台搭建	1天	6.3	工程人员
1.设置网站本地化环境	1天	6.3	Patrick
2.确定本地化内容	1天	6.3	Patrick
C.文件准备	2天	6.3—6.4	工程人员
1.分析项目文件工作包中的各个文件	1天	6.3	Patrick
2.识别、分离需本地化的文件	1天	6.3	Patrick
3.翻译文件的格式转换和标记	1天	6.4	Patrick
4.字数分析	1天	6.4	Patrick
D.团队培训与磨合	3天	6.3—6.5	全体人员
1.平台搭建	1天	6.3	
2.所需软件安装与配置	3天	6.3—6.5	
3.软件、视频自学	3天	6.3—6.5	
4.小组讨论答疑	10天	6.3—6.12	
Ⅱ.中期项目处理	5天	6.5—6.9	语言+工程
A.语言处理	4天	6.5—6.7	语言专家
1.语言指南完善	3天	6.5—6.7	语言专家
2.Query表格填写	4天	6.5—6.8	Jenny
3.翻译	4天	6.5—6.8	Henry、John
B.图片处理和翻译	1天	6.7	Patrick
C.质量控制	2天	6.8—6.9	语言专家
1.编辑	1天	6.8	Henry、John
2.译文质量检查(QA)	1天	6.8	Jenny
3.译文提交	1天	6.9	Jenny
Ⅲ.后期网站测试	2天	6.10—6.11	工程人员
A.网站整合	1天	6.10	Patrick
B.不同版本文件比较	1天	6.10	Patrick

续表

项目进程	工作日	日期	负责人
C.本地测试	1天	6.11	Patrick
D.填写网站缺陷报告	1天	6.11	Patrick
Ⅳ.项目提交	2天		
A.向客户提交文件	1天	6.12	Jason
B.项目总结报告	1天	6.16	全体人员
Ⅴ.项目管理	10天	6.3—6.12	
A.项目计划(时间表与工程分析报告)	3天	6.3—6.5	Jason
B.项目跟踪	10天	6.3—6.12	Jason
C.项目沟通	10天	6.3—6.12	Jason
D.小组总结交流	1天	6.12	全体人员
E.向各户提交文件	1天	6.12	Jason
F.项目总结报告	1天	6.16	Jason

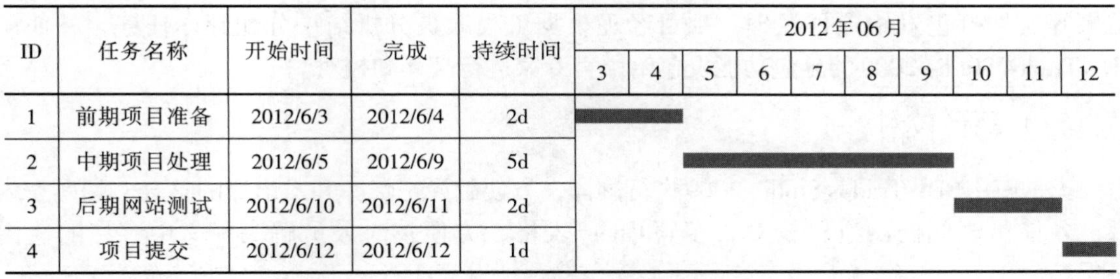

ID	任务名称	开始时间	完成	持续时间	2012年06月									
					3	4	5	6	7	8	9	10	11	12
1	前期项目准备	2012/6/3	2012/6/4	2d										
2	中期项目处理	2012/6/5	2012/6/9	5d										
3	后期网站测试	2012/6/10	2012/6/11	2d										
4	项目提交	2012/6/12	2012/6/12	1d										

图7-28　进度甘特图

(二)团队组成及任务分配

团队组成及任务分配见表7-7。

表7-7　团队组成及任务分配

团队分工	姓名	职责与任务
项目经理	Jason	职责:项目工作分配、项目总结
		1.分析项目特点,确定网站本地化项目的实施策略,制定项目计划表
		2.组建项目团队,建立QQ群和飞信群
		3.跟踪控制项目的实施过程,及时沟通了解团队进度及项目整体进度
		4.控制质量,确立网站本地化标准,按国家翻译服务译文质量要求进行质量控制
		5.沟通协调,协调各个成员之间的任务分配,保证项目顺利完成
		6.编写项目总结
语言专家	Henry	职责:*.php、*.xml文件及图片文字翻译与审校
翻译	John	根据项目指示,使用指定SDL Trados Studio 2009,按时按量完成翻译任务
校对	Jenny	按网站本地化标准对译文格式及内容进行校审

续表

团队分工	姓名	职责与任务
工程人员	Patrick	职责：文件预处理和后处理；测试平台搭建和网站本地测试
		1.根据项目要求，项目准备阶段负责搭建服务器环境，完成文件内容提取、格式转换与工作量统计
		2.使用 SDL Trados Studio 2009 建立翻译记忆库，完成文件的预翻译
		3.进行网站集成、测试、修改

四、项目实施

（一）制定标准

译前由项目经理（Project Manager，PM）会同语言专家制定本项目 Style Guide 和翻译过程中用于交流的 Query 表，保证翻译风格统一。

（二）项目发包

工程人员将标记好的 admin.doc、front.doc、六个 *.xml 文件、四张图片文件和字数统计结果等文件打包发给项目经理。项目经理根据工程人员分析结果分配翻译任务，并使用 SDL Trados Studio 2009 的分包功能发包给语言专家进行翻译和校对。

（三）翻译校对

统一使用 SDL Trados Studio 2009 进行翻译，方便翻译记忆库和术语库的整合。翻译完成后，各译员之间两两进行校对，填写 Query 表格，方便校对人员解决译文中存在的遗留问题。

（四）质量检查

严格按翻译、校对、审定流程处理译文。本项目翻译服务规范严格按 GB/T 19363.1—2003 要求执行，质量要求严格按 GB/T 19682—2005 执行，从而保证最后产出高质量的本地化文件。统一使用 ApSIC Xbench 软件进行 QA，生成译文质量检查报告，更改检查出的漏译、不一致等问题。

（五）桌面排版

图片本地化由工程人员负责，要求不能更改图片名称，图片处理要精细，软件为 Photoshop CS4。

五、网站测试

（一）本地化后的产品标准

（1）内容准确完整，用词贴切，遵循现有术语，与客户参考资料保持统一。
（2）利用专业工具保证前后一致和避免漏译。

（3）格式与原网站保持相同，文字整齐，版面统一。

（4）语言表达符合原网站的风格。

（二）网站集成

　　所有需要本地化的文件都完成后，用本地化后的文件替换原文件夹中的同名文件，得到一个名为 zh 的文件夹。网站测试前，首先对比网站源文件夹和本地化后的文件夹结构，保证这两个文件夹结构相同，且文件夹内的文件数量和文件名均相同。用 Beyond Compare 软件进行文件夹比较，如图 7-29 所示。

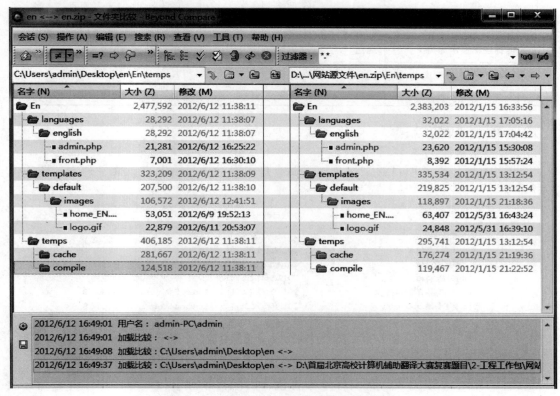

图 7-29　用 Beyond Compare 比较文件夹结构

（三）网站测试

　　网站集成后，工程人员测试网站，并将缺陷填写到网站缺陷报告*.xls 中。测试主要集中在本地化是否彻底、网站功能、网站的完整性等方面。

　　工程人员根据缺陷报告对缺陷的描述，验证确认。定位需要修改缺陷位置，找出产生缺陷的原因，选择适当工具，打开需要修正包含缺陷的文档，用正确内容替换错误内容，使用新构建的文件覆盖替换原来存在缺陷的文件。然后重复缺陷的产生步骤，验证缺陷是否被修正，直至所有缺陷被完全修正。

（四）缺陷报告及解决方案

　　缺陷报告及解决方案见表 7-8。

表7-8　缺陷报告及解决方案

重现操作	来源	类型	严重程度	解决方法
本地化后的主页 Hi, there! Welcome to visit GlobalArticleCenter. 仍显示为英文	*. xml/*. php 文件本地化	本地化不彻底	严重	以管理员身份进入网页后台,将网站描述处的该句英文改成中文"您好,欢迎访问全球文档中心!"
主页中光标置于"自然和运动"菜单上显示子菜单为"自然和体育"	*.xml 文件本地化	语言质量问题	严重	找到本地化后的 x_menu.xml 文件,将"运动"改为"体育"
将译后 *.xml 文件导入数据库后,主页新闻标题仍显示为英文	*.xml 文件本地化	显示问题	一般	删除 C:\wamp\tmp\cache 文件夹内的缓存文件,重新加载即可正常显示
将译后 *.php 文件替换原文件,加载后显示乱码	*.php 文件编码问题	编码问题	严重	用 Notepad++打开 *.php 文件,并将文件另存为 Unicode 编码格式

六、项目总结

客户将本地化网站项目源文件及相关要求打包发给项目承办方,文件列表如图7-30所示。

名称	修改日期	类型	大小
1-项目介绍	2012/7/3 23:23	文件夹	
2-工程工作包	2012/5/31 23:07	文件夹	
3-所需软件包	2012/5/31 23:07	文件夹	
4-成品文件包	2012/5/31 23:07	文件夹	
0-小组项目介绍讲解.ppt	2012/5/31 23:14	Microsoft Power...	740 KB
5-评分标准.doc	2012/5/31 23:53	Microsoft Word ...	30 KB

图7-30　承办方接收的本地化网站项目文件

本地化之后的网站主页如图7-31所示。

至此,项目已基本完成,将文件整理打包,由项目经理审核发至客户,并总结此次本地化任务的项目实施进度、工程处理难题、翻译质量保证、项目文件备份、客户反馈等方面。

本项目从收到客户要求到提交最终文件,共10天时间,6月3—4日是项目准备工作,包括本地服务器搭建及文件预处理,6月5—9日是项目实施,包括翻译、校对、排版,6月10—11日进行项目记忆库和术语库整合及网站测试工作,6月12日最终提交。

工程处理难题有以下几方面:

(1)前期:团队成员本地化项目经验不同、运用本地化工具能力不一、专业背景不同。对策:根据成员专业背景和特长,灵活分配角色和任务。

(2)中期:在利用翻译工具生成更新翻译记忆库时,因为工具变更和文件格式不统一,造成记忆库整合困难。对策:统一文件格式,咨询客户,或召开团队成员会议研讨。

(3)后期:网站集成测试中时发现了本地化不彻底、语言质量问题、显示和编码问题等缺陷。对策是锁定出错位置,及时进行返回修改,继续检测,直至没有错误。

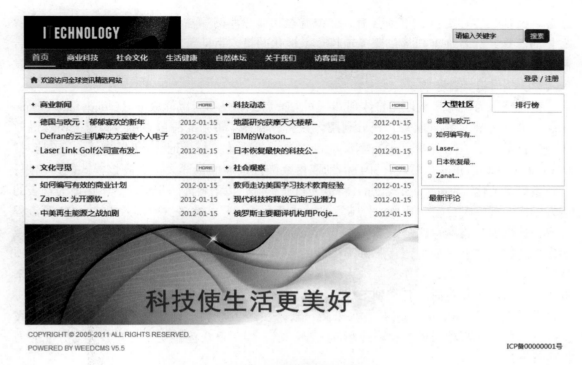

图7-31　本地化后的网站主页

QA主要从以下几方面着手：译前由项目经理会同语言专家制定本项目Style Guide和翻译过程中用于交流的Query表，保证翻译风格统一；译后各译员间两两校对，统一使用Ap-SIC Xbench软件进行QA，生成译文质量检查报告，更改检查出的漏译、不一致等问题。

管理项目文件时，源文件、中间双语文件和最终提交文件均分开存放，用Beyond Compare做文件夹对比，保证文件结构完整性。另外，注意做好阶段性文件备份，以应对突发情况。

项目进行过程中，遇到问题需与客户及时沟通，以客户要求为准，切忌自作主张。可多准备几套解决方案，供客户选择。项目提交之后要得到客户反馈，进行相应修改与完善，让客户满意。要注意维护客户关系，保证质量，树立品牌效应，以期之后继续合作。

以上就是ITechnology网站本地化项目的介绍与总结，我们认真反思了此次项目的经验和不足，以备今后之鉴。

第五节　本地化行业发展趋势

本地化市场方兴未艾，语言服务提供商、客户方、软件工具提供商、行业协会和高等院校构成了本地化产业链。我国本地化行业的发展及其影响力推动和引导了中国语言服务行业的诞生和发展。语言服务行业包括翻译与本地化服务、语言技术工具开发、语言教学与培训和语言相关咨询业务，属于现代服务业的一个分支，与文化产业、信息技术产业和现代服务外包业交叉融合（中国翻译协会，2012）。

本地化服务与时俱进的发展魅力及巨大的投资回报（ROI）吸引着越来越多的跨国公司加大本地化的投入，以期获得更大的商业利益，抢占全球消费市场。跨国公司通过在产品、服务、文档、客户支持、市场营销、维护流程和商业惯例等各个层面展示出对本地语言及文化的尊重，为各地客户提供服务项目。本地化的投入帮助跨国公司尊重和满足不同语言和市场的用户需求，拓展市场份额，降低售后服务成本，实现业务全球化，展示公司的发展实力，提升综合竞争力。

崔启亮认为，未来本地化将体现如下六大特点：一是与云翻译服务（Cloud-based translation）更加紧密地结合起来，充分利用大数据、云计算带来的海量数据、智能分析、高效便捷等优势；二是继续巩固现有翻译项目中较为成熟的"翻译记忆+机器翻译+人工校对"（TM+MT+Post-Editing）模式，并且借助取得突破性进展的机译大大提高该模式的产出率；三是敏捷本地化（Agile localization）将成为行业主流，以语料库、记忆库、术语库为代表的语言资产实现瞬时更新，项目运作流程进一步简化、扁平，实现共时高效推进，QA等流程集成化速度实现飞跃；四是全球协作（Collaboration）更加成熟，成为常态，跨时区跨领域协作在跨国公司及高质量语言服务提供商的运作下进入黄金时期，多语种多用途本地化项目运作效率大大提高，运作成本大大降低；五是标准化（Standardization）日趋完善，未来将实现现有本地化各阶段各类别各层次标准的整合并高度程序化，反过来又推进了全球协作；六是众包（Crowdsourcing）方兴未艾，未来在译文质量、运作效率方面会实现质的飞跃，现阶段中小型项目的众包将逐渐向大型、超大型项目众包转变，资源整合与分配能力将显著提升。

过去二十年是我国本地化行业从诞生到探索和发展的二十年。随着全球和我国经济贸易深入发展，本地化服务将呈爆炸式增长，机器翻译、云翻译和敏捷翻译等翻译技术与范式日新月异，本地化行业将迎来机遇与挑战。为此，本地化行业需要始终追赶世界发展的步伐，挖掘国际和国内两个市场的本地化新需求，通过技术创新、管理创新、服务创新和商业模式服务创新，继续引领我国本地化行业向专业化和国际化方向发展。

思考题

1. 本地化与翻译有什么区别和联系？
2. 一般本地化翻译项目需要经过什么样的流程？
3. 本地化项目主要有哪些类型？
4. 一般本地化项目通常需要哪些技术和工具？
5. 某IT企业需要对某一产品E-learning教程进行本地化翻译。其发给语言服务提供商A公司的Transkit包中包括.txt/.doc/.xls/.fm/.mif/.ppt/.xml/.xsl/.js/.swf等多种格式的文件，作为A公司负责本项目的技术支持人员，你将采取何种策略和工具处理这些文件？

参考与拓展阅读文献

[1] http://baike.baidu.com/view/1389521.htm.
[2] http://baike.baidu.com/view/3323.htm.
[3] http://gameware.autodesk.com.
[4] http://wenku.baidu.com/view/e6954a67783e0912a2162ac5.html.
[5] http://www.alchemysoftware.ie/index.html.
[6] http://www.atanet.org.
[7] http://www.commonsenseadvisory.com.
[8] http://www.gala-global.org.

［9］http：//www.giltworld.com.

［10］http：//www.localisation.ie.

［11］http：//www.localizationworld.com.

［12］http：//www.multilingual.com.

［13］http：//www.xloc.com

［14］http：//www.locren.com.

［15］Choudhury R，McConnell B. Translation Technology Landscape Report［R］. TAUS，2013.

［16］Cronin M. Translation in the Digital Age［M］. London/New York：Routledge，2013.

［17］DePalma D A. The Language Services Market：2014［R］. Massachusetts：Common Sense Advisory，Inc.，2014.

［18］Dunne K J，Dunne E S.（eds）. Translation and Localization Project Management［C］. Amsterdam：JohnBen-jamins，2011.

［19］Dunne K J（ed.）. Perspectives on localization［C］. Amsterdam：John Benjamins，2006.

［20］Esselink B. A Practical Guide to Localization［M］. Amsterdam：John Benjamins，2000.

［21］Esselink B. Localisation and translation［C］//In Somers，H.（ed.）Computers and Translation：A Translator's Guide［C］. Amsterdam：John Benjamins，2003.

［22］Esselink B. The evolution of localization［Z］. MultiLingual Computing & Technology，2003.

［23］Apple Computers Inc. Guide to Macintosh Software Localization［M］. Boston：Addison-Wesley Professional，1992.

［24］Irmler U. Windows 7 Localization Quality：A Journey［Z］. California Localization World Conference，2009.

［25］Jiménez-Crespo M A. Translation and Web Localization［M］. London：Routledge，2013.

［26］Libor S，Quintero A. Multilingual Going to China Guide：Getting Started［J］. 2007.

［27］Lingo Systems. The Guide to Translation and Localization（7th Edition）［M］. Lingo System，2009：7-11.

［28］LISA. The Globalization Industry Primer［R］. Switzerland：Localizaton Industry Standard Association，2007.

［29］Luigi M. Cloud Translation［R］. Translation Russia Forum，2011.

［30］Muegge U. On your terms：Terminology management defines the success of international product launches［EB/OL］.（2010-1-10）［2014-8-13］. http：//works. bepress. com / cgi / viewcontent. cgi? article=1009&context=uwe_muegge.

［31］Nataly K，DePalma D A. The Top 100 Language Service Providers［Z］. Common Sense Advisory，2012.

［32］Pym A. Exploring Translation Theories［M］. London&New York：Routledge，2010.

［33］Pym A. Localization：On its nature，virtues and dangers［EB/OL］.（2005-2-12）［2012-8-12］. http：//usuaris.ti-net.cat/apym/on-line/translation/translation.html.

［34］Pym A. The Moving Text：Localization，Translation and Distribution［M］. Amsterdam：John Benjamins，2004.

［35］Schäler R. Reverse localization［J］. Localisation Focus，2007（1）：39-48.

［36］Schäler R. Localization and translation［A］. In Gambier，Y. & L. van Doorslaer（eds.）. Handbook of Translation Studies Vol 1［C］. Amsterdam：John Benjamins，2010：209-214.

［37］Somers H（ed.）. Computers and Translation：a Translator's Guide［C］. Amsterdam：John Benjamins，2003.

［38］Williams J. The Guide to Translation and Localization：Preparing for the Global Marketplace（5th Edition）［M］. Lingo Systems，2004.

［39］崔启亮，胡一鸣. 翻译与本地化工程技术实践［M］. 北京：北京大学出版社，2011.

［40］崔启亮，胡一鸣. 国际化软件测试［M］. 北京：电子工业出版社，2006.

［41］崔启亮. MTI 本地化课程教学实践［J］. 中国翻译，2012（1）：29-39.

［42］李广荣. 国外"本地化"翻译研究学术话语的建构［J］. 中国翻译，2012（1）：14-18.

［43］刘明. 信息经济学视角下的本地化翻译研究［D］. 天津：南开大学，2013.

［44］苗菊，朱琳. 本地化与本地化翻译人才的培养［J］. 中国翻译，2009（5）：30-35.

[45]王传英,崔启亮.本地化行业发展对职业翻译训练及执业认证的要求[J].中国翻译,2010(4):76-79.

[46]王传英.依据"翻译能力建构模型"科学构筑天津本地化翻译人才训练体系研究报告[R].2011.

[47]王华树,等.信息化时代应用翻译体系的再研究[J].上海翻译,2013(1):7-13.

[48]王华树.MTI"翻译项目管理"课程构建[J].中国翻译,2014(4):54-58.

[49]王华树.浅议实践中的术语管理[J].中国科技术语,2013(2):11-14.

[50]王华伟,崔启亮.软件本地化——本地化行业透视与实务指南[M].北京:电子工业出版社,2005.

[51]王华伟,王华树.翻译项目管理实务[M].北京:中国对外翻译出版社,2013.

[52]杨颖波,等.本地化与翻译导论[M].北京:北京大学出版社,2011.

[53]张霄军,等.计算机辅助翻译:理论与实践[M].西安:陕西师范大学出版社,2013.

[54]郑国政.软件本地化翻译质量面面观[J].科技咨询导报,2007(2):81.

[55]中国翻译协会.ZYF 001-2011-2011中国语言服务行业规范——本地化业务基本术语[S].北京:中国翻译协会,2011.

[56]中国翻译协会.中国语言服务业发展报告2012[R].中国翻译协会,2012.

第八章　字幕翻译

第一节　字幕翻译基础

一、字幕翻译的定义

目前国内还没有关于字幕翻译的权威界定，以下是部分学者观点：

（1）李运兴（2001：38）：字幕翻译是一种特殊的语言转换类型——原声口语的浓缩的书面译文。具体包括三层含义：语际信息传递、语篇简化或浓缩、口语转化为书面语。

（2）赵宁（2005：55）：字幕翻译不仅进行了语言转换，还进行了文化的传输与移植。

（3）杨洋（2006：94）：字幕翻译是显示在无声电影场景中或电影电视屏幕底端的，对另一种语言的解释或说明片段。

（4）张文英等（2010：277）：字幕翻译就是将源语言翻译成目标语言并置于屏幕下方，同时保持电影原声的过程。字幕翻译是语言转换的一种特殊形式，是语言化、口语化、集中化的笔译。

综上，字幕翻译与影视翻译密切相关，但并非完全等同，影视翻译属于字幕翻译中比较重要的一部分。结合上述定义，可将字幕翻译总结为：在保留原声的情况下将源语言译为目的语，形成文字并叠印在屏幕下方的翻译活动。

在信息爆炸的时代，人们一方面希望能尽快欣赏到来自世界各地的影视作品；另一方面又并非所有人都通晓外国语，急不可耐的人们转而求助字幕，以期尽快欣赏到新鲜出炉的影视作品，又能感受到原声带来的震撼（谢希，2007：606）。字幕翻译的主要对象是电影、电视剧和所有需要字幕的视频节目和文件等。字幕需根据原节目需要，在后期通过技术手段在屏幕上加图片、文字起到解释说明作用。以电影字幕为例，电影字幕翻译是指电影在播放中，通常显示在屏幕下方，对片中人物对白和其他相关信息的补充说明（徐琴，2008：236），也可理解为在不改变电影原声对白的情况下，为该语言声道添加另一个重要语言视觉通道元素——目的语字幕，即以文字形式表现源语影片中转瞬即逝的语音对白（邵巍，2009：89）。

二、字幕翻译的意义

随着国内外观众对视听艺术的需求增大，以及近年来大量优秀电影在世界各地无国界传播，全球影视文化产业空前发展，与之伴随的多媒体视频字幕翻译需求量越来越大，质量要求也有所提高。多媒体视频字幕翻译是指在多媒体视频播放中，通常显示在屏幕下方，对视频中人物对白、背景介绍及其他相关信息的解释性补充说明，使观众更好理解视频内容，也有助于听障或非外语人士看懂、理解视频内容。

　　一些电影爱好者及电影研究者偏爱字幕电影，这些人一般文化素质较高、知识储备较丰富，他们不但希望看懂影片，了解故事情节，还希望能通过电影人物原有对白获取配音电影容易失去的信息。人物对白是电影极其重要的组成部分，它承担着叙述故事、推动情节发展的重要角色，并通过演员个人音色特征及说话方式为观众塑造出个性鲜明的人物形象，所以虽然这些观众或许听不懂对白语言所要表达的信息，但可结合被译为目的语的字幕，通过剧中人物在当时场景所用的语音语调以及人物表情、肢体语言及相关画面，帮助他们获得一些额外体验（邵巍，2009）。

三、字幕翻译的种类及特点

（一）字幕种类

　　车乐格尔（2011：117）将字幕翻译分为剧集字幕、电影字幕、电视字幕和解释字幕。

　　剧集字幕翻译的特征在于它有一个相对稳定并不断重复的意群。由于围绕特定人物讲述特定事件，主人公的语言方式、话题内容都呈现连续性。译者还可同观众互动，通过不断改变继而固定译法。像《生活大爆炸》中主人公Sheldon的汉译名，就从一开始的"谢尔登"逐渐变为"谢耳朵"。而其中nerd一词（本义为"呆子、讨厌的人"）更是随着此剧的风靡，演变为外来语，特定描述像Sheldon那样，智商高情商低，在专门领域有所钻研的人。

　　电影字幕，电影较之美剧、脱口秀等更加严谨。导演力图在有限时间内，最大限度地向观众呈现自己的思想认识，对遣词造句也更加苛。一部经典电影的台词往往充满美感和深意，耐人寻味，翻译也应以精练的方式再现经典。如《禁闭岛》中"Which will be worse? To live like a monster or to die like a good man."一句译为"我搞不明白，哪种情况更糟：像个怪物一样活着，还是像个好人一样死去？"同原句一样广为流传。总之，电影字幕翻译要求更严谨，更忠实原文，更有难度和挑战。

　　此前，杨洋（2006：94）曾从不同角度为电影字幕做了分类。从语言学角度出发，电影字幕可分为语内字幕（Intralingual Subtitles）和语际字幕（Interlingual Subtitles）。语内字幕是指与影视原声保持一致的字幕，如现在市面上正版美国大片DVD至少会提供中英两种字幕——影片《阿凡达》DVD英文字幕就是语内字幕，中文字幕就是语间字幕。语内字幕的最基本作用是为本语言内的观众提供视觉信息补充，即便没有对话和声效，也能大体理解影片内容。语内字幕更是边听边看，是提高外语听力的好途径。我们常说的字幕翻译是指语际字幕翻译。语际字幕是指在保留影视原声的情况下，将源语译为目标语叠印在屏幕下方的文字。从字幕技术角度来说，电影字幕可分为开放性字幕和隐藏式字幕。开放性字幕是非任意性的，包括电影字幕和语际电视字幕；隐藏式字幕是任意性的，是把文字加入电视信号的一种标准化编码，电视机内置或独立解码器能显示文字，有助于失聪或听障人士观看。从字幕内容上看，电影字幕可分为显性字幕和隐性字幕。显性字幕主要是指翻译原文本人物的话语、对白等；而隐性字幕是指翻译提示性内容，如解释时间、地点、物品等信息。从字幕形式上看，电影字幕可分为双语字幕和单语字幕。双语字幕分一行源语字幕和一行译语字幕且同时显示。单语字幕通常是指只显示一种语言的字幕，但也可通过设置，切换字幕语言种类调出第二字幕，第二字幕只显示在屏幕上端，其特点是只显示一种语言。

电视字幕，电视节目、电视演讲等语速往往稍快，内容也更注重娱乐性。翻译所用语言也就更倾向于简单、时髦的词汇。如"I am the dude!"（我就是英勇哥！）简洁明了，时尚活泼。

电视节目中的其他字幕都属于说明、注释一类，暂且统称为说明性字幕，可说明人物身份、事件发生时间、场景地名、某一事件基本内容等（刘景毅等，1997：152）。

解释字幕，与通过文字细致入微的描写不同，影视导演只能采用特写画面等让观众注意，从而更深刻地揭示电影主题。没有字幕观众很难迅速把握。这种对定格在有文字或特殊含义图片的镜头加以字幕注释的，就是解释字幕。如在电影《肖申克的救赎》中，曾有几次聚焦在典狱长办公室画布上的文字"His judgement cometh and that right soon."字幕显示"上帝的审判，来得比预期更早一些。"会更有利于中国观众理解。

根据字幕应用方式，字幕还可分为硬字幕、软字幕及外挂字幕。

硬字幕是将字幕覆盖叠加在视频画面上的字幕。因为这种字幕与视频画面融为一体，兼容性最佳，只要能播放视频，就能显示字幕，对于现阶段的手机、MP4播放器而言，只支持这种类型的字幕。缺点是字幕占据视频画面，破坏视频内容，而且不可取消、不可编辑更改。下文使用premiere添加字幕就属于硬字幕。图8-1展示了一种硬字幕示例。

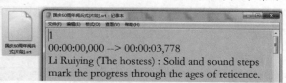

图8-1　硬字幕示例

外挂字幕是将字幕单独做成一个文件，字幕文件有多种格式。这类字幕的优点是不破坏视频画面，可随时根据需要更换字幕语言，并可随时编辑字幕内容。缺点是播放较复杂，需要相应字幕播放工具支持。图8-2展示了一种.srt格式的外挂字幕示例。

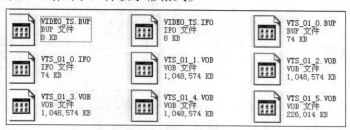

图8-2　外挂字幕示例

软字幕是指通过某种方式打包外挂字幕与视频，下载、复制时只要复制一个文件即可。如DVD中的VOB文件，高清视频封装格式MKV、TS、AVI等。这类型文件一般可同时封装多种字幕文件，播放时通过播放器选择所需字幕，非常方便。需要时还可分离字幕进行编辑、修改或替换。图8-3给出了一种软字幕格式。

VIDEO_TS.BUP BUP 文件 8 KB	VIDEO_TS.IFO IFO 文件 8 KB	VTS_01_0.BUP BUP 文件 74 KB
VTS_01_0.IFO IFO 文件 74 KB	VTS_01_1.VOB VOB 文件 1,048,574 KB	VTS_01_2.VOB VOB 文件 1,048,574 KB
VTS_01_3.VOB VOB 文件 1,048,574 KB	VTS_01_4.VOB VOB 文件 1,048,574 KB	VTS_01_5.VOB VOB 文件 226,014 KB

图8-3　软字幕文件

另外，如从字幕在画面中的位置分，字幕还可分为片头字幕、片中字幕和片尾字幕（杨改学等，1996：159）。

从以上分类可看出，无论采用何种划分方法，字幕种类都多种多样。

（二）字幕格式及转换

综上，字幕可分为片名、标识、注释等说明性字幕，以及对白等帮助理解内容的语言字幕。视频制作时出现的说明性字幕一般在影视后期制作时叠加到视频画面中，没有什么格式可言。因此，这里所说的格式是指目前网络流行的影视对白字幕，分为图形格式和文本格式两类。

（1）图形格式字幕：这类字幕数据以图片方式呈现，文件体积较大，不易于修改，在字幕分类中属于硬字幕，以.sub格式为代表，还有.sst（Sonic Scenarist）格式和.son（Spruce DVD Maestro）图形格式字幕。

.sub格式的字幕数据由字幕图片文件（.sub文档）和字幕索引文件（.idx文档）组成，.idx相当于索引文件，里面包括字幕出现的时间码和字幕t显示属性等，.sub文件就是存放字幕的文件本身，由于是图片格式，所以容量动辄10M以上。一个.sub文档可同时包含多个语言的字幕并由.idx调用。SUB格式常见于DVD-VIDEO，但在DVD中，这两个文件被集成到VOB内，需要通过软件分离VOB来获取字幕文件。有时也能看到.ifo文件，但现在已经不怎么用了。

（2）文本格式字幕：这类字幕数据以文本格式呈现，文件体积较小，可直接用Windows自带的记事本修改，属于软字幕。以.srt格式为代表，较流行的文本字幕还有.srt、.smi、.ssa、.ass等，容量不超过100kB。

srt（SubRip Text）字幕语法为：一行字幕序号+一句时间代码+一句字幕，制作、修改相当简单，图8-2所示就是一种.srt字幕，配合.style文件还能让.srt自带一些字体特效等。

.ssa（Sub Station Alpha）是为解决.srt过于简单的字幕功能而开发的高级字幕格式，能实现丰富的字幕功能，除能设定不同字幕数据的大小、位置外，更能实现动态文本和水印等复杂功能，图8-4展示了一种.ssa格式字幕。

图8-4 .ssa格式字幕

.ass（Advanced SubStation Alpha）是更高级的.ssa版本，它包含.ssa的所有特性，可将

任何简单的文本转变成为卡拉OK字幕样式。.ass的特点在于它比普通的.ssa更为规范，如.ass的编程风格。图8-5展示了一种.ass字幕的源代码及其显示形式。

　　不同格式的字幕可相互转换。一般文本字幕间转换或文本字幕转为图形字幕都比较简单，因为文本文件改变本身就不难。而图形字幕转换为文本字幕则比较困难，需要通过OCR或手工重新输入。OCR英文字幕不难，英文识别难度要小得多。OCR中文难度就大一些，所用的软件个头也不小。

```
[Events]
Format: Layer, Start, End, Style, Name, MarginL, MarginR, MarginV, Effect, Text
Comment: 0,0:00:00.00,0:00:00.00,Default,PopSub,0,0,0,,// PopSub注释：下一行已被修改
Dialogue: 0,0:00:12.00,0:00:15.00,Default,NTP,0,0,0,,{\pos(500.248,415)}董事长
Dialogue: 0,0:00:12.00,0:00:15.00,Default,NTP,0,0,0,,{\fn华文中宋\fs28\b1\pos(364.129,477)}高
丸工业株式会社是日本专门
Dialogue: 0,0:00:15.00,0:00:19.00,Default,NTP,0,0,0,,{\fn华文中宋\fs28\pospos(368.257,450)}从
事产业机器人应用设备研发与制造的公司
Comment: 0,0:00:00.00,0:00:00.00,Default,PopSub,0,0,0,,// PopSub注释：下一行已被修改
Dialogue: 0,0:00:19.50,0:00:25.00,Default,NTP,0,0,0,,{\fn华文中宋\fs28\b1\pos(363.303,473)}开
发了应用机器人可简单实现
Dialogue: 0,0:00:25.30,0:00:30.00,Default,NTP,0,0,0,,{\fn华文中宋\fs28\b1\pos(360,474)}"三维
曲面切割"的操作系统
Comment: 0,0:00:00.00,0:00:00.00,Default,PopSub,0,0,0,,// PopSub注释：下一行已被修改
Dialogue: 0,0:00:31.60,0:00:45.50,*Default,NTP,0,0,0,,{\fn华文中宋\fs28\b1\pos(372.385,475)}
原先是应用示教操作盘控制机器人实现操作
```

图8-5　.ass格式字幕

　　此外，字幕格式还有.smi、.pjs、.stl、.tts、.vsf、.zeg、.lrc、.sst、.txt、.xss、.psb、.ssb等。目前，.ssa与.ass常用作字幕特效（如卡拉OK、变色、翻转、大小改变、移动、透明等，适当组合效果很好），也用来做普通对白；.lrc一般用于歌词的制作。

（三）字幕翻译特点

　　字幕翻译属于文学翻译，但除具有文学翻译的一般特点外，还具有其自身独特性。

　　（1）瞬时性。字幕在屏幕上闪现，信息呈递进式推进，出现只有几秒甚至更短，瞬时而过。

　　（2）无注性。字幕不像书本文字可前后加注，视频字幕翻译不允许加注说明。

　　（3）时空性、制约性。字幕受空间制约，通常出现在屏幕下方，一般每行字幕字母数不大于35个，相当于18个汉字，这样才不会影响视觉效果；同时还要考虑时间制约，14~16个字的两行字幕，通常在屏幕上出现大约5秒。因此影视翻译要求语言既要贴近原文，又要简洁明了。

　　（4）通俗性。一方面画面一闪而过，观众没有时间思索字幕中某句话或某个字词的含义；另一方面影视作品是大众化艺术，绝大多数电影和电视剧是供普通观众欣赏的。因此影视剧语言必须符合广大观众的教育水平，容易理解（孙菲菲，2011：25）。另外视频受众面非常广，这就要求译文要雅俗共赏。

（5）互补性。字幕的出现基本未改变原片图像、声音信息，观众接收的字幕信息和原声信息会发生交互作用，字幕不能表达或表达不充分的，观众可从原声得到补偿。因此字幕翻译语言融合性很强。电影作品除占主导地位的口头语言外，还包括背景音乐、肢体语言等，且这些语言不仅不相互孤立，而且相互作用，共同构成影片不可或缺的部分。一些电影作品若不对一些非语言信息进行解释说明，观众对电影作品的理解就可能存在偏差或迷惑（李霞等，2008：117）。

此外，由于影片的对白特性，字幕翻译还有口语化、口型化特点。

电影语言绝大部分是对白，占整个影片翻译量的98%以上，其他的如片头、片尾及片中一些有关地点等的翻译占比不足2%。因此对白是影片核心，优秀的对白翻译要遵从其口语化语言特色，表现出口头语特点，即简短、直接、生动，非正式语、俗语，但语、语气词多等（谢锦芳，2009：34）。

电影字幕翻译具有口型化特点，也使字幕翻译有了性格，有了感情。口型化要求译文在保证准确、生动、感人的前提下，力图在长短、节奏、唤起、停顿乃至口型开合等方面达到与剧中人物说话时的表情、口吻相一致。因此字幕翻译需准确把握剧中人物个性，使译文"言如其人"；译者要把自己带入角色，站在剧中人物的立场把握其内心世界，从而领会其言语的确切含义。将字幕性格化、感情化（赵蕙，2010：57）。

四、字幕翻译流程与方法

（一）流程

字幕翻译流程一般为：任务分工→视频源下载→听录原音字幕或下载源语言字幕→字幕翻译→校对。大多数情况下还需要后期制作。

如视频源不带原音字幕（或配音脚本），则需要根据视频听写出源语言字幕，便于后面译为目标语言。

如提供的源语言视频已带有字幕，可根据字幕文件确认字幕内容，并将其准备成易于翻译的格式（通常存储在 Word 文件或其他文本格式）。

得到翻译、校对的字幕后，应根据源语言视频中字幕显示字体、效果和颜色及目标语言种类，选择可支持的软件添加对应的目标语言字幕。如在播放源语言视频时，字幕默认打开，本地化后的字幕也应具备默认打开的条件。

（二）方法

翻译是一种跨语言、跨文化交际行为。从言语行为理论的角度看，就是要求译者正确领会原作者主观动机或意图及在原作读者身上产生的客观效果，并力求在译文中对等地传达这种主观动机与客观效果，以使原作信息对原文接受者的作用与译作信息对译文接受者的作用基本相同。据此，译者在翻译过程中，不仅要理解原文的字面意义，还要弄清原作者的真正意图，以及对读者产生的作用；译者必须考虑接受者的反应、译文效果、功能对等诸多文本之外的因素，只有读者接受译文，翻译过程才算完成。下面简要介绍几种视频字幕等效翻译的方法。

1. 意译

在实际翻译中，译者应考虑译文对目标语言文化的群体接受者的预期效果，了解这一群体的共同历史背景、文化特征及语言习惯等，译者应能预期他们对译文会有何种反应[1]，有的放矢地翻译，以达到效果上的对等。

由于认知环境及语言文化不同，译者难以完全转换源语文化语境，并在目标语中出现，但通过体会原作的施为性言语行为，也即原语作者意图，译者应能使其译作对译文读者产生相近的影响和效果，或类似于原作给原语读者带来的影响和感受，从而在目标语文化中充分再现原语文化语境。当译者预料译文读者无法透过异化翻译的字面意思领悟作者意图时，就要舍弃字面意思而译出作者用意。从语用学角度看，译文无论怎样处理，只要它能传达原意，即原作的施为性言语行为，实现交际目的，就是成功的翻译。

当两种语言差异巨大，部分英语习语、成语等在汉语中无法找到对应译文时，就应采用意译法译出原文的真实意思，达到意义等效。在影片《功夫熊猫2》中，龟仙人曾说"Your mind is like this water, my friend, when it is agitated, it becomes difficult to see, but if you allow it to settle, the answer becomes clear."直译作"你的思想如同水，我的朋友，当水波摇曳时，很难看清，不过当它平静下来，答案就清澈见底了"。但考虑到讲话人是一代宗师，直译译文太过平常，体现不出仙人的气场和宗师形象。若意译作"心若此水，乱则不明。若心如止水，解决之道必将自现"。则更加符合仙人的身份和语气，更好地达到意义等效的效果。

2. 释译

理论上，任何一种语言表达的东西都可用另一种语言表达。语言是文化的一部分，任何文本的意义都直接或间接反映一个相应的文化。词语意义最终也只能在其相应的文化中找到。虽然中外观众在文化背景上差异巨大，但译者在字幕翻译时应注意历史、文化、习俗等语言现象，从本国观众欣赏译制片的艺术角度出发，选用目标语中与原语功能最相似的，同时又是本国观众耳熟能详的文化意象表达，让观众一看即懂，且享有与源语观众相似的感受，美剧《别对我说谎》中，有一句"Yoga is that thing you do in a lounge chair with a Mai-tai in your hand."若译为"瑜伽就是躺在沙发上，手里拿着美太。"观众则不知"美太"为何物。其实Mai-tai是种鸡尾酒，如释译为"瑜伽就是躺在沙发上，喝喝果汁甜酒。"则会完全消除观众的理解障碍。

3. 文化替换

翻译不仅双语间转换，顺应译语文化、克服文化障碍、自然表达和流畅翻译，实现有效的、成功的跨文化交际更是字幕翻译的关键。文化词语的翻译策略取决于翻译目的、文本体裁及信息受体等诸多因素。因此，视频字幕翻译应采用透明顺畅的风格，最大限度地淡化原文化陌生感。电影《阿甘正传》中有这样一句话"It made me feel like a duck in water."现译为"它让我如鱼得水"。如直译成"它让我觉得自己像一只水中的鸭子"。就可能让中国观众联想到"落汤鸡"之类的惨状，无法实现意义的有效传递，因此翻译时要采用符合目标语表达习惯的说法，按语境需要译成"如鱼得水"等中国文化

---

[1] 读者反应实际是指在一般情况下，某一文化群体接受者做出的反应或成事性言语行为。

特色词，力图让目标语观众感到自然。可见，字幕翻译中如何处理文化词语，是译者必须认真考虑的问题。

　　译者应尊重目标语文化特征，尽量使用目标语观众喜闻乐见的、符合目标语表达规范的言语形式。如国产电影《北京遇上西雅图》中"他可每天早晨都为我跑几条街，去买我最爱吃的豆浆油条。"一句，中国观众对"油条"这种早餐再熟悉不过了，但译成"you tiao"会让外国观众费解，因此译成"fried twist bread"。因为外国人非常熟悉 bread，这样更加形象、直观地表达更方便外国观众理解（赵玉闪等，2008：65）。

第二节　字幕处理工具

　　在初步了解字幕定义、种类、格式、翻译法的基础上，本节将介绍几款常用字幕翻译和编辑工具，还将介绍 Time Machine、SubCreator 和语视界三种字幕编辑软件的具体操作步骤，使读者对字幕翻译有更加深入的了解。

一、常见字幕翻译工具

　　常见字幕工具有两类，一类是字幕翻译、字幕制作与编辑工具；另一类是带字幕翻译功能的工具。

（一）Open Subtitle Translator

　　Open Subtitle Translator[1]是软件制作者 Alexandre Haguiar 开发的一款多语种字幕翻译软件，可将 .srt 文件按行发送到谷歌翻译，再生成译好的文件，实现逐行实时自动化翻译。但该软件仅支持 .srt 格式字幕文件，且容易出现无法读取文件等问题；加之谷歌翻译是机译，字幕可能出现语句不通顺等问题，需要人工修改。该软件界面如图 8-6 所示。

（二）SRT Translator

　　SRT Translator[2]是软件制造者 Kiril Todorov 开发的字幕翻译软件，是使用 Java 编程语言的开源管理软件，兼容 Windows、Linux 和 Mac 环境。与 Open Subtitle Translator 类似，SRT Translator 也通过谷歌翻译 .srt 格式字幕，但它支持几乎 60 种语言互译，操作简单，可实现自动拼写检查。唯一美中不足的是，翻译及转化过程较慢，需要用户耐心等待。该软件界面如图 8-7 所示。

（三）Subtrans

　　Subtrans 是软件制造者 Mohammad Reza 开发的开源字幕翻译软件，实现待译 .srt 格式字幕与视频的同步加载。与上述两个软件一样，这款软件也只能翻译 .srt 格式字幕，且需用户自己手动翻译字幕，不能实现自动化翻译。为帮助用户提高翻译质量，软件提供了某些在线字典和谷歌自动链接。该软件界面如图 8-8 所示。

---

[1] 参见 http://opensub.sourceforge.net。

[2] 参见 http://sourceforge.net/projects/srt-tran/?source=directory。

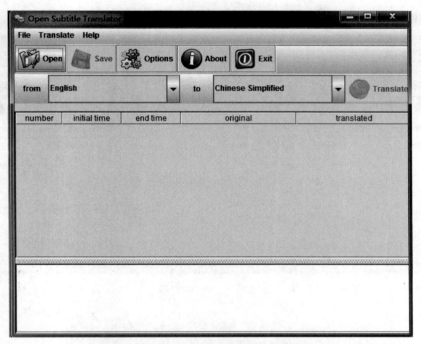

图8-6　Open Subtitle Translator界面

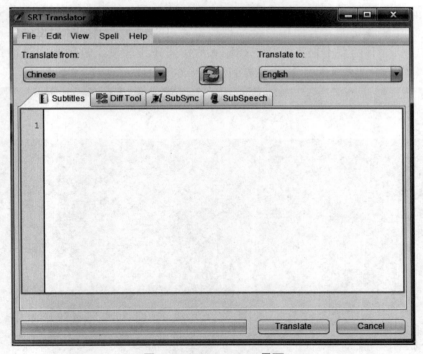

图8-7　SRT Translator界面

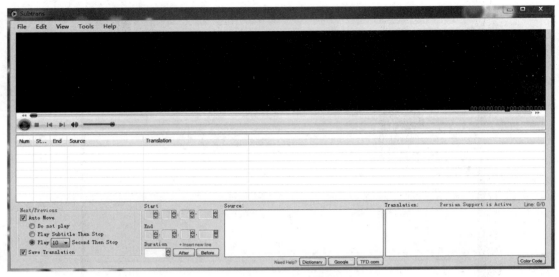

图8-8　Subtrans**界面**

（四）字幕通

字幕通❶是由中译语通科技（北京）有限公司研发的一款功能强大的视频字幕制作软件，操作界面简单易用，全中文化菜单，内嵌语音识别技术，可实现同屏自动切割时间轴、原文识别及实时翻译功能，方便用户全局把控翻译进程。此外，字幕通也提供了丰富的手动调校功能。软件有两点不足，一是视频较大时语音识别较慢，需要耐心等待；二是自动切割时间轴等功能效果需手调。该软件界面如图8-9所示。

图8-9　字幕通的界面

---

❶ 参见 http://www.yeeworld.com/yeecaption/。

二、字幕制作和编辑工具

（一）Aegisub

Aegisub[1]是软件开发商 NetworkRedux 制作的一个免费、开源、跨平台字幕编辑软件，支持完整 Unicode，支持超过 30 个地区的语言编码，还支持 .ssa、.ass、.srt 字幕格式。Aegisub 具备字幕预览功能，并可用波形图或音频谱制作、调整时间轴，方便用户跳过无对白部分。字幕组用 Aegisub 可实现翻译、时间轴的制作、排版、校对、卡拉OK计时及特效等。该软件界面如图 8-10 所示。

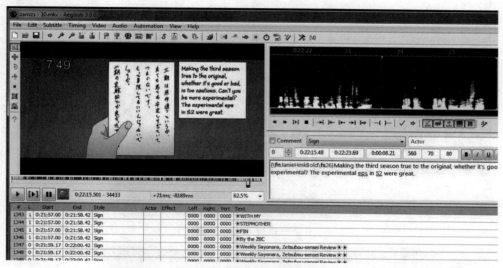

图 8-10　Aegisub 界面

（数据来源：http://www.aegisub.org/）

（二）anSuber

anSuber 是一款小巧的 .srt 格式字幕编辑工具，无须安装，界面简单，操作简易，允许用户在观看影片的同时输入字幕，且字幕可合并。但目前尚无法新建 .srt 字幕，用户制作字幕时需随便开启一个 .srt 文档编辑该文件，且该软件只支持 .srt 格式字幕编辑。和其他字幕制作工具相比功能也相对较少。该软件界面如图 8-11 所示。

（三）PopSub

PopSub 是漫游字幕组 Kutinasi 开发的字幕时间轴制作和辅助翻译软件，使用广泛，目前通用版本是 0.74 稳定版和 0.75 测试版，最新版本是 0.77 版。PopSub 功能强大，支持 .ass、.ssa、.smi、.srt、.txt 等格式字幕及 .avi、.wmv、.mp4 等多种常用格式视频；可调整视频播放速度，方便制作时间轴；可制作卡拉OK渲染效果及字幕滚动等部分字幕特效；内置翻译对照表（用于统一人名和关键名词译法）和颜色对照表（用于校译时标记出修正文字）功能，

---

[1] 参见 http://www.aegisub.org/。

方便团队翻译及审校字幕。但 PopSub 尚不能拆分、合并字幕，只能通过删除或添加时间行和对白行编辑，在字幕编辑处理方面较弱。该软件界面如图 8-12 所示。

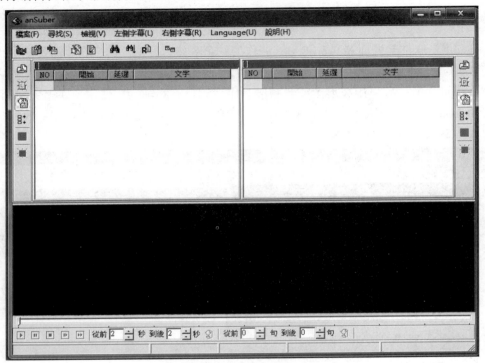

图 8-11　anSuber 界面

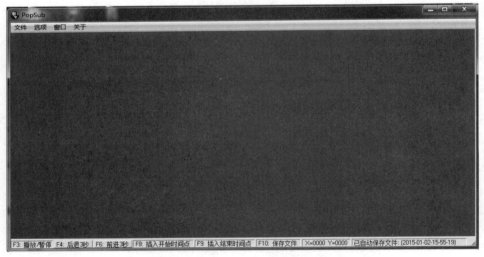

图 8-12　PopSub 0.75 测试版界面

（四）SubCreator

　　SubCreator[1]是 Radoslaw Strugalski 编写的一款实用字幕制作工具，主要用于 DivX 影片外挂字幕制作。该软件占用空间非常小，只有几百 KB，对双字节支持相当出色；时间轴制作

---

[1] 参见 http://www.radioactivepages.com/software.aspx。

十分便捷，可同步预览字幕效果。但需要注意两点：一是SubCreator版本不同，生成代码可能也不同，这意味着有些代码必须由用户手动编写；二是SubCreator对视频格式有严格要求，只能对.avi格式文件进行字幕编辑。该软件界面如图8-13所示。

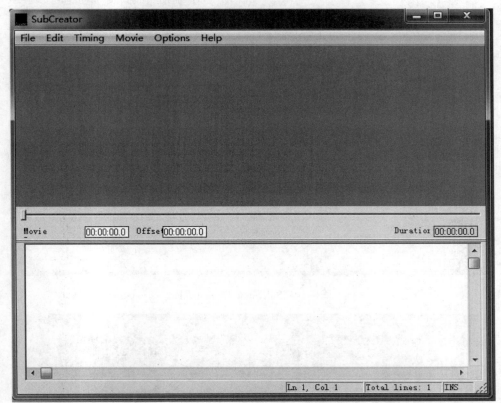

图8-13　SubCreator 1.2界面

（五）Sub Station Alpha

Sub Station Alpha是一款.ssa字幕编辑工具。CS Low（又作Kotus）创建的.ssa字幕比.srt字幕更强大，在Windows平台上播放时可由VSFilter渲染，字幕组常用该格式制作内挂字幕、外挂字幕或内嵌字幕。当用户发现字幕和视频语音不匹配时，可通过该软件编辑字幕。若字幕格式不是.ssa格式，可先用字幕转化工具转化成.ssa格式。不足之处是，该软件只针对.ssa字幕的编辑，功能稍显局限。该软件界面如图8-14所示。

（六）Subtitle Workshop

Subtitle Workshop[1]是URUSOFT公司推出的一款完备、有效、专业的字幕编辑软件，集字幕制作，修改调整、合并、分割字幕、格式转换，内容检查，编辑多语界面对应的语言字幕等功能于一身；支持65种字幕格式及常见的30种语言，远胜于其他字幕软件。该软件界面如图8-15所示。

---

[1] 参见http://www.urusoft.net/products.php?lang=1。

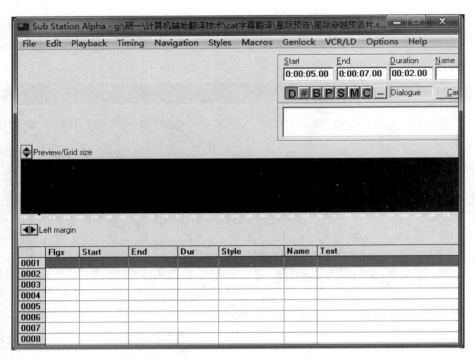

图8-14　Sub Station Alpha界面

图8-15　Subtitle Workshop界面

（数据来源：http://www.urusoft.net/products.php?cat=sw&lang=1）

（七）Time Machine

Time Machine 是人人影视字幕组开发的字幕制作软件，可完成翻译、时间轴制作、字体调整与输出等。它支持.srt、.ass格式字幕，支持导入.txt文本制作时间轴，支持输

出 .srt、.ass、.ssa 等多版本字幕，支持 .avi、.mp4 等多种常用格式视频。该软件界面清晰美观，可拆分合并字幕，编辑、检查时间轴。但 Time Machine 不能同步加载字幕预览效果，只有当字幕制作全部完成后，重新打开视频才能检查字幕效果。该软件界面如图 8-16 所示。

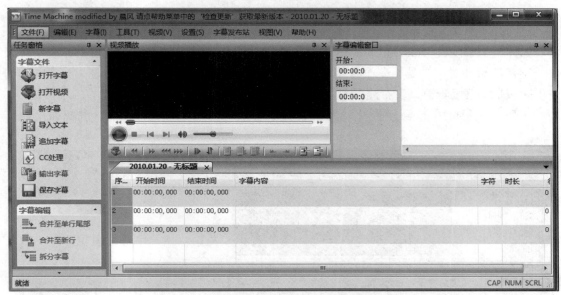

图 8-16　Time Machine 界面

（八）Visual SubSync

Visual SubSync 支持制作、编辑 .srt、.ssa、.ass 格式字幕，支持 .avi、.wmv 格式视频。与其他字幕制作工具不同，它采用音频模式制作时间轴，容易做到字幕与语音精确对位，且方便跳过没有对白的部分。该软件界面如图 8-17 所示。

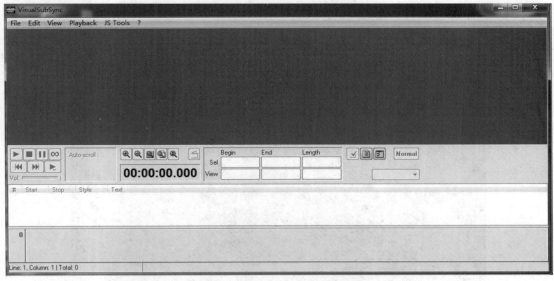

图 8-17　Visual SubSync 界面

三、字幕制作与翻译实例

本部分通过具体案例讲解如何用Time Machine、SubCreator和语视界翻译和制作字幕。

（一）Time Machine

如图8-18所示，Time Machine的界面主要有四部分：左侧竖列是任务窗格，有字幕文件、字幕编辑和时间轴编辑三个窗格，右侧上部的黑色区域是视频播放窗口，与之并列的白色区域是字幕编辑窗口，右侧下部是时间轴编辑窗口。

下面以《星际穿越》预告片（无中英文字幕版）为片源（图8-19），讲解如何制作字幕。

图8-18　Time Machine界面

图8-19　《星际穿越》无字幕版预告片

由于视频本身没有任何字幕，先打开记事本和视频，边听边译，在记事本里输入译文。

注意此时译文格式：一句字幕为一行，如图8-20所示。

翻译文本和片源就绪后，可制作字幕。大致分为如下几步。

1.打开视频

鉴于Time Machine只能处理.avi、.mp4等格式视频，如格式不对，需先转换格式，如用格式工厂。该步骤分为如下3步。

第1步：运行Time Machine。

第2步：选择"字幕文件"下"打开视频"选项。

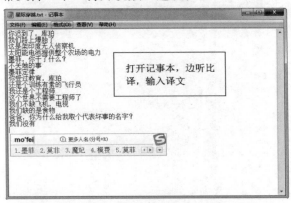

图8-20　在记事本中输入译文的第一种格式

第3步：在弹出的对话框中，选择要打开的视频，单击"打开"按钮即可实现导入，如图8-21所示。

图8-21　在Time Machine中打开视频

2.导入文本

第1步：选择"字幕文件"下"导入文本"选项。

第2步：弹出对话框，选择之前准备好的译文：星际穿越.txt，单击"打开"按钮。

注意：导入译文文本必须是.txt格式的，如图8-22所示。

第3步：选中文本后，弹出对话框，选择"每行识别为一行时间轴"，单击"确认"按钮，右侧下方时间轴编辑窗口随即出现导入的文本，如图8-23所示。

图8-22　在Time Machine中导入文本(一)

图8-23　在Time Machine中导入文本(二)

注意：如果选择"以空行为时间轴切分点"，在记事本输入译文时，每输完一句字幕，必须打一个空格，如图8-24所示。否则，软件会把所有译文当作一句字幕处理。

若之前未完成翻译工作，也可在Time Machine里翻译。步骤如下。

　　第1步：选中"字幕文件"下"新字幕"选项，弹出对话框，输入需要创建的字幕行数，单击"确定"按钮，即可创建新字幕，如图8-25所示。

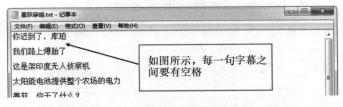

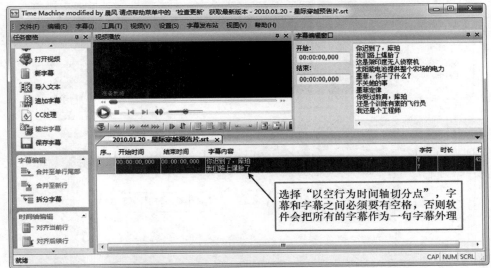

图8-24　在记事本中输入译文的第二种格式及在Time Machine中导入文本的错误案

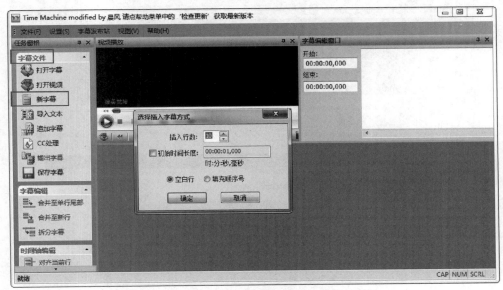

图8-25　在Time Machine中创建新字幕

　　第2步：创建完字幕，选中第一行时间轴，播放视频，边听边译，在"字幕编辑窗口"中输入译文，如图8-26所示。

3.制作时间轴

视频和翻译文本都导入后就可开始制作时间轴。步骤如下。

第1步：先选中第一行时间轴，然后开始播放视频。

第2步：当视频里字幕对应的台词出现时，单击视频下方菜单栏向左的绿色小箭头（快捷键为F8）。

第3步：该台词结束时，单击视频下方菜单栏向右的绿色小箭头（快捷键为F9）。这样就完成了第一行字幕的时间轴制作。以上步骤如图8-27所示。

图8-26　在Time Machine中完成翻译

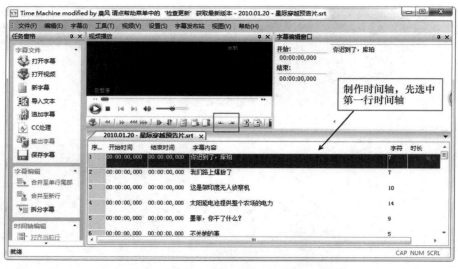

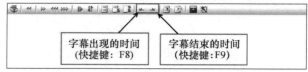

图8-27　在Time Machine中制作时间轴（一）

时间轴制作过程中，完成上一行字幕起止时间后，软件会自动跳到下一行，并用红框圈出，如图8-28所示。因此可把大部分注意力放在控制字幕起止时间上。如果因为语速太快，漏了某句话，可人为控制返回；且制作过程中如发现译文出错，可在字幕编辑窗口修改译文文本。

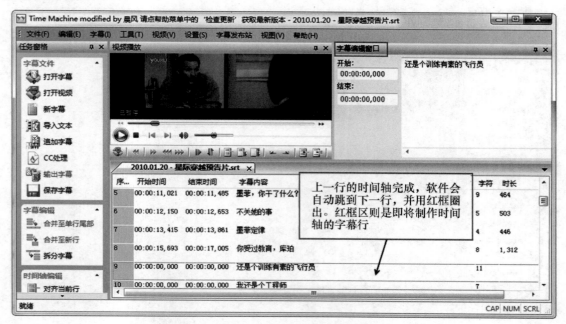

图8-28 在Time Machine中制作时间轴（二）

第4步：重复上述操作，完成所有字幕的起止时间，时间轴制作完成。

4.时间轴除错

时间轴制作完成后，需要检查，以防出现诸如某句字幕开始时间大于结束时间等问题，步骤如下。

第1步：选择左侧"时间轴编辑"下"检查除错"选项。

第2步：弹出对话框，用户可根据需要选择检查项，单击"检查"按钮，会显示需要修改的时间轴（不同的颜色代表不同的错误类型，方便用户识别）。

第3步：检查时间轴之后，用户修改某些出错的时间轴。上述步骤如图8-29所示。

5.保存

时间轴除错后，需要保存字幕。步骤如下。

第1步：单击"文件"或"字幕文件"下的"保存字幕"。

第2步：弹出"另存为"对话框，输入文件名。

注意：本字幕为外挂字幕，必须保证字幕文件名和视频文件名一致，且在同一文件夹下，才能保证视频播放器自动加载；保存类型选择.srt格式（Time Machine也支持保存为.ass格式和.ssa格式）。以上步骤如图8-30所示。

用户也可单击"文件"下的"另存为"，弹出如图8-31所示的对话框，单击"继续"按钮，接着弹出如图8-30一样的"另存为"对话框，输入文件名，保存字幕。

如文件名未保持一致或字幕文件、视频文件不在一个文件夹里，打开视频后，用户可把字幕文件直接拖进视频，这样也能加载字幕，但Windows Media Player加载不了，QQ影音、暴风影音等都可以，如图8-32所示。

图8-29　在Time Machine中完成时间轴除错

图8-30　在Time Machine中保存字幕(一)

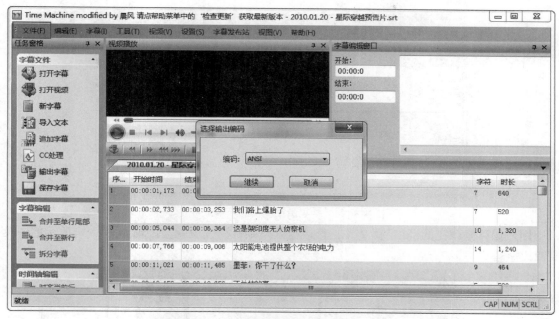

图8-31　在Time Machine中保存字幕（二）

图8-32　字幕加载方法（以QQ影音播放器为例）

　　如要修改字幕，可打开Time Machine，打开字幕后在字幕编辑窗口修改，也可直接用记事本打开字幕，在记事本里修改。如图8-33所示，在记事本里添加英文字幕。

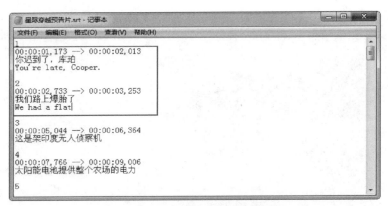

图8-33　在记事本中添加英文字幕

用户保存修改完的.srt字幕文件，直接拖入视频，视频里就会出现如图8-34所示的中英文双语字幕。

图8-34　修改后的字幕内容

另外，对.srt格式的字幕，在记事本里输入一些编码还可完成一些简单字幕效果。如在"你迟到了，库珀"之前添加"｛\3c&Hd22c01&｝｛\fn黑体\fs27｝"，如图8-35所示。

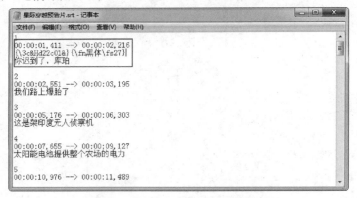

图8-35　在记事本中设置简单字幕效果

修改完字幕并保存后，打开视频，用户会发现字幕的颜色、大小、字体都发生了变化，如图8-36所示。

图8-36 修改后的字幕效果

（二）SubCreator

如图8-37所示，SubCreator主要分为两大区域，上部为视频预览窗口，下部既是字幕编辑窗口，也是时间轴制作窗口。

1.设置字幕格式

第1步：选择菜单栏Options中Change Subtitle Front选项。

第2步：在弹出的对话框中，用户可选择字幕字体、字形、大小、颜色等，然后单击"确定"按钮。

注意：由于待完成的是中文字幕，因此一定要把字符集改成中文，否则制作完成的中文字幕可能会乱码。上述步骤如图8-38所示。

图8-37 SubCreator 1.2界面

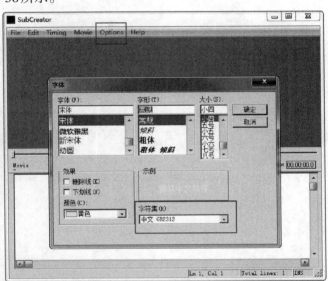

图8-38 在SubCreator 1.2中设置字幕格式

2.打开视频

第1步：选择Movie→Open菜单。

第2步：弹出对话框，选择要打开的视频文件，单击"打开"按钮。

注意：SubCreator导入的视频文件必须是.avi格式，如果不是，需先转化视频格式。上述步骤如图8-39所示。

单击"打开"按钮之后，可能会出现"无法使用视频，找不到'vids：FMP4'解压缩程序"的文字，如图8-40所示。

图8-39　在SubCreator 1.2中打开视频

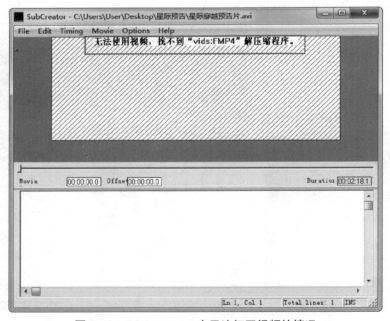

图8-40　SubCreator 1.2中无法打开视频的情况

出现这种情况，是由于视频压缩编码不同，或个人计算机编码器不同。这时需要选择 Options→Video engine options 菜单，在弹出的对话框中，选择另一项，也可两个选项都试试，如图8-41所示。

图8-41 在SubCreator 1.2中更换解码器

视频预览窗口变黑，则视频文件已成功打开，如图8-42所示。

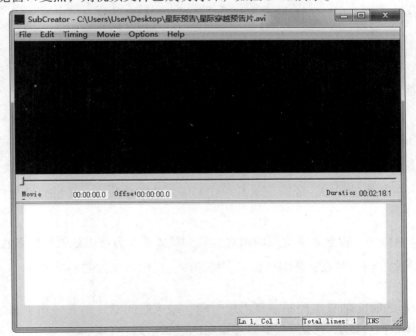

图8-42 SubCreator 1.2界面下成功打开视频

3.打开翻译文本

第1步：选择File→Open菜单。

第2步：在弹出的对话框中，选择要打开的翻译文本，单击"打开"按钮。

注意：和Time Machine一样，SubCreator导入的翻译文本格式也必须是.txt格式。上述步骤如图8-43所示。

字幕编辑窗口出现文本，说明翻译文本已成功打开，如图8-44所示。

图8-43　在SubCreator 1.2中打开翻译文本　　　图8-44　SubCreator 1.2界面下成功打开翻译文本

4.制作时间轴

视频和翻译文本成功打开之后，开始制作时间轴。

第1步：单击Movie中的Play（快捷键为Ctrl+Space）和Stop（快捷键为Ctrl+Space）可控制视频的播放与暂停。选择Movie→Play菜单，播放视频。

第2步：当发现第一句字幕对应的台词出现时，用户单击Timing中的选项Set Timestamp（快捷键为Ctrl+A），确认字幕开始时间。与Time Machine不同的是，SubCreator只需确认字幕开始时间，结束时间默认为下一句字幕的开始时间。

第3步：在制作过程中，还需要时常单击File菜单栏中的Save（快捷键为Ctrl+S）保存时间轴。

第4步：制作中，视频下方会同时出现字幕预览效果，方便确认效果；若在制作时间轴过程中发现译文有误，可在字幕编辑窗口直接修改。上述步骤如图8-45所示。

SubCreator的时间轴只需控制字幕出现时间，结束时间默认为下一句字幕出现的时间。这方便了操作，但可能会导致某些字幕停留时间过长。选择Options→General Settings菜单，弹出对话框，其中有一项Default subtitle，修改该项可修改字幕默认停留时间，如图8-46

所示。

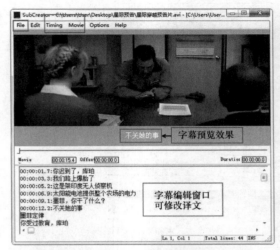

图8-45 在SubCreator 1.2中制作时间轴

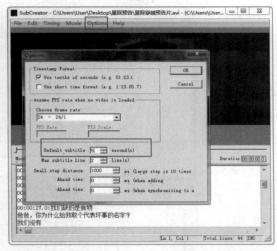

图8-46 在SubCreator 1.2中修改字幕显示时间

5.保存

第1步：选择File→Export菜单。

第2步：弹出对话框，在Choose format中选择字幕文件保存格式，此处选择了.ssa格式。

注意：SubCreator也可保存字幕为.srt等其他格式，如图8-47所示。

图8-47 在SubCreator 1.2中保存字幕(一)

第3步：单击Save to file按钮，在弹出的对话框中设置文件名及保存位置，如图8-48所示。

图8-48　在SubCreator 1.2中保存字幕（二）

　　.ssa格式字幕和.srt格式字幕一样，均可用记事本直接编辑，且这些字幕均为外挂字幕，字幕文件名与视频文件名必须一致，且在同一个文件夹里，这样打开视频才会自动加载字幕。如前所述，用户也可直接拖进视频里加载字幕。图8-49展示了用记事本打开的.ssa格式字幕，与.srt格式稍有不同。

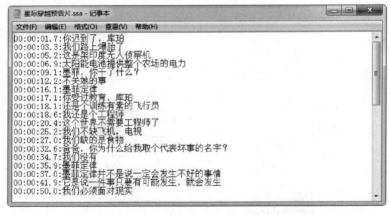

图8-49　.ssa格式字幕

　　以上就是两个字幕制作软件Time Machine和SubCreator的简单讲解。虽然这些软件对字幕翻译和编辑提供了很大便利，但这些工具更倾向于将已译好的字幕文本载入视频，文本翻译、时间轴设定等细节还有很多值得探讨的问题。

（三）语视界

语视界（http：//v.iol8.com）是由语联网信息技术公司研发的一款字幕在线翻译产品，语视界采用云技术，通过平台多用户同时读取云媒体数据的方案实现了单视频多人协同处理的工作模式。语视界支持视频翻译流程中多人协同，视频分拆处理，并加入了术语同步功能，且各环节的角色通过留言的方式进行沟通。产品界面如图8-50所示。

图8-50 语视界的界面

在语视界完成字幕翻译会涉及多个角色：项目管理员、译员、审校人员、质检员等，每一个角色都需要在语视界登录，然后才可以继续操作。所有的任务都是由项目管理员发出，译员、审校人员和质检员主要是承接和完成任务。以翻译一集美剧为例。

1.项目管理员新增任务

第1步：项目管理员先将美剧的视频和源字幕（CC字幕）从相关网站下载下来。然后将视频上传到语视界。先登录，登录界面如图8-51所示，输入用户名、密码，单击登录；如提示密码有误，可以通过单击Lost password?按钮找回密码。

项目管理员登录以后，会看到如图8-52所示的界面。

第2步：在"视频管理"中，上传需要翻译的视频，如图8-53所示。

单击Upload按钮，右下角弹出上传窗口，可以选择1-普通上传或2-大文件上传，如图8-54所示。

上传成功后会有如图8-55所示的提示。

图8-51 语视界登录界面

图 8-52　项目管理员登录语视界后的界面

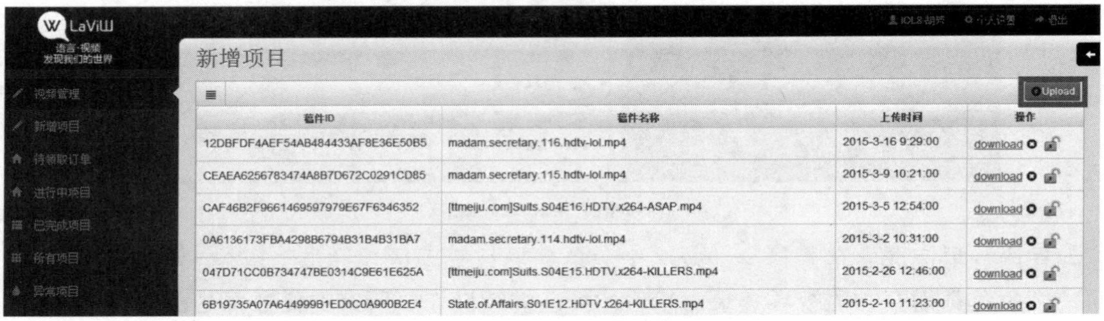

图 8-53　语视界上传视频界面

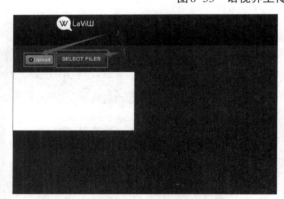

图 8-54　语视界上传视频窗口

图 8-55　语视界视频上传成功提示

第3步：视频上传成功后，开始增加新任务，如图 8-56 所示。

新增项目以后，任务会直接进入进行中项目，如图 8-57 所示。

第4步：单击"派发任务"按钮，进行任务派发，如图 8-58 所示。

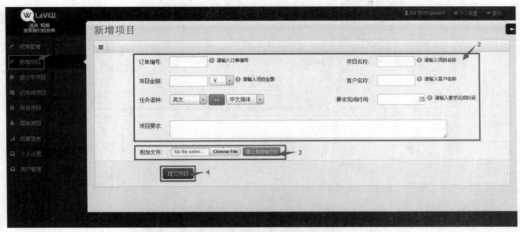

图 8-56　语视界增加新任务界面

1—单击左侧菜单的"新增项目"；2—填写项目信息；3—添加项目稿件；4—选择"提交项目"

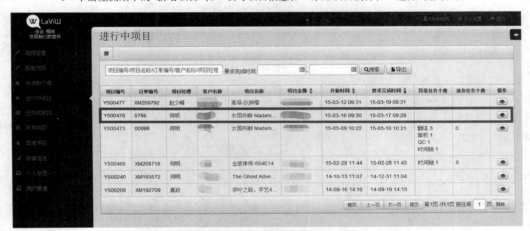

图 8-57　语视界进行中项目列表

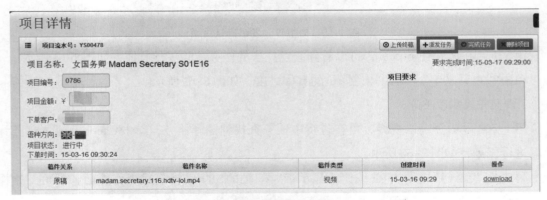

图 8-58　语视界任务派发界面（一）

单击"派发任务"按钮以后，会出现如图 8-59 所示界面。

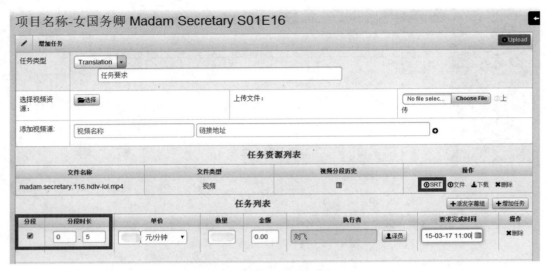

图8-59　语视界任务派发界面(二)

单击SRT按钮上传源字幕，选中"分段"，可以将视频进行拆分派发，并不断增加任务，派发完毕以后，单击"确定派发"按钮，如图8-60所示。

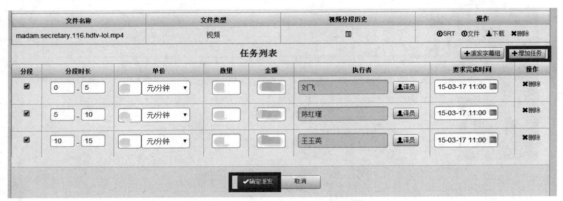

图8-60　语视界派发后确认页面

第5步：在派发任务首页，可以看到派发完毕的任务，并进行监控，如图8-61所示。

单击"查看进度"，可以知道译员的具体进度，如图8-62所示。

2.译员完成翻译任务

第1步：译员登录语视界，可在进行中任务查找到翻译任务，单击Continue进入任务详情页进行任务，如图8-63所示。

第2步：在详情中单击SE按钮，显示带时间轴的SRT编辑模式工作界面，即可开始操作，如图8-64和图8-65所示。

任务编号	任务类型	执行者	任务价格	创建时间	领取时间	要求完成时间	处理时间段	任务状态	操作
								查看进度	
视频名称：madam.secretary.116.hdtv-lol.mp4(12DBFDF4AEF54AB484433AF8E36E50B5)									
RW02149	Translation	方晨		15-03-16 09:33:42	15-03-16 09:33:42	15-03-17 09:30:00	0-7	进行中	编辑 删除 完成
RW02150	Translation	游芸		15-03-16 09:33:42	15-03-16 09:33:42	15-03-17 09:30:00	7-12	进行中	编辑 删除 完成
RW02151	Translation	伍迪		15-03-16 09:33:42	15-03-16 09:33:42	15-03-17 09:30:00	12-18	进行中	编辑 删除 完成
RW02152	Translation	赵悦		15-03-16 09:33:42	15-03-16 09:33:42	15-03-17 09:30:00	18-24	已完成	编辑 删除
RW02153	Translation	钟晓旭		15-03-16 09:33:42	15-03-16 09:33:42	15-03-17 09:30:00	30-37	进行中	编辑 删除 完成
RW02154	Translation	邹李文广		15-03-16 09:33:42	15-03-16 09:33:42	15-03-17 09:30:00	37-44	进行中	编辑 删除 完成
RW02155	Revising	汪菲		15-03-16 09:34:27	15-03-16 09:34:27	15-03-17 09:32:00	0-22	进行中	编辑 删除 完成
RW02156	Revising	朱芸莹		15-03-16 09:34:27	15-03-16 09:34:27	15-03-17 09:32:00	22-44	进行中	编辑 删除 完成
RW02157	QC	邹兵		15-03-16 09:34:41	15-03-16 09:34:41	15-03-18 09:33:00		进行中	编辑 删除 完成

图8-61 语视界任务监控页面

Info

File　Help　　　　　　　　　　　　　　　　　　　　　　　　V1.03

胡芳（AT1100030499）

behind this operation.
全权处理这件事情

⏸ 00:00:04.309 / 00:43:47 S ⏮ ⏭ 🔊 ⬛

REFRESH

00:00:00.600 00:00:03.239	I've put the full weight of the Justice Department 我已经让司法部
00:00:03.241 00:00:05.274	behind this operation. 全权处理这件事情
00:00:05.276 00:00:07.776	We'll have eyes, ears and GPS 我们还会对芒西局长进行24小时的
00:00:07.778 00:00:09.912	on Director Munsey 24-7.

图8-62 语视界任务具体进度页面

Ongoing Tasks

Project No./Task No./Project Name		Submission Deadline		-		Task Type:		Q Search

Task No.	Project No.	Order No.	Project Name	Task Type	Price	Time of getting task	Submission Deadline	Operate
RW02157	YS00478	0786	女国务卿 Mada...	QC	¥0.00	15-03-16 09:34	15-03-18 09:33	Continue
RW02129	YS00473	00998	女国务卿 Mada...	QC	¥18.5	15-03-09 10:27	15-03-10 10:26	Continue

图8-63 语视界进行中任务界面

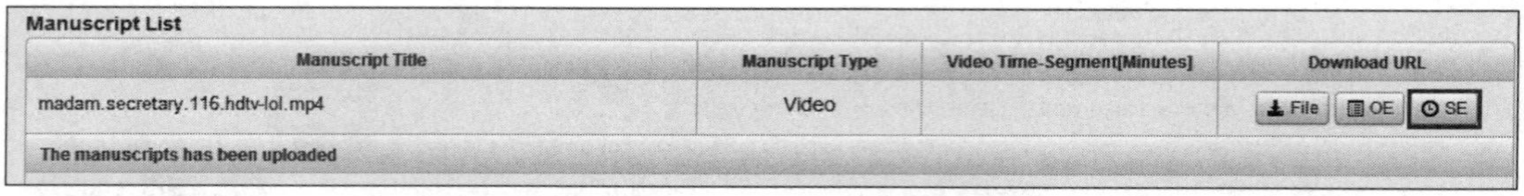

Manuscript List			
Manuscript Title	**Manuscript Type**	**Video Time-Segment[Minutes]**	**Download URL**
madam.secretary.116.hdtv-lol.mp4	Video		⬇ File　▥ OE　◉ SE
The manuscripts has been uploaded			

图8-64　语视界进入任务编辑前页面

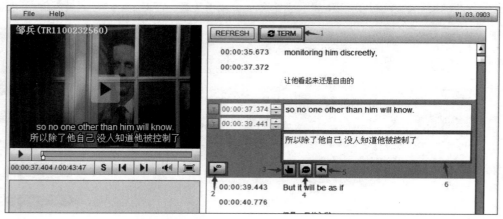

图8-65　语视界任务编辑界面

1—术语标注；2—循环播放按钮；3—确认提交按钮；4—给下一环节留言；

5—取消操作按钮；6—翻译文字编辑区

第3步：翻译完成以后，单击upload subtitles按钮即表示完成翻译，如图8-66所示。

图8-66　语视界完成任务界面

审校和质检的操作同翻译，不同的是，审校和质检在翻译的过程中就能看到译文，无须等到译员提交以后再进行审校和质检，如图8-67所示。

译员、审校人员以及质检员都完成任务以后，项目管理员在最后一个任务环节的返稿中进行下载，即可获得.srt格式字幕，如图8-68和图8-69所示。

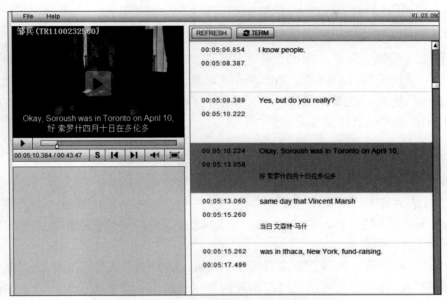

图8-67 语视界审校和质检在任务过程中看到的界面

稿件类别	稿件名称	文件类型	上传时间	分段处理	分段时长	操作
			任务资源列表			
返稿	madam.secretary.115.hdtv-lo...	文本	15-03-09 13:12			↓下载 ✖删除
源稿	madam.secretary.115.hdtv-lo...	视频	15-03-09 10:21	☐	-	⊙SRT ⊙文件 ↓下载 ✖删除

图8-68 语视界字幕下载页面

```
1
00:12:00,926 --> 00:12:03,385
但如果我们不与土耳其搞好关系
But if we don't make nice with the Turks,

2
00:12:03,485 --> 00:12:05,585
我就没法平息那件事
I... I can't make that happen.

3
00:12:08,424 --> 00:12:10,457
那就去吧
Then go.

4
00:12:10,459 --> 00:12:12,426
谢谢您 总统阁下
Thank you, sir.

5
00:12:12,428 --> 00:12:13,827
但要低调行事
But do it quietly.

6
00:12:13,829 --> 00:12:15,495
连你的下属也不能知道你去那的真正原因
Not even your staff can know the real reason you're there.
```

图8-69 语视界下载后的字幕

第三节 字幕翻译困境及计算机辅助翻译解决方案

我国在字幕翻译领域起步较晚，并且存在许多问题，而使用CAT工具在很大程度上可帮助提高字幕翻译速度，保证质量，极大地推动了字幕翻译工作。

一、字幕翻译面临的主要问题

国内影视字幕翻译分属官方和民间两大阵营，但无论是官方译制系统还是民间网络字幕组都存在一些比较突出的问题，如影视作品的翻译、发布时间较为滞后，不能很好地满足观众对新作品的及时性观赏需求；译制过程中工作人员在工作时间和地点上不能很好协作；CAT技术严重欠缺及使用意识和能力不强等。

（一）时间问题

时间问题集中表现为时间不足和时间不协调，官方或民间都存在时间滞后问题。以中央电视台为代表的官方译制系统在美剧翻译上存在"三宗罪"：时间总慢一步；翻译总有错误；配音总不合适（胡凌竹，2007：102-103）。之所以翻译过的影视作品上映时间总比观众期待"慢半拍"，原因有二：

一是选取标准严苛。我国官方总习惯于引进获"金球奖"等奖项的作品，但问题是很多获奖的影视作品在获奖前可能已经在影片制作国热播了，等我国引进时，这些作品早已可在国内网络上免费下载了。如2005年中央电视台引进《人人都爱雷蒙德》（*Everybody loves Raymond*）时，该剧已在美国播出九年之久。

二是审批程序烦琐。中央电视台引进影视作品前先让片商提供试看带，然后由翻译、专家和编导组成的团队进行严格试看并给出意见，最后才会决定是否引进。这一过程至少需要两个月。

而网络字幕翻译组成员多为分散在各地的兼职大学生，因为其工作时间很难统一，被网民戏称为"临时工"。对某字幕组小范围调查数据显示，字幕组不但人员组成复杂，且工作时间差异较大。在李翔宇（2014：14）调查的十名字幕译员中，有六位来自三所院校，另外四位来自"人人翻译"字幕组；他们的工作时间分布在08：00—12：00、14：00—18：00及20：00以后这三个时间段，要实现同步翻译和制作、即时沟通和协调几乎不可能。这样，任务完成时间相对滞后、字幕组工作效率不高就不难想见了。

字幕翻译领域存在一种"潜规则"，即谁能在最短时间内上映作品，谁就能赢得更多的关注和市场。因此无论官方译制系统还是民间字幕组，都普遍存在为追求翻译速度和上映时间而牺牲必要技术支持或省略校对等的问题。因此，出现术语翻译不一致、审校环节草草进行甚至忽略、频频出现错误等也就在所难免了。

（二）协作问题

除时间问题，字幕组在成员分工协作上也存在问题，主要是因专业水平、时间、地点差异导致成员之间难以高效协同，多人协作造成影视作品整体语言风格不协调，术语等翻译不一致等，这是伊甸园（YDY）、风软（FR）、破烂熊（PLX）、人人影视（YYeTs）等主要字幕组必须面对的现实问题。目前，字幕组基本停留在落后的手工操作阶段——认领任务后，首先进行人工翻译，继而手工校对；而校对这一环节，有时可能为提高出片速度而省略。因此，整个字幕翻译团队的工作缺乏系统性，很难保持多人协作的质量。

字幕协作翻译中，人名、物名、地名、称呼等的统一是个难题。如美剧《欲望都市》中的Mr. Big先是译为"大人物"，后又译为"比格先生""彼格先生"等。由于译员分工不同，很多人物译名在前后多集中均不统一，类似案例不胜枚举。显然，人名、物名、地名、称呼等若不能统一，就会整体上影响作品质量。

（三）技术问题

字幕翻译的另一个突出问题是缺少有效技术、工具支持，导致工作效率低下。随着翻译技术发展，市面上出现了很多辅助性字幕翻译、制作工具，但由于其缺少专业翻译软件必备的翻译记忆功能和术语管理功能，该软件的使用者仍要在紧张时间内进行高强度、重复性人工翻译工作，不仅没有节省"非生产"性时间，而且也无法保证译文一致性及术语统一性等。

除上述问题外，字幕翻译还面临其他一些问题，如多数影视公司对翻译了解和重视不够、外包环节过多、译员水平参差不齐、字幕组管理机制不健全等，本书不再赘述。

二、计算机辅助翻译技术在字幕翻译中的应用

本书拟从译前、译中、译后三个阶段阐述CAT技术在字幕翻译中的应用。

（一）译前

字幕翻译前通常需要格式转换和术语提取。格式转换是翻译的前提和基础，术语提取是为实现整部影视作品的术语统一。这两个环节若采用人工手动方式既耗时又无法确保质量和一致性。若使用CAT工具，这两项难题都可轻易解决，原因有二：

一是CAT技术可完好保留原始字幕翻译格式。目前，SRT、ASS等主流字幕格式均可转为TXT格式，继而导入SDL Trados等CAT工具中翻译。CAT工具可保护非译内容，避免误删字幕文本中的时间码、句子序号，避免误删导致中英文混杂，翻译完成后，CAT工具可完好导出原始文件及所有文本信息。

二是CAT工具有助于译前术语统一。利用CAT工具可抽取人名、地名、物名、机构名称等高频术语制作术语库，并由翻译团队成员共享。术语库不仅能节省时间和劳动力，还能保证同一术语在整部影视作品中的统一，反之会出现不同剧集中的术语混乱。如美剧《24小时反恐》里pentagon一词可译为"五角大楼"，用以代指"美国防部"。虽然两种译法均可，但如果"国防部"和"五角大楼"同时出现，就会给观众造成理解不便，如在译前就能利用术语管理工具将该词统一为"国防部"或"五角大楼"，这一问题便可迎刃而解。

（二）译中

字幕翻译多为人与人之间的对话，口语、俚语等非正规用语大量存在，往往需要结合实际语境才能解释其所表达的意思，而CAT技术可为这些多样表达法及剧情创建一个统一的记忆库，译者可在翻译时搜索记忆库，参考以前已有的翻译数据，保持风格统一，避免脱离剧情的"盲译"现象。此外，CAT工具中通常内置机译引擎，可快速翻译字幕文本，译者可根据需要修改、采纳，确认后自动存入记忆库。随着不断地学习和积累，记忆库会

提供越来越多的译文和语境信息，译者翻译速度越来越快，效率也越来越高。经过一段时间积累，记忆库及术语库可成为字幕组语言资产，实时共享，后续发挥更大作用。

如美剧《老友记》中，主角之一的 Joey 见到漂亮女孩时最爱说的一句话就是"How're you doing?"。在这部十季近 250 集的剧集中，几乎每集都会至少出现一次这句话。如不利用 CAT 工具的翻译记忆功能，译者岂不是要将不足 10 个字的这句话重复翻译 250 次！使用 CAT 工具只需翻译一次，其后记忆库便自动识别并插入译文区（译者也可根据语境重调）。除剧本正文，系列电影和电视剧的片头片尾存在大量重复信息，如主演、导演、编剧、美工信息一般不会有太大变动，利用记忆库能彻底解决重复内容的翻译时间。

（三）译后

CAT 技术可在译后检查翻译质量。由于影视作品上映对时间要求很高，通常留给翻译的时间较短，从而造成标点符号、数字等错误，虽然有些细微错误仅靠肉眼很难分辨，但即使数字等的翻译错误也会影响观众对译作的理解（Depraetere & Vackier，2011：49），因此译后 QA 工作的重要性不言而喻。以往的人工逐一排查不仅枯燥乏味，而且耗费大量时间，即便仔细检查，也难免出现"漏网之鱼"，而像 ApSIC Xbench、ErrorSpy、L10N Works QA Tools、Okapi CheckMate、QA Distiller 等计算机辅助 QA 软件可帮助译员解决大部分问题。

虽然上述工具只做技术检查，而非语义检查，但快速自动化的检查一致性、术语、数字、标点、标记符号等可极大节省翻译 QA 时间，将译者从烦琐的细节检查中解放出来。如 2013 年 7 月 31 日上映的科幻巨制《环太平洋》极为卖座，但在其译制版字幕中，译者却将"Their sole purpose was to aim for the populated areas..."误译为"它们真正的核心目的在于污染地表"（正解是"污染的地表"），并因此饱受批评。如在译后合理应用计算机辅助 QA 工具进行全面术语检查，就可避免这样的低级错误。

附件　字幕翻译风格指南

Translating a Subtitle File

Working on a Subtitle File

Open the newly created Word document file.

You may see header information at the top of the file. For example:

*13817700 30DAYSY101E$ "30 Days S1 Eps. Ybr101 Minimum Wage" / NTSC / 4x3 1.33 / ENGLISH $ / DVD / TS99568 / Fox Domestic DVD

*TimecodeType=D

*MaxRowCount=12

*ReadableFileName=30DAYSY101E$

Please do not modify any of the information in the header in any way.

Below the header are the subtitles. For example：

0155 01：07：33：03 01：07：35：06（02：03）_------

I have <loads> of coffee experience.

0156 01：07：35：08 01：07：37：02（01：24）_------

*** NOTE： OVERLAID DIALOG ***

<I was here to respond

<to the ad for a job.

0157 01：07：35：08 01：07：37：02（01：24）_--++-

*** NOTE： ASYNC $（PHOTOGRAPHED TEXT）***

{9 DELI

0158 01：07：37：04 01：07：38：19（01：15）_------

- For a job? Sure.

- Yeah.

Note that each subtitle record begins with a row of numerals： the 4-digit subtitle ID number, the IN time, the OUT time, and（in parentheses）the duration（the on-screen time in seconds and frames, or the OUT time minus the IN time）. The row of numerals may include technical codes, such as "_--++-" in subtitle 0157 in the example above.

Please do not modify any of the blue text.（Sometimes the technical codes include English notes or comments. Please do not translate this material.）

Replace the English subtitle text with the translated text.

The opening pointed bracket "<" in subtitle 0155 indicates the beginning of italics, and the closing pointed bracket ">" indicates the end of italics. If the English text contains italics codes（"<" and ">"）, include them as appropriate in your translation. If italics begin within a row, be sure to put a space before the "<" character. Within a row, be sure to put a space after the ">" character. Italics are turned off automatically at the end of each row, so you do not need to place the ">" character at the end of a row.

If a row of English text begins with a vertical code（a "{" followed by a single character）, be sure to include that same code at the beginning of your translated row.

Positioning code

A row of English text may begin with a vertical positioning code consisting of a "{"（opening curled brace）followed by a single character. See subtitle 0157 in the example above. Be sure to include that same code at the beginning of your translated row. A standard subtitle file will contain 12 rows, with row 1 being at the very top of the screen, and row 12 at the very bottom. Here's a brief explanation of what each vertical positioning code means：

for row	use code	for row	use code
1	{0	7	{6
2	{1	8	{7

for row	use code	for row	use code
3	{2	9	{8
4	{3	10	{9
5	{4	11	{A
6	{5	12	{B

Note that some files may also use horizontal positioning codes. The horizontal codes will be located at the end of a line of text.

\l   this means that this title will be positioned on the left side of the screen

\r   this means that this title will be positioned on the right side of the screen

When your file contains codes like this, the person that sends you the file will notify you. Please be careful not to modify these horizontal positioning codes. Note that while almost every file will contain some vertical positioning code, it is very rare for a subtitle file to contain horizontal positioning code.

On-screen text （a.k.a. forced titles）

In the English file, on-screen text （signs, newspaper headlines, on-screen locators like "New York, 1941", etc.）is indicated by blue text right underneath the row containing the time codes.

Photographed text （visible to the actors on the set）and the movie's main title are indicated by *** NOTE： $ （PHOTOGRAPHED TEXT）***

Text added in post production （"burned in" text, such as locators）is indicated by *** NOTE： ~ （BURNED-IN TEXT）***

Please translate both types of on-screen text （also called "forced titles"）.

For most on-screen text, we use all capitals. If the English file does not use all capitals for a visual, please try to match the style of the English subtitle. For example, if the English subtitle reads "STORE", please use all caps in your translation. If the English subtitle reads "Two years later", please use proper mixed case in your translation. If using all caps means the forced title exceeds safe title （see Row Width section below for more on safe title issues）, please use mixed case instead.

Asynchronous

Forced titles may or may not appear on-screen at the same time as dialog. If they appear at the same time, some special rules apply. A forced title which appears on-screen at the same time as dialog text is called "asynchronous". It will be indicated as "ASYNC" in the blue text：

*** NOTE： ASYNC ~ （BURNED-IN TEXT）***

*** NOTE： ASYNC $ （PHOTOGRAPHED TEXT）***

The dialog that will be on-screen at the same time as this asynchronous forced title will be indicated by

*** NOTE： OVERLAID DIALOG ***

Please treat asynchronous titles no differently than you would treat any other title： translate both the dialog title and the forced title.

Here is the above example translated to Latin American Spanish：

0155 01：07：33：03 01：07：35：06（02：03）_------

Tengo <mucha> experiencia en café.

0156 01：07：35：08 01：07：37：02（01：24）_------

*** NOTE：OVERLAID DIALOG ***

<Venía por el aviso de trabajo.

0157 01：07：35：08 01：07：37：02（01：24）_--++-

*** NOTE：ASYNC $（PHOTOGRAPHED TEXT）***

{9 DELICATESSEN

0158 01：07：37：04 01：07：38：19（01：15）_------

-? De trabajo? Sí.

- Sí.

Note that all the blue text has been left untouched, and that the italics codes "<" and ">" and vertical code "{9" have been retained in the translated version, and that the forced titles have been left in all caps.

For asynchronous titles, both for the ASYNC title itself and for the OVERLAID DIALOG title, please make sure that the combination of the two does not exceed 3 rows.

Removing text

If the English file contains on-screen text that is IDENTICAL in your language or does not need to be translated, remove that text from the file. Please DO NOT leave untranslated on-screen text in the file.

If you remove all of the text from a subtitle, please leave the blue text（time codes and any codes）intact. This will allow us to take a last look at the surrounding subtitles and perhaps retime some of them before we deliver the file.

If you feel that a short English utterance（for example, "Okay"）standing alone in a subtitle by itself does not need to be translated, please remove that text from the file, but leave the blue text above that text untouched.

Main title

If the English file contains a subtitle for the main title, please translate that main title. Please research if there is an official main title translation for your language.

Lyrics

If there are song lyrics in your E$ file, please translate them.

Missing material

Please do not attempt to add new subtitles. If you find that the English file is missing any material, please provide us with the time code and your suggested translation through E-mail when you send us your final file.

Stylistic Conventions

Row Width

Keep your subtitle rows to a reasonable width. Each row must fit within video safe title（80% of the width of the picture）. Subtitling uses a proportional font（usually Arial for Latin-alphabet languages）, so narrow letters like "i" and "l" take up less room than wide letters like "W" or "M".

A good rule-of-thumb for romance languages is to not exceed 40 characters per row.

For Asian languages, please follow these guidelines：

language	maximum recommended character count：
Mandarin	13 double-width characters
Japanese	14 double-width characters horizontally（10 double-width characters vertically）
Korean	15 double-width characters
Thai	36 base characters（not counting vowels or tone marks above/below base characters）

Row Count

All subtitles should consist of one or two rows of text.

Breaking Text into Rows

Break the text into subtitle rows at logical, grammatical places. Keep noun, verb and prepositional phrases together wherever possible. For example, this is preferable：

Mother and I would like to go

but we can't.

Avoid this：

Mother and I would like to

go but we can't.

If a subtitle contains just one row, and if that row is more than about 37–38 characters long, please divide it into two rows. Likewise, if a one-sentence subtitle contains two short rows that combined are less than 37–38 characters long, please combine the two into one row.

If a subtitle contains the words of two different characters, precede each speaker's words with a hyphen and a space. For example：

– Do you want to go?

– Sure. Do we have time?

Note that some languages use a different two-speaker identification method. For example, they may not use a space after the hyphen and/or only use a hyphen for the second speaker.

Breaking Text into Subtitles

Avoid combining a complete sentence with a fragment of another sentence in the same subtitle. For example, this is preferable：

I need to get to the hospital.

Would it be possible

for you to help me?

Avoid this:

I need to get to the hospital.

Would it be possible...

for you to help me?

If it is necessary to begin a sentence in one subtitle and continue it in the next, use an ellipsis (three periods) at the end of the first subtitle. Please use three periods ("...") for the ellipsis, not the single ellipsis character available in Windows fonts ("..." or 0133 decimal).

I told him I could not go

to the hospital with him...

because I did not have a car.

Do not combine a comma with an ellipsis, even if it would be required grammatically. This is correct:

If you really didn't want to go...

you should have told me.

This is incorrect:

If you really didn't want to go,...

you should have told me.

Do not place a comma or semicolon at the end of a subtitle, even if it would be grammatically required in conventional prose format.

If a sentence is interrupted (and left unfinished), indicate the interruption with an em dash. (In Microsoft Word, to type in an em dash, hold Control + Alt while pressing the NumPad minus (−) key. For example:

I wanted to ask you if—

Do not use an ellipsis ("...") to indicate that a speaker "trails off." If the sentence is complete, use a period or other final punctuation. If the sentence is grammatically incomplete, use an em dash as above.

Every sentence should end with punctuation (except for song lyrics). If the end of a subtitle is also the end of a sentence, it should end with a period, exclamation or question mark.

If the beginning of a subtitle is the beginning of a sentence, be sure to capitalize the first word.

Quotes

If a quotation extends past a single subtitle, open the quote in the first subtitle and close the quote in the last subtitle. Do not use quotes in the intermediate subtitles (if any). For example:

Lincoln said, "Four score

and seven years ago...

our fathers brought forth,

upon this continent...

a new nation,

conceived in liberty...

and dedicated to the proposition

that all men are created equal."

However, for Asian languages, you may choose to put quotes in the intermediate subtitles depending on cultural preferences.

Use quotation marks consistently. If you wish to use only "straight" double quotes for ease of typing, do not use any "curled" double quotes （0147 and 0148 decimal） in the file. Similarly, if you decide to use "curled" double quotes, do not use any "straight" double quotes in the file.

In some languages, the preferred opening double quote is the "double low-9 quotation mark" （„ or 0132 decimal） . If you choose to use this character, please be consistent and use it as the opening double quotation mark throughout the file. Always pair this with the same curled closing double quotation mark （depending on the convention for your language）: always " （0148 decimal） or always " （0147 decimal） .

Other Punctuation

If a single text row contains the end of one sentence and the beginning of the next sentence, put a single space after the period, exclamation mark or question mark （Asian languages may follow different rules）:

What? Have you lost your mind?

Music lyrics have no end-of-sentence punctuation. For example：

<Why don't you love me

<I can't live without you

Italics

We use italics for voiceovers （a narrator, for example） , music lyrics, and voices heard primarily over speaker devices （radio, TV, telephone, public-address systems, etc.） .

<American Airlines announces the arrival

<of Flight 11 from Boston.

Use italics for words and phrases which are not in the subtitle language. For example：

Se quiser abrir a página 47

do <Land of Truth and Liberty.

The English file may contain a single italicized row that, when translated, becomes two rows. In this case, be sure to put the start-italics character "<" at the beginning of the second row as well as the first.

In general, all the material that is italicized in the English file should be italicized in the translated material. However, the English file may contain words or phrases which are italicized because they are not English. If you keep these non-English words, please italicize them. But if you decide to translate them into the target language （or if they are already in the target language） , do not use italics.

Sometimes an entire subtitle, or an entire row, will be italicized （because it is from a disembodied voice, for example） . If the row also contains a foreign phrase, that phrase must be "de-italicized". So if the Iberian Portuguese example above were emanating from a TV loudspeaker, it would be in italics except for the English phrase：

<Se quiser abrir a página 47

<do> Land of Truth and Liberty.

Superscripts and Subscripts

English files may contain superscripts and/or subscripts. Superscripts will not be used for ordinals（e.g., "4th"）. Super- and subscripts will only be used in mathematical and scientific expressions, such as "H_2O" or "$E=mc^2$". They are indicated in the English file by special backslash sequences： "\p" surrounds the superscripted material, and "\b" surrounds the subscripted material. For example, " H_2O " is represented as "H\b2\bO" and " $E=mc^2$ " as "E=mc\p2\p". In general, leave these expressions unchanged, since they probably do not require translation. Please do not remove the backslash sequences. Please do not use Word's formatting to create super- or subscripts.

Consistency

Please follow a consistent style throughout your subtitle file. For example, if you indicate the time of day using a 24-hour clock, do this consistently throughout. Punctuate the time of day（period or colon, for example）consistently throughout. If you use words for "morning" or "afternoon" instead of "a.m." or "p.m."（or their equivalents）, please do this consistently throughout.

Follow a consistent style when translating on-screen text（quotation marks, capitalization, etc.）. Where appropriate, follow the capitalization used in the English file.

Dialog sequences may be used more than once in a movie（as in flashbacks）. Be sure the translation in each case is identical, including row breaks, punctuation, etc.

DVD bonus material（such as "making of" or "behind the scenes" documentaries）may include clips from the movie. Where possible, the translation for material in these clips must be identical to that used in the full-length feature. If you are not also translating the feature, contact us to obtain translated subtitles for the clips. If you are translating both the feature and the documentary, please be sure that the subtitles for any shared sequences are identical.

Inserting Notes

Please do not insert notes or comments of any kind in the subtitle file. If you have notes or comments, send them as E-mail or as an E-mail attachment.

思考题

1.字幕翻译有哪些分类方法？

2.同传统的文本翻译相比，字幕翻译有什么特点？

3.翻译技术对字幕翻译业务有哪些影响？

4.如何理解多媒体本地化翻译是语言服务业务新的增长点？

5.谈谈字幕翻译技术未来的发展趋势。

参考与拓展阅读文献

［1］http://opensub.sourceforge.net.

［2］http://sourceforge.net/projects/srt-tran/?source=directory.

［3］http://www.yeeworld.com/yeecaption/.

［4］http://www.aegisub.org/.

[5]http://www.radioactivepages.com/software.aspx.

[6]http://www.urusoft.net/products.php?lang=1.

[7]http://www.urusoft.net/products.php?cat=sw&lang=1.

[8]http://v.iol8.com/.

[9]http://baike.baidu.com/view/228338.htm#5.

[10]http://wenwen.sogou.com/z/q272528557.htm.

[11]http://www.doc88.com/p-9733786513511.html.

[12]http://www.oralpractice.com/topic/duibai/3715.html.

[13]http://zh.wikipedia.org/wiki/%E5%AD%97%E5%B9%95%E6%A0%BC%E5%BC%8F.

[14]Debove, Antonia, Furlan, Sabrina, Depraetere, Ilse. A contrastive analysis of five automated QA tools(QA Distiller 6.5.8, Xbench 2.8, ErrorSpy 5.0, SDL Trados 2007 QA Checker 2.0 and SDLX 2007 SP2 QA Check)[A]. In Ilse Depraetere. Perspectives on Translation Quality(Edited.)[C]. Berlin: Mouton de Gruyter, 2011.

[15]Depraetere, llse, Vackier, Thomas. Comparing formal translation evaluation and meaning-oriented translation evaluation: or how QA tools can(not)help[A]. In Ilse Depraetere. Perspectives on Translation Quality(Edited.)[C]. Berlin: Mouton de Gruyter, 2011.

[16]包晓峰. 影视翻译的网络化存在——字幕组现象剖析[J]. 电影文学, 2009(4): 135-136.

[17]车乐格尔. 字幕翻译综述[J]. 文学界(理论版), 2011(7): 117-118.

[18]陈青. 电影字幕翻译特点及策略分析[J]. 电影文学, 2008(3): 123-124.

[19]崔启亮, 胡一鸣. 翻译与本地化工程技术实践[M]. 北京: 北京大学出版社, 2011: 2.

[20]邓洁. 翻译字幕组生存状况及其翻译策略研究[J]. 语文学刊, 2013(12): 39-42.

[21]电影字幕的格式种类[EB/OL]. [2015-02-16]. http://wenku.baidu.com/link?url=x-EdVIuiPzMZcu6b3f-S5PA4NxVW_OYBxPxEXeJYwH_jvtYmK8km4W9eozwdayyR4AJX2IvL9e8YMg1LtcWN9Nue7mL2GH - JA6Swkio_IpK_.

[22]董海雅. 西方语境下的影视翻译研究概览[J]. 上海翻译, 2007(1): 12-17.

[23]胡磊. 影视字幕翻译的现状和发展趋势[J]. 电影文学, 2012(3): 152-153.

[24]胡凌竹. 当美剧遭遇央视[J]. 新世纪周刊, 2007(5): 102-103.

[25]李和庆, 薄振杰. 规范与影视字幕翻译[J]. 中国科技翻译, 2005(2): 44-46.

[26]李霞, 熊东萍. 英文电影的字幕翻译技巧探讨[J]. 电影文学, 2008(11): 117-118.

[27]李翔宇. 现代影视字幕翻译中的三大问题——以 Green World 翻译实践为例[D]. 华中师范大学, 2014: 14.

[28]李运兴. 字幕翻译的策略[J]. 中国翻译, 2001(4): 38-40.

[29]李占喜. 西方影视翻译研究的最新发展——《影视翻译: 屏幕上的语言转换》介评[J]. 上海翻译, 2010(4): 70-72.

[30]刘景毅, 高连学. 电视摄制技巧[M]. 北京: 华龄出版社, 1997: 151-152.

[31]卢林茜. 国内网络字幕组现象初探[J]. 大众文艺, 2014(5): 175-176.

[32]麻争旗. 论影视翻译的基本原则[J]. 现代传播——北京广播学院学报, 1997(5): 81-84.

[33]麻争旗. 影视译制概论[M]. 北京: 中国传媒大学出版社, 2005.

[34]钱绍昌. 影视翻译——翻译园地中越来越重要的领域[J]. 中国翻译, 2000(1): 61-65.

[35]邵巍. 功能对等理论对电影字幕翻译的启示[J]. 西安外国语大学学报, 2009(2): 89-91.

[36]孙菲菲. 影视作品字幕翻译的特点和翻译方法[J]. 渭南师范学院学报, 2011(8): 25-26.

[37]谢锦芳. 英语电影的字幕翻译探讨[J]. 考试周刊, 2009(24): 34.

[38]谢希. 影视字幕翻译探析[A]. 外语与文化研究(第六辑)[C]. 上海: 上海外语教育出版社, 2007: 606.

[39]徐彬, 郭红梅, 国晓立. 21世纪的计算机辅助翻译工具[J]. 山东外语教学, 2007(4): 79.

[40]徐琴. 从功能理论翻译角度谈电影字幕翻译[A]. 外语·翻译·文化(第七辑)[C]. 长沙: 湖南人民出版社, 2008: 236.

[41]杨改学,等.艺术基础:美术[M].北京:高等教育出版社,1996:159-160.

[42]杨洋.电影字幕翻译述评[J].西南交通大学学报(社会科学版),2006(4):93-97.

[43]张春柏.影视翻译初探[J].中国翻译,1998(2):50-53.

[44]张文英,戴卫平.词汇·翻译·文化[M].长春:吉林大学出版社,2010:277.

[45]张霄军,王华树,吴微微.计算机辅助翻译理论与实践[M].西安:陕西师范大学出版社,2013.

[46]赵蕙.电影字幕翻译的特点及策略[J].文教资料,2010(10):57-58.

[47]赵宁.试析电影字幕限制因素及翻译策略[J].中国民航学院学报,2005(5):55-59.

[48]赵玉闪,金朋荪.言语行为理论及电影字幕等效翻译[J].电影评介,2008(10):64-65.

第九章　翻译质量控制

第一节　翻译质量定义

翻译质量是翻译项目管理中的质量，要理解翻译质量，首先要明确质量定义，其次明确翻译质量在翻译项目管理中的体现。

一、质量定义

美国著名质量管理专家朱兰（Juran）1994年在美质量管理学会上宣称，20世纪将以"生产率的世纪"载入史册，即将来临的21世纪将是"质量的世纪"，质量必将成为新世纪的主题（张公绪等，1998）。当今语言服务行业中质量重要性也不言而喻——质量是企业生存和发展的生命线，是赢得客户尊重和行业品牌的竞争力；加强质量管理是翻译项目经理（Project Manager，PM）的主要工作，也是企业追求的生产目标。而随着语言技术深入发展，如何通过机器辅助翻译工作提高质量成为困扰多年的难题。

因此，有必要明确质量的定义及影响质量的相关因素。"世界质量先生""零缺陷之父"菲利浦·克劳士比（P. B. Crosby）认为：质量就是符合要求，凡有不符合要求的地方，就表明质量有欠缺。质量是满足客户或用户的需求和期望，不同观点导致不同的质量概念和质量评测结果。ISO 9000：2000将质量定义为"一组固有特性满足要求的程度"。质量不仅包括产品质量，还包括产品生产过程的质量；质量是动态指标，随时间、环境而变化。

二、翻译质量定义

虽然人类翻译活动由来已久，但翻译研究却起步较晚，对翻译理解不同，对翻译质量及其评估也不同。如本地化行业按照功能语言学理论认为：翻译质量以客户为导向来衡量，即满足客户或用户需求和期待。以下是两种代表性定义：

Julia Makoushina 在其论文《翻译质量保证工具：目前状况与未来方法》（*Translation Quality Assurance Tools: Current State and Future Approaches*）中认为翻译质量有两层含义：一是语言质量（Linguistic），即译文语法、拼写、标点等应正确，且译文通顺流畅，像是由母语作者所写；二是格式质量（Formatting），即不仅要保证源语文本格式不被破坏，还要符合目标语格式要求及其他各种任务要求（Makoushina，2007）。

葛岱克（2011：7）认为，翻译质量应从客户利益出发，应满足客户期望（如说服、帮助、解释、使用帮助、提供信息、让别人购买、让别人出售、安慰、诱惑等）。

本书根据ISO 9000：2000的质量定义，认为翻译项目质量是客户对项目的满意度，客户对项目越满意，项目质量越好。正确的翻译是指无误或错误控制在客户期望的翻译质量指标内的翻译。

三、翻译质量管理

美国项目管理协会（PMI）指定的《项目管理知识体系指南》（Project Management Body of Knowledge，PMBOK）指出：质量管理（Quality Management，QM）即遵照特定质量标准和项目管理策略要求，通过质量计划、保障、审查、改善等步骤提供达到预定标准的产品或服务的管理行为（PMI，2013：227）。鉴于质量管理能帮助翻译项目团队尽早发现产品缺陷并及时采取补救措施，将对成本和进度的负面影响降到最低，因此为达到质量要求所采取的作业技术和活动即称为质量控制（Quality Control，QC）。换言之，质量控制通过监视质量形成过程，消除质量环上所有阶段引起不合格或不满意效果的因素，以达到质量要求，获取经济效益，而采用的各种质量作业技术和活动，这就要实现质量保证（Quality Assurance，QA）。QC侧重于控制措施（作业技术和方法），QA侧重于控制结果证实。

应该看到，QM和QA应同时存在并相互依赖，所有组织都会从QM和外部QA相结合的总体利益中获利。二者同时存在为各项工作的管理、执行和验证提供了联合方法，从而获得满意的结果；尽管它们的活动范围不同、目的不同、动机不同、结果不同，但它们相互依赖能使所有QM职能有效运作，取得内部和外部的足够信任。

QM除包括QC和QA，也包括质量方针、策划、改进等概念，统称为质量体系。而将国际质量管理知识体系拓展到翻译领域，就形成了翻译质量管理、翻译质量保证、翻译质量控制等相关概念。

对翻译企业而言，翻译作品的质量就是企业生命线，只有依靠品质取胜，才能在竞争日益激烈的翻译市场上立于不败之地。因此，翻译企业要秉持"质量在先"的服务理念，与客户及时沟通，努力满足客户提出的各项合理要求，坚持为客户服务。翻译工作要坚持高标准、严要求，组建高水平项目团队，以科学翻译标准为指导，不断完善服务流程，注重各环节质量控制，积累经验，不断进取。上述这些是企业获得客户好评、支持的保障。优质翻译不仅是良好的企业形象，更是普通大众更好地了解、支持翻译行业的窗口；以翻译质量为衡量标准的良性竞争也会极大地促进整个翻译市场的发展和繁荣。

第二节　影响翻译质量的相关因素

新时代的信息基础和互联网推动全球化、商业化越来越快，促进了语言服务需求的爆发式增长。翻译不再局限于"文本"本身，网站、软件、游戏、手机应用等新翻译对象层出不穷，翻译产品呈现复杂化和多样化，远远超出了传统观念的"译本"范畴，而传统、单纯的语言质量评估方式或模型显然不够完善，不能满足翻译发展。鉴于向客户提交的最终产物是"服务"或"产品"，所以其质量评估不能只考虑"译本"质量，还应从翻译服务过程和结果的多维度考量。一般来说，影响翻译质量的因素有翻译原文、项目时间、项目预算、团队水平、翻译流程、翻译技术、客户要求等，要全面控制翻译质量，就要将上述因素纳入整个翻译QM体系中。

一、原文

翻译以原稿为基础，以忠实于原稿为基本原则。因此原稿质量很大程度上会影响译文质量。原稿要结构紧凑，文字精练，容易阅读和理解。如果原稿本身词不达意，漏洞百出，不仅影响整个翻译进度，还会严重影响翻译人员理解。

原稿难易程度，也会影响译文质量，如果原稿涉及某些冷门的专业领域知识，在原语语境中都十分令人费解，那么译者所能做的也只是尽力获取原文所要表达的意思，其译文肯定不能做到完全真实地传递原文信息；如果原稿涉及大量背景知识和只有母语人士才能够理解的文化知识点，翻译的质量也势必会受到影响。

此外，原文文字和图片等字迹是否清晰，原文语句是否通顺、表意是否明确、逻辑是否合理，以及客户提供的辅助资料（如过去的翻译文件、词汇表、参考文件与手册）的准确性和一致性等都会对译文质量产生重大影响。尤其对于专业性很强的文件，这也是决定译文质量的关键性因素之一。原稿格式，如断行、空格、标签、时间日期、多余格式等也会影响译文。

最后，客户应尽可能说明待译稿件的具体背景情况以及译稿的用途，使译员在翻译中可较好地把握其语言与文化背景。但在实际本地化项目中，一般无法保证译员都能从客户方面获得高质量的源语言文本，即原文质量和时间经常是不可控的。

二、时间

客户方常常会要求译员在一定期限内提交翻译产品，而时间长短会极大影响翻译质量，如果译文难度大，翻译时间又比较短，翻译质量就不能完全保证。如在商业翻译中，工程竞标书等待译产品时效性很强，必须按时翻译完成交给客户，如果过了期限才交付给客户，可能已经错过了译作发挥作用的时间，这样翻译的目的就完全没有达到，也就谈不上有翻译质量和价值了。

现代大型项目牵涉到全球范围内上百个部门之间的协调沟通，数千人团队的密切配合。有时候为了占领先机，可能需要在一周之内对数百万字的产品文档进行更新，工作量巨大，操作过程复杂，周期较短，传统的作业方式远远适应不了这样的需求，敏捷本地化模式逐渐成为关注的焦点。

三、成本

客户方对翻译拥有极大的成本决定权。有的客户为了降低成本，只是单纯要求将原文转换到译文中，在这样的思想指导下，他们会倾向选择一些出价比较低的翻译服务提供商，这些以低价竞争为手段的翻译企业提供的翻译质量往往不尽如人意，会导致低劣的翻译产品出现在市场上。而且，在翻译活动中，客户给出的价格会直接影响到译员的工作积极性，从而影响翻译质量。拿到较高薪酬的译者在翻译工作中会格外用心，以达到让客户满意的目的，翻译质量也相对较高。

四、人员

作为一种有目的的社会交际活动，翻译过程涉及多个参与者。翻译活动发起者、原作者、翻译人员、翻译管理人员、翻译产品使用者等。这些参与者都会对翻译活动产生多重影响，左右翻译质量。本节主要从翻译人员角度讨论其对翻译质量的影响。

（一）译员或团队翻译水平

翻译是一种目的性很强的跨文化交流的活动。译者的教育背景、政治倾向、生活经历、艺术品位及对作者所处时代的了解程度都和翻译的质量密切相关。

译者专业背景知识直接影响翻译质量。如在机械工程翻译时若不具备一定的机械工程知识是不可能做好相关方面翻译的。译者准确把握原语和目标语，按照两种语言差别选择适当的翻译手段和方法，既考虑到读者感受又忠实原文。作为一名高水平译者，除具备扎实的专业基本功外，还要求有比较深厚的文化底蕴，这样才能体会文本深层次的内涵。而译者勤奋度、从事翻译工作的专注度，对材料的研究深度都可以视为专业素养。许多由疏忽所致的翻译质量问题，就是缺乏翻译专业素养的表现。此外，翻译质量还会受到译员打字速度、对各类办公软件和翻译技术软件操作的熟练程度等技术因素影响。译员对知识的求知欲、各行各业多领域广泛涉猎、对新闻时事的了解，都会在无形中提高翻译质量和水平。

影响翻译质量的人员包括译员和其他本地化项目人员。译员是翻译主体，只有优秀的译员团队，才能从根本上确保译文的完整性和准确度。除专业翻译素质外，译员还应具备良好的自身修养与职业道德，这也影响着本地化项目的顺利进行。另外还需由专业排版人员按客户要求进行各类版式的编辑和排版，直至完稿。

（二）译员职业道德

译员的态度、翻译能力等素质和对相关专业知识的掌握情况将直接影响到翻译质量，如果译员接到任务后，没有做背景调查，只是简单从事语言层面翻译，敷衍了事，在实际情况下肯定会交出漏洞百出的翻译，而且在翻译项目团队里会阻碍整个团队的运作流程和时间安排。

翻译项目相关人员的综合素质，如项目经理管理能力及译员本身素质会影响翻译质量。面对激烈竞争，某些语言服务公司急功近利，可能雇用不合格的团队成员，翻译项目经理或译员缺乏应有职业素养（如严谨负责的工作态度），强调时间而不顾质量，甚至忽视必需的工作流程等。这些主观因素在很大程度上影响译文质量。

五、语言资产

企业语言资产通常分为翻译记忆库、术语库、项目案例库、语言知识库、翻译风格规范、技术写作规范（崔启亮，2012：65）。语言资产层项目质量影响因素包括术语库、翻译记忆库、翻译风格指南、质量评价模型与标准。这是影响项目质量的直接因素，提高翻译项目质量必须确保语言资产的正确。

六、流程

完善有效的流程管理不仅能保证本地化项目顺利进行，还能保证翻译质量。为此，本地化行业建立了众多模型或标准贯穿整个本地化项目流程，在各环节保证翻译质量。

翻译质量控制就流程而言，可分为译前、译中、译后三个阶段（图9-1），每一阶段主要工作有以下内容。

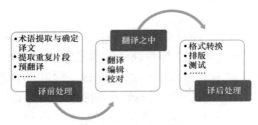

图9-1　翻译项目基本流程

（1）译前处理：术语提取与译文确定，预翻译源语言文件，提取重复句子统一翻译后导入、遵照翻译风格指南中的其他处理。

（2）翻译之中：使用翻译记忆和术语管理软件，译文自查，编辑（检查双语文件内容），校对（检查单语文件内容），译文抽查（全部或部分），语言专家审阅（内部和客户方），一致性检查（句子、术语、风格），格式检查（标点、空格、数字、标记符）。

（3）译后处理：文档格式转换、排版、功能测试（软件测试）等。

七、技术

当翻译项目中大量复杂格式需要工程处理和技术支持时，翻译技术的力量就尤为明显。当前文件格式除常见的 Microsoft Office 格式外，还有 *.pdf、*.html、*.xml、*.mif、*.indd、*.properties、*.resx、*.dita 等。这要求翻译技术和工具多方面适应项目需求。而非常规格式可通过自定义解析器（Filters）处理。

目前，多数 CAT 工具都提供预翻译、伪翻译、相关搜索、自动建议及更正、数据库（TM、术语库和词库）操作与维护功能。如 Wordfast 功能相对简单，适用于执行小项目；SDLX 有多个功能板块，对功能划分相当细致，让所有功能独立而有机地结合在一起，适用多模块翻译；Déjà Vu 使用统一界面，建立当前术语专用术语库，可提高翻译准确率；SDL Trados 2017 将各种功能和视图整合到一个界面，导入每个文件时源语、目标语可自由选择，与谷歌机译同步，预览，直接生成多个文件的字数报表、文件信息和设置信息，为整个项目翻译提供非常好的流程化管理。如上可知，翻译技术软件的用户友好度、功能全面、互操作性及各自 QA 功能都在一定程度上影响翻译质量。

如今，翻译中使用的新翻译工具越来越多。需要看到，使用一些翻译技术工具可明显提高翻译质量。如客户和译员均非常看重翻译产品中拼写、格式、语法的准确性，而应用一些具有自动检查拼写和语法功能的翻译检查工具能让译员避免一些低级错误，目前市场上常用的 SDL Trados、Déjà Vu 和 Wordfast 可解决这一问题。且译员和审校人员也能利用翻译技术工具再检查已译过的文件。

同时，一些大的翻译内部会建立术语库、记忆库和语料库等技术工具，应用这些工具可避免重复翻译，并保证翻译准确性。如主流 CAT 工具 SDL Trados 不仅能保证提供翻译准确、术语一致的文件，还能保留原文格式，减少后期排版工作量，缩短工作时间，降低客户翻译成本。

八、客户需求

用户不同，希望翻译公司提供的服务也不同，而译员不同，对翻译基本准则的理解也不同。"在一种情况下，高质量的文章就是尽可能贴近原文直接翻译；而在另一种情况下，高质量的文章意味着重新改写原文。"（Pérez，2002）综上，翻译质量高低不仅取决于形式，也取决于语言、逻辑正确。虽然行业质量的确经常取决于用户要求，但这种要求总是多维度的、高度动态的。

从客户需求看，有些只是为了内部开发人员了解竞争对手产品的基本信息，有些是为了培训，有些是为了正式出版，有些只是为了了解目标受众心理。从最终产品看，一些带有广告意图的文本是想刺激潜在消费者的购买欲望，一些在线帮助手册则引导、帮助用户操作设备。可见需求不同，译文质量层次、风格、方向、语域也不同。因此，译员要清楚了解每个翻译项目的终极目标、用意所在，并通过负责人与客户不断沟通来明确客户对翻译的具体要求和期望。

当然，同翻译质量密切相关的因素还有很多，如各种潜在风险、沟通管理、翻译团队人员变更、企业发展战略、经营理念、部门架构、质量政策、公司文化、客户规章制度、译员职业道德及各种不可抗力等，本节不再一一赘述。

翻译质量优劣是决定翻译成败的关键所在，是语言服务企业的生命所在。只有最大限度地将影响翻译质量的多种因素详尽纳入翻译项目计划之中，在翻译过程中实时监控，才能最终保障翻译质量，顺利完成翻译服务。严格的质量评估体系对于提高翻译质量，加强客户的满意度和忠诚度，树立语言服务行业的市场地位，建立行业竞争优势以及促进行业规范等方面，都发挥着极其重要的作用。

第三节　翻译(服务)标准概述

现已明确，为保证本地化项目翻译质量符合用户要求，需要建立有效的 QC 模型或标准。鉴于本书第一章、第三章已概述了国内外多项翻译标准，本书详述代表性标准。

一、LISA QA Model

（一）概述

1995年，经营本地化、全球化和多语言出版物，并推进支持本地化贸易发展的方法、工具和技术的本地化行业标准协会（Localization Industry Standards Association，LISA）在研究微软、DEC、Xerox、IBM等实体公司的品质度量基础上发布了第一版LISA QA Model，包含格式QA、功能QA、语言QA清单，附带参考手册和QA表单模板；1999年8月加入诺基亚、SDL公司案例，发布第二版，已延伸到文件、帮助、软件、包装、计算机辅助训练等本地化各方面，并包括亚洲语言帮助和一个微软案例学习。

QA Model的基本思想有二：一是可重复性，即一个人做两遍同样的工作应达到同样的结果；二是可再创造性，两个人做同样的工作也应达到同样的结果。该模式里还区分了QA和QC：QA是指在抽样中检查；QC是指完整的校对。因此，QA Model要求一次项目在第一次提交翻译时和最终产品完成时共要做两次QA，并由此给出一个"及格与否"列表，根据客户和服务商达成的一致列出所有错误点。错误分严重错误、大错误、小错误三个等级。并分准确度、术语、语言、风格指南、国家和地区标准、格式、客户规范七种类型。

（二）主要内容

LISA QA Model 3.1是当今本地化行业应用最广的QA度量法，有利于规范企业产品本地化QA流程。LISA调查发现：约20%涉足本地化产品生产、测试的公司采用LISA QA Model。该模型评价标准如图9-2所示（Martin Forstner，2004）。

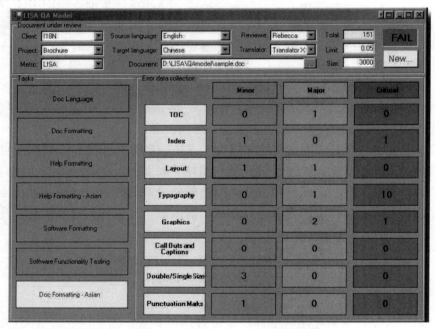

图9-2　LISA QA Model 3.1界面

如前所示，在该模型"及格与否"列表中，共列出三级（绿色、橘色、红色）七大类26小类本地化错误及需要执行的质量评估任务，并由此判断"通过"（Pass）或"失败"（Fail）。七大类错误分别是准确性（Accuracy）、术语一致性（Terminology）、语言质量（Language Quality）、风格指南（Style Guide）、目标语国家或地区规范（Country Standards）、格式（Formatting）、客户特定规范（Client Specific）。

目前，大多数用户接受该QA模型，并依据上述七类错误评判翻译质量，现详述如下。

1.准确性

（1）所有内容都需要正确翻译，没有误译、漏译、过译，忠实反映原文内容和软件功能。

（2）不要随意增加原文中没有的或删去原文中有用的信息。如果有删减或增添（指内容意义上的增删，不包括文字润色方面的增删），必须保证翻译后的软件功能与原英文软件功能完全一致。

（3）译文中没有错别字，且译文应准确，避免含糊或容易引起歧义的表述。翻译完成后，应删除原英文，不得有残留的英文字母、词语或标点。

（4）文档中相互参考，如章节号、页码等，均须准确无误。章节标题、产名、手册名、帮助主题正确且前后一致。公司名称和产品名称不得出现错译、错字或英文拼写错误。

2.术语一致性

（1）要以客户提供的词汇表为准，不要自行创造新词语，确有必要时应先与客户讨论，确认后方可使用。

（2）翻译开始前从产品中提取新词汇，经客户核准后添加到词汇表；翻译过程中出现的新词汇，也须由客户核准后再使用并添加到词汇表中。

（3）用户界面用语和计算机软件通用词汇一般参照微软（中国）公司编写的《英汉对照微软标准软件术语》一书。

（4）产品特有词汇和术语以客户提供的产品词汇表（Glossary）为准，并根据产品类型选用适当词语；翻译过程中遣词造句必须注意专业特点。所有技术性名词都以词汇表为准。

（5）应避免任何政治、社会观念等方面的不适内容，如台湾、民国、中华民国→中国台湾，香港→中国香港或中国香港特别行政区，澳门→中国澳门或中国澳门特别行政区，民国××年→公元××××年，中国台湾、韩国和日本等国家→中国台湾、韩国和日本等国家和地区，首尔、台北、东京等首都→首尔、台北、东京等首都或主要城市，南朝鲜→韩国，北朝鲜→朝鲜。

3.语言质量

（1）译文应使用规范的中文书面表达方式，不要用太口语化的语句；译文文法和表达方式应符合中文规范和习惯，正确表达原文含义，不能含糊不清，避免对英文进行生硬直译。

（2）在不影响准确性、可读性前提下，译文应力求精练，不堆砌辞藻；可有可无的字词应尽量删去。

（3）在技术翻译中使用简单明了、符合逻辑的文字表达出准确信息；尽量不使用过长句，英文长难句的译文应按中文习惯采用多个简短句表述，叙述应简明友好，通顺流畅，易于读者理解。

（4）原则上尽量少用双重否定表达法；有时需要在译文中添加适当连词，以保证上下文的逻辑性和连续性；译文多用主动语态，尽量少用被动语态；准确表达英文时态。如"A device has been developed for this purpose."应译为"已为这一目的开发了一种设备"；"Configuring your system..."应译为"正在配置系统……"。

4.格式

（1）字体：中文字体一般使用简体宋体，不翻译的英文部分及数字、符号等字体应与原文保持相同。

（2）间距：汉字与半角字符（外文字母、数字、半角标点符号等）间应加一个半角空格。

（3）英文：所有英文均使用半角字符，未翻译的英文应保留原样。完整英文词不能分行输入。文件名、电子邮箱地址、网址、URL、产品名、公司名、商标及注册商标均不应分行输入，URL 自然分行除外。

（4）标点符号：标点符号使用应符合汉语规范，并能正确表达原英文意思。句号、问号、感叹号、逗号、顿号、分号和冒号不应出现在行首；引号、括号、书名号前一半不应出现在行末，后一半不应出现在行首。

（5）特殊符号及数字、度量衡及其他符号、键盘按键等比较庞杂，不再赘述，读者可参考微软简体中文风格指南。

（6）各公司还有一些专用准则，如微软《简体中文风格指南》就对软件、联机帮助、手册录音规范等内容作了特殊说明，旨在给所有从事微软产品本地化工作人员提供统一的本地化规范。

二、中国翻译服务规范

（一）概述

我国翻译服务标准有《翻译服务规范》和《翻译服务质量规范》，均由国家质量监督检验检疫总局发布，具体为：

（1）《翻译服务规范第 1 部分：笔译》（*Specification for Translation Service—Part 1：Translation*，GB/T 19363.1—2008）（下称《笔译》）。

（2）《翻译服务规范第 2 部分：口译》（*Specification for Translation Service—Part 2：Interpretation*，GB/T 19363.2—2006）（下称《口译》）。

（3）《翻译服务译文质量要求》（*Target Text Quality Requirements for Translation Services*，GB/T 19682—2005）（下称《要求》）。

（二）主要内容

《笔译》是我国历史上首次制定的翻译行业国家标准，是翻译服务行业推荐性国标，对翻译服务方的业务接洽、业务标识、业务流程、保质期限、资料保存、顾客意见反馈、质量跟踪等方面提出了明确的规范性标准。《口译》明确定义了口译种类、口译特有设备要求、口译服务方和译员资质、口译服务过程控制和计费方法。《要求》规范了译文质量的三个方面：一是基本要求，要求译文忠实原文，术语统一，行文通顺，强调"信达雅"是译文质量的基本衡量标准；二是特殊要求，就翻译过程中最常见的数字表达、专用名词、计量单位、符号、缩写、译文编排等提出了处理规范；三是其他要求，提出以译文使用目的作为译文质量评定基本依据，对译文质量要求、译文质量检验方法制定了规范性标准。

上述标准明确了"以译文使用目的为基础，综合考虑其他关联因素"的首先原则。这些关联因素包括译文使用目的、原文文体、风格和质量、专业难度、翻译时限（中国国家标准化管理委员会，2005：5），并做出了"译文综合差错率≤1.5%"的强制要求（具体计算方法详见标准附录）。

应该看到，《翻译服务质量标准》在综合考虑翻译可能涉及的所有内容后做出了翻译缺陷的认定规定，既照顾了不同题材、用户、环境的个性，又照顾了共性。《标准》明确了四类译文质量差错：

第Ⅰ类：对原文理解和译文表述存在核心语义差错或关键字词（数字）、句段漏译、错译。

第Ⅱ类：一般语义差错，非关键字词（数字）、句段漏译、错译，译文表述存在用词、语法错误或表述含糊。

第Ⅲ类：专业术语不准确、不统一、不符合标准或惯例，或专用名词错译。

第Ⅳ类：计量单位、符号、缩略语等未按规（约）定译法。

上述错误其危害由高至低依次为Ⅰ＞Ⅱ＞Ⅲ＞Ⅳ，译文综合差错率计算公式为：

$$综合差错率 = KC_A \frac{c_I D_I + c_{II} D_{II} + c_{III} D_{III} + c_{IV} D_{IV}}{W} \times 100\%_{IV}$$

其中：

K综合难度系数，建议取值范围$K \in [0.5, 1]$。

C_A为译文使用目的系数，建议取值：Ⅰ类使用目的系数$C_A = 1$，Ⅱ类使用目的系数$C_A = 0.75$，Ⅲ类使用目的系数$C_A = 0.5$，Ⅳ类使用目的系数$C_A = 0.25$。

W为合同计字总字数（字符数）。

D_I、D_{II}、D_{III}、D_{IV}是Ⅰ类、Ⅱ类、Ⅲ类、Ⅳ类差错的出现次数，重复性错误按一次计算。

c_I、c_{II}、c_{III}、c_{IV}是Ⅰ类、Ⅱ类、Ⅲ类、Ⅳ类差错系数，建议取值如下：$c_I = 3$；$c_{II} = 1$；$c_{III} = 0.5$；$c_{IV} = 0.25$。

（三）意义

中国翻译质量标准较全面地规定了笔译、口译及其译文质量规范，对中文的特殊性也做出了相关翻译规范说明。《笔译》国标不仅填补了我国翻译服务行业的法规空白，同时也对我国翻译服务市场起到规范和指导作用。改革开放以来，我国翻译服务逐渐涵盖社会各领域，内容包罗万象，如中外合作协议、大型项目文献和技术文件等，翻译服务成为对顾客业务产生重要影响的特殊服务业，应提倡提高翻译服务质量，为顾客提供满意服务，避免恶性价格竞争。

应该看到，《笔译》国标明确了翻译服务工作范围，规范、统一了服务标准，优化各翻译服务单位内部流程管理，确定职责划分，强调以用户为中心的经营和服务理念，为引导行业健康发展提供了条件。对翻译服务市场准入提出了可操作规定，为顾客选择翻译服务方提供了依据。同时，在实际操作中，除遵守行业规范外，还要遵守客户翻译风格指南。译者需考虑客户要求，同客户协商，达到客户认可。

从中外翻译服务标准对比看，鉴于软件技术发展推动了软件本地化发展，翻译已不仅是一种语言向另一种语言的转换，而是涉及软件技术、文化、习惯等内容转换，且翻译已不仅是项目的全部内容，而只是翻译项目的一个部分。以欧洲EN15038为例，该标准虽也面向翻译，但与之相比，中国现行标准既未涉及翻译行业新变化，如本地化行业、翻译附加值服务；也未从项目管理和流程化角度规范翻译服务行业。因此，中国的本地化行业仍是新生儿，目前仍无一套涉及本地化行业的翻译服务质量标准。所以无论对传统翻译公司、向本地化转型的传统翻译公司还是本地化公司，欧洲EN15038标准都值得借鉴。

三、其他主要翻译服务标准

（一）SAE J2450

为解决汽车行业翻译质量评估的主观性，2001年，美机动车工程师学会（Society of Automotive Engineers，SAE）制定了SAE J2450标准，并于2002年实施，为汽车领域服务信息的翻译质量评估提供了统一、客观的衡量体系。目前最新版是2005年版。

该标准将错误分为七个类别，每个类别都有详尽的说明，其中包括术语错误、句法错误、漏译多译、构词错误、拼写错误、标点符号错误、其他错误。该标准主要衡量形式为：通过标记翻译错误，计算加权分数值，从而确定翻译质量。翻译文档得分越高，翻译质量就越差。该标准易于遵循和实施，也具有高度可定制性。审校人员可以判定错误是严重错误还是轻微错误，也可以修改各个类别的权重。

尽管SAE J2450标准最初面向汽车行业，但仍是首个用于评价大规模翻译任务的标准体系，并经修改后成功适用于术语很重要的某些专业领域翻译服务中，如生命科学、工业设备、制造业等其他行业。

需要看到，该评价体系最初是专门针对汽车领域翻译制定的，所以重视术语，而没有对文本风格、语气、作品整齐度等在用户手册或市场营销的文学性文件中非常重要的因素提出较高要求，也不考虑源语言种类、翻译手段（机译还是人工翻译）等因素。

（二）ASTM F2575-06和F2089-01

美国历史最悠久、规模最大的非营利标准学术团体之一——美国材料与试验协会（American Society for Testing and Materials，ASTM）为规范语言服务分别制定了《笔译质量标准指南》（*Standard Guide for Quality Assurance in Translation*）（ASTM F2575-06）和《口译服务标准指南》（*Standard Guide for Language Interpretation Services*）（ASTM F2089-01），定义了服务流程和成果，并提供了QA框架结构。其核心是六大国际标准要求，分别为标准规范（Standard Specification）、测试方法（Test Method）、标准惯例（Standard Practice）、标准指南（Standard Guide）、标准分类（Standard Classification）和术语标准（Terminology Standard）。

适用笔译服务的ASTM F2575-06对不同翻译方法给出了详细描述和规定，明确了翻译项目各阶段中影响语言翻译服务质量的重要因素，并对翻译项目的定制（Specification Phase）、生产（Production Phase）和事后评估（Post-project Review Phase）三个阶段所涉各环节的工作内容、质量因素作了全面具体的定义、描述和讨论，涵盖面广，让项目所有利益方无论是否具备翻译管理知识都能从中获取相应的准确信息和知识。从翻译流程看，ASTM F2575-06十分重视译者的译前准备工作，专门列出相关注意事项。当然，该标准只规定了确保翻译质量所应遵循的流程，而并未规定具体质量要求。

ASTM F2089-01则规定了实现口译服务的最低标准，并从口译形式、方向、任务、场景等多角度做了讨论。标准认为，要保证口译质量，需重视译员资质、需求分析、口译场景、技术要求、行业道德规范、项目提供方责任和客户责任及其他与口译相关的事宜。此外，该标准对译员资质（语言水平、口译技能和专业知识）也做了具体分析和评价，信息全面、完整，为口译项目管理提供了有价值的指导，为项目评估提供了全面参考依据。

（三）EN15038

2006年3月，欧洲标准化委员会（European Committee for Standardization，CEN）发布EN15038标准，并于同年8月实施，是目前大多数欧洲国家语言服务行业执行准则，也是世界首部国际性的翻译服务提供商服务质量准则，为翻译服务质量判定和翻译产品交付提供了可靠评估法。

该标准分三部分：基本规范（包括人力资源管理、从业人员资质、质量管理和项目管理等）、客户和翻译服务供应方关系（包括前期接洽、报价、协议、客户相关信息处理和结项等）和翻译服务过程（包括翻译项目管理、译前准备、翻译流程等），涵盖了翻译过程的关键环节及提供翻译服务中质量保障、可追溯性等相关问题，甚至将译员翻译能力的获得渠道规定为：具有高等教育翻译专业学位及其他专业相等资格，至少两年有记录的翻译经历，至少五年有记录的职业翻译经历。

EN15038为翻译服务供应方及其客户完整描述、定义了翻译服务全流程，也为翻译服务供应方提供了一系列旨在满足市场需要的程序和规范，可作为认证翻译服务供应方的基础。目前，希腊、英国、西班牙、波兰、瑞典、奥地利、法国、芬兰、意大利、德国等国认证机构已根据此标准开展认证工作。

（四）CAN CGSB-131.10—2008

2008年9月，加拿大标准总署（Canadian General Standards Board，CGSB）发布CAN CGSB-131.10—2008标准，规定了翻译服务提供方在提供翻译服务过程中应遵循的规范。该标准只适用于提供笔译服务的机构和个人，不适用于口译和术语领域。

本标准是在欧洲翻译服务标准EN15038基础上，结合加拿大具体情况修订而成。除个别内容不同外，整体与EN15038高度一致，内容有：

（1）基本规范：翻译服务协议、第三方参与。

（2）人力资源：译者、改稿人和定稿人。

（3）技术资源：电子数据存储及索取、文字处理、机辅工具使用、电子数据转移、设备使用能力等。

（4）质量管理体系：目标声明、客户信息/文件处理流程、人力资源认定流程、术语处理、数据库、质量保证及后续/纠正措施等。

（5）客户–翻译服务提供方关系：请求、成文可行性分析步骤、引用、人力和技术资源、协议、发票和记录、用户角色/责任、人事资格、源文本、目标受众、QA及保密性、截止日期、交货清单、定价、付款及终止条件、术语、版权和责任问题、争端解决、客户文件处理、特殊要求。

（6）翻译服务流程：翻译项目管理及译前准备。

（7）翻译流程：翻译、核稿、改稿、定稿、校对，最后确认。

标准还列举了一些附加值服务及项目登记、译前技术处理、原文分析、体例、附加服务及相关出版物等有用附录。

须指出的是，CAN CGSB-131.10—2008发布实施的同年，加拿大语言行业协会即发起了一项翻译服务标准认证项目。该项目以此标准为基础，对翻译服务提供方进行规范认证，进一步切实保障了顾客利益，同时也为翻译服务提供方搭建了一个公平竞争的平台。

（五）ISO/TS 11669

2012年5月国际标准化组织第37技术委员会（Technical Committee ISO/TC 37）发布《翻译项目：通用指南》（*Translation projects—General guidance*）（ISO/TS 11669），而该委员曾颁布的ISO 9000系列标准仅是质量管理的宽泛标准，并未对翻译服务做具体规定。尽管欧盟、中国、美国和加拿大等均制定了具体翻译标准，但均为区域性标准，而ISO/TS 11669则是迄今为止首部针对翻译行业的全球性标准。

该标准介绍了翻译项目各阶段，涵盖翻译请求方、提供方、终端用户等翻译项目所有利益相关方；并详尽描述了项目经理、编辑、审稿人和客户的项目角色和责任，认为优秀的翻译项目和好的翻译文本都有赖于制定、遵守恰当的项目规范。在项目开始前，翻译请求方和翻译提供方应共同合作，制定相应翻译规范，确定翻译质量要求。请求方在收到最终翻译文本后，翻译规范的作用并未就此结束，在质化评估和量化评估过程中仍将用到翻译规范。

需要看到，由于翻译项目规范由翻译请求方和翻译提供方协商制定，因此难免存在表述不清或考虑不周等问题，但即便如此，使用翻译规范还是能加强项目各利益方交流，提高翻译质量。此外，国际标准组织有关翻译服务流程的一项标准ISO 17100已进入最后审核阶段，预计将于2015年发布。

（六）翻译自动化用户协会：动态翻译质量框架

动态翻译质量框架（Dynamic Quality Framework，DQF）是由翻译自动化用户协会（Translation Automaton User Society，TAUS）历时三年组织研发的动态翻译质量标准，于2014年正式发布实施。

该框架提供了丰富的翻译质量评估知识库（knowledge base）和一系列标准质量评估工具，用户可根据具体翻译项目的质量要求，选择最适合的翻译质量评估模型和参数，并获得标准质量评估报告。基于功用（utility）、时间（time）和观感（sentiment）三大参数，该框架可帮助用户从错误类型、流畅度、充分性、对比、排名、译后生产率六大方面评估翻译质量。TAUS认为，翻译质量评估不应是一成不变的，也不应个性化，而应是具有普遍意义的、动态的标准，由此方可衍生出行业最佳实践。为此，TAUS致力于打造一个动态质量框架，帮助确立可衡量、可复制的翻译质量，实现对翻译质量的客观衡量。

与传统静态质量评估模式相比，TAUS动态质量评估框架提供了更灵活、适应性更强的方法，它可根据评估者需要，构建满足评估者需求的质量评估参数和体系。此外，该框架还可用于评估机器翻译文本的翻译质量，在翻译质量基础上，将人力翻译与机器翻译进行对比。

严格地说，LISA QA Model 和 TAUS DQF 均不属于翻译服务标准；但从行业实践看，前者已成为多数语言服务企业遵从的译文质量标准，后者代表了翻译质量评估的最新成果，故本书在翻译服务标准范畴内探讨。

除上述标准外，国外还有许多其他相关标准或规范都值得探讨，如 DIN 2345、ÖNORM D1201、ATA Taalmerk、UNI10574、ITR BlackJack Quality Metric、ATA Framework for Standard Error Marking、Microsoft MILS、Guideline for the Translation of Social Science Texts、TAUS DQF（Dynamic Quality Framework）。LISA 出台的 TMX（翻译记忆库交换标准）、TBX（术语库交换标准）和 SRX（切分规则交换标准）等翻译数据交换标准等见前文所述。

综上，业界翻译服务标准内容广泛，涵盖翻译服务规范、服务过程、服务或产品质量标准（译文标准）、服务人员职业道德、服务和管理技术、翻译数据等多方面内容，其范畴远远超越了以"信达雅"和"对等"为代表的传统翻译标准。

第四节　翻译项目中的质量管理

确定质量标准后，如何在实施过程中保证翻译质量？鉴于标准翻译流程分三步，即 Translation（翻译）、Editing（编辑）和 Proofreading（校对），简称 TEP，好翻译的关键步骤自然在翻译步骤。

如本章首节所述，翻译质量必然是跨越整个翻译工作流程的。"尽管不知道我们到底需要自动化些什么，可是我们认为翻译是一个过程，这个过程包含着自动实现 QA 和 QC 过程。"（Nately，Beninatto & DePalam，2008）尽管 QA 活动往往放在翻译过程后，但本书认为 QA 必须转变其陈旧模型，变为开放式，把"过程"思想贯穿 QA 始终。一方面，个体译员的具体行为并不能实时监控；另一方面，大型项目后期校对即使找到错误也不容易一一改正，所以无论从质量上，还是从经济效率上，除最后校对阶段，译前准备、术语提取、文章准备时就应有 QA 思想，保证术语翻译正确无误。

研究翻译项目中的质量管理有两个维度：一是从项目实施过程看；二是从 QA 影响层次看（崔启亮，2013：81）。"译前—译中—译后"的项目实施过程容易理解，而 QA 影响层次着眼于 QA 对翻译项目不同层次的影响程度，需要构建模型理解。

一、从项目实施过程看质量管理

项目实施过程有五个主要步骤，即译前准备、项目跟踪、译后审定、项目提交、项目总结，其贯穿译前、译中、译后三个阶段。

（一）译前准备

项目准备从发现销售机会就已经开始，主要工作包括确认需求、资源准备、稿件处理、语料准备、项目派发、项目培训。

（1）确认需求：PM（Project Manager，项目经理）首先确认项目所有细节，包括项目类型、项目用途、产品提交时间、涉及专业领域和工作难度、成本和利润预算、源文本特征、客户对质量和稿件的具体要求等。

（2）资源准备：PM根据项目专业性、难度和客户质量要求确定译员和审校数量，做好译员预估和储备规划，包括确定专业技术和语言质量负责人选，组织试译以确定译员的语言流畅程度和专业性。

（3）稿件处理：预处理项目文件，包括可译资源提取、字数统计、重复率分析、提取重复句段、预翻译等，PM据此规划工作进度，确定排版方式、中途稿和终稿交付时间、派发价格（翻译、审校、质检和排版）、翻译工具类型、译员培训必要性等。

（4）语料准备：大中型项目客户可能会提供参考语料供翻译使用，若客户未能如期提供，PM应使用术语提取工具先抽取高频词，然后定义术语，以便确保项目翻译术语一致性。通常情况下，术语定义后须提交客户确认；有时因项目周期过紧，未能在译稿派发前准备好术语，可要求译员在翻译过程中做到每日术语同步，或使用网络协同翻译工具做到实时术语同步。

（5）项目派发：PM应根据项目特点选择不同级别的译员（考虑其日处理能力、擅长专业方向等），同时有目的性地启用新译员；遇到交付时间紧、译量大的稿件而需分派多位译员时，应尽量提供翻译示例（模板）、翻译要求（风格、语言）和术语表，与译员保持经常性沟通，并在人员和时间上预留必要余量。

（6）项目培训：如果团队中有相关技术背景的成员，可由其开展基础知识培训；或请客户方人员为团队进行产品、技术培训，并请客户方指定专门人员与翻译团队对接。

（二）项目跟踪

项目跟踪包括进度控制、成本控制、质量控制等。

（1）进度控制：PM根据项目工期和稿件情况确定日工作进度，并适当留出余量；一般一周内项目每天都要回收稿件，一周至一月项目每隔1~2天返回一次中途稿，一月以上长期项目稿件回收时间可适当放宽；另外，质量稳定、合作记录良好的译员可略从宽，但首次合作译员最好每天回收稿件。

（2）成本控制：项目经理对各环节成本做出详尽预算，在过程中严格把控，将超标风险降至最低。

（3）质量控制：项目经理以定期返还中途稿件的方式跟踪翻译质量，及时撤换不合格译员。

（三）译后审定

（1）**审校**：审校人员审订、修改稿件（初译稿或排版稿），并在规定时间内返回审校稿供PM抽查质量；质量要求较高的稿件应分别进行语言审校和专业审校。审校完毕，审校人员还要对译稿质量做出量化评估。

（2）**排版**：PM根据项目特点和客户要求，与排版主管一同制订合理的排版计划和排版标准；后者应给项目预留出足够的排版人员，并在检查排版质量后将终稿提交给PM。

（3）**质检**：质检人员逐项核对客户要求并筛查数字、错别字、漏译、错译、语句不通、术语不一致、标点符号和版式使用不当等错误，在规定时间内返回质检稿供PM抽查。在质检同时可进行排版。

（4）**测试**：测试人员应对最终文件进行测试，以检验文件是否按照客户需求正常运行。

（四）项目提交

（1）项目进展状态提交：客户最关心就是项目成败的问题，这涉及项目管理权责体系、资源使用，进度、预算、范围变更管理等多方面的事情。用符合项目需要的进展状态模板，向客户定期提交项目进展报告，正确反映项目实际进展，让客户知道项目处在正常的推进中，并与客户积极协作。

（2）项目文件提交：提交文件应符合"齐""清""定"，其中，"齐"是指查找所有待提交的文件以防漏交，并包含必要的过程文件与字数统计文件等；"清"是指最终产出的提交有序、干净、完整，例如文件命名、文件夹结构应按一定方式组织，"定"是交稿之后内容不再改动。

（五）项目总结

项目总结主要是收尾，包括成本及费用核算、回收项目语料、反馈客户意见三个部分。

（1）成本及费用核算：PM及时对项目做成本核算，向兼职译员等团队外部资源提交结算清单供确认；客户付款后向团队内外人员付款。

（2）回收项目语料：备份客户确认的项目文件，维护项目术语库、记忆库，删除库中的错误或重复词条、句段供长期使用。

（3）反馈客户意见：PM牵头团队做好客户满意度调查，及时以书面方式评价成员项目绩效，总结项目得失和经验教训，为今后项目提供参考。

二、从质量保证影响层次看质量管理

从质量因素对项目质量影响的不同程度可形成项目分层质量金字塔模型，共三层：最上层是组织层；中间层为语言资产层；底层为实施层。其中，组织层是指公司组织、理念、质量文化等对项目质量的影响；语言资产层是指通过记忆库、术语库和本地化翻译风格等基础信息对项目质量的影响；实施层是指项目流程、实施团队、技术工具等方面对项目质量的影响。以下分析各层面质量影响因素。

（一）组织层项目的质量影响因素

组织层项目质量影响因素包括公司经营理念、部门架构、质量政策、公司文化。其中，经营理念决定了是否具有持续发展的愿景，部门架构决定了业务分工和人员配置，质量政策决定了公司对质量的重视程度，公司文化决定了员工工作的环境和心态。组织层项目质量模型如图9-3所示。

（二）语言资产层的项目质量影响因素

企业语言资产通常分为记忆库、术语库、项目案例库、语言知识库、翻译风格规范、技术写作规范（崔启亮，2012：65）。语言资产层的项目质量影响因素包括术语库、翻译记忆库、翻译风格指南、质量模型与标准。这是影响项目质量的基础性因素，提高项目质量需要从改进语言资产层的管理与应用入手。语言资产层项目质量模型如图9-4所示。

（三）实施层的项目质量影响因素

实施层项目质量影响因素包括项目流程、人员、技术和资源。这些影响因素从不同程度直接影响项目过程质量和交付对象质量，且这些影响因素相互影响，共同影响项目总体质量。实施层项目质量模型如图9-5所示。

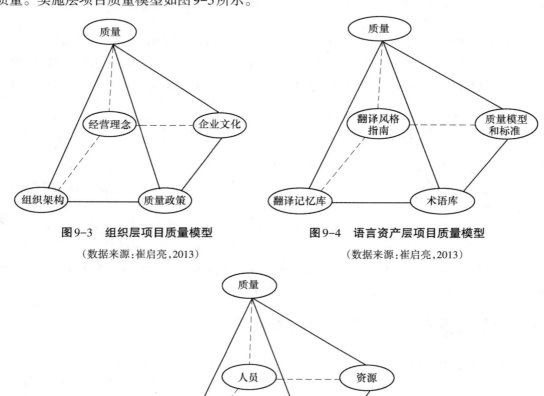

图9-3　组织层项目质量模型

（数据来源：崔启亮，2013）

图9-4　语言资产层项目质量模型

（数据来源：崔启亮，2013）

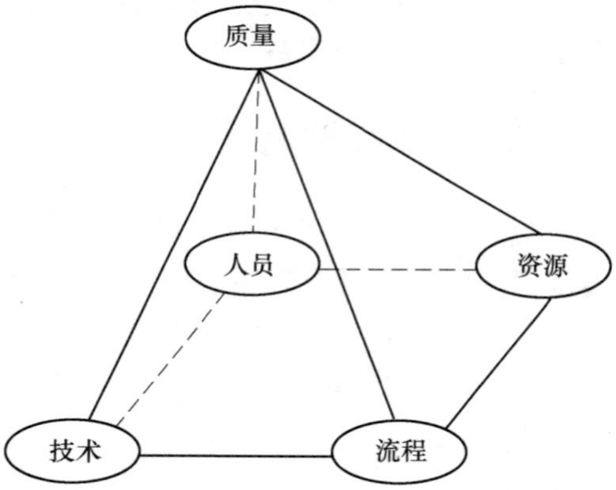

图9-5　实施层项目质量模型

（数据来源：崔启亮，2013）

第五节　翻译质量保证工具

如前所述，翻译质量有广义和狭义之分。狭义是指译文质量，广义是指项目质量，涉及整个翻译项目的流程控制和管理，本节从狭义角度探讨。一般来说，衡量译文质量主要检查以下方面（王华伟，崔启亮，2005）。

（1）**准确性**。所有内容都需准确翻译，并能忠实反映原文及本地化后的软件功能；如有内容增删（非润色），必须根据本地化后的软件与原英文软件的具体差异而定。

（2）**词汇**。翻译时所用词汇必须使用客户方提供的该产品标准词汇。普通词汇和界面词汇翻译均应遵循项目专用术语表；在相同情况下，同一词汇的译法应在上下文及同一项目各文件间保持一致。

（3）**语言表达**。译文文法和表达方式应符合目标语规范和习惯，避免生硬直译；在不影响准确性和可读性的前提下，译文应力求精练，不堆砌辞藻；可有可无的字词尽量删去。

（4）**格式**。不翻译的英文部分及数字、符号等字体一般与原文相同，如公司名称、产品或组件名、文件、路径或URL名称、缩写、程序代码（含注释语句）、操作按键、实际输入等其他信息均无须翻译。

现代语言服务普遍采用CAT工具翻译，而大量使用记忆库后，客户方、语言服务提供商等对项目提交日期要求越来越严，越来越多地考虑术语和一致性（尤其是界面词）是否与项目专用术语表、一般术语表及TM中100%匹配一致；选用术语时是否参考了上下文；是否履行了客户/项目经理返回的查询答复；相同词汇、句子、段落是否保持了相同或相似译法；中文字写法是否一致（如订购与定购、账户与帐户）等。为提高效率，杜绝低级错误，不少语言服务提供商开发了自动化程度较高的QA工具，在翻译不同阶段帮助译员提高效率，保证质量。

QA工具大致可分为集成式、独立式两类。目前SDL Trados、Déjà Vu、Wordfast、Star Transit等多数CAT工具都有QA模块；独立QA工具有ErrorSpy、Html QA、QA Distiller等；开源QA工具有L10N Checker、Rainbow等。此外，如StyleWriter、Triivi、Intellicomplete、Bullfighter、Whitesmoke、Grammar Anywhere、Microsoft Word校对模块、黑马校对等通用校对工具也可用于翻译的质量控制，这些辅助写作的拼写和语言检查工具可检查基本语法、单词用法、拼写、标点符号、搭配等，本节暂不讨论。

一、ApSIC Xbench

（一）软件简介

ApSIC由Joan-Romon Sanfeliu和Josep Condal 1993年在西班牙巴塞罗那合资成立。在2.9版本前，ApSIC Xbench是一款完全免费的自动翻译校对软件，当前最新版本号为3.0.1454。该软件提供高效的双语参考术语组织和搜索功能，尤其适用于本地化翻译质量、一致性检查，能快速生成质量报告，并可设置主窗口布局、快捷键、不同优先级的颜色。该软件3.0版本的界面如图9-6所示。

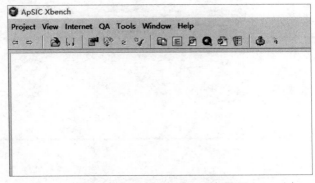

图9-6　ApSIC Xbench 3.0主界面

（二）主要功能

ApSIC Xbench 有搜索和 QA 两项主要功能。

1. 搜索

ApSIC Xbench 能针对 SDL Trados、SDLX、Wordfast、Déjà Vu X 等主流 CAT、本地化工具生成 *.tmx、*.tbx、*.xliff 等多种文件格式，提供针对源语、目标语、术语的强大搜索，更可使用正则表达式及通配符进行搜索；此外，ApSIC Xbench 能将不同类型的文件创建至一个 ApSIC Xbench 项目中，并分别指定优先级进行搜索。

在任何 Windows 应用软件上，都可通过组合键 Ctrl+Alt+Ins 访问 ApSIC Xbench 搜索术语，按 Enter 即可隐藏 ApSIC Xbench 方便将源文件术语复制到剪切板上。除搜索已有词汇表外，ApSIC Xbench 还可启用在线搜索，定义 URL 后即可与对应网站链接，便于搜索术语。在线搜索界面如图 9-7 所示。

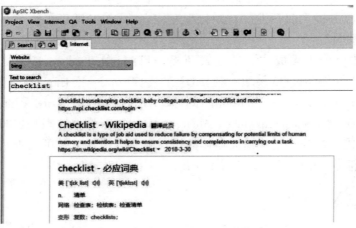

图9-7　ApSIC Xbench 3.0 在线搜索界面

2. QA

ApSIC Xbench 是一款不错的翻译 QA 工具，其 Check Ongoing Translation 能对文件批量进行一致性检查，以下是操作步骤。

（1）运行 ApSIC Xbench，并切换至 QA 标签，如图 9-8 所示。

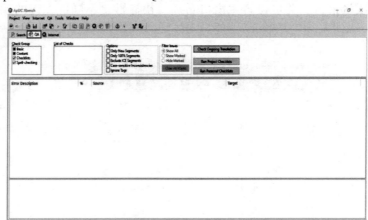

图9-8　在 ApSIC Xbench 3.0 中切换至 QA 标签

ApSIC Xbench 的 QA 选项卡有三个检查项：一是基础检查，如漏译、源文不一致、译文不一致、源语与目标语相同；二是内容检查，如译文中 Tag 多或少、数字不同、译文中英文间有两个空格；三是语言检查，如术语不匹配、针对不同客户的检查清单、自定义检查清单；并可指定三个其他设置（只检查新译、排除锁定的译文、检查不一致时区分大小写）。ApSIC Xbench 可直接导出 QA 报告，对译文进行正确编辑，如图 9-9 所示。

（2）选择 Project→New，出现如图 9-10 所示界面。

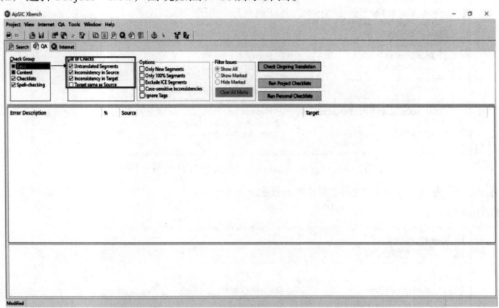

图 9-9　ApSIC Xbench 3.0 的 QA 项目

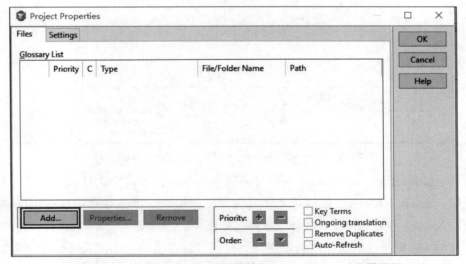

图 9-10　ApSIC Xbench 3.0 项目属性（Project Properties）设置页面

（3）单击 Add 按钮，添加要检查的文件，出现要检查的文件类型界面。ApSIC Xbench 支持 SDL Trados TagEditor、Word、SDLX、STAR Transit、IBM TM Folders、Déjà Vu/Idiom、Logoport RTF Files 等。这里选择 memoQ File 和 TMX Memory，然后单击 Next 按钮，如图 9-11 所示。

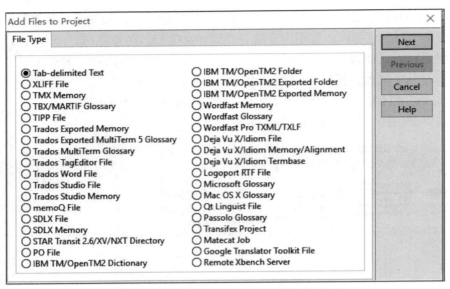

图9-11 ApSIC Xbench 3.0 **可处理文件类型一览**

（4）在对话框中，选择要检查的*.tmx 和*.mqxliff文件，还可以同时添加多种类型的文件，如图9-12所示。

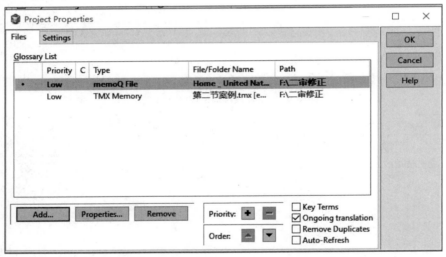

图9-12 向 ApSIC Xbench 3.0 添加*.tmx 和*.mqxliff **文件**

（5）单击 Next 按钮，当 Properties 按钮选项卡出现时，为每个文件设定 High、Medium、Low 优先级，ApSIC Xbench 会根据优先级对文件排序检查。请务必选中 Ongoing translation，否则 ApSIC Xbench 不会检查正在翻译的文件，如图9-13所示。

（6）单击 OK 按钮，确认先前的设定，此时仍可修改已设定的优先级，如图9-14所示。修改方法有两个：单击界面中的"–"按钮，直接修改；单击 Properties 按钮，在弹出的对话框中修改。

（7）单击 OK 按钮，选择的文件成功定义到 Ongoing translation。此时，在界面中单击 Check Ongoing Translation 按钮，会生成检查报告，给出错误句段并指出错误类型（如与原文不一致、数字不匹配、多个空格等）。单击出现问题句段，可在下面的文本框中直接显示原文与译文，方便修改，如图9-15所示。

（8）导出QA结果，选择Tools→Export QA Result或直接在结果处右击选择Export QA Result。ApSIC Xbench可将QA结果导出为*.txt、*.html、*.xml、*.xls四种格式（此处选择XLS格式），打开导出的QA报告，如图9-16所示。除导出QA结果，ApSIC Xbench还可查看译文上下文和直接修改*.ttx等文件的译文。

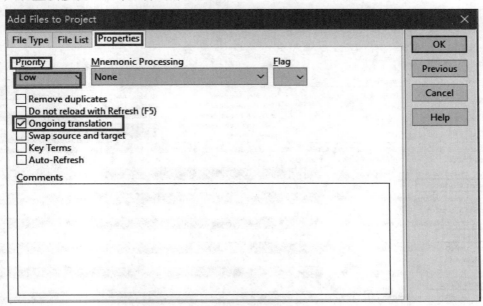

图9-13 设置优先级（一）

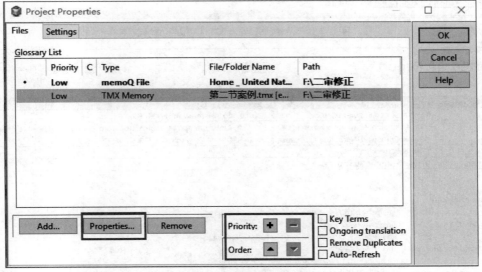

图9-14 设置优先级（二）

（三）注意事项

使用ApSIC Xbench时须注意三点：一是程序一旦加载，会一直在后台运行，需手动关闭；二是QA只检查定义为Ongoing Translation的术语表；三是在ApSIC Xbench中添加多个待检查文件时，要保证这些文件是同一种源语向另一种目标语的双语文件，如同是汉—英或同是英—汉。

检查清单（Checklist）是ApSIC Xbench有一项有用的批处理QA功能。输入预定义检查清单，单击Add Entry按钮即可添加，如图9-17所示。这样，ApSIC Xbench在QA时能自动检测到该清单，并做出相应QA报告。

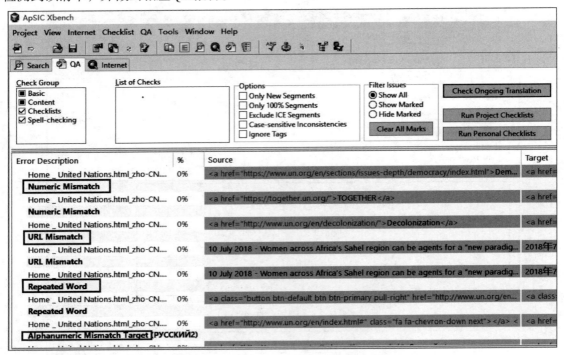

图9-15 ApSIC Xbench 3.0 QA报告及修改

Exported QA Report			Generated ApSIC XBench 3.0 Build 1 http://www.xbench.
Selected QA Checks			
Basic	Untranslated Segments, Inconsistency in Source, Inconsistency in Target, ~~Target same as Source~~		
Content	Tag Mismatch, Numeric Mismatch, URL Mismatch, Alphanumeric Mismatch, Unpaired Symbol, Unpaired Quotes, Double Blank, Repeated Word, Key Term Mismatch, ~~CamelCase Mismatch~~, ~~ALLUPPERCASE Mismatch~~		
Checklists	Project Checklist		
Spell-checker	English (United States)		
		Source	**Target**
Untranslated Segment			
Home _ United Nations	98%	<a href="http://www.un.org/ar/" class="language-link">العربية</a>	*** Untranslated ***
Home _ United Nations	98%	<a href="http://www.un.org/zh/" class="language-link">中文</a>	*** Untranslated ***
Home _ United Nations	0%	<a href="http://www.un.org/en/" class="language-link active">English</a>	*** Untranslated ***
Tag Mismatch			
Home _ United Nations	0%	<a href="http://www.un.org/ru/" class="language-link">Русский</a>	<a href="http://www.un.org/ru/" class="language-link"> </Русский2>

图9-16 ApSIC Xbench 3.0 QA报告

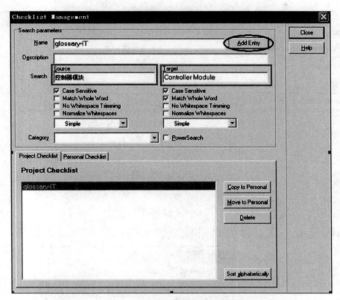

图9-17 ApSIC Xbench 3.0检查清单设置页面

二、Déjà Vu X3中的QA模块

（一）软件简介

　　Déjà Vu X（迪悟）是由法国ATRIL公司研制的CAT工具，全球用户量仅次于SDL Trados，但它在很多方面都体现出比其他CAT软件更大的优势，如极其简易的记忆库、术语库制作流程；金山词霸完整取词；且Déjà Vu X3译后QA入口即审校菜单。

　　打开Déjà Vu X3后，单击菜单栏中的"审校"菜单，其所包含的菜单子项如图9-18所示。

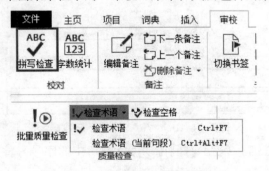

图9-18 Déjà Vu X3的QA菜单内容

　　该QA功能包括对术语一致性、数字、标记（文本格式标记）、空格缺失、拼写的检查，还支持处理携带备注的句子的查找功能，简化了用户译后QA过程。

　　句子可设置为"已翻译""挂起""不发送""锁定"等不同状态，这可在后期QA中进一步处理，而QA菜单就有此类功能。给句子设置状态的方法就是在句子译文处右击后选择其中一个状态即可，如图9-19所示。

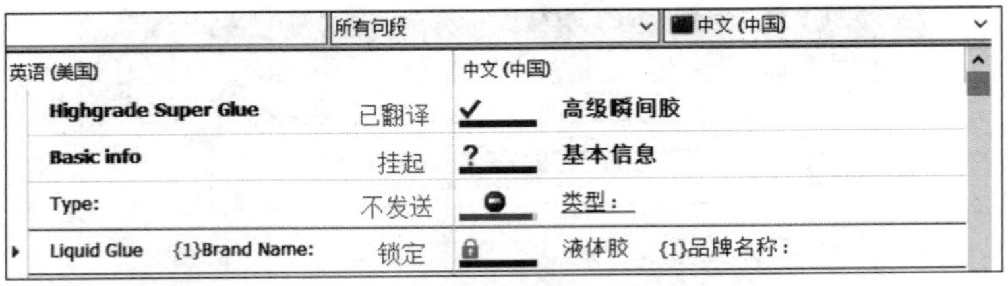

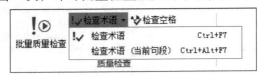

图9-19　Déjà Vu X3中句段的各种状态

（二）常用功能

1.术语一致性检查

译后批量检查术语，操作方法：批量检查术语位于"审校"→"术语检查"，或使用Ctrl+F7组合键，只需单击一次，即可批量检查全文的术语，如图9-20所示。

图9-20　Déjà Vu X3批量检查术语一致性

术语一致性检查时无须选择语言、可选择范围（全部句段或当前句段），由此用户能根据需要做不同的选择而得到自己期望的结果。

如翻译中Cyanoacrylate adhesive译为"氰基丙烯酸盐黏合剂"与TM中"氰基丙烯酸酯粘合剂"不一致，译文左侧出现了红色感叹号，此时将鼠标放置在叹号处时出现快捷菜单，可以得到详细的错误信息，如图9-21所示。

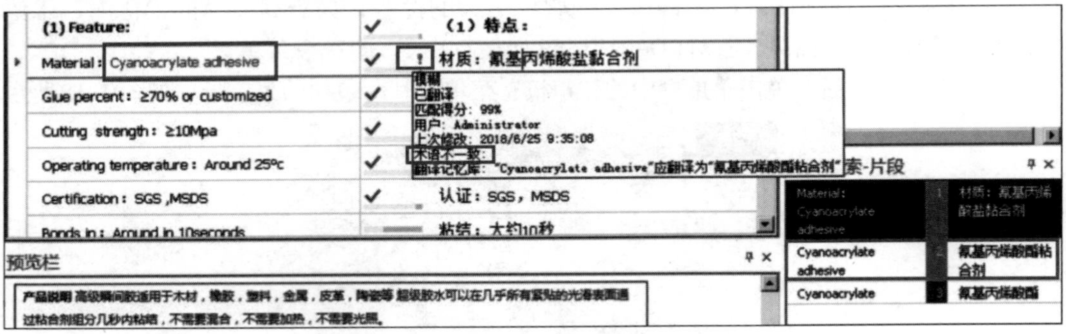

图9-21　Déjà Vu X3术语不一致提示

此时可用Ctrl+2组合键（2表示右侧自动搜索窗口中的序号）替换译文中的相应译文。

2.标记的检查

译后检查译文与原文的标记（格式相关代码，通常显示为灰色大括号和数字组合）是否相同（常见错误：缺少或添加了代码，代码顺序不一致）。

操作方法：打开"审校"→"检查标记"，或使用Shift+Ctrl+F8组合键。

审校菜单还支持自动修复嵌入代码，期间无须人工干预。

操作："审校"→"检查标记"→"修复标记"，或使用Ctrl+F8组合键，如图9-22所示。

在图9-23中，由于原文和译文格式标记不同，原文标记为{1}{2}{3}{4}，而译文却少了{4}，因此译文左侧出现了警告图标，将鼠标放置该处时会出现详细错误信息，此时可通过快捷键或菜单订正。

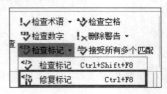

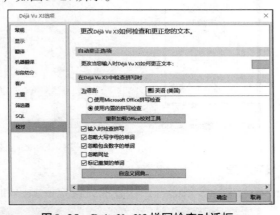

图9-22　Déjà Vu X3检查标记菜单项　　　图9-23　标记不一致时(缺少{4})的错误提示

3.拼写检查

译后自动检查拼写，类似于Word中"拼写和语法检查"功能，操作方法：先选中某一行或几行，打开"审校"→"拼写检查"，或使用F7键（图9-24）。

当译文出现错误拼写或字典中无法找到时，将出现如图9-25所示对话框。

用户可根据实际情况选择"忽略""全部忽略""添加""更改"等操作。

Déjà Vu X3还提供了拼写检查的选项设置，设置方法是依次展开"文件"→"选项"→"校对"，设置选项包括"使用Microsoft Office的拼写检查""使用内置的拼写检查"等（图9-26），同时也支持管理用户字典，包括添加、删除和修改等操作，设置方法是单击"自定义词典"按钮，然后进行管理操作，如图9-27所示。

图9-24　Déjà Vu X3拼写检查子菜单项　　　图9-25　Déjà Vu X3拼写检查对话框

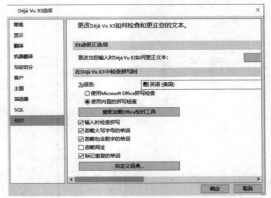

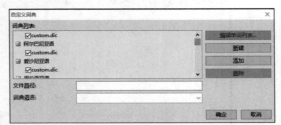

图9-26　Déjà Vu X3拼写检查设置选项　　　图9-27　Déjà Vu X3拼写检查的用户字典管理

三、ErrorSpy

（一）软件简介

ErrorSpy是D.O.G. GmbH开发的一款商业翻译QA软件，可辅助审校工作，自动检查译文，评估译文，生成评估报告和错误列表。QA项目有Terminology（术语）、Consistency（一致性）、Number（数字）、Completeness（完整性）、Tag（标签）、Acronym（首字母缩略词）、Typography（排版）和Missing translations（漏译）。

（二）常见操作

1.建立项目

选择Project→New project选项，如图9-28所示。

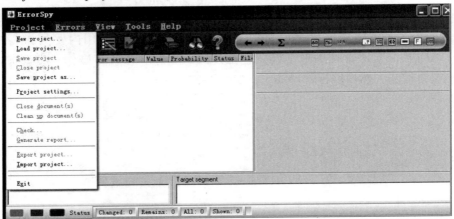

图9-28　ErrorSpy主界面

2.设定语言

ErrorSpy支持多国语言，检查前先设定好源语和目标语，如图9-29所示。

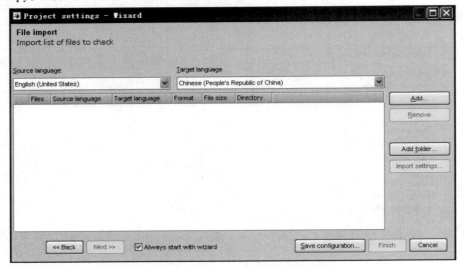

图9-29　ErrorSpy设定语言

3.添加文件

ErrorSpy 支持*.xlf、*.tmx、*.ttx、SDL Trados 文件类型，如图9-30所示。

图9-30　ErrorSpy 支持文件类型

4.设定检查项目

每个项目都可以按照需要进行自定义，如图9-31所示。

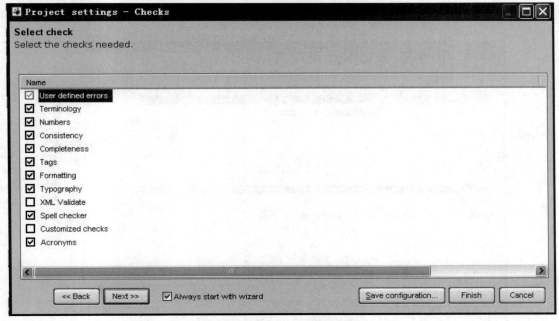

图9-31　ErrorSpy 设定检查项目

5.检查并生成报告

选择Project→Check，如图9-32~图9-34所示。

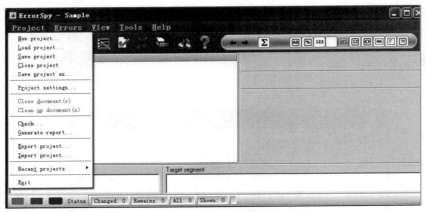

图9-32 ErrorSpy 检查并生成报告(一)

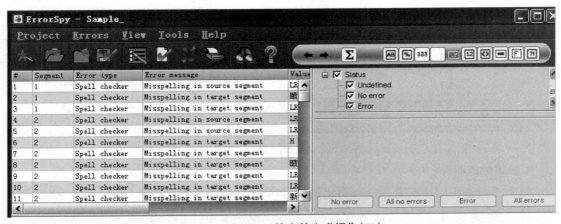

图9-33 ErrorSpy 检查并生成报告(二)

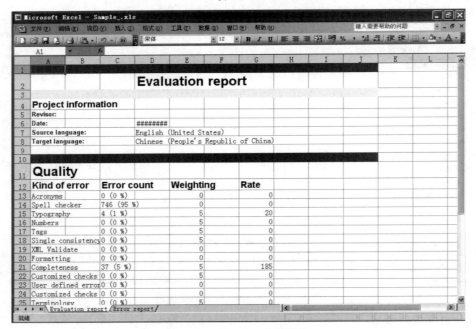

图9-34 ErrorSpy 生成报告

ErrorSpy小巧精悍，对于译文QA具有相当价值；尤其是它的灵活自定义为使用者提供了很大方便，值得译员掌握使用。

四、L10N Checker

（一）软件简介

L10N Checker是一个强大的工具包，可辅助本地化（L10N）专业人员进行双语文件QA，提高本地化工程质量；支持多种*.xml、*.tmx、*.txt、*.ttx、*.rtf、*.doc、制表符分隔的文本文件等双语文件格式；可以进行术语、标点、翻译、翻译单元检查及编码转换等多项功能，并可输出QA报告。软件主界面如图9-35和图9-36所示。

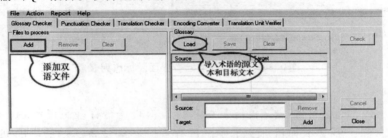

图9-35　L10N Checker主界面（一）

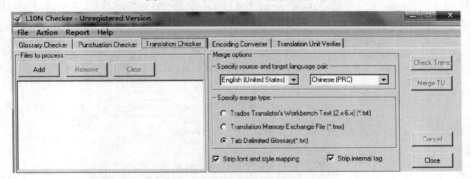

图9-36　L10N Checker主界面（二）

（二）基本功能

1.术语检查

可根据提供的词汇列表检查文档中术语是否使用正确，重点检查是否翻译一致，并建立检查报告，显示文件名称，源文本和目标文本中翻译不当的词汇等。使用该功能应注意：可添加文件列表，术语文档源文本和目标文本要分开导入，且要采用UNICODE或UTF-8格式，可用多种格式文本输出报告。

2.标点符号检查

可根据预定义的非法标点符号列表检查双语文件中翻译单位，并建立检查报告，显示文件名称，源文本和目标文本中标点符号使用不当的位置。使用该功能应注意：前两点与术语检查一致，标点符号列表首列必须是要搜索的非法的标点符号。第二列列出其对应正确的供参考标点符号。列之间由一个制表符分隔符分隔。术语及标点检查界面见图9-37左，标点列表样例见图9-37右。检查完成后可选择以*.html、制表符分隔的文本或纯文本格式输出报告。

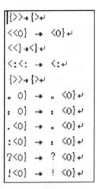

图9-37　术语、标点检查界面及标点列表

3.翻译检查

翻译检查可以检查多个双语文件的翻译单位，检查是否存在翻译问题，并建立检查报告，显示文件名称，原文本和目标文本中翻译存在问题的位置。功能界面如图9-38所示。翻译检查功能可处理三种翻译单位：来源和目标文本相同，来源相同目标文本不同，目标相同源文本不同。

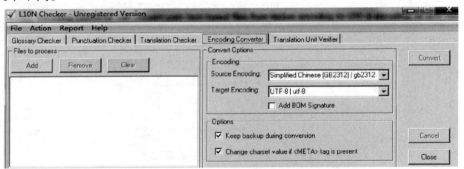

图9-38　L10N Checker翻译检查界面

4.编码转换器

编码转换器可以将文本文件转换为UTF-8编码文档，反之亦然。假设有大量网站本地化文件需要转码为UTF-8，无须用Windows记事本或其他程序将每个文件分别保存为UTF-8编码，只需使用编码转换器进行批量转换。转换器主界面如图9-39所示。

编码转换器支持以下文件格式：HTML文档（*.htm）、XML文档（*.xml）、脚本文档（*.asp、*.aspx、*.jsp、*.php、*.php3）、Java属性文件（*.属性）、纯文本文件（*.txt），以及其他文本文件。

使用编码转换器时需注意：一是源和目标编码分别默认为简体中文（GB 2312）和UTF-8；二是所处理编码文档的语言必须是计算机默认语言，否则会出现异常错误，可改变系统语言实现语言一致；三是转换完成后，可选择从报表菜单输出转换结果，文档格式为*.html文档、制表符分隔的文本或纯文本。

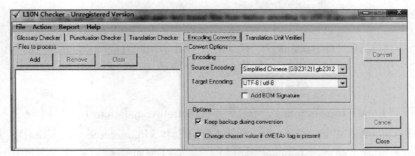

图9-39　L10N Checker编码转换器界面

5.本地化检查报告

本地化检查可创建*.html、制表符分隔的文本或纯文本文档，一般报告行动的开始和结束时间，所处理的文件数量和名称，出现错误位置等。生成本地化检查报告需注意：一是未关闭本地化检查的前提下可选择创建任何形式的报告；二是报告类型不同，保存类型也不同；三是新建报告会自动打开相关应用程序（如微软的互联网资源管理器、Microsoft Office 中的 Excel 或记事本）。

五、QA Distiller

（一）软件简介

QA Distiller是山形欧洲公司（Yamagata Europe）研发的QA软件，它能自动检测翻译及记忆库中的形式错误，并能快速、方便地修正。可查出的错误类型包括遗漏、不统一、格式问题及术语错误，也可批处理文件并支持语言独立设定。

QA Distiller支持的文件格式有*.rtf、*.ttx、*.tmx、*.xliff、FrameMaker*.rtf（*.stf）。词典文件有*.tbx、QA Distiller Dictionary（*.dict）。

QA Distiller几乎所有功能都是先设置，再执行（单击 Action→Process）。可进行的设置如图9-40所示。

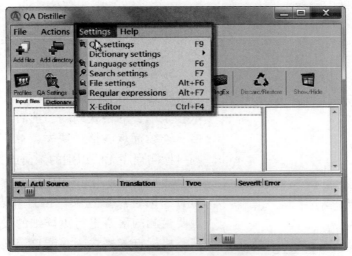

图9-40　QA Distiller设置菜单

（二）主要功能

QA 设置分成漏译（Omissions）、不一致（Inconsistencies）、格式（Formatting）、术语（Terminology）四个选项卡，如图9-41所示。

1. 漏译

可选空译（Empty translations）、漏译（Forgotten translations）、脱译（Skipped translations）、部分翻译（Partial translations）和不完整翻译（Incomplete translation），后两项还可具体设置数值。另通过单击Advanced还可打开高级设置对话框，设定最小句段和定义需要程序忽略的单位和非译元素。

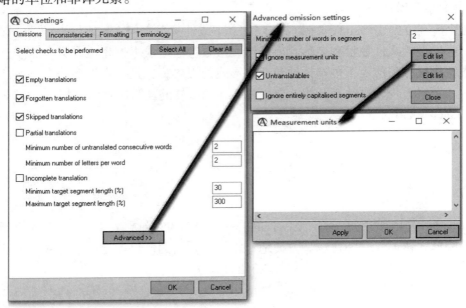

图9-41　QA Distiller 的 QA 设置

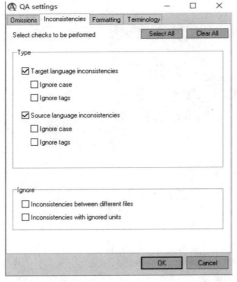

图9-42　QA Distiller QA 不一致选项卡界面

2. 不一致

该选项卡可选择要检查的不一致类型，诸如目标语言和源语言中的大小写和标签及选择忽略多个文件中的不一致，如图9-42所示。

3. 格式

该选项卡有两个子选项卡，独立于语言的和依赖于语言的格式问题。前者可选择检查连续空格、连续标点、括号缺失、首字母大写等，后者则可检测程序无法识别的源语或目标语内容（Corrupt Characters）、文本中的数值、引号和单位等，另有"语言设置选项"可打开语言设置对话框，对要检测的语言进行更详细的设置，如语种、数字空格标点等格式，并能自定义允许特殊字符和非译元素。语言设置选项中最后一项RegEx（正则表达式）可自定义条件来对文本进行更精确查找。正则表达式也可通过Settings→Regular expressions打开设置对话框。上述操作如图9-43所示。

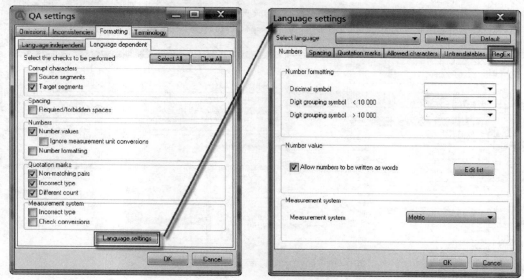

图9-43　QA Distiller格式选项卡

语言设置选项也可以通过Settings→Language settings打开。

4.术语

需先选中"术语错误"复选框才能激活术语检查功能，检查是否存在术语译法不一致、译文术语与相关标签的相对位置是否与原文一致、源语言和目标语言的大小写和空格等是否与术语表一致等。操作界面如图9-44所示。

5.导入并新建词典

在词典设置中可导入已存在的词典文件，也可使用Excel表导入并新建词典。导入时需打开一个Excel术语表，然后单击Import→List open excel files，选中Excel表中要导入的两个或以上的列，待提示"选择完成可以导入"时再单击Import，即可得到一个词典。设置界面如图9-45所示。

注意：新建词典时，如果术语表正式内容不从首行开始，需要选中图示中复选框，以定位术语选择起始行。

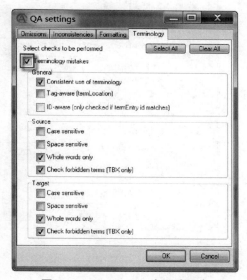

图9-44　QA Distiller术语选项卡

6.搜索设置

该选项卡分别可设置源语言和目标语言中的搜索是否区分大小写、是否忽略空格、是否只搜索完整词，也可以分别定义要搜索的关键词列表，也可以为关键词添加批注。搜索设置界面如图9-46所示。

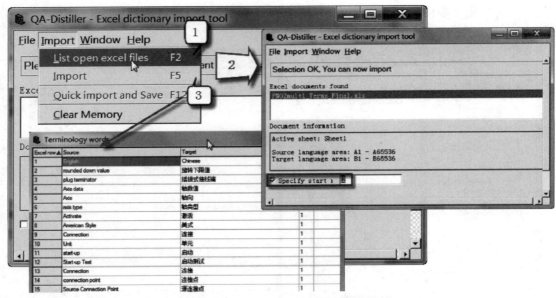

图9-45　QA Distiller导入并新建词典

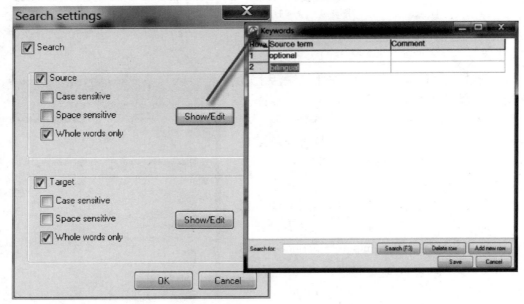

图9-46　QA Distiller搜索界面

7.文件设置

可针对*.ttx、*.tmx、*.xliff、*.tbx文件进行详细设置。

TTX可以设置要忽略的内容，例如100%匹配、模糊匹配和SDL的自动翻译等；TMX则可以设置*.tmx文件打开方式，并选择要显示的信息；XLIFF可设置如文档来源句段状态等要忽略的内容、要报告的类型（如含有注释或拼写错误）、打开方式等，甚至可以识别三种注释并报告指定的类型；TEX是根据术语状态来选择或禁止术语。文件设置界面如图9-47所示。

综上，QA Distiller能与传统本地化处理完美结合，为分析、评估翻译质量提供可靠、客观、统一的方法。执行自动QC可大幅降低语言服务提供商和最终用户成本。由于在此过程中较早除去了翻译中的形式错误，因此校对人员只需花较少时间修正翻译内容，编辑人员也只需在文档中插入较少的修正标记，语言工程操作人员会节省记忆库更新操作时间，项目经理也不会耽误与相关各方的沟通反馈。

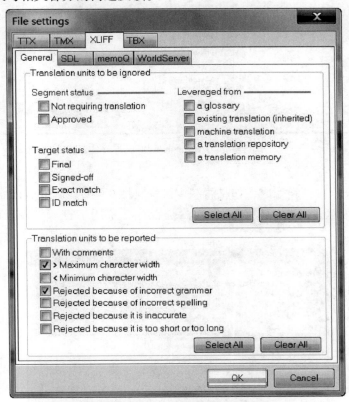

图9-47　QA Distiller文件设置界面

六、SDL Trados QA Checker 3.0

（一）软件简介

QA Checker 3.0是SDL Trados 2017的可定制QA模块，可使用许多验证标准对当前处理的文档执行检查，标准包括：句段验证、要排除的句段、不一致、标点符号、数字、单词列表、正则表达式、商标检查、长度验证。该工具的最大特点是速度快、检查全面。

QA Checker 3.0的运行步骤为：在SDL Trados Studio 2017选中要验证的项目，选择"项目"→"批任务"→"验证文件"，再单击"下一步"按钮，查看任务序列，单击"下一步"按钮，查看要验证的文件，单击"完成"按键。

（二）主要功能

运行SDL Trados Studio 2017选中要查看的项目，依次展开"项目"→"项目设置"→"验证"→QA Checker 3.0，设置界面如图9-48所示。

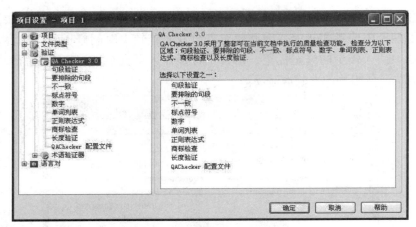

图9-48　QA Checker 3.0设置界面

1. 句段验证

检查译文句段是否正确完成，如是否缺少翻译（图9-49）；通过对比原文句段和译文句段，检查译文是否符合要求；检查译文句段是否存在禁用字符。句段验证界面如图9-50所示。

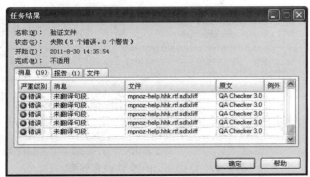

图9-49　QA Checker 3.0句段验证结果

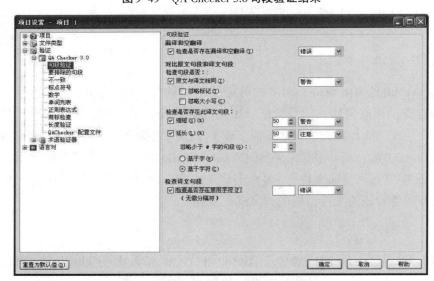

图9-50　QA Checker 3.0句段验证界面

2.要排除的句段

即在QA检查时跳过特定句段；在QA检查时搜索特定句段；QA检查结束后报告所有未排除的句段。该界面如图9-51所示。

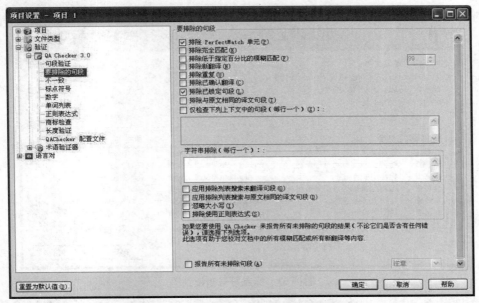

图9-51　QA Checker 3.0 要排除的句段界面

3.不一致

检查是否存在原文相同而译文却不同的句段，检查译文中是否有重复词语，检查是否有未编辑模糊匹配，该界面如图9-52所示。

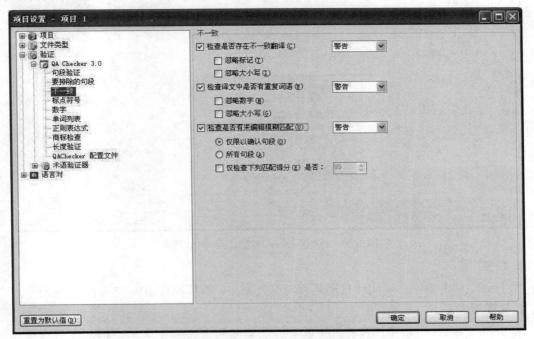

图9-52　QA Checker 3.0不一致界面

4.标点符号

　　检查译文标点符号是否正确无误，例如末尾标点有差别（图9-53）；检查译文是否有额外的标点和空格；检查译文大小写是否符合要求；检查译文是否正确使用了括号。该界面如图9-54所示。

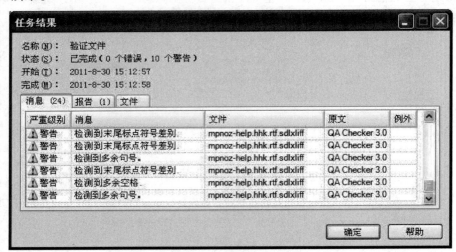

图9-53　标点符号验证结果

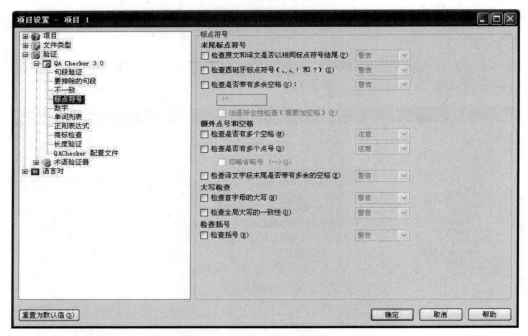

图9-54　QA Checker 3.0标点符号QA界面

5.数字

　　检查译文中的数字、时间和日期是否与符合原文，该界面如图9-55和图9-56所示。

6.单词列表

　　检查译文中是否使用了不正确的单词。如某些网页文件中表示空格的字符应使用 ，不能使用 ，该界面如图9-57所示。

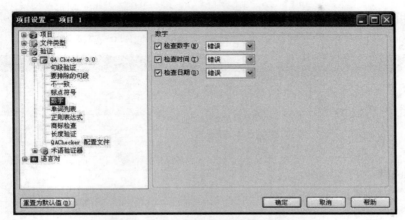

图9-55 QA Checker 3.0数字QA界面

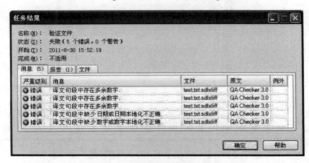

图9-56 数字验证结果

图9-57 QA Checker 3.0单词列表界面

7. 正则表达式

设置查找原文或译文中特定字符串格式所要使用的正则表达式,该界面如图9-58所示。

8. 商标检查

检查译文中商标字符使用是否正确,该界面如图9-59所示。

9.长度验证

检查译文句段长度是否超过指定的字符数，该界面如图9-60所示。

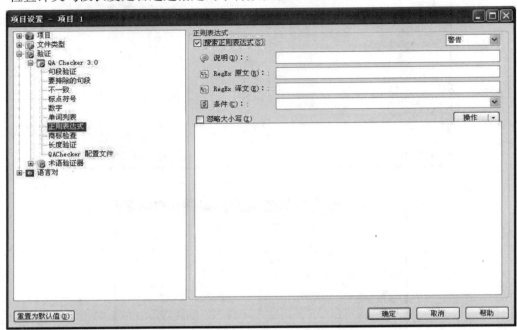

图9-58　QA Checker 3.0正则表达式界面

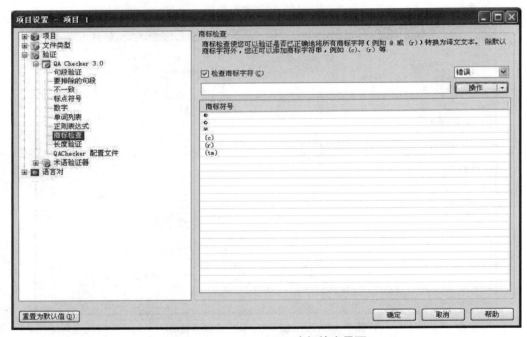

图9-59　QA Checker 3.0商标检查界面

10.QA Checker配置文件

设置特定的预定义配置文件，可将自定义设置导出以便以后使用，或导入现有自定义配置文件，该界面如图9-61所示。

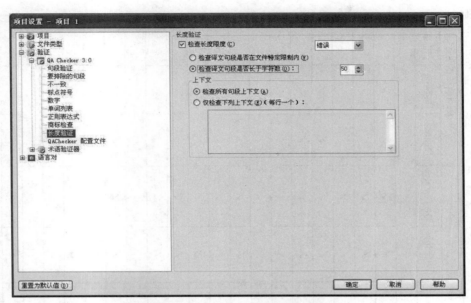

图9-60　QA Checker 3.0长度验证界面

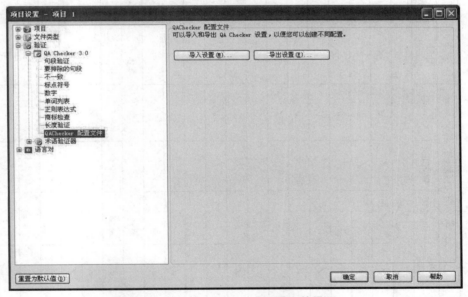

图9-61　QA Checker 3.0配置文件界面

　　综上，QA Checker 3.0是QA Checker 2.0的升级产品，集成在SDL Trados 2017中。它除保留QA Checker 2.0的大部分功能外还添加了一些新功能，重新设计了配置界面，使软件更加友好易用。总之，QA Checker 3.0是一款功能强大、简单易用的QA工具，通过全面、快速地检查译文可帮助用户显著提高翻译质量。

　　伦敦帝国理工学院（Lagoudaki，2006）针对QA工具进行了全面的调查，表9-1充分展示了目前主流QA软件的各项指标比较。

表9-1　目前主流 QA 软件的各项指标比较

检查点		集成式(文档翻译)					独立式			集成式(软件本地化)		
		SDL Trados	DéjàVu	Wordfast	MemoQ	ApSIC Xbench	CheckMate	ErrorSpy	QA Distiller	Catalyst	Passolo	Sisulizer
误译	漏译	✓	✓	✓	✓	✓	✓	✓	✓	✓	✓	✓
	未译	✓		✓	✓	✓	✓	✓	✓	✓	✓	✓
	未全译	✓		✓	✓		✓					
	译文不一致	✓	✓		✓	✓		✓	✓	✓	✓	
	原文不一致	✓			✓	✓		✓		✓		
	模糊匹配配文未修改											
准确度	数字	✓	✓	✓	✓	✓	✓	✓	✓			
	数字格式				✓			✓	✓			
	数字翻译为文字							✓				
	度量	✓						✓				
	时间日期	✓										
术语	术语一致	✓	✓	✓	✓	✓	✓	✓	✓	✓	✓	✓
	禁用词	✓		✓	✓		✓	✓	✓		✓	
	缩略语全局大小写	✓				✓						
	缩略语一致性				✓							
语言	拼写检查	✓	✓	✓	✓	✓	✓	✓	✓	✓	✓	✓
	中文拼写检查				✓		✓				✓	

检查点	集成式(文档翻译)					独立式			集成式(软件本地化)		
	SDL Trados	DéjàVu	Wordfast	MemoQ	ApSIC Xbench	CheckMate	ErrorSpy	QA Distiller	Catalyst	Passolo	Sisulizer
语法检查	✓			✓		✓	✓				
中文语法检查	✓			✓		✓					
句末标点符号	✓		✓	✓							✓
成对标点符号	✓		✓	✓	✓	✓	✓	✓			
多余空格	✓	✓					✓	✓			
重复标点	✓							✓			
重复单词	✓			✓			✓	✓			
长度限制							✓				
被动语态						✓	✓		✓		
格式											
英文首字母大写								✓			
TAG检查	✓	✓	✓	✓	✓	✓	✓	✓	✓	✓	✓
乱码	✓				✓			✓			
XML良构性检查	✓						✓		✓		✓
快捷键错误									✓	✓	✓
快捷键冲突									✓	✓	✓
文本截断										✓	✓
控件重叠									✓	✓	✓

第六节　翻译质量保证工具评价

对翻译QA工具的认识要坚持辩证态度，从优势和局限两方面认识。优势主要集中在节省成本和提高效率上，局限主要是智能程度低、格式/资源受限、定制成本高。

一、优势

（一）节省成本

从提高翻译质量看，CAT工具自带的术语库、记忆库能在很大程度上保证译文一致性和准确性。但绝大多数QA工具可以完成的句段一级检查、不一致性检查、标点符号检查、数值检查、术语检查、Tag检查等为审校人员大幅减轻了QC的烦琐工作，提高了工作效率，节约了企业成本。

以SDL Trados Studio 2017为例，可以看到CAT工具可验证的翻译错误类型，见表9-2。

表9-2　CAT工具可验证的翻译错误类型

句段验证	漏译和空翻译；对比原文和译文句段；检查译文句段
要排除的句段	排除 PerfectMatch 单元或其他指定句段
不一致	检查是否存在不一致翻译；译文是否有重复词语；是否有未编辑的模糊匹配
标点符号	末尾标点符号；额外标点和空格；大写检查；检查括号
数字	检查数字、时间和日期
单词列表	检查提供的指定单词；区分错误和正确格式
正则表达式	搜索符合正则表达式规则的句段
商标检查	检查商标字符是否已正确转换为译文文本
长度验证	检查长度限度

（二）提高效率

以句段检查为例，译者在翻译中难免会漏译。尽管人工能检出漏译位置，但会耗费译者大量时间、精力。在本地化工程处理中，每项任务都有一定的时间安排和期限设置，再加上译者的首要任务是翻译，不可能把大量精力放在检查漏译错误，因此这项耗时的工作就由翻译技术工具完成。QA功能能有效检出文章中是否存在漏译，统计漏译个数、句段数量及句段位置，并在相应句段前标示严重级别和翻译详情。既查找全面，又定位准确，提高了漏译检查速度，节省了译者在漏译检查中的人力。如图9-62所示，在SDL Trados 2017完成翻译后，选择"工具"→"验证"，在消息框中就会返回验证结果。

如图9-62所示，消息中提示出现20个错误，并给出严重级别，消息提示错误原因为"未翻译句段"。图右侧显示在译文位置给出翻译详情，状态"未翻译"，错误为"未翻译句段"。

再以标记检查为例，标记错误细微而繁杂，人工处理方式极难发现此类型错误，但标记错误势必影响译文质量，因此必须加以重视。QA工具不仅定位准确，而且能给出详细的错误原因。在SDL Trados 2017中，译文翻译完成后，单击"工具"→"验证"，消息栏中会提示验证结果，如图9-63所示。

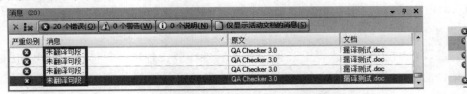

图9-62　SDL Trados 2017漏译检查

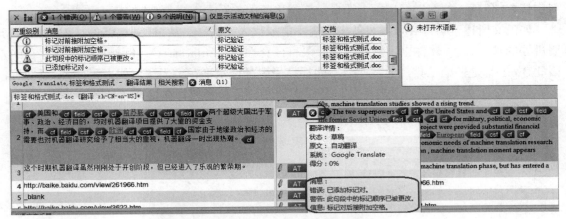

图9-63　SDL Trados 2017标记检查

如图9-63所示，验证完成，消息框中提示出现1个错误："已添加标记对"，1个警告："此句段中的标记顺序已被更改"，9个说明："标记对前接附加空格"。

QA工具在检查标点符号、数字、不一致翻译、漏译和空翻译、英文单词拼写等方面，对提高翻译质量做出了很大贡献。鉴于翻译技术工具是遵循一定规定、规则，用代码编写出来的，在通篇检查译文时，能节省翻译或审校人员不少时间和精力。

二、局限

必须看到，QA工具功能有限，且各有侧重，主要问题是QA工具对错误的理解是基于写入程序的代码和规则，而非人工思考判断的结果，因此极容易出现误判；此外，由于术语库支持、文件格式限制等客观因素，也会降低QA工具的执行效果，以下列出了一些常见问题。

（1）智能低：QA工具检测不出语义理解错误、风格不一致或语气对错；对同一词语因语境需要译成不同意思的情况，极易误判。

（2）格式/资源受限：QA工具支持的多数格式都有限制，格式转化可能造成格式改变，由此会加大工作量；检测术语一致性时，受到现有术语库限制。

（3）成本高：多数定制QA工具成本高，给公司造成经济压力。

三、总结

作为CAT的辅助工具，QA能帮助译员节省时间，提高翻译效率。但鉴于目前QA工具还存在智能程度低、格式/资源受限、定制成本高等短期内不可避免的问题，译员、审校仍需对译文质量负全部责任，通过提高自身语言水平，深化专业知识、扩大知识面提高翻译质量。一般认为，"译员自校+审校+QA工具"的模式能最大限度确保翻译质量，是目前多数语言服务供应商的做法。

应该看到，翻译QA技术可融入译前、译中和译后各环节，各环节具体活动均可利用技术手段提升效率。在提升翻译质量这个永恒话题上，零缺陷是理想化的，是永远只能作为目标而不能到达的，有时客户基于市场压力和竞争等考虑，往往优先考虑进度。因此，如何定位QA角色，如何平衡进度、质量、成本之间的关系，就成为QA的核心关键。

如前文所述，机译在可预见的未来尚不能取代人工翻译。从MT到CAT的认识变化已表明机器的缺陷，QA软件也不例外。由于语言任意性（Arbitrariness），例外总是客观存在的，因此QA工具是辅助工具，但本质上不能提高译者翻译水平，也无法取代人工译者。总而言之，无论技术如何先进，仍需要参与翻译活动的译员和管理者在翻译各环节严格把关，科学控制翻译环节，才能从根本上确保翻译质量。

思考题

1. 影响翻译质量的相关因素有哪些？
2. 简述传统的翻译质量标准和翻译服务质量标准之间的差别。
3. 国内外常见的翻译质量模型或标准有哪些？
4. 常见的翻译质量保证工具有哪些？
5. 现代质量控制工具有哪些优缺点？

参考与拓展阅读文献

[1] http://www.apsic.com/en/downloads.aspx.

[2] http://www.atril.com/en/home.aspx.

[3] http://www.dog-gmbh.com/index.php?id=44.

[4] http://www.dog-gmbh.de/software-produkte/errorspy.html?L=1.

[5] http://www.giltworld.com/.

[6] http://www.itr.co.uk/BlackJack/product.html.

[7] http://www.qa-distiller.com/.

[8] http://www.sdl.com/en/.

[9] http://www.star-group.net/.

[10] http://www.trados.com.

[11] http://www.wordfast.net/.

[12] [EB/OL]. http://producthelp.sdl.com/SDL%20Trados%20Studio/client_en/Ref/O-T/Verification/QA_Checker.htm.

[13] AILIA. CAN/CGSB-131.10—2008 National Standard for Translation Services [S]. Toronto, Canada, 2007. [2012-06-25]. http://www.ailia.ca/National+Standard+for+Translation+Services.

[14] ASTM International. F2575-06 Standard Guide for Quality Assurance in Translation [S]. West Conshohocken, PA, 2014. [2012-06-25]. http://www.astm.org/Standards/F2575.htm.

[15] ASTM International. F2575-14 Standard Guide for Quality Assurance in Translation [S]. West Conshohocken, PA, 2014. [2012-06-25]. http://www.astm.org/Standards/F2575.htm.

[16] ASTM International. F2089-01 Standard Guide for Language Interpretation Services [S]. West Conshohocken,

PA,2007. [2012-06-25].http://www.astm.org/DATABASE.CART/HISTORICAL/F2089-01.htm.

[17]Baker M. Routledge Encyclopedia of Translation Studies[M]. Shanghai: Shanghai Foreign Language Education Press,2004.

[18]European Union of Associations of Translation Companies(EUATC). EN15038 Translation Services-Service Requirements[S]. [2012-06-05].http://euatc.org/component/k2/item/129-standard-en15038.

[19]Forstner M, et al. CIUTI-Forum 2008: Enhancing Translation Quality: Ways,Means,Methods[C]. Bern: Peter Lang,2009.

[20]Franco Z. Measuring Language auality with the translation quality index(TQI)[A]. In Processings of 44th ATA Conference[C]. Pheonix,US,2005.

[21]Gouadec D. Translation as a Profession[M]. Amsterdam: John Benjamins,2007.

[22]House J. Translation Quality Assessment: A Model Revised[M]. Tübingen: Narr,1997.

[23]International Standard Organization(ISO). ISO/TS 11669 Translation projects: General guidance[S]. Geneva, Switzerland, 2012. [2012-05-06]. http://www. iso. org / iso / search. htm? qt=TS + 11669&sort=rel&type=simple&published=true.

[24]ISO. ISO9000: 2000 Quality Management System[S]. Geneva,Switzerland, 2000. [2012-05-06]. http://www.doc88.com/p-574882556815.html.

[25]Juran J M. Quality and Income[M]. New York: McGraw-Hill,1999.

[26]Lagoudaki, E. 2006. Translation Memories Survey 2006: Users perceptions around TM use[A]. In Proceedings of the International Conference Translating and the Computer 28,London[C]. 2006. London: ASLIB.

[27]LISA. LISA QA Model 3.1[Z]. Localization Industry Standards Association,2006.

[28]Lommel A R. 全球化行业入门手册[Z]. 本地化行业标准协会,2007.

[29]Makoushina J. Translation quality assurance tools: current state and future approaches[EB/OL].(2007-12-17) [2013-09-26]. http://www.palex.ru/fc/98/Translation%20Quality%Assurance%20Tools.pdf.

[30]Nataly K, et al. Buyer-defined translation quality[J]. Common Sense Advisory,2008.

[31]Newmark P. Non-literary in the Light of Literary Translation[J]. Journal of Specialized Translation,2004(1).

[32]Pérez C. Translation and Project Management[J]. Translation Journal,2002,6(4). [2013-09-26]. http://faculty.ksu.edu.sa/aljarf/Research%20Library/Translation%20references/Translation%20and%20Project%20Management.html.

[33]PMI. A Guide to the Project Management Body of Knowledge,5th ed.(PMBOK® Guide)[M]. PA,USA: Project Management Institute; 2013.

[34]Project Management Institute(PMI). A Guide to Project Management Body of Knowledge(4th Edition.)(PMBOK® GUIDE)[M]. 王勇,张斌,译. 北京:电子工业出版社,2009.

[35]Samuelsson-Brown,G. A Practical Guide for Translators[M]. Buffalo: Multilingual Matters,2010.

[36]Society of Automotive Engineers(SAE). SAE J2450—2006 Translation Quality Metric Task Force[S]. Pennsylvania,US,2006[EB/OL]. [2012-05-06]. http://www.sae.org/standardsdev/j2450p1.htm.

[37]Williams M. Translation Quality Assessment: An Argumentation-centered Approach[M]. Ottawa: University of Ottawa Press,2004.

[38]崔启亮. 本地化项目的分层质量管理[J]. 中国翻译,2013(2):80-83.

[39]崔启亮. 企业语言资产内容研究与平台建设[J]. 中国翻译,2012(6):64-67.

[40]崔启亮. 全球化与本地化行业现状与展望[EB/OL].(2009-04-06)[2015-01-10]. http://www.giltworld.com/E_ReadNews.asp?NewsID=600.

[41]达尼尔·葛岱克. 职业翻译与翻译职业[M]. 刘和平,等,译. 北京:外语教学与研究出版社,2011.

[42]辜正坤. 翻译标准多元互补论:第一章节录[J]. 北京社会科学,1989(1):70-78.

[43]何三宁. 翻译质量评估在我国译学中的定位[J]. 湖北大学学报(哲社版),2008(6):120-124.

[44]罗新璋.我国自成体系的翻译理论[A].罗新璋,陈应年主编.翻译论集[C].北京:商务印书馆,1984:18-19.

[45]吕俊.谈翻译批评标准的体系[J].外语与外语教学,2007(3):52-55.

[46]美国翻译协会专业行为与经营守则[EB/OL].[2010-04-19].http://www.bokee.net/company/weblog_viewEntry/4925917.html.

[47]苗菊,朱琳.本地化与本地化翻译人才的培养[J].中国翻译,2008(5):30-34.

[48]穆雷.用模糊数学评价译文的进一步探讨[J].外国语,1991(2):66-69.

[49]钱多秀.科技翻译质量评估——计算机辅助的《中华人民共和国药典》英译个案研究[M].长春:吉林大学出版社,2008.

[50]中国标准化协会.GB/T 19363.1—2008 翻译服务规范第1部分:笔译[S].北京:中国标准化协会,2008.

[51]中国标准化协会.GB/T 19363.2—2006 翻译服务规范第2部分:口译[S].北京:中国标准化协会,2006.

[52]中国标准化协会.GB/T 19682—2005 翻译服务译文质量要求[S].北京:中国标准化协会,2005.

[53]屠国元,王飞虹.跨文化交际与翻译评估——J.House《翻译质量评估(修正)模式》述介[J].中国翻译,2003(1):60-62.

[54]王华伟,崔启亮.软件本地化——本地化行业透视与实务指南[M].北京:电子工业出版社,2005.

[55]翁凤翔.翻译批评标准意义的新视角[J].上海翻译,2005(1):37-41.

[56]吴新祥,李宏安.翻译等值初探[J].外语教学与研究,1984(3):1-10.

[57]武光军.当代中西翻译质量评估模式的进展、元评估及发展方向[J].外语教学,2007(4):73-79.

[58]杨晓荣.翻译批评标准的传统思路和现代视野[J].中国翻译,2001(6):11-15.

[59]杨颖波,等.本地化与翻译导论[M].北京:北京大学出版社,2011.

[60]张公绪,等.质量控制与诊断70年[A].科技进步与学科发展——"科学技术面向新世纪"学术年会论文集[C].1998.

[61]郑海凌.翻译标准新说:和谐说[J].中国翻译,1999(4):2-6.

第十章　语言资产管理

第一节　语言资产基本概念

近年来，企业信息化日臻成熟，社会化网络兴起，大数据、云计算、移动互联网和物联网等新一代信息技术广泛应用，全球数据增长速度之快前所未有，人类产生的数据量呈现出指数级增长，大约每两年翻一番。企业产品和服务功能越加复杂，产品说明书、用户手册、市场宣传材料等呈现类型多、信息杂、语种广等特征，企业语言服务需求随之空前增长。海量翻译数据在当今大数据和云计算时代下已成为极具价值的资产，数据管理不当（如数据丢失），如同商业资产管理不当一样，会给企业造成不可估量的损失。如何流程化地设计和开发技术，有效组织、应用和管理企业语言资产成为业界实践热点。

要明确语言资产概念，首先必须要明确资产及语言资产的一般概念，其次才能研究该资产的具体组成。

一、资产和语言资产

一般认为，资产是企业拥有和控制的能用货币计量、能给企业带来经济利益的经济资源。穆尼茨与斯普劳斯在《会计研究论丛》第3号《企业普遍适用的会计准则》中明确提出："资产是预期的未来经济利益，这种经济利益已由企业通过现在或过去的交易获得。"现在的美国财务会计准则委员会（FASB）在《财务会计概念公告》第6号（SFAC No.6）中提出："资产是可能的未来经济利益，它是特定个体从已经发生的交易或事项中所取得或加以控制的。"

资产分有形资产和无形资产两类，其中，无形资产是指企业拥有或控制的无实物形态但可辨认的非货币性资产。满足下列条件之一即符合上述定义的可辨认性标准：一是能从企业中分离或划分出来，并能单独与相关合同、资产或负债一起用于出售、转移、授予许可、租赁或交换；二是源自合同性权利或其他法定权利，无论这些权利是否可从企业或其他权利和义务中转移或分离（财政部，2006）。通过无形资产的可辨认性标准可知，语言资产应属于公司的无形资产。

二、语言资产范畴

广义而言，语言服务中与语言相关且能为企业或个人译者带来价值的资产即为语言资产。企业语言资产是指企业在进行产品全球化生产过程中形成、由企业拥有或控制、预期会给企业带来经济利益的语言资源，是企业从事产品语言服务生产经营活动的基础（崔启亮，2012）。

狭义来讲，语言资产是指语言服务项目过程中形成并由企业或个人控制的语言资源，包括术语、词典、记忆库及单语或多语翻译文件等。但近年来的语言服务实践扩大了上述定义，可以指翻译和本地化过程中处理的与语言相关的所有内容。纸质、电子、静态纯文本和动态视频均可，包括风格指南（Style Guide）、词汇表（Glossary）、翻译记忆（Translation Memory）、语言说明（Linguistic Instruction）、工具配置说明（Specification of Tool Configuration）、语言质量报告（Language Quality Report）、参考文件（References）、源文件（Source）和问询规定及模板（Query Policy & Template）等。

（一）术语表及术语库

术语通常是指在项目实施前，由客户方项目负责人（发包方）提供的术语或词汇表（glossary）文件，可以是单语或简单双语对照术语表，也可以是具有多种属性的glossary文件。表10-1是某国际化公司的术语表模板，包括此术语所属产品分类、具体应用程序及注释三大类，每个语种包括术语翻译、定义、来源、语言注释、状态、子分类、术语注释、修改等多项内容。

表 10-1　某国际化公司的术语表模板

Product Category	Application	Note	EN-US							
			Term	Definition	Source	Lang Note	Status	Sub-Category	Term Note	Modification

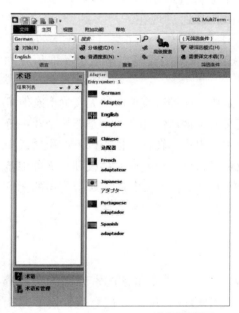

图 10-1　SDL Multi Term 术语库界面

术语库通常是由计算机辅助翻译工具生成的术语库文件，或由术语管理工具创建的术语库文件，如 SDL Multi Term 文件、Transit Term 文件、Wordfast 文件等。图 10-1 展示了 SDL Multi Term 术语库界面。术语和术语库也可由服务方（Vendor）从项目相关文件中提取，整理后交由客户确认，然后才可成为项目术语。成熟的客户会在产品开发初期就创建术语，以保持后续文档撰写工作和本地化业务往来用语统一。一般而言，术语库包括以下内容：

（1）描述术语的数据，如主条目术语、简称、全称、同义词、其他语种对应词和语法信息等。

（2）描述概念的数据，如定义、语境、示例和图形等。

（3）描述概念体系的数据，如分类（分类法）、上位词、下位词和同位词等。

（4）用于管理的数据，如语种、记录生成日期、数据修改日期、修改者代码、使用地域或项目限定等。

（5）表示文献的数据，如文献类型（标准、词典、百科全书等）、文献信息（著者、题目、出版日期、出版机构等）。

（二）记忆库

从翻译项目运作的角度来看，翻译记忆库通常由客户方项目负责人（发包方）提供，供服务方在翻译过程中参考。在翻译全新的翻译项目前，通常没有现成的记忆库，需要创建项目记忆库。项目记忆库通常是由专业译员在创建翻译项目时创建，译员抽取待译文档中重复率较高的片段并翻译成所需语种，然后导入已创建的记忆库中供后续重复使用；或直接创建新记忆库，在翻译过程中随时将翻译单元更新到其中，供后续翻译参考。

（三）项目附属文件

在项目翻译过程中或翻译完毕后，产生的单语或多语文件，可包括项目客户信息、项目参考文件、项目进行中遇到的问题及解决对策、项目前后及项目过程中的客户反馈文档、项目进度、质量报告和团队经验总结等。单语文件通常是项目源文件，如由技术文档写作工程师撰写的产品用户手册或在线帮助等；双语或多语文件是指翻译过程中，一种源语言译成多语言版本，如利用 SDL Trados 翻译五个语种项目，至少会产生五个版本的双语文件，而在翻译、编辑和校对的过程中，会产生未定稿的临时文件，这些文件都与项目最终成品有密切关系，通常会保存在专有文件夹中，供后续审核或参考。翻译过程中，团队对语法、固定用法和常见错误等进行经验总结，给后续译员提供参考。

（四）项目指示性文件

在翻译项目实施前，一般客户方负责人（发包方）会提前准备项目的说明性文件，包括项目时间和质量要求、项目处理流程、软件或联机帮助编译环境和技术指南、项目翻译操作规则、项目文件清单、提交方式和内容说明、翻译风格指南（style guide）和 Query 模板等。

三、语言资产管理现状

过去，社会信息化程度很低，语言服务生产工具相对落后，人们对语言资产重视程度不够。随着 IT 技术迅猛发展，"数据为王"的时代来临，语言资产数据显得尤为重要。笔者于 2011 年 5 月至 11 月对国内 25 家语言服务公司进行邮件和电话调研，发现国内大多数语言服务企业尚未建立有效的术语管理机制：有 6% 的公司部署了专门的术语管理工具，2% 的公司有专门的术语管理专家，27% 左右的公司表示尚未进行有效的术语管理。统计结果如图 10-2 所示。

调查显示，一般翻译公司项目负责人（Project Manager，PM）常将翻译项目切分后外包给若干兼职译者，未提供统一、准确的术语表；兼职译者往往会参考纸质词典或网络上未经核实的零散术语资料进行翻译，导致同一个术语译法不同，无法保证术语准确性和一致性。43% 的公司利用 Access 或 Excel 等表格工具管理术语，但这种以术语表形式管理术语的方法存在诸多不便，如果公司内部产品或服务发生变更，如何及时更新零散词汇表及有效维护和共享术语表都是十分棘手的问题。

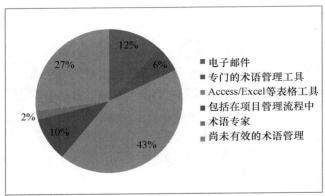

图10-2　2011年国内语言服务企业术语管理调查

调查发现，团队成员间如何有效管理术语是一大难题。术语错误或术语重复会导致术语混乱，管理成本增加，长此以往，企业内部术语知识库建设跟不上现实需求。如果没有有效的术语管理系统，这些现实问题很难解决。

现代社会产品更新换代周期越来越短，客户各类产品层出不穷，翻译需求越来越大，包括术语在内的语言资产也越来越多，尤其是对现代化多语翻译项目来说，传统手工作业方式显得捉襟见肘。为适应信息化时代对语言服务的要求，无论是个人译者、语言服务提供商还是语言服务需求企业，其语言资产管理意识都需要进一步加强，管理效率亟须提高。

第二节　术语管理

术语管理是管理术语资源的实践活动，包括术语收集、存储、编辑、维护和分发等，旨在确保产品、服务和品牌所用词汇保持一致性。需求不同，术语管理具体方法和策略也不同，鉴于目前译者管理术语库仍是常态，本节主要从译者角度讨论面向翻译的术语库管理。

要了解术语管理，首先要明确主流术语库交换标准；其次了解如何在翻译项目中实现术语管理；再次了解主流术语管理软件和技术。

一、术语库交换标准

术语库交换（Term Base eXchange，TBX）是LISA提出的能确保不同术语管理工具间进行术语交换的标准术语数据格式。TBX是基于XML的开放标准格式，主要用于术语数据交换，它是机读术语交换格式（Machine-readable Terminology Interchange Format，MARTIF）的子集，也是术语条目的统一结构和术语信息统一编码标准。术语交换的意义在于促进术语信息流动，如组织机构内外。在组织之间与外部服务提供商之间，可让公众获取、使用与分享术语，促使术语数据更好地整合到现有的术语资源中。

在基于概念（Concept-oriented）的术语存储机制中，术语库中每个术语条目通常分为三个层次。

（1）概念层（Concept Level）：包括领域（Domain）和定义及其他一些概念相关信息。

（2）语言层（Language Level）：可用不同的语言描述定义及其他一些语言相关信息。

（3）术语层（Term Level）：包括术语及相关信息，如词格、来源、例句等。

二、翻译项目中的术语管理

在翻译过程中，术语管理系统通常同翻译环境工具（Translation Environment Tools，TEnTs）一起使用，从而在翻译过程中发挥更大作用，更好提升翻译效率。笔译、口译、编辑、审校、项目经理、语言资产专员、术语专家、行业标准专家、语言规划专家、技术写作人员、文献工作者、领域专家（subject matter expert）、用户界面（user interface，UI）设计工程师、信息开发工程师、知识管理工程师、内容提供商、出版商、产品经理及市场开发人员等均可成为术语管理系统的用户。

翻译实践中的术语管理系统有五大作用：一是收集、保存、加工和维护翻译数据；二是提升协作翻译质量，确保术语一致；三是配合CAT工具和QA工具等，提升翻译速度；四是促进项目利益各方间术语信息和知识共享；五是方便翻译的甲乙双方间高效交换，管理术语数据，传承翻译项目资产，方便后续使用。

企业运作层的术语管理系统有四大作用：一是节省企业研究、收集、整理及查询术语时间，提高运转效率；二是提高企业内容重复使用率和可恢复性，降低内容管理成本；三是确保术语在企业不同部门间的准确性和一致性，提升企业语言资产安全级别；四是缩短产品本地化周期，加快产品上市时间。

应该看到，高效的术语管理策略配合现代化术语管理系统，还有其更宏观的价值。主要体现在如下方面：提升客户对产品质量的满意度，让客户更清楚地理解企业文档，更准确地传递信息；在企业内外共享信息和知识，加强企业文化的凝聚力，确保企业品牌一致性及提升企业在全球多语言市场上的战略优势等。

三、术语管理工具

市场需求增加促使各类术语管理系统应运而生，术语管理系统功能也越来越强大。国外常见术语系统有 Acrolinx IQ Terminology Manager、Across crossTerm、AnyLexic、Anchovy、BeeText Term、Heartsome Dictionary Editor、LogiTerm、MultiQA、qTerm、SDL MultiTerm、SDLX 2007 TermBase、STAR TermStar、Systran Dictionary Manager、TermFactory、T-Manager、TBX Checker、TBX Maker 和 XTM Terminology 等。从国内情况看，东方雅信、雪人计算机公司、中科朗瑞、传神（术语云）及语智云帆（术语宝）等语言技术或语言服务企业开发了符合中国用户需求的术语管理工具或模块。

术语管理工具有多个分类标准，例如：

（1）Klaus-Dirk Schmitz 三分法：术语数据管理系统（如 Word、Excel 及 Access）、CAT

工具中的术语管理模块（如 MemSource、Wordfast）和独立术语管理系统（如 MultiTerm、TermStar）。

（2）ISO/DIS 26162 三分法：独立式（Standalone）、集成式（Integrated）和整合式（Combined）。

（3）按软件系统架构：单机版、客户端/服务器模式（Client/Server，如 AnyLexic Server、MultiTerm Server）和浏览器/服务器模式（Brower/Server，如 qTerm、WebTerm）。

（4）按软件操作平台：基于 Windows 系统（MultiTerm 等多数术语管理系统属此类）、基于 Mac 系统（如 tlTerm）和跨平台的（如 Heartsome、Terminator）。

（5）按软件版权：市销商用系统（多数术语管理系统属于此类）、开放源代码系统（如 Apelon DTS）和只供企业内部使用的专有系统（如 EZ-Find）。

（6）按语言种类：单语、双语和多语。

（7）按软件适用对象：小型术语管理系统（适用于个人译员）、中型术语管理系统（适用于翻译团队和中小企业）和综合型术语管理系统（适用于大型企业）。

事实上，并非所有术语管理系统都可严格归为某一类别，如 SDL、Across、MultiCopora 等公司也开发了桌面版、服务器版和网络版等多版本术语管理系统。

总的来看，当前术语管理系统具有以下明显优点。

（1）可同国际术语标准对接（MARTIF、OLIF、TBX、ISO 704/12620/16642/30042 等）。

（2）可自定义多样化术语结构，添加包括多媒体等多种术语字段信息。

（3）可存储大规模术语条目，响应速度快。

（4）可主动识别术语，自定义过滤器，多种检索模式。

（5）可支持多语种项目的术语管理。

（6）可分权限管理，支持多用户（项目经理、内外部翻译、审校等）同时访问，实时共享。

（7）可根据用户习惯灵活调整界面，互操作性强。

（8）可兼容第三方系统（写作系统、内容管理、辅助翻译、拼写检查、质量检查系统等）。

四、memoQ 术语管理应用案例

（一）模块概述

memoQ 是一款简便易用、功能强大的 CAT 工具，其集成的翻译环境融合了翻译编辑、资源管理、记忆库和术语库等功能。memoQ 术语库的创建、编辑、使用和维护等都相当方便，界面友好。了解并掌握相关功能，可使翻译锦上添花，更有效地确保表达一致性，提升译文质量。

以下用memoQ 2013 R2版本为例，演示术语工具在翻译实践中的应用。

（二）操作实例

1.创建术语库

此文以新建英译中项目EC-Sample Pro为例，以下项目名称、记忆库等名称仅为笔者习惯。术语库创建有三种方式。

一是新建项目、记忆库后创建术语库。

（1）新建项目后，再新建记忆库EC-sample 1220，随后新建术语库。

（2）单击Create/use new，在弹出的New term base界面中Name标签后的文本框中输入库名；右侧术语对语言默认分别为English（United States）和Chinese（PRC），沿用了新建项目时的原文语言和译文语言设置；存储路径为默认设置，也可单击后面的▢图标自行选择；左下侧字段信息包括自定义的项目标识、客户名称等，可自行填写，也可暂不填写，稍后补充。

（3）单击OK按钮即完成术语库的创建。

此种术语库创建法如图10-3所示。

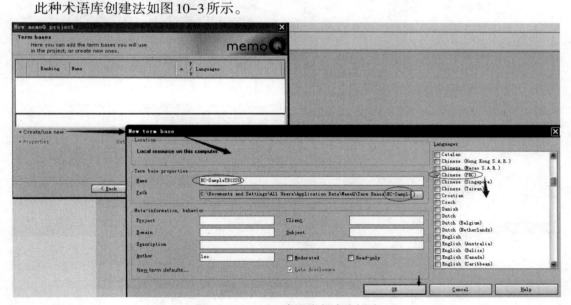

图10-3　memoQ术语库创建法（一）

二是在"项目主页"中创建。如果已创建好项目，单击Project home，选择左下侧Term bases，再选择Create/use new即可，如图10-4所示。

三是在"资源控制台"中创建。单击最上方菜单栏的Resource Console，如图10-5所示。单击Term bases后，在右侧选择Create New即可创建，如图10-6所示。

2.术语库属性

（1）单击Project home，选择左下侧的Term bases，再选择Properties，如图10-7所示。

术语库属性中术语库名已确定，不可更改；存储路径为默认路径；语言对也是默认设定好的。

（2）单击New term defaults，如图10-8所示。

此处是新术语默认值。在英译中项目中，前缀匹配（Matching）默认为50%，大小写敏感性（Case sensitivity）可设置为No（不区分），如设定project为术语时，也可识别Project或PROJECT为术语，如图10-9所示。

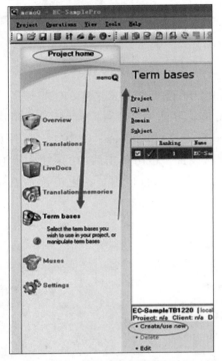

图10-4　memoQ术语库创建法（二）

图10-5　memoQ术语库创建法（三）

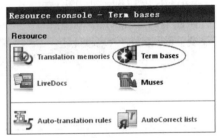

图10-6　memoQ术语库创建法（四）

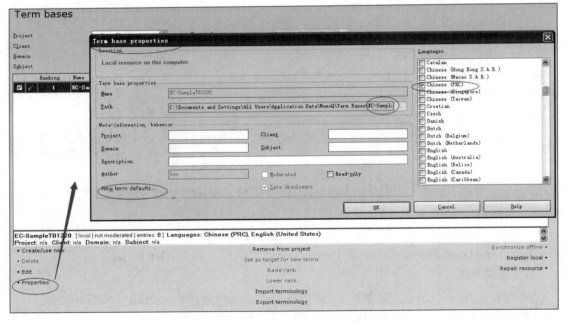

图10-7　memoQ术语库属性页面（一）

3.术语维护

（1）打开待译文件sample1.doc，然后填充译文，此时右侧Translation results区域术语为空，如图10-10所示。

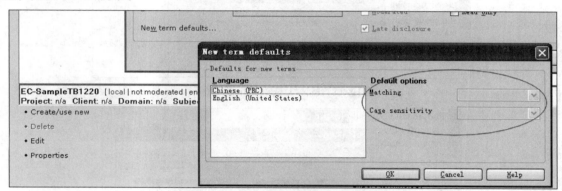

图10-8　memoQ术语库属性页面（二）

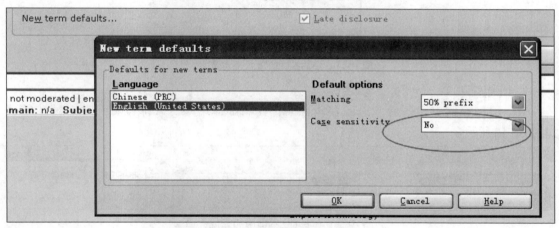

图10-9　memoQ术语库属性页面（三）

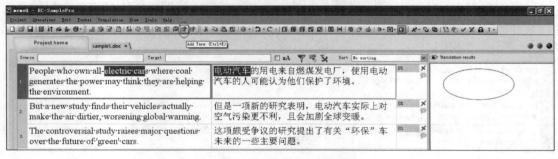

图10-10　memoQ翻译界面

（2）分别划选原文electric car和译文"电动汽车"，单击上方按钮█提示"添加术语"（Add Term），也可使用Ctrl+E组合键，如图10-11所示。

（3）此时单击OK按钮即可完成这对术语的添加。若单击左侧"更多"（More），可查看更多相关信息，如匹配、用法、语法、定义，如图10-12所示。

图10-11　memoQ新建术语界面(一)

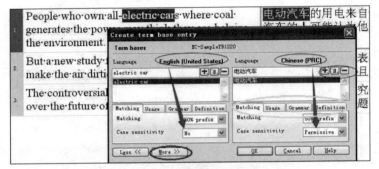

图10-12　memoQ新建术语界面(二)

关于 ➕⬜➖ 这三个图标,参见下文详述。

(4)添加完这对术语后,返回翻译界面,在"翻译结果"区即可看到术语对已显示,如图10-13所示。

图10-13　memoQ术语添加完成界面

(5)在第3个句段中,将major和"主要"作为术语对添加,添加方法如前所述,如图10-14所示。

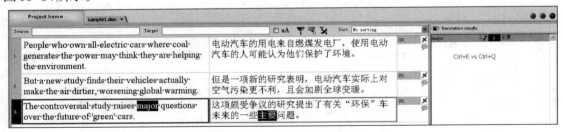

图10-14　memoQ添加术语界面

(6)如果确信相关设置不再改动,也可实时使用Ctrl+Q组合键快速添加。将鼠标指针移到"翻译结果"区,可以看到这对术语位于第1的位置,提示为在译文区按下Ctrl+1组合键或双击原文术语major,均可插入译文术语"主要",右击可看到更多选项,如图10-15和图10-16所示。

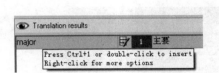

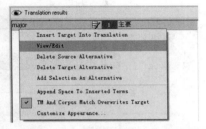

图10-15　memoQ**快速添加术语界面**　　　图10-16　memoQ**插入术语菜单**

此处以View/Edit（查看与编辑）为例。单击后弹出如图10-17所示对话框。

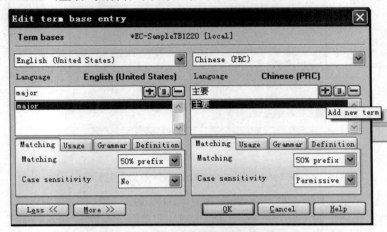

图10-17　memoQ**术语查看与编辑界面**

（7）若译员认为可添加译文术语，则可在译文语言下的方框中填写。此处以添加选项"重大"为例，输入"重大"二字，如图10-18所示。

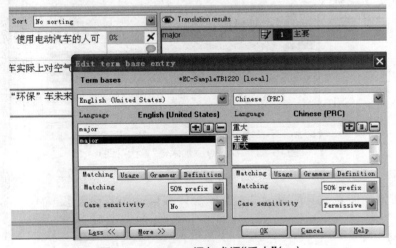

图10-18　memoQ**添加术语"重大"（一）**

（8）单击➕则添加新的术语译文，如图10-19所示。

（9）单击OK按钮后返回翻译界面，可发现右侧"翻译结果"区major对应的译文术语变成了两个，如图10-20所示。

图 10-19　memoQ 添加术语"重大"(二)

图 10-20　memoQ 添加术语"重大"(三)

（10）右击选择 View/Edit，回到术语查看与编辑界面，如图10-21所示。

图 10-21　memoQ 添加术语"重大"(四)

4. 术语删除

单击▬则删除所选选项"重大"，返回翻译界面后可看到，仅留有major对应的选项"主要"。

5. 术语更改

在译文语言下方框处输入新选项"重大"，单击▣则会更改替换此前选中的术语译文"主要"。单击OK按钮后返回翻译界面，则发现major对应的是更改后的选项，即"重大"，如图10-22所示。

6.术语库编辑

（1）单击菜单栏 View，选择 Term Bases 可切换到术语库面板；单击 Project home，再选 Term bases 也可。两种进入术语库编辑的方法如图 10-23 和图 10-24 所示。

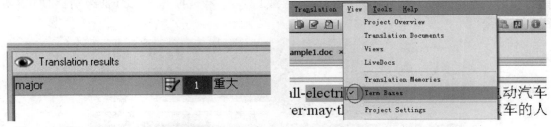

图 10-22　memoQ 术语更改　　　　　图 10-23　memoQ 术语库编辑（一）

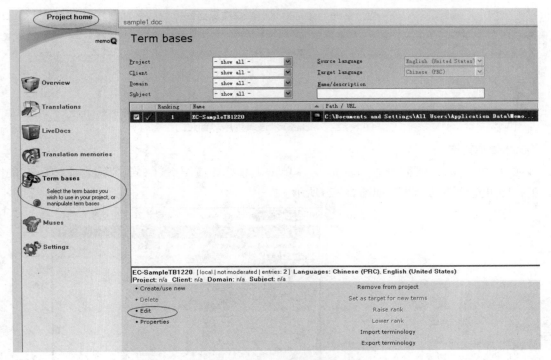

图 10-24　memoQ 术语库编辑（二）

（2）单击 Edit（编辑），可发现此前添加的两条术语，如图 10-25 所示。

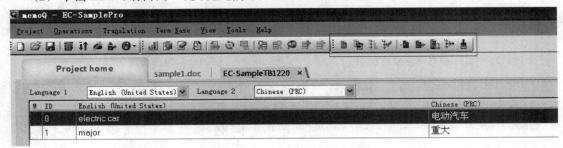

图 10-25　memoQ 查看已添加术语

7.术语库排序

如图10-26所示，一个项目可选用的术语库不止一个，其中一个可设定为主术语库，Ranking级别为1，其他术语库则可作为参考。若需调换术语库级别，则可选中某个术语库，单击术语库面板中部下侧相应图标Raise rank或Lower rank（提升级别/降低级别）即可，如图10-27所示。

图10-26　memoQ术语库排序界面（一）

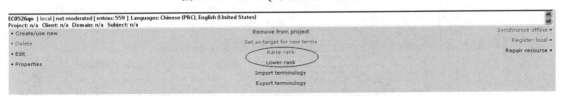

图10-27　memoQ术语库排序界面（二）

8.术语库查询

如10-28所示，划选原文electric car，单击工具栏相应图标（右放大镜）或按Ctrl+P组合键，即可查询该词译法，如图10-29所示。

图10-28　memoQ术语库查询（一）　　　　图10-29　memoQ术语库查询（二）

同理，可查major的译法。此前定义的两个词在术语库中均可查到，如图10-30所示。但若查询vehicle一词，显然在术语库中一无所获，如图10-31所示。

此时，划选原文单词或词组后单击 或按Ctrl+K组合键，在记忆库中查询也不失为一种办法，如图10-32所示。

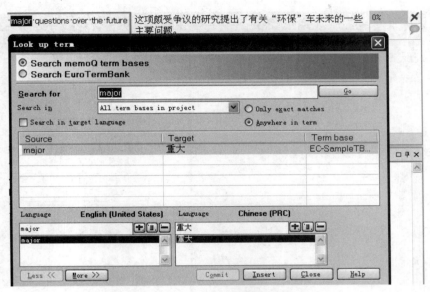

图10-30 memoQ术语库查询（三）

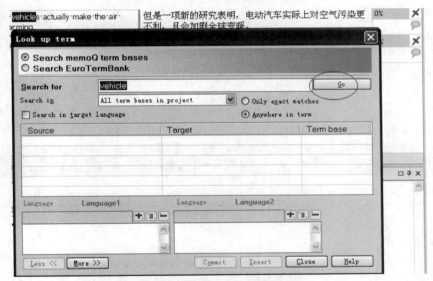

图10-31 memoQ术语库查询（四）

图10-32 memoQ术语库查询（五）

9.术语质量检查

为保证术语使用的正确性，文件翻译后可进行质量检查（Quality Assurance，QA），以确定是否存在不一致的用法。

（1）单击Operations，选择Run QA，如图10-33所示。

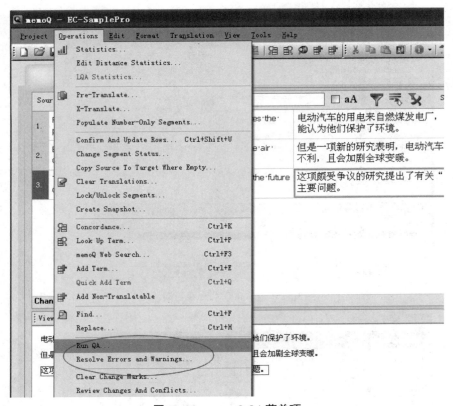

图10-33　memoQ QA菜单项

（2）按默认进行设置，单击OK按钮，如图10-34所示。

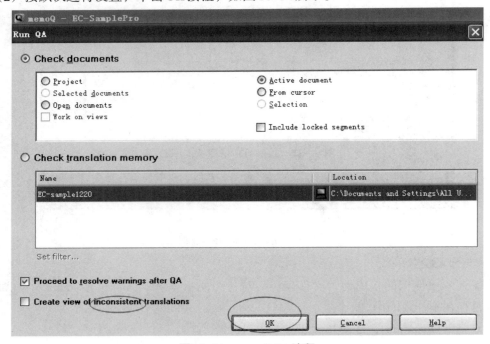

图10-34　memoQ QA流程

（3）可发现，Resolve errors and warnings提示存在术语不一致，酌情修改即可，见图10-35。

图10-35　memoQ QA结果页面

10. 术语获取与导入

客户一般都有一定数量的语料，可向其索取相关词汇表；如没有，可从客户提供的类似参考文件或待译文件中选取关键字词或高频词，与客户商定专业词汇术语的表达。翻译服务企业或译员也可通过网络筛选搜集部分词汇做成术语，如从较为权威的国家标准规范中选取。

（1）以现有的简单Excel环保类术语文件为例（不含定义、其他字段等信息），如图10-36所示。

（2）在该Excel文件"另存为"对话框的"保存类型"下拉列表中选择"Unicode文本"，保存后将是一份UTF-8编码的制表分隔文本文件，如图10-37所示。

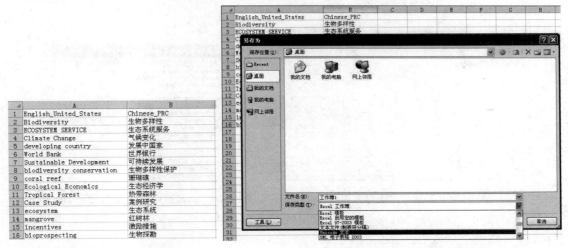

图10-36　待使用的Excel术语表　　　　图10-37　memoQ术语保存界面（一）

（3）在术语库面板选择Import terminology，则弹出如图10-38所示对话框，可供导入的文件类型较多，扩展名有.csv、.txt等。

（4）导入术语库时选择Excel files，如图10-39所示。

由图10-39可知，编码UTF-8和分隔符Comma（逗号）均为默认设置，且不可更改。视情况选中或取消选择First row contains field names（第一行包含字段名称，即English/US和Chinese/PRC）。Fields（字段）处注意Import as term（作为术语导入），需正确选择对应的语言，原文和译文均需选择。

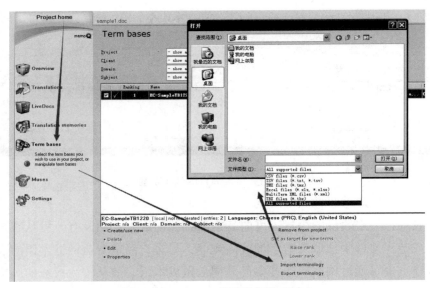

图 10-38　memoQ 术语保存界面(二)

（5）该 Excel 文件（或类似 Word 文件）原文和译文两列也可复制到新建文本文件中，以 tab 分隔，如图 10-40 所示。

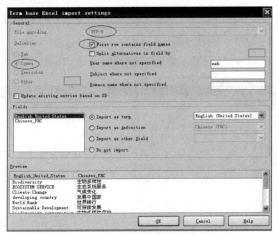

图 10-39　memoQ 术语导入界面　　　**图 10-40　memoQ 中以文本格式保存的术语**

单击"文件"，选择"另存为"，在弹出的对话框中将"编码"选为 UTF-8 后保存，如图 10-41 所示。

导入术语库时选择以 txt 为扩展名的文件，选中文件后单击"打开"按钮，如图 10-42 所示。

注意编码为 UTF-8，以 Tab（制表符）分隔，单击 OK 按钮即可导入术语库，如图 10-43 所示。

11. 术语导出

在术语库面板选中待导出术语的术语库，再选择 Export terminology，如图 10-44 所示。

随后弹出如图 10-45 所示的界面，默认导出以逗号分隔的 CSV 文件。

如果想稍后将所选术语库导入 MultiTerm（Trados 的术语库应用程序），则可单击选中 Export as MultiTerm XML，随后导出（Export）。

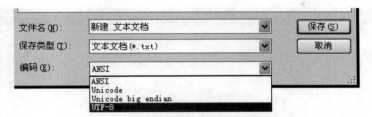

图 10-41　memoQ 中选择编码保存术语库

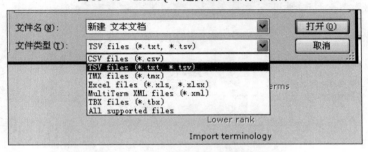

图 10-42　memoQ 导入术语库（一）

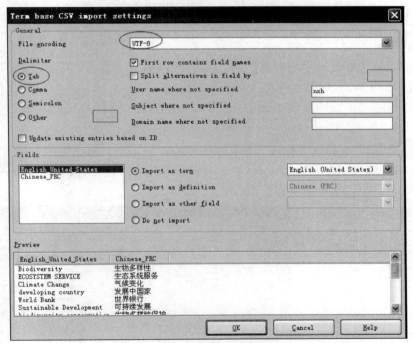

图 10-43　memoQ 导入术语库（二）

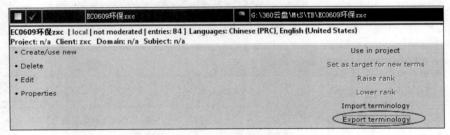

图 10-44　memoQ 术语导出界面（一）

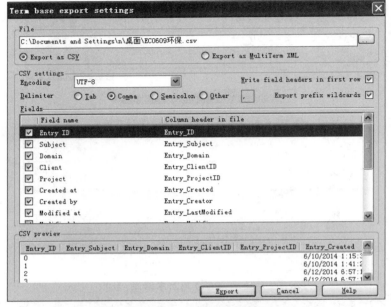

图 10-45　memoQ 术语导出界面（二）

12. 术语提取

术语重要性毋庸置疑。但有时客户不一定会提供参考文件和词汇表，此时需要把待译文件中的词汇或术语进行提取、筛选、翻译和定稿。

（1）打开待提取术语的文件，选中 Operations 选项卡，选择 Extract Terms（提取术语），如图 10-46 所示。

（2）此时弹出 Extract candidates（提取候选术语）对话框，对话框中分别有 Sources（原文区）、Options（选项区）和 Stop words（非索引字区），可自行设置，如图 10-47 所示。其中，Session name（会话名称）可自行改写。

图 10-46　memoQ 术语提取菜单

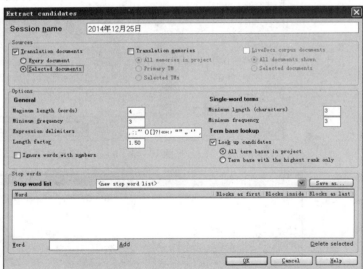

图 10-47　memoQ 术语提取界面

（3）单击OK按钮后开始提取术语，如图10-48所示。

（4）术语提取完毕后出现如图10-49所示的界面。

（5）需对提取到的候选词汇或术语进行筛选、清理。在译文区输入译文，确信无误后按下Ctrl+Enter组合键则接受为术语，如图10-50所示。

（6）待提取完所需的术语且输入译文后，可单击右上方 图标，则将已接受术语导出到选定术语库，单击OK按钮，选定术语对即可复制并导入选定术语库，如图10-51所示。

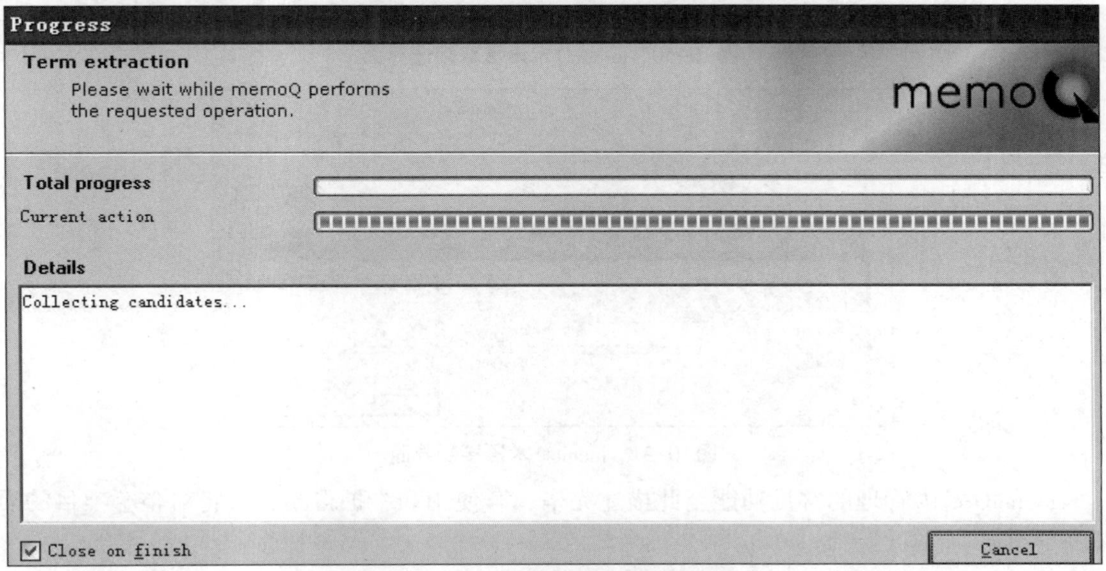

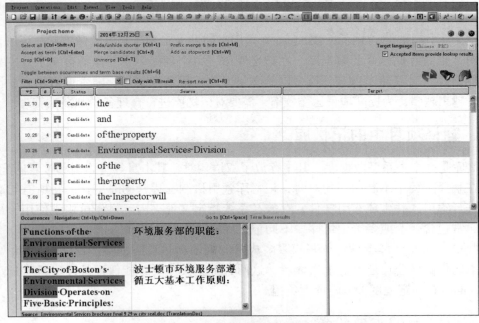

图10-48　memoQ术语提取完成界面（一）

图10-49　memoQ术语提取完成界面（二）

图 10-50　memoQ 术语提取筛选界面

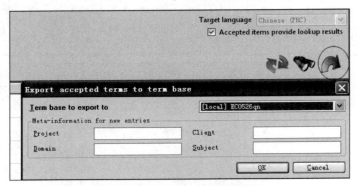

图 10-51　memoQ 术语接受界面

　　memoQ 术语管理的常见功能至此描述完毕，若使用和维护得当，必将对整个项目的质量颇有裨益。

第三节　记忆库管理

　　记忆库（Translation Memory Database）是用来辅助人工翻译、以翻译单元（源语言和目标语言对）形式存储翻译的数据库。在记忆库中，每个翻译单元的源语言文字分别与其对应的目标语言成对存储。这些分段可以是文字区块、段落和单句。随着项目增多，记忆库文件也会越来越多，为提高项目运作效率，需要对记忆库进行合理备份和高效管理。

一、翻译项目中的记忆库

　　记忆库是一个关系型数据库，其中存放了双语句对，其本身具有索引和搜索匹配机制。当译员在翻译过程中不断增添句对时，记忆库索引机制在后台同时工作，将所有句对属性和内容进行索引，并生成索引文件，存放在系统指定文件夹内，供译员检索使用。每个翻译项目通常包含一个或多个记忆库，不同记忆库有不同使用价值，有的仅供参考，不能写入，有些记忆库允许译者设置读写权限。成熟的翻译项目最终都会产出记忆库和术语库，无论对本地化翻译公司还是对个人译者，这两者都至关重要，能保证翻译项目质量及术语一致性，同时在一定程度上减轻译者负担。

二、记忆库的主要设置

　　根据客户要求及各项目具体情况，项目经理（Project Manager，PM）可能要求译员设置项目记忆库。一般来说，项目客户方PM会提前设置好记忆库各种属性，或为服务方（Ven-dor）提供记忆库配置说明文件，译员处理项目前需进行具体设置。提前配置记忆库便于同客户内部CAT工具、服务器配置及内容管理系统等交换数据，因此服务方（Vendor）要遵守客户提出的相关要求。如客户指定使用SDL Trados Studio 2011 SP3，而译员却使用Trados 7.5会导致记忆库不兼容，为数据导出及项目文件同步造成麻烦。

常见记忆库设置项目有以下方面。

（一）系统字段

翻译记忆库（Translation Memory，TM）系统信息字段通常不需修改，如Created on、Created by、Modified on、Changed by、Last Used by、Last Used on和版本号等。TM工具版本号，通常高版本兼容低版本的TM，如SDL Trados 2011可兼容SDL Trados 2007的TM。这些字段在导入导出时会保存到TMX（Translation Memory eXchange）文件中。

（二）语言资源

记忆库中语言资源设置主要是翻译项目的语言对设置，包括一对一或一对多语言选项。其次是在此语言对中的变量列表、缩写列表、序列词、断句规则和机器翻译规则等设置。这些与记忆库处理的句段规则一起使用，主要用于区分不需要翻译的内容。如正式上市的中文版Microsoft产品，其产品名称均维持原文格式无须翻译，在较重要或明显之处（如手册封面、内容首次提到产品名称，或安装说明中有关操作系统的说明）应使用产品全称，如Microsoft Office 2010中文专业版、Microsoft Windows 7专业版。可在变量列表中进行相关设置，即表明此内容为非译内容。SDL Trados Studio 2017变量列表设置如图10-52所示。

图10-52　SDL Trados Studio 2017
变量列表设置

（三）匹配率

匹配率设置包括记忆库中的最高匹配率和最低匹配率。翻译记忆系统默认值通常为70%，如果希望匹配到更多翻译单元，用户可降低设置。一般来说，较低设置并不能保证提供具有复用价值的翻译单元。此阈值会影响字数分析（analyze）。以SDL Trados为例，其分析统计阈值包括95~99、85~94、75~84、50~74、No match等。如果某句在TM中实际匹配率为60%，当最低匹配值<60%时，会将该句统计到50~74一项中；当最低匹配值>60%时，会将该句统计到No match一项。因此最低匹配值不同，统计结果会有很大差别。图10-53和图10-54分别给出了SDL WorldServer TM分析统计结果示例及memoQ匹配率设置。

译者通过最低匹配显示数量设置，可指定在TM窗口中显示完全匹配或模糊匹配的翻译单元数。如待译文件中某翻译单元，TM中有10个翻译单元的匹配率大于设定值，但都不是完全匹配，若Maximum number of hits（最大命中数目）设置为5，则TM窗口中只显示前5个翻译单元。具体显示时，会在窗口中显示匹配率最高的那个翻译单元。如果TM中有且只有一个完全匹配的翻译单元，则会只显示该翻译单元。但如果有多个完全匹配，则会按模糊匹配的显示规则进行显示。

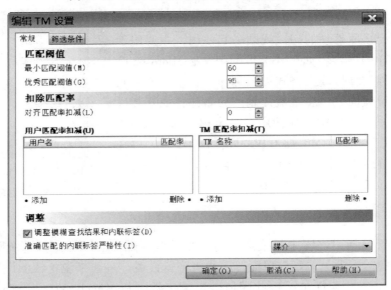

Asset ▼	Total	ICE Match	100%	100-95%	95-85%	85-75%	75-50%	50-0%	Repetition	Cost Estimate
	4,629	0	85	4	18	54	713	3,664	91	0
	4,628	0	85	4	18	54	712	3,643	112	0
	693	0	31	0	0	0	95	567	0	0
	628	0	15	0	0	0	95	518	0	0
	5,492	12	142	16	7	93	824	4,002	396	0
	5,412	12	138	16	7	93	807	3,984	355	0
	5,450	12	138	16	7	93	807	3,984	393	0
	136	0	1	2	0	1	10	113	9	0
	2,412	0	16	3	0	0	225	2,051	117	0
	2,374	0	16	3	0	0	225	2,013	117	0
	2,412	0	16	3	0	0	225	2,051	117	0
	1,973	0	34	0	5	48	300	1,510	76	0
	1,971	0	38	0	5	48	294	1,510	76	0
	6	0	2	0	4	0	0	0	0	0
	8	0	0	0	0	0	8	0	0	0
	3	0	0	0	0	0	3	0	0	0
	3	0	0	0	0	0	3	0	0	0
Total	15,352	12 (0.08%)	311 (2.03%)	25 (0.16%)	34 (0.22%)	196 (1.28%)	2,178 (14.19%)	11,907 (77.56%)	689 (4.49%)	0

图10-53　SDL WorldServer TM分析统计结果示例

图10-54　memoQ 2013中的匹配率设置

（四）罚分

　　罚分是指记忆库匹配率可靠性不足的数值。翻译文档过程中，在匹配TM中的翻译单元（Transaltion Unit，TU）时，首先将文档中的待译内容与TM中TU的Source部分进行"文本"匹配，其后会考虑其他一些待译内容与TM中TU的Source部分之间存在的差异，并用相关因素来调整（扣减）文本匹配率，这些因素主要包括文本字体、字号差异、属性信息字段及文本信息字段差异、翻译单元中Tag差异和是否存在Multiple Translation等。从"文本"匹配率中扣减掉适用的罚分值后，得出的才是最终匹配率。对于翻译项目经理来说，如果利用TM进行字数分析，通常使用默认设置。因为更改罚分默认设置会影响翻译单元匹配率，最终影响字数统计结果。SDL Trados Studio 2017的罚分设置如图10-55所示。

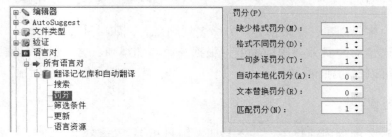

图10-55　SDL Trados Studio 2017中的罚分设置

（五）权限管理

通过权限管理可为不同记忆库设置不同权限，如打开、读写权限、添加、编辑、删除及批量维护权限等。如具备访问权限的用户可在编辑器视图中打开并使用记忆库内容，但无法添加、编辑或删除翻译单元。访客无法在记忆库视图中打开记忆库进行维护，只能查看记忆库语言资源设置。而管理员在所有视图中对记忆库及其内容都具有完全访问权限。图10-56给出了SDL Trados Studio 2017记忆库管理权限界面。

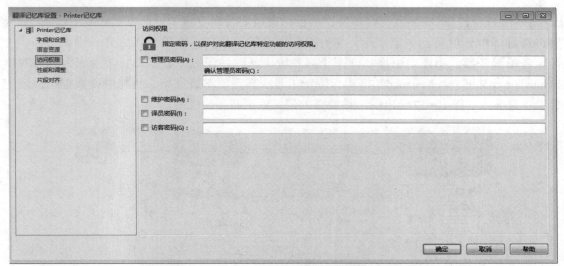

图10-56　SDL Trados Studio 2017记忆库的权限管理

三、记忆库管理注意事项

无论是在企业内部，还是专业译员，在记忆库管理上都要有一定的规则和方法，规则一旦确定下来便不能轻易改变，不然会造成项目文件混乱。通常要考虑的问题有以下方面。

（一）存放位置

记忆库要存放在特定项目文件夹中，一般是按照客户创建项目，然后在具体项目里创建记忆库文件夹。如果项目较大，来往文件较多，需要创建多个记忆库文件夹，包括临时中转文件夹，避免混淆。

（二）命名规则

记忆库如由客户创建，则根据客户方命名规则命名；如果是Vendor PM（服务方项目经理）创建，在考虑客户具体要求前提下，根据公司内部规则命名，通常可从属于翻译项目名称，或具有可识别的独特标记。

（三）使用权限

在保密性较高的翻译项目中，并不是所有项目相关人员都可以读写记忆库。根据项目组成员参与程度，项目经理（Project Manager，PM）会对记忆库设定一定权限，如译员只有读取权限，而没有写入权限，而资深编辑则可具备读写权限，并最终审核确认记忆库正确性。如果项目在客户方翻译管理系统中操作，则不同服务方（Vendor）会有不同的使用权限。根据情况，可将TM分成不同权限组，排出优先级，优先级最高的TM最先匹配，不同级别使用不同的域管理。通过上述方式，确保客户信息及项目信息不外泄，规避数据及信息安全漏洞，避免安全事故。

（四）更新备份

在项目运行过程中注意实时备份，项目结束后要及时更新主记忆库（Master TM）。如果要将新翻译单元更新到主记忆库，所有更新内容需要核实，准确无误后方可确认更新，上传至备份服务器。当需要更换CAT或全局系统更新时，记忆库数据需要转换成为标准TMX（Translation Memory eXchange）格式，待新工具或新系统部署完毕，再将翻译数据按照既定要求批量导入。图10-57给出了一种典型的记忆库更新备份机制。

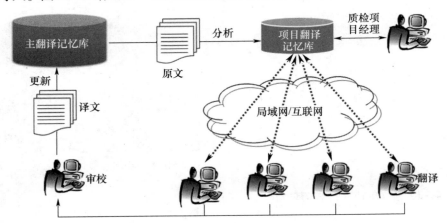

图10-57　典型的记忆库更新备份机制

（五）质量保证

TM是翻译记忆软件核心，旨在复用既有资源，将译者从重复性劳动中解放出来。但须以既有语料质量合格为基础，否则不但不能解放译者，反倒降低了翻译质量。如果记忆库中存在翻译错误，或不一致译文，如关键术语存在多种译文，需要在备份前清理。可利用记忆库自带维护工具进行批量查找和替换，也可利用 ApSIC Xbench、Heartsome TMX Editor、Okapi Olifant、TMX Validator、vTMX Editor 等工具进行维护，批量编辑或删除无用的或错误信息。图 10-58 给出了 Okapi Olifant 清除翻译记忆中的代码界面。

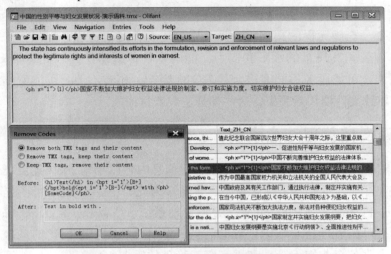

图 10-58　利用 Okapi Olifant 清除翻译记忆中的代码

　　TM 质量管理大致可从语言质量和维护管理两方面考虑。从语言角度看，只有经过严格审校确保无误的翻译单元方可入库，确保 TM 本身质量；从维护角度看，必须要高度重视语言资产，制定语言资产相关的管理规范，并严格执行管理规范。图 10-59 给出了客户、语言服务商、译员三方对记忆库的各项操作流程。

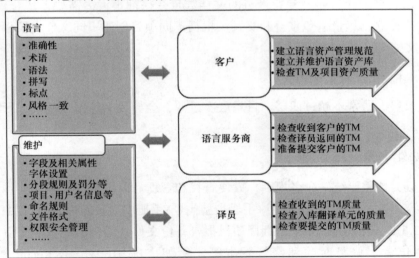

图 10-59　记忆库操作流程模型

第四节　翻译文档管理

　　要了解翻译文档管理，首先要明确其重要意义；其次要了解若干重要事项；再次要掌握主流文档管理软件/技术。

一、文档管理的重要意义

在语言服务产业链中，现代项目格式多种多样，流程环节繁多，加之某些文档可能需要定期变更，文档管理变得必不可少。对客户而言，文档和内容质量代表企业品质及品牌形象，标准整齐、正确无误的文档无疑是品质的体现；对语言服务提供方来说，井井有条的文档管理体现公司高质量的水平和实力，能向客户传递信任，因此能带来更多的业务；对专业译者来说，可能服务不同客户，往来文件庞杂，稍有不慎，可能发错文件，或因为计算机问题，导致文件损坏或丢失，这些都会造成严重损失。

二、翻译文档管理注意事项

据统计，随着信息技术迅猛发展，全球企业信息内容以年均200%速度增长，其中只有20%实现了有效管理，企业越来越需要内容管理。为此，不少企业借助企业资源计划（Enterprise Resource Planning，ERP）和客户关系管理系统（Customer Relationship Management，CRM）等基本上可以管理企业结构化数据信息，但对文档类非结构化信息却不重视。翻译文档管理是语言服务企业知识管理和语言资产管理的重要组成部分，如果管理不当，会给企业带来不可估量的损失。

针对个人译者或一般小型语言服务团队，翻译文档管理可从以下几个方面考虑。

（一）文件分类

如果长期从事翻译行业，专业译员的文档数量往往都很大，需要创建合理分类目录。每个目录保持独立，尽量避免重叠和交叉。根据不同项目创建不同文件夹模板，每个文件夹存放专类文档。

（二）目录层次

文档目录层次通常不超过四层。目录层次过深，会导致文件路径过长，影响文档使用和维护效率。

（三）文件名称

翻译项目文档需要统一命名规则，方便查找和管理。以用户手册翻译项目为例，项目命名规则可统一如下：项目模块编号+手册类型代号+手册书写日期+序列号，中间用下划线隔开，如M2_UE_1021_01；如果是翻译项目报告备份文件，通常需要包括文件主题、归属部门、文件作者、修订时间和修订版本等，例如，Prj_01_Weekly Report_PM_Richard_20130809_Ver.3.doc。文档命名的关键问题是必须有文档管理意识，将管理规范贯彻到所有翻译项目中。

（四）文件版本

每次更新的文档都需按特定规则进行版本编号，确保正在使用的或提交给客户的是正确无误的最新文档。在客户要求修改较多的情况下，版本管理可回溯以前的版本，追踪到在翻译项目进展到什么阶段，出了什么状况。如果该阶段某一环节出了问题，则可跟踪该环节具体负责人，并帮助核实问题根源所在。

（五）管理权限

文档安全通常通过横向和纵向权限组合构成文档权限管理体系。通常一个知识库目录对应相应的部门，由相应部门控制专门文档权限。如项目相关文档对应项目管理部门；财务相关目录下的文档对应财务部门；营销相关目录下的文档对应销售和市场部门；这就避免了部门间交叉泄露信息的可能性。对于翻译项目文件，PM 应具备增加、修改、删除和转移文档等权限，而一般译员通常只具备访问指定文件的权限。

（六）文档检索

对于发展较快的语言服务企业，项目越来越多，文档数量高达几十万甚至上百万，必须考虑检索文档便利性问题。通过制定文档命名规则，设置关键词、摘要和目录等一些核心信息，用户借助合适检索词，可一次性地快速定位到所需文档内容。如要查找 2013 年 HP 公司相关所有翻译项目，可在搜索系统中输入 2013 HP PRJ（Projection File Format），系统便可将相关内容全部展现出来。

大型语言服务企业通常部署了文档管理系统❶（Document Management System，DMS），如 TeamDoc、KASS、edoc2、HOLA 和易度等，整体文档管理效率大大提高。文档管理系统可将企业各部门电子文档、纸质文档扫描影像、音频、视频等文件集中整合存储，帮助语言服务企业实现文档高效管理，提供高效检索方式，保证翻译相关文档的访问、存储安全，促进文档知识效用最大化，最终提高企业办公效率。

三、翻译文档管理案例

如下提供三种翻译项目文件夹结构及一种文档管理示例，仅供参考。

（一）翻译项目文件夹结构示例一

软件本地化项目文件夹结构如图 10-60 所示。

（1）ENG：存放工程处理文件。

（2）MAN：存放管理相关的文件，财务管理、客户管理、译员管理、项目进度报告、跟踪列表等。

（3）TEP：存放项目翻译、编辑、校对相关的单语、双语或多语文件。

（4）Toolkit：存放项目使用的工具、工具说明书、

图 10-60 软件本地化项目文件夹结构

---

❶ 与此相关的另一个概念是内容管理系统（Content Management System，CMS）。企业内容管理泛指各类结构化、非结构化数据，包括数据库信息，企业各种文档、报表、账单、网页、图片、传真，甚至多媒体音视频等各种信息载体和模式。

培训文件、记忆库、术语库等。

（5）Transfer：存放客户发包、反馈文件，服务方（Vendor）项目往来文件等。

（二）翻译项目文件夹结构示例二

多语网站本地化项目文件夹结构，如图10-61所示。

（1）1_Handoff：存放分发的文件及客户更新的文件。

（2）2_Handback：存放服务方（Vendor）提交的文件及后续更新的文件。

（3）3_PM：存放管理相关文档，如财务信息、合同信息、各种日志文件。

（4）4_WorkingFiles：存放项目的源文件。

（5）5_QueryRecord：存放咨询文件。

（6）6_QA_Report：存放客户反馈文件。

（三）翻译项目文件夹结构示例三

一般本地化项目文件夹结构如图10-62所示。

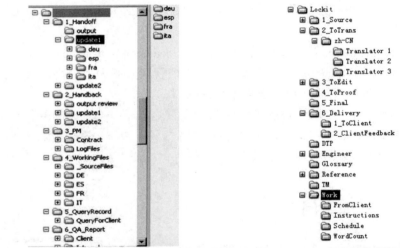

图10-61　多语网站本地化项目文件夹结构　　图10-62　一般本地化项目文件夹结构

（1）1_Source：源文档。

（2）2_ToTrans：转换后的供直接翻译的文档。

（3）zh-CN：译语文档。

（4）Translator1/2/3：分包存放各个译员需要翻译的文档。

（5）3_ToEdit：翻译完后待编辑的文档。

（6）4_ToProof：编辑完后待审校的文档。

（7）5_Final：全部处理完成，待PM审查的文档。

（8）6_Delivery：提交的文档。

（9）1_ToClient：提交给客户的最终文档。

（10）2_ClientFeedback：客户反馈的文档。

（11）DTP：待排版的文档。

（12）Engineer：需要工程/测试的文档。

（13）Glossary：项目术语表。

（14）Reference：项目参考文档。

（15）TM：项目记忆库。

（16）Work：工作文档。

（17）FromClient：客户原始文档。

（18）Instructions：项目说明文档。

（19）Schedule：项目进度表。

（20）WordCount：项目字数统计。

（四）E-C Innovations 文档管理案例

多语种文档管理和维护方法取决于文档类型、目标语种数量和使用目的，若目标语种较少，文档涉及本地化因素少（如度量单位、名称、文化宗教敏感内容、安全规范、品牌一致性要求等），传统管理和维护方法即可满足要求。但传统做法的风险在于很难控制结果，由于文档管理编写者通常不能看懂翻译后的文档，所以文档是否充分本地化及文档的最初目的是否满足存在风险。

有鉴于此，E-C Innovations 采用图10-63示意的解决方案，控制本地化过程产生的偏差，充分降低由于文档本地化不当而在目标市场造成的失误风险。

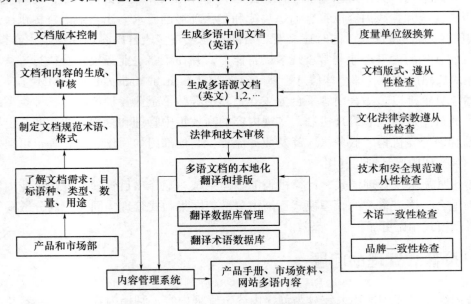

图10-63　E-C Innovations 文档管理案例示例

四、常见的文档管理工具

在翻译管理中，经常会遇到各类问题，如快速查找某个报表文件，批量命名即将提交的一批项目文件，恢复误删文件等，表10-2给出了常用文档管理工具列表供参考。

表 10-2　常用文档管理工具

功能分类	相关工具
文件夹批量创建	Folder Creator/PlanPlus
文件夹批量命名	Advanced Renamer/Batch Rename
文件夹比较合并	Araxis Merge/Ultra Compare/Beyond Compare/WinMerge
文档版本控制	Visual Source Safe/SVN
文档搜索	Everything/Google Desktop/Intelliwebsearch/Search & Replace
文档同步备份	GoodSync/FileGee/FreeFileSync/Unison
文档修复恢复	EasyRecovery/OfficeRecovery/Finaldata/Recuva
文档综合管理	FreeCommander/SpeedCommander/TotalCommander

第五节　语言资产的集中管理

语言资产需要管理，为何又需要集中管理？

从国内外翻译行业现状及发展趋势看，国际市场交流规模和范围会越来越大，对翻译要求也越来越迫切。大型跨国企业往往在全球大部分国家和区域销售产品，需要提供当地语言的用户文档和在线内容以符合当地法律和文化环境的要求。用当地语言提供用户支持以获得更高的用户满意度，同时还需要尽可能快地发布多语言内容以在竞争中赢得先机。这些都促使领先的大型企业非常重视多语言能力，并在策略、业务模式及执行方法上形成了一套相对成熟的体系，即全球信息管理（Global Information Management，GIM）。

全球信息管理以多语言内容平台为核心，其中容纳了企业各种产品、各种类型的多语言内容，通过先进的内容管理机制，实现内容的高效集中管理和复用，并在此之上管理分布全球的翻译分支机构、服务供应商及业务流程。其他部门如写作、发布等也可通过多语言内容平台实现内容管理与复用。

基于这种需求及管理模式，计算机辅助翻译系统、翻译项目管理系统和企业内容管理系统不断融合，语言资产的管理模式逐渐由分散趋向集中式管理，同传统的分散式管理或零乱的管理模式相比更加科学、高效。

一、分散式管理的问题

语言内容从创建到使用大致分为创建内容、管理内容、翻译内容、交付内容及产品使用五个阶段，每个阶段都可能面临不同的问题。

（1）创建内容阶段：原文质量难以控制；原文重复片段不能有效重复利用；原文术语不一致；原文版本混乱。

（2）管理内容阶段：规范性；安全性；个性化；没有或很少权限管理，错误操作可能导致文件损坏或丢失；文件繁杂，导致人工错误频发。

（3）翻译内容阶段：个体译员效率；翻译片段复用；译文术语统一；协同翻译质量保证。

（4）内容交付阶段：不能实现即时发布；很难管理多语言多版本；很难多渠道多平台发布。

（5）内容使用阶段：如图10-64所示，由于语言资产内容分布在市场与销售、服务与支持、运营与制造、研究与开发等不同部门的不同服务器上，文档繁多，可能导致频繁人工错误，而频繁的错误修复会导致无法或很难及时更新，最后产品或服务进入市场的时间推迟，企业品牌和信誉受损，客户因此付出沉重代价。

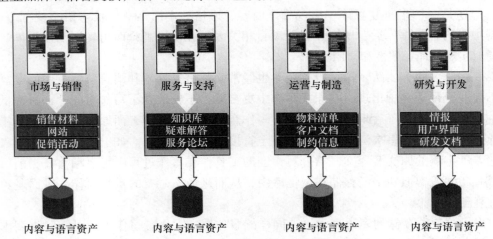

图10-64　分散的语言资产管理

二、集中式管理的优势

现实操作，常会遇到客户有多种产品，且每种产品线内容庞杂，横跨多个部门，而外包时往往又分派给多个语言服务提供商，同时涉及多个记忆库、术语库及其他项目要素的管理。那么如何最大限度地优化语言资产呢？图10-65给出了一种可能的集中式管理的模型。

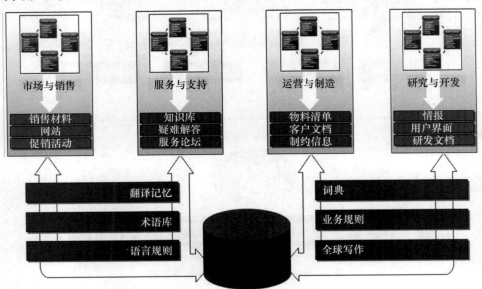

图10-65　集中的语言资产管理

　　如图10-65所示,通过部署翻译项目管理系统,将分散在各部门的语言资产集中在中央存储数据库,可实现企业内部资源优化配置。

　　当前,项目协作质量困扰大多数语言服务团队。较大翻译项目可能需要多人协同完成,协作规模可能是几个人的小团队或整个翻译部门,也可能需要其他部门人员参与。而超大型项目可能需要包括外部校对专家、小语种自由译者和翻译服务提供商等在内的多方位协作,由此会产生协作质量问题。不同的人翻译相同内容,即使所有参与者都使用了记忆库工具,但还是会产生重复翻译,出现翻译内容、风格、术语不一致及术语不规范等现象。而部署中央语言数据库后,所有译者及项目相关人员在协同翻译时可实时访问该库,在最大范围内实现翻译一致性和复用。

　　不仅是语言服务团队,语言服务企业也经常面临重复处理和语言质量控制问题。这些问题不仅在翻译业务中出现,在原文写作中更常见,不仅浪费了写作时间,而且降低了原文质量,多语言环境下后果更严重。重复写作意味着重新翻译,而原文每一处术语错误都可能导致翻译过程的多次沟通和修正,甚至直接被误译后发布。如上所述,由于中央记忆库存储着已定稿的原文及译文,结合写作辅助工具,在写作过程中可自动检查当前协作内容是否有相同或类似句子已存储在记忆库中,从而避免不必要的重复写作,进而避免不必要的重复翻译。

　　中央术语库所存储的多语言术语,同样能服务原文写作。写作人员可随时查询术语库以获得规范的原文术语解释,结合写作辅助工具,还可自动检查原文写作中是否存在不符合规范或禁止使用的术语,从而有效提高记忆库和词汇表管理效率,支持远程术语专家或团队编辑,避免因纠正术语错误而造成非生产性时间和成本,实现了记忆库、词汇表在客户产品之间、部门之间及各个职能团队之间的高效共享。

　　图10-66展示了SDL的语言资产集中管理方案,深刻体现了中央语言资源库在内容写作、多语言翻译和内容发布中的核心作用。

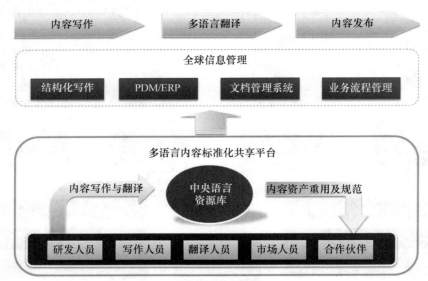

图10-66　SDL语言资产集中管理方案

　　为应对不断增长、日益复杂的现代本地化和翻译项目管理需求,传统的分散式管理逐渐不再适用企业发展，翻译管理系统（Translation Management System， TMS）应运而生。该系统可同时管理一种或多种语言项目，可简化整个翻译流程，包括翻译、供应商选择、工作分配、项目管理、制作、发布、最终交付及存档。通过这种语言服务管理平台可极大优化语言资产管理流程，提高项目运作效率。目前的常见商用TMS包括Across Language Server、AIT Projetex、Alchemy Language Exchange、Beetext Flow、GlobalLink GMS、memoQ、Language Networks Espresso、LingoTek Language Search Engine、Lionbridge Translation Workspace、MultiTrans Prism、Plunet Business Manager、Project-open、SDL TMS、SDL Trados Synergy、SDL World Server、Translation Office 3000、Worx、XTM 和 XTRF 等（王华伟、王华树：2013）。

三、Lionbridge Translation Workspace 语言资产管理系统

（一）Translation Workspace基本介绍

Translation Workspace是Lionbridge公司推出的新一代云计算系统，它将实时动态的翻译资产（记忆库、术语库等）与核心的翻译记忆技术紧密结合起来，以软件即服务（Software-as-a-Service，SaaS）、按需付费形式向全球翻译人员、翻译公司和客户等提供服务。在Workspace中，记忆库、术语库数据均存储在云端服务器中，只需通过浏览器或客户端程序即可访问。用户可在自己的工作环境中随时登录Workspace进行翻译、管理语言资产，与其他译者交流，监控翻译项目进度，进行语言质量评估，使用大量高质语言资源。

Workspace包含下列功能：在线记忆库及术语库管理、记忆库和术语表（即语言资产或动态资产）在线安全托管、TM和术语表实时搜索和更新、设定术语表用户角色和访问权限、上下文匹配、连接TM和术语表至记忆库网络、内置聊天工具及筛选器（可处理大多数常见文件格式）及在线审校功能等。

（二）Translation Workspace的特点

（1）提高翻译效率和准确度：Translation Workspace可支持上千用户同时在线翻译，且不会降低响应速度。参与同一项目工作的用户无论是否处于同一区域均可共享语言资产，同时还可实时获得动态资产的更新内容，并可将这些更新立即应用到正在翻译的文件中。此外，Translation Workspace记忆库按权重排序，外加上下文匹配的功能，可增加结果匹配项可靠性。通过动态资产，由语言专家组成的虚拟团队可在大型项目中展开协作。

（2）基于SaaS的托管式解决方案：Translation Workspace提供了基础架构管理功能，将占用空间极大的记忆库和术语表数据都存储在服务器中，通过Web浏览器或轻便的翻译客户端即可访问该服务器。备份、安全和更新对用户透明。用户还能以集中化的可控方式来定义设置，以便管理TM用户角色和访问权限。

（3）可与多个供应商协作：对于向多个供应商外包作业或转包作业的订户，Translation Workspace提供了Asset Aliasing™（资产别名机制），可保证供应商安全隐秘地访问TM、术语表和审校文件包资源。

（三）语言和格式支持

Translation Workspace支持全球数百种语言和文字。可通过它的一种或两种翻译客户端支持以下文件格式双向处理。通过XLIFF Editor中的标记语言助手，用户也可自行创建自定义的带标记文件格式筛选器。该软件可处理的文件类型见表10-3。

表10-3　Translation Workspace**支持文件类型一览表**

Format	Filter（Conversion dialog）	Recommended Editor
Rich Text Format（RTF）	Translation Workspace RTF（Convert External Styles to Translation Workspace dialog）	Microsoft Word Plug-in
Microsoft Word 2000—2003（DOC, DOT）	Translation Workspace RTF	Microsoft Word Plug-in
Microsoft Word 2007—2013（DOCX, DOTX, DOCM, DOTM）	Translation Workspace DOCX（Document Conversion dialog, Convert External Styles to Translation Workspace dialog）	XLIFF Editor
Microsoft PowerPoint 2007—2013（PPTX, PPTM, POTX, POTM, PPSX, PPSM）	Translation Workspace PPTX（Document Conversion dialog）	XLIFF Editor
Microsoft Excel 2007—2013（XLSX, XLAM, XLSM, XLTM, XLTX）	Translation Workspace XLSX（Document Conversion dialog）	XLIFF Editor
InDesign CS4, CS6（IDML）	Translation Workspace IDML（Document Conversion dialog）	XLIFF Editor
InDesign CS2, CS3（INX）	Translation Workspace INX（Document Conversion dialog）	XLIFF Editor
FrameMaker versions 5-12（MIF）	Translation Workspace MIF（Document Conversion dialog）	XLIFF Editor
Markup Languages（XML, HTML, SGML, XHTML, ASP, JSP）and profiles（HTML, HHC, HHK, RESX）	Translation Workspace XML/HTML（Document Conversion dialog）	XLIFF Editor
Trados TTX	Translation Workspace TTX to RTF（Document Conversion dialog, TTX to RTF Conversion dialog）	Microsoft Word Plug-in
Trados TTX（pre-segmented）	XLIFF Editor	XLIFF Editor
Idiom XLIFF（XLZ, XLIFF）	XLIFF Editor（Idiom XLIFF Converter dialog）	XLIFF Editor
OKAPI generic XLIFF	XLIFF Editor	XLIFF Editor
XLIFF 2.0 files	XLIFF 2.0 to Translation Workspace XLZ（XLIFF 2.0 to XLZ Conversion dialog）	XLIFF Editor
Text files（for example, plain text, properties and INI files）	Translation Workspace TEXT（Document Conversion dialog）	XLIFF Editor

（四）链接式记忆库

Translation Workspace 能自由将多个记忆库链接在一起。这样用户就可创建一个包含多个来源的记忆库网络，同时确保基本信息完全独立。通过对较为可靠和不太可靠的源内容分别加分和减分，可对一个或多个 TM 中的匹配项进行优先级排序，帮助译员找到质量最佳的参考译文。如图 10-67 所示，系统对来自相关产品的记忆库进行了减分（-5%），对来自其他产品系列的记忆库的减分幅度更大（-15%），而"权威"记忆库则获得了加分（+1%），因此其匹配项会优先显示。

图 10-67　Translation Workspace 记忆库罚分机制

用户还可将翻译工作流程中翻译、审校、定稿等阶段的各个记忆库链接在一起。借助 Translation Workspace 的加分、减分机制，不仅能确保参与此项目的所有用户可随时获取任何译文，且项目中更高阶段的译文版本会替换早期阶段的译文版本。在图 10-68 中，系统将翻译 TM、审校 TM 和 QA TM 链接在一起并分配了不同的权重，以便此项目执行人员可即时访问经审校的最新资料，且高阶段译文会覆盖早期阶段的译文。

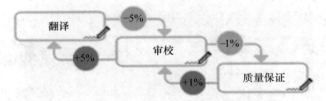

图 10-68　Translation Workspace 记忆库质量保证机制

链接还允许不同项目模块或产品版本拥有独立记忆库，同时保持项目间一致性。例如，市场营销材料的译文必须与产品文档译文分开，因为受众不同，但两者可能出现很大程度的重合，产品文档信息可能会对市场营销小组有帮助。如果保持该 TM 独立性（并扣减产品文档分数），则可确保首先参考市场营销内容。

此外，Translation Workspace 系统还带有分析 TM 和上下文匹配两个功能。用户可使用 TM 分析功能分析源文件字数。此功能假定用户会对文件执行交互式翻译，即采用实时、在线方式翻译。因此，译完每个翻译单元后会立即将译文保存到 TM 中，以供所有其他后续翻译单元匹配。如果译文与后续源字符串完全匹配，则称为重复项，大多数 TM 工具都会考虑这种情况。TM 分析功能同样也会考虑译文与后续源字符串模糊匹配的情况，在分析过程中将其作为模糊匹配项。因此，系统在分析项目源文件时会发现可能产生的每个模糊匹配项（无论是来自现有 TM 还是在交互翻译每个项目时生成），从而最准确地估算翻译持续时间和成本。用户都可在每次运行分析时选择启用或禁用 TM 分析功能。启用这项功能后，字数统计便会最准确地反映预期的项目工作流程。

　　上下文匹配内容及相关句子的实际译文也将会存储在 TM 中，同时存储的还有一个根据文档中每个句段周围的文本计算出的值。系统会优先选取上下文匹配内容（将其列为 101% 匹配项），以便用户今后可重新创建高度准确的文档译文。一些有歧义的短句子在全文不同位置通常需要不同译文，但通过考虑其上下文就可轻松判定。如果用户希望对文档进行一些更新，只改动少量文字，则上下文匹配功能将非常有用。

（五）集成的在线术语管理

　　使用 Translation Workspace，项目参与者可根据自身角色直接在线执行创建、建议和编辑术语、搜索、筛选术语并排序、为术语指定自定义属性、导入和导出术语集等操作。用户可在不同分公司、部门和产品线之间共享术语，以便在整个企业范围内提高一致性，同时还可针对特定受众和产品传达特定信息。

　　鉴于术语管理已完全集成于翻译流程中。翻译界面会主动在适当时间推荐合适术语，确保与经过核准的术语保持一致，并提高译文质量和一致性。这将提高翻译效率，缩短审校周期，加快整体周转速度。

（六）实时协作审校

　　Translation Workspace 提供动态的在线审校功能，可让审校人员使用安全易用的界面和简单明了的流程审校本地化内容。通过 Web 界面，能以完全在线方式创建、传送并处理审校文件包。该界面可同时显示原文与译文内容、句段级更改控制历史记录和注释。图 10-69 展示了该系统的实时协作界面。

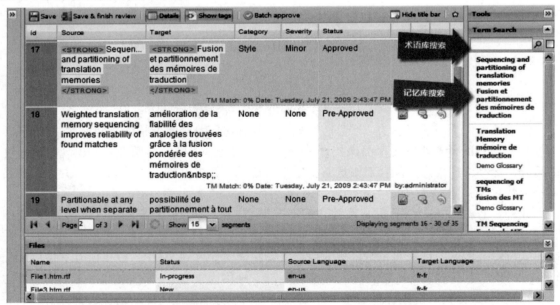

图 10-69　Translation Workspace **实时协作界面**

　　项目经理在 Translation Workspace Web 界面中创建审校文件包，而审校人员会使用这个在线审校客户端进行审校。译者还可通过 GeoWorkz 平台获得世界各地的翻译工作机会，与其他 GeoWorkz 使用者实时交流，并使用最先进的语言资产管理工具，随时随地访问、动态更新记忆库和术语表资产，这节省了传统翻译的沟通和交换成本。另一方面，GeoWorkz.com门户还提供了在翻译项目中利用Translation Workspace功能的大量集中资源，包括训练材料和各种支持。图10-70展示了Lionbridge语言资产集中管理平台。

通过在线平台协作模式，不管是译者还是翻译提供商都不需要额外维护翻译系统，大大减少了沟通、交换成本，Translation Workspace与GeoWorkz的结合，满足了当下对语言服务项目自动化、流程化的需要，给译者提供了一个完善的工作环境。

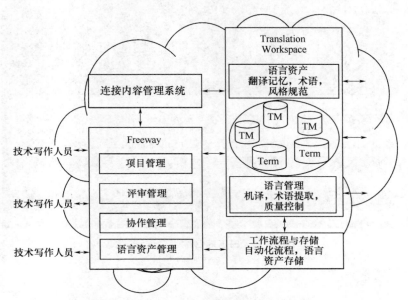

图10-70　Lionbridge的语言资产集中管理平台

（数据来源：崔启亮，2012）

四、SDL TeamWorks 管理系统

SDL作为全球信息管理解决方案提供商，其语言技术可提升企业业务灵活性，增强全球交付质量的可控性。下面以SDL为某跨国公司提供语言管理解决方案为例，探讨SDL Team-Works如何协助企业实现全方位语言管理。SDL解决方案（图10-71）关乎翻译业务三个核心要素：生产力工具、中央语言资源库及过程管理平台，其管理体现如下三方面。

一是部署先进的CAT生产力工具SDL Trados Studio 2017，帮助翻译人员完成重复、烦琐、费时、低附加值的翻译作业，解放翻译人员生产力，使其从事更有价值的语言翻译作业。

二是部署以语言资源库为核心的多语言内容管理体系，并在整个协同翻译供应链中共享和复用，实现多语言内容的有效管理，提高协同翻译质量。

三是在实现个体生产力和内容质量提升基础上，搭建翻译业务过程管理系统SDL Team-Works，通过任务自动化、流程自动化加快事务处理速度，同时通过全面掌握人力资源、成本、项目等业务要素的状态，以实现翻译业务的卓越运营。

综上，SDL Teamworks通过内容管理系统和翻译管理系统相结合，实现工作流、项目管理、供应商管理、成本管理、流程自动化、任务自动化和质量保证等多个流程的统一管理，从而提高效率。下面从SDL Teamworks在业务进程管理中的具体应用加以说明。

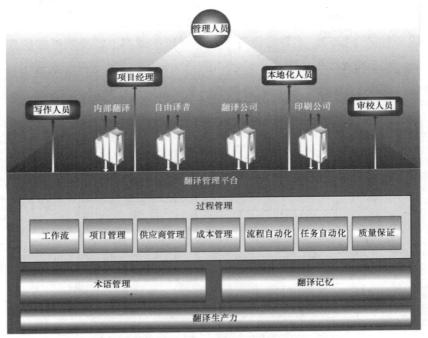

图10-71　SDL综合翻译管理方案

（一）项目管理

SDL TeamWorks项目管理为项目经理提供了统一的项目进展一览，同时系统还提供项目到期警告、到期自动通知等功能。管理视图如图10-72所示。

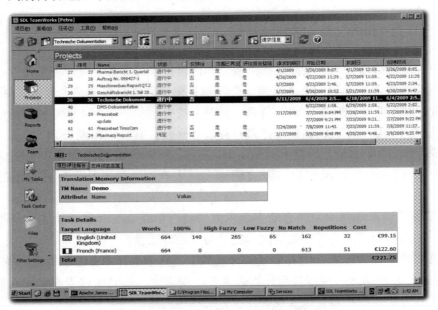

图10-72　SDL TeamWorks项目管理视图

（二）工作流管理

工作流定义了完成特定项目所需执行的任务、任务执行顺序、执行方式及执行人员。通过定义工作流，能实现业务流程规范化及标准化，并在项目执行过程中，通过工作流自动流转，降低人工干预程度，提高执行效率。SDL TeamWorks 工作流通过工作流模板方式，预先定义不同类型项目的工作流，实现工作流配置的复用，降低项目配置工作量（图 10-73）。

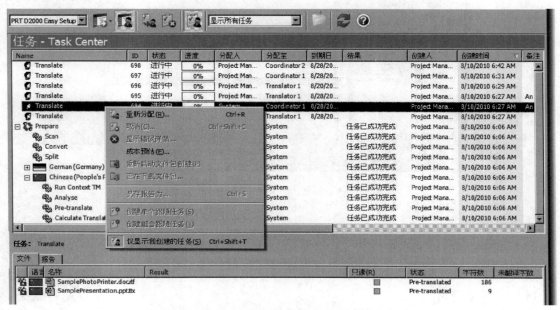

图 10-73　SDL TeamWorks 任务中心视图

（三）任务自动化

系统在项目准备阶段往往需要执行一系列任务，以进行文件分析、预翻译、打包等工作，但往往耗时较长，因此系统提供了任务自动化功能，按照用户定制的任务序列依次执行，并将执行状况随时通报用户。任务自动化大幅减少了在桌面工具中执行项目准备任务的时间。

SDL TeamWorks 的工作流节点支持三种任务类型：手工任务、自动任务和组合任务。

（1）手工任务：是指在工作流系统中管理，但需要手工完成的任务，如翻译、文风检查、排版等。

（2）自动任务：是指由 SDL TeamWorks 自动执行的任务，如文件分析、转换原文格式、语言检查等。

（3）组合任务：是按照一定顺序执行的一系列手工任务和（或）自动任务的组合，如文件预翻译，可由用户根据业务需要自由创建。SDL TeamWorks 手工和自动任务分配视图如图 10-74 所示。

除系统默认任务外，SDL TeamWorks 还支持用户自定义的手工任务和自动任务。用户可将第三方任务处理工具集成进 SDL TeamWorks，在工作流自动或手工执行。

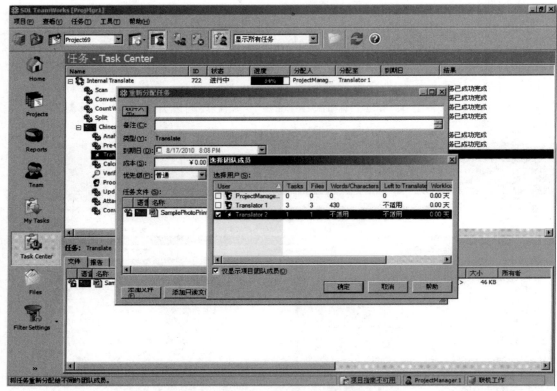

图 10-74　SDL TeamWorks 手工和自动任务分配视图

（四）资源管理

　　SDL TeamWorks 在中心平台上实现人员、翻译记忆、术语和语言规则等翻译资源的统一管理。系统记录项目管理、专职翻译、内部兼职翻译、业务支持等员或组织的基本信息，同时记录各种翻译资源的语言能力、生产效率、费用等关键业务指数。系统统一管理翻译记忆和术语库及用户对这些资源的访问权限。

（五）报表管理

　　SDL TeamWorks 提供了项目分析、成本分析、任务耗时分析等多种系统报表，同时详细记录了系统运行过程中的业务数据，包括翻译量、任务耗时、错误数量等，为创建用户自定义业务报表提供了详尽的基础数据。同时，系统提供了开放报表接口，允许用户访问系统业务数据，以开发自定义报表。SDL TeamWorks 报表功能视图如图 10-75 所示。

（六）在线翻译编辑

　　系统提供了基于 Web 浏览器的在线编辑器，是桌面生产力工具的有效补充，如无法在桌面工具中工作或不熟悉计算机操作，可采用在线编辑器进行翻译、审校等工作。在线编辑器还提供了翻译匹配查询、术语识别、相关搜索、备注、预览等功能，是审校人员的理想工作界面，也可在最终发布格式中直接修改，大大便利了校对人员。SDL TeamWorks 在线翻译编辑界面如图 10-76 所示。

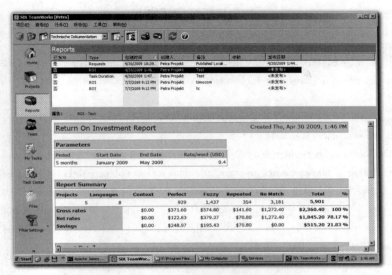

图 10-75 SDL TeamWorks 报表功能视图

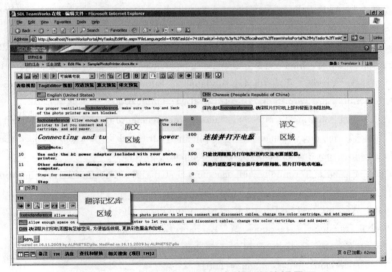

图 10-76 SDL TeamWorks 在线翻译编辑界面

　　各家语言服务提供商对项目管理平台功能的要求可能存在差异，所以现在大部分语言服务提供商更倾向于公司内部开发适合自身的项目管理平台，或根据自身需求选择两种或两种以上的管理平台混合使用。例如，有的公司选用 SDL WorldServer 实现与客户的项目传递；使用 Microsoft Project 制订项目计划，监督、管理项目进程和人力资源管理等。

思考题

1.什么是语言资产？

2.术语管理对企业的意义是什么？

3.管理项目记忆库的注意事项有哪些？

4.译者如何妥善进行文档管理？

5.企业语言资产分散问题如何解决？

参考与拓展阅读文献

[1]http://www.termwiki.com/.

[2]https://zh-cn.lionbridge.com/translation-localization/knowledge-center/terminology-management.htm.

[3]Bowker L. Computer-Aided Translation Technology: A Practical Introduction[M]. Ottawa: University of Ottawa Press, 2002:81-82.

[4]Champagne G. Portrait of Terminology in Canada. Report Submitted to the Translation Bureau, Public Works and Government Services Canada[R]. 2004.

[5]International Organization for Standardization. ISO 12620:2010 Terminology and other language and content resources: Specification of data categories and management of a Data Category Registry for language resources[S]. Geneva, Switzerland, 2010. [2012-06-05]. http://www.iso.org/iso/catalogue_detail?csnumber=37243.

[6]Irmler U. Windows 7 Localization Quality: A Journey[R]. Localization World Conference. US, 2009.

[7]Dunne K J, Dunne E S(eds.). Translation and Localization Project Management: The Art of the Possible[C]. Amsterdam: John Benjamins, 2011.

[8]Dunne K J. Terminology: ignore it at your peril[J]. Multilingual, 2007(April/May):32-38.

[9]Kingscott G. Technical translation and related disciplines[J]. Perpectives, 2002, 10(4):247-256.

[10]Nataly Kelly, Donald A. DePalma. The Case for Terminology Management: Why Organizing Meaning Makes Good Business Sense?[M] Lowell: Common Sense Advisory, 2009.

[11]Pavel S, Nolet D. Handbook of Terminology[M]. Canada: The Translation Bureau of Canada, 2002.

[12]Quah C K. Translation and Technology[M]. Shanghai: Shanghai Foreign Language Education Press, 2008:5.

[13]Rirdance S, Vasiljevs A(eds.). Towards Consolidation of European Terminology Resources: Experience and Recommendations from Euro TermBank Project[R]. Riga: Tilde, 2006.

[14]Schmitz K. Criteria for Evaluating Terminology Database Management Programs[A]. In Wright, S. E. & G. Budin (Eds.)Handbook of Terminology Management: Application-Oriented Terminology Management, Vol 2[C]. Amsterdam/Philadelphia: John Benjamins Publishing Company, 2001:539.

[15]Schmitz K. A Closer Look at Terminology Management Systems[R]. Cologne: Terminology Summer School, 6-10 July 2009.

[16]SDL. Terminology: An End-to-End Perspective[R]. White Paper, 2009.

[17]Sofer M. The Global Translator's Handbook[M]. Lanham: Taylor Trade Publishing, 2012.

[18]Wright S E, Budin G(eds.). Handbook of Terminology Management: Basic Aspects of Terminology Management, Vol 1[M]. Amsterdam: John Benjamins, 2001.

[19]Zetzsche J. Translation tools come full circle[J]. Multilingual, 2006, 17(1):41.

[20]财政部. 企业会计准则第6号——无形资产应用指南. 财会[2006]18号[Z]. 2006.

[21]崔启亮. 企业语言资产内容研究及平台建设[J]. 中国翻译, 2012(6):64-67.

[22]崔启亮, 等. 2011—2012年中国语言服务业概览[EB/OL]. [2014-04-10]. http://www.tac-online.org.cn/ch/tran/2013-04/27/content_5911383.htm.

[23]冷冰冰, 等. 高校MTI术语课程构建[J]. 中国翻译, 2013(1):55-59.

[24]梁爱林. 术语管理的意义和作用:以微软公司术语管理策略为例[J]. 中国科技术语, 2012(5):10-14.

[25]王华树. 浅议翻译实践中的术语管理[J]. 中国科技术语, 2013(1):11-14.

[26]王华伟, 王华树. 翻译项目管理实务[M]. 北京:中国对外翻译出版社, 2013.

[27]魏栋梁. 企业级翻译管理系统的设计[J]. 电子技术与软件工程, 2014(2):84-85.

[28]袁亦宁. 翻译技术与我国技术翻译人才的培养[J]. 中国科技翻译, 2005(1):51-54.

[29]中国翻译协会. ZYF 001—2011中国语言服务行业规范——本地化业务基本术语[S]. 北京:中国翻译协会, 2011.

第十一章　多语本地化项目案例分析

本书前十章较为系统地介绍了以计算机辅助翻译工具为代表的现代翻译技术。如果要全面、综合、深入地考察现代翻译技术的应用，本地化项目应为首选，尤其多语种本地化项目，更能体现现代翻译技术和项目流程，并考察从业人员的综合技能。选择较复杂的本地化项目，原因有三：

一是本地化项目是系统工程，而翻译只是其中涉及文字内容的环节，本地化项目需要的技术支持远高于单纯的翻译项目。

二是多数本地化项目涉及多媒体元素，如文字提取、音视频处理等技术，不仅操作复杂，且难度较大，对本地化项目的成败起着至关重要的作用。

三是越来越多的本地化项目已在全球范围内发包，多语种、多领域、多时区的技术及人员协同已成为必然，而复杂项目的管理运行需要更先进、更专业的技术支持。

综上，本章详细分解一个多语本地化项目案例，旨在让读者全面认识产业界的本地化项目管理过程。一个完整的本地化项目流程一般概括为：项目分析→工程前期处理→翻译、编辑→质量保证→工程后期处理→桌面排版→本地化测试。

此流程可简化为如图11-1所示。

由图11-1可知，本地化这项工作需要各部门各种角色互相协调，且整个生产周期内随时需要大量协作和沟通。为提高工作效率，本地化项目会使用到翻译管理系统，例如微软 MLP（Microsoft Localization Platform）系 统 、 惠 普 ETMA（Enterprise Translation Management Architecture）等系统，利用信息化技术实现语言服务生产过程中各环节的科学化、规范化、流程化管理。

本章将以此为基础，结合具体案例，介绍本地化项目管理过程及各环节的技术作用。由于部分案例涉及商业机密，故在选入本书时删去了截图及其他敏感信息。

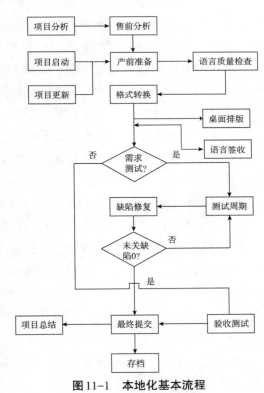

图11-1　本地化基本流程

第一节　项目分析、准备

项目分析是分析项目文件格式，从中获取工作流程，最终形成本地化工具包的全局性工作。项目准备时根据分析结果，对项目进行一个框架性的安排。

一、项目特点

以微软公司某本地化项目为例。项目进入实施阶段后，客户会提供实际的生产文件及需求指南。项目的一切工作要以客户指南为基础，确保充分理解客户需求。

本项目的特点有以下方面。

（1）此项目为某单机软件的在线版。

（2）需要本地化内容包括文字、图像、语言习惯等。

（3）文件类型包括 .docx、.chm、.lspkg❶。

（4）此项目是一个多语项目，需要本地化为 55 种 LIP 语言❷。

（5）除进行文件本地化，还需进行本地化测试及缺陷修正工作。

二、工作量估算

工作量及需要翻译的字数将直接作为报价及时间表制定的重要依据。翻译字数本身几乎无可争议，而工作量则需要各部门经验相对丰富的人员在充分了解项目需求后，根据客户需求及项目特点，进行详细分析。具体到该项目细节，需要项目管理、语言、工程、桌面排版及测试部门的共同协作。相关人员需要根据将涉及的具体工作内容，制定详尽的标准流程步骤，给出较切合实际的工作量统计。

如果从工程角度看，主要关注以下几点。

（1）文件数目：对同一种文件来说，数目越多工作量越大，但文件类型不同，单位时间生产效率也不同。

（2）文件类型：如 UI（User Interface）文件，需要考虑对话框数量及其复杂程度。

（3）工作范围：是否需要调框、修复热键、创建本地化版本等。

显而易见，本地化流程越复杂，工作量也就越大。如客户要求项目须符合特定需求的翻译质量控制流程，有可能需要多种方式的检查，如语境检查、语言签收检查、法律政策检查等工作。

三、制定时间表

以某单机软件在线版本地化为例，两种版本软件的 UI 界面有众多相同之处，所以对任

---

❶ .lspkg 文件（Language Package）：微软 UI 项目特有文件类型，是专为本地化准备的包含一些二进制文件（如 .dll）及一些 .xml、.js、.resx 等文件的翻译包文件。LocStudio 6.X 以上版本可支持。

❷ LIP（Language Interface Pack）语言：微软在为一些新兴市场或比较稀有的语言做操作系统本地化时，仅制作了可独立安装的界面语言皮肤。参考 http://en.wikipedia.org/wiki/Language_Interface_Pack。

何一种语言来说，必须在单机软件翻译全部完成且不再修改后，才可进行在线软件的本地化，即此项目各语言何时进入本地化流程，单机软件"说了算"。因此，制定此项目时间表时，须根据单机软件的本地化进度，将此软件的 55 种语言分成 Wave1、Wave2、Wave3、Wave4 四批处理。

此项目除软件本地化外，还有联机帮助本地化。联机帮助部分需要在软件文件的翻译达到最终要求后再处理。

PM（Project Manager，项目经理）制定时间表时，要考虑本项目的三个特点。

一是本项目所涉目标语言均为稀有语言，且语言种类多。

二是翻译资源匮乏——翻译人员不足，项目进度就相对缓慢，翻译人员经验不足，翻译质量也会较低。

三是实际运作总会有一些不能预知的问题，如人力资源并非总是即刻到位，工作内容可能还需微调。

综上，PM 制作时间表时，需要留有一定的缓冲时间。

四、确定本地化工具

文件类型不同，使用工具也不同。针对客户需求及项目特点，选取合适的文件处理和质量检查工具。必要时需要定制开发小工具。

本项目需要使用的工具有如下内容。

（1）LocStudio❶：处理 UI 文件 .lspkg。

（2）Help Workshop：编译 .chm 帮助文档。

（3）SDL Trados 和 Translation Workspace❷：分析、处理 .html（.chm 的原始文件）及 .docx 文件。

五、安排项目相关人员

在已承接项目的情况下，需要尽早联系安排相关工作人员。为能尽量选取合乎要求且在时间安排上能配合的工作人员，这一工作也须尽早进行。

第二节 工程前处理

工程处理的大部分工作出现在发送翻译包之前和收到完整翻译包之后。一般包含以下几个方面。

---

❶ LocStudio：微软公司研发的本地化工具，不但适用于翻译工作，也适用于工程师工作，具有自动翻译、分析、翻译建议、过滤器、词汇表（建立、维护、汇入、汇出）、文件更新、调整对话框及热键等功能。

❷ Translation Workspace：莱博智公司研发的翻译内容管理、翻译记忆平台。其最大特点及优势为在线服务，项目相关人员不分地域、角色，同时使用共同的资源，并且各方都可及时享用最近的更新。

一、分析资源文件

1.检查文件完整性及正确性

检查文件数量、类型、语言数等是否与客户所述一致。对于后期需要编译的文件，可用客户提供的原始文件进行编译测试，确保没有文件缺失。

2.确定文件中需要处理的部分

如多数情况下，.lspkg文件包含了许多无须进入本地化流程，或无须翻译处理的字符串。要保证不改动非译内容，可创建过滤器。应用过滤器后，就隐藏了无须翻译的内容，只能看到需要翻译的内容。

3.确定文件的送翻格式

根据文件最初的类型，确定文件以何种形式送翻。文件的送翻格式主要面向缺少技术背景的翻译人员，确保他们在无须具备计算机专业知识的情况下也可顺利地进行翻译工作，同时尽量减少或避免意识不到的错误发生。本项目中.lspkg文件可直接送翻，而.html和.docx文件则可准备成.ttx、.rtf或.xlz❶文件。另外，还需考虑所有翻译人员具有的翻译工具及其版本。

二、提取翻译资源

按分析结果处理文件标识，将原来不适于生产的格式转化为语言人员熟悉的格式。同时也保护了不需要翻译的部分。以下是三类文件的处理结果。

（1）.spkg文件：.lspkg文件是微软在发包给本地化供应商前，在内部已完成资源提取工作的翻译包文件。本地化供应商在送翻之前只需要创建供翻译使用的过滤器，保护不需翻译的部分即可。

（2）.html、.docx文件：需根据特定配置文件（一般工具都有预定义的供.html或.docx使用的配置文件），进行文件格式转换以及标识处理。得到转换完成的文件后，需进一步检查，若有非常规的需要保护的内容，可手动进行标识处理。

（3）.hhp、.hhc、.hhk文件（.chm文件的项目文件）：保护不需要翻译的内容，转换成.ttx、.xlz、.rtf文件。

三、字数统计

字数直接决定了向翻译人员支付的费用。本项目涉及的工具如LocStudio、SDL Trados、Lionbridge Translation Workspace都提供字数分析功能。

四、准备相关文档及参考资料

一般包含两方面文档，即供翻译使用及供本地化供应商内部使用的文档，包含语言部分和工程部分。

---

❶ .xlz文件：莱博智公司开发的Translation Workspace，包含一款类似Trados Tag Editor的软件Xliff Editor。Xliff（.xlz）即其可编辑的类似于.ttx的文件，很好地保护了Tag等无须翻译的部分。

　　有经验的本地化人员可针对项目具体的本地化需求，准备相应的文档资料。工程师需要准备针对其自身工作的说明及检查项清单，也要从工程角度准备翻译人员使用的说明及检查项清单，以帮助翻译人员理解一些应避免的错误。语言部门也会准备相关说明、风格指南、术语表、词汇表等。部分资料可能需要多个部门共同协作完成。

　　有了文档，就有了标准步骤。流程化工作的主要优势是不会遗漏重要工作和细节，更有助于保证质量。在项目实际进行过程中，这些资料也可进行一些更新，以便更加符合项目需求。

五、准备翻译包

　　完成上述工序后，接下来该准备发送给翻译人员的翻译包。项目经理在发给译员的翻译包里，除需要翻译的文件本身外，还需有一些提供细节要求的说明文件及翻译所需的其他参考资料。有了这些资料，才能将翻译要求具体化。图11-2给出了一个实际生产中的翻译包实例。

图11-2　实际生产中的翻译包实例

第三节　翻译、编辑

　　翻译人员收到翻译包后，至少需要做以下三项检查：一是所需资料是否完整可用；二是字数是否与本地化供应商提供的一致；三是时间表是否合理，是否可按期完成工作。

　　如果没有问题，则正式进入翻译周期。一个完整的翻译周期至少包含翻译和编辑。翻译是对整批文件进行语言文字信息转换的过程，编辑是对翻译的修订和校正。

一、翻译

　　正式翻译前，需要选择合适的翻译人员。如翻译人员具备一定的产品专业知识，则对翻译质量有很大帮助。通常，为保证翻译准确性、合理性、专业性，在条件具备的情况下，翻译人员可预先试用并了解产品，或接受产品相关培训，熟悉产品项目相关资料。翻译人员还需要提前配置好翻译环境，熟悉将要使用的翻译工具（通常由客户指定）。项目组通常会进行集中的工具培训，以满足客户要求。

准备妥当后，就可正式开始翻译工作。多数情况下，译员可根据现有资料，对文件进行一遍预翻，这样可利用现有记忆库匹配一些客户约定俗成的翻译，保证这些翻译的一致性，一定程度上减少后期处理的工作量。如果预翻译部分存在有问题的翻译单元，则需要审核和修正。是否进行审核和修正取决于字符串匹配率及客户是否要求审阅完全匹配的内容。

仍以该项目为例，文件类型及翻译工具使用中需要注意如下问题。

1. .lspkg 文件的翻译

在使用 LocStudio 翻译 .lspkg 文件过程中，有一些自定义检查项，如出现问题，会在翻译工具中直接检查出来。这些检查项一般是关于标点符号、变量、热键、占位符等的控制。若有问题，软件会弹出提示，可根据提示修正翻译。

示例一：翻译中占位符丢失，如图 11-3 所示。

示例二：翻译中非法字符提示，如图 11-4 所示。

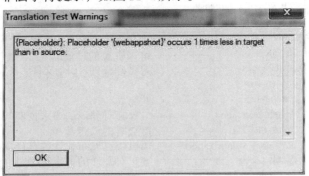

图 11-3　LocStudio 翻译中占位符丢失提示

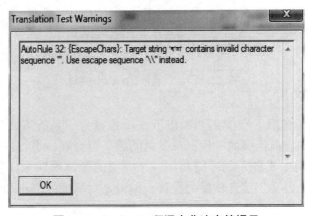

图 11-4　LocStudio 翻译中非法字符提示

2. .ttx\.xlz 文件的翻译

.ttx 文件使用 SDL Trados 的 Tag Editor 进行翻译，.xlz 使用 Translation Workspace 的 XLIFF Editor 进行翻译。这两种文件都对无须翻译的部分进行了严格保护。如图 11-5 所示，灰色为外部样式，红色为内部样式，黑色为可译样式。灰色、红色被保护起来，避免翻译过程中被破坏。

3. .rtf文件的翻译

.rtf文件使用MS Word进行翻译。此种文件也在准备过程中进行了相应保护和标识，但误操作仍会破坏标记符号，安全性不如.ttx和.xlz文件，翻译时需多加注意。如图11-6所示，与.xlz文件类似，灰色、红色为受保护的不可译内容，黑色为可译内容。另外，以匹配率为分隔，前部分英文内容为隐藏格式（视觉效果为文字下方有虚线），后半部分目标语言内容为非隐藏格式。

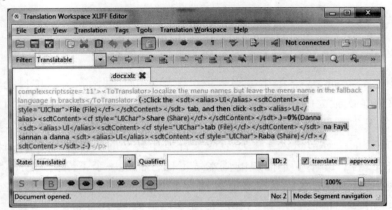

图11-5 Translation Workspace XLIFF Editor中的标记符号处理

```
<p·style="ListParagraph"·level="0"·font="Calibri"·
asiantextfont="Calibri"·size="11"·
complexscriptssize="11"><ToTranslator>localize the menu names but leave·
the menu name in the fallback language in brackets</ToTranslator>:.Click·
the<sdt><alias>UI</alias><sdtContent><cf·style="UIChar">File·
(File)</cf></sdtContent></sdt> tab, and then click·
<sdt><alias>UI</alias><sdtContent><cf·style="UIChar">Share·
(Share)</cf></sdtContent></sdt>.=0%Danna·
<sdt><alias>UI</alias><sdtContent><cf·style="UIChar">tab·
(File)</cf></sdtContent></sdt> na Fayil, sannan·a·danna·
<sdt><alias>UI</alias><sdtContent><cf·style="UIChar">Raba·
(Share)</cf></sdtContent></sdt>.:=:</p>¶
```

图11-6 .rtf文件中标记符号处理

二、编辑审阅

编辑审阅时需参照翻译准则，检查译文中是否存在以下方面的错误，并进行相应修改。对于其中可能涉及的全局性问题或翻译人员易犯的错误进行全面查找、修改。

1.检查翻译错误

（1）错译，即对原义表达错误。

（2）漏译，漏掉某句翻译。

（3）语义不准确，有歧义。

（4）交叉引用不一致。

（5）语法、标点符号、拼写等有问题。

2.检查翻译一致性

（1）术语一致性：术语与客户提供的标准是否一致；选用术语时是否考虑语境。

（2）规范一致性：业界一般规范、语言风格、国家地区标准、客户项目特殊规范等是否遵循。

3.检查功能性错误

（1）字体、版面等格式错误。

（2）隐藏文字误改误删。

（3）标记、链接错误。

最后再对全文进行润饰提升。

第四节　质量保证

QA（Quality Assurance）一般由编辑人员、工程人员、翻译人员和项目经理一起协同完成。QA不是某人某次独立的检查，而是贯穿整个本地化项目始终的工作。因此本节提到的各项检查并非都发生在翻译刚刚完成的阶段，而是根据实际情况发生在整个本地化流程的不同阶段。文件从前一环节进入下一环节或文件发生转交时都需要检查前一步工作——这个检查、修正的过程，并不仅是简单的流水线工作，而是一个不断沟通、不断更新状态的过程，而且需要平衡各方要求，最终才能得到一个中庸的解决方案。

编辑人员一般会根据语言特点，并以现有文档资料等为标准，检查翻译人员的工作，多数情况下针对译文。

工程人员从工程角度进行质量检查，涉及版式、元素有效性等。

编辑人员和工程人员各自检查并提出校正建议，翻译人员确认并执行修改。本地化过程中的各个角色，可共同商讨质检规划，合理制定流程，保证本地化工作的全局质量。

一、语言部分的检查

一般翻译流程中的语言质量检验（Language Quality Inspection，LQI）贯穿翻译和审阅全程。语言质量检验不同于编辑审阅，其通过抽样获得整体质量评价，并指导审阅工作，但不担负校改译文的任务。

1.检查点

（1）翻译准确性。

（2）翻译一致性。

（3）术语翻译正确性。

（4）敏感词汇检查。

2.检查方式

以下是语言检查常用的一些方法。

（1）语境中检查翻译（Language In-Content Review，ICR）：如对于软件产品，在生成本地化的Build后，排成图片供语言人员检查。结合软件使用环境，可发现一些在翻译文件中意识不到的问题。

（2）转换格式审阅（Converted Format Review，CFR）：CFR侧重文件转换过程，或翻译是否有重大问题。很多项目并不一定单独安排CFR，常与后面的LSO合而为一。如.docx文件转换成.ttx/.xlz/.rtf等格式送翻，可在后期将其转换为原始.docx格式检查。尤其在本项目中，涉及众多小语种，工程师对很多语言的特点可能不甚了解，通过这项检查，可发现一些特殊字符丢失或转换为乱码的问题。

（3）语言签收（Language Sign-Off，LSO）：LSO是翻译文件最后提交前的审阅。一般安排在排版完成后、项目提交前的最后阶段，检查项目包含排版问题。

（4）软件引用检查：软件帮助文件中的界面词汇翻译要与软件部分保持一致。一般在帮助文件翻译后，文件格式转换之前检查。

二、工程部分的检查

本地化工程师对于常见错误，使用工具进行本地化后期处理前的检查。本项目中，软件部分文件的主要检查工具为LocStudio。联机帮助比较简单，但数量庞大，一般会使用到HTML QA、Beyond Compare等。

一般的检查点有以下内容。

（1）Tag是否被破坏。

（2）数字、变量、特殊字符、链接等是否有增减或改变。

（3）翻译中的常规错误，如重复字符、空格增减、标点符号错误。

除此之外，软件部分和联机帮助部分各自有一些特殊的检查点。

1.软件资源文件的特殊检查点

（1）热键是否丢失，是否重复，是否错误添加。

（2）控件是否重叠。

（3）是否存在文字截断。

（4）布局是否一致。

（5）控件是否按要求对齐。

（6）Tab键顺序是否一致。

2.联机帮助主要的特殊检查点

（1）检查链接：是否正确有效，若需修改是否修改。

（2）检查格式：字体、版式等是否正确。

（3）检查图片：是否丢失，是否本地化，是否与源语言一致。

三、其他角度的质量控制

更广泛意义上的QA，不但包含译后进行的系列检查审校等工作，还包含译前文件准备过程中所做的处理，以及通过完善流程设计对质量控制做出的努力等。

（1）完善的、高质的文档及资料。

（2）送翻文件的高质量准备。

（3）科学合理的流程，重视材料分析及风险预防。

（4）参与项目的各个角色最好具备专业的知识背景。

（5）借助专业工具进行文件版本控制、项目监控。

四、质量检验结果及对策

语言质量检验结果常以量化形式来表示，并会反馈给项目所有相关人员。质量高低不同，处理方法有别，有重新翻译、制定新的审阅规划、进行一定程度修改、通过翻译进入下一步骤等。供应商管理人员会记录翻译公司的翻译质量，作为下一次选择翻译人员的参考信息。PM 及项目具体人员可一起针对项目中出现的问题商讨预防及补救措施，改善流程等，为将来的工作提供有益的参考。

另外需要注意的是：本地化项目比较忌讳自作主张、自行解决"问题"。一方面，世界上的语言丰富多样，各地文化不尽相同。常有翻译人员不认可编辑人员和工程师检查出来的错误，而编辑人员和工程师也会对翻译人员的不认同提出一些疑问；另一方面，有些问题可能调查后发现实在不易解决，根据具体情况也会请客户参与讨论，各方共同协调最终达成一个不仅考虑质量还考虑各方成本及产品发布时间表的最终决定。

第五节　工程后处理

在翻译周期和质量检验周期后，便进入了工程后处理周期。文件类型不同，处理要求、处理方法、处理流程也不同。

一、.lspkg 文件的后处理

.lspkg 文件的后处理，一般先要进行翻译常规检查，若有问题则需反馈给译员，并要求提供正确翻译；若问题严重，可返回翻译包，要求译员自行修正后重新提交。待文件无严重问题后，便可进行工程后处理的其他工作。.lspkg 文件的检查一般都在 LocStudio 内部进行，若文件数量庞大，可自行开发一些批量自动化处理工具。即使如此，各项检查也是基于 LocStudio 自身进行的。

1.常规检查

（1）翻译范围之外的内容是否被改动。

（2）翻译词条的状态是否正确。

（3）是否有与文件中自定义的本地化规范（Localization Rule Verification）相悖的错误。

（4）标点符号、变量、占位符等是否有错误。

2.调整对话框

文件经翻译流程后，文字长短等会发生变化（德语、俄语等字符串甚至会变长30%左右）。本地化工程师要在编译本地化软件前，调整资源文件 UI 的控件大小和位置，以便适应本地化用户界面的实际大小和位置。调框的最基本原则是：在保证目标语言空间无任何问题的情况下，所有控件位置、大小、顺序等尽可能与源语言一致。

LocStudio 与其他处理 UI 文件的软件一样，提供了"自动检查对话框可能产生的各种问题"的功能。图 11-7 展示了一处文字截断的问题。

3.热键检查

软件项目的热键检查是不可缺少的一项。主要检查是否有丢失、重复、多余的热键，有时也要调整错误热键，避免不可作为热键的字符被设置为热键。

4.生成本地化版本

如客户提出要求，工程师可能需要按要求生成本地化版本，即由资源文件生成可执行的二进制文件，然后替换到整个软件安装和运行环境中，完成软件的本地化处理过程。

如果软件供应商需要本地化服务商编译本地化软件，必须提供编译环境和编译指导文档。如源语言软件版本、调用的工具和软件、系统变量设置、本地化文档在编译环境中的位置等。

编译工具取决于研发团队需求。在编译过程中，还有一些小的辅助工具可帮助文件放入编译环境，如一些简单的重命名工具和一些文件批量复制的脚本等。

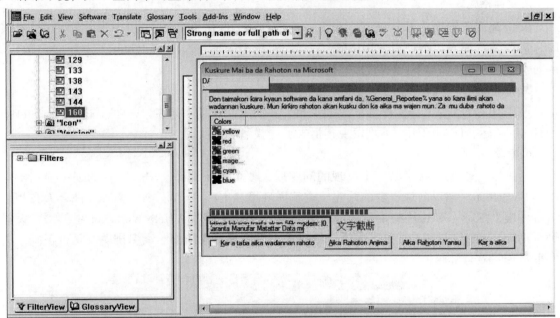

图11-7　LocStudio文字截断提示

二、.docx文件的后处理

确保语言文字方面没有问题后，便可进行工程后处理。

（1）首先从工程角度出发，对文件进行一系列检查。如文件数目是否与送翻文件匹配，.rtf文件中的Tag是否有破坏，文字字体是否正确，是否有漏翻、乱码等严重问题。

（2）若文件已无问题，则开始转换文件格式；.docx文件是准备为.ttx/.xlz/.rtf送翻的，需要转换为原始格式.docx。

（3）检查.docx文件。除.docx文件特定的一些关注点，如字体、样式等，还要关注一些文件格式转换过程中可能带来的问题，如特殊字符丢失或变为不可识别字符。考虑到文件还会经过桌面排版环节，这一步进行简单的例行检查。

（4）根据需要选择是否进行转换格式的审阅工作。这一步骤并非常规语言审阅，主要关注因格式转换而可能导致的问题。工程师限于对语言的了解，有些问题可能不容易发现或不能确定。本项目因为都是LIP（语言界面包），所以最好进行转换格式审阅工作。如若不进行转换格式审阅，则可在排版后进行一次语言签收检查，将语言与版式问题一同检查。

三、.chm 文件的后处理

.chm文件的主要原始文件为.htm/.html，还包括编译中使用到的项目文件.hhp、.hhc、.hhk，这些在前处理时期都转换为.ttx/.xlz/.rtf文件，所以需要将其转换为原始格式后再进行编译。

1.检查文件

从工程角度出发检查文件。同样针对的是.ttx/.xlz/.rtf文件，所以与.docx文件的第一步检查大同小异。

2.文件格式转换

文件都需要转换为原始格式，为下一步检查和编译做好准备。.html/.htm文件转换格式时，需要注意编码。本项目使用微软Help Workshop编译，要求.html/.htm文件为ANSI编码。同时文件内部的Charset需要设置为与文件本身一致。

3.Html QA

使用Html QA等工具检查.htm/.html文件，主要关注链接、标签、属性、漏翻等。图11-8为Html QA运行时的示例，不难发现其报告了一些漏译错误。

4.编译

通过以上步骤，修复第三步发现的问题后，便可进行编译。.chm文件的编译使用微软Help Workshop。编译前最重要的是先检查编译环境。本项目使用ANSI编码文件，要在相应语言环境下编译。在正确的语言环境下编译前，需要注意微软Help Workshop里的语言设置是否正确，.hhp文件里title是否翻译。编译完成后注意目录结构、索引排序等是否正确，文件里是否明显有乱码。

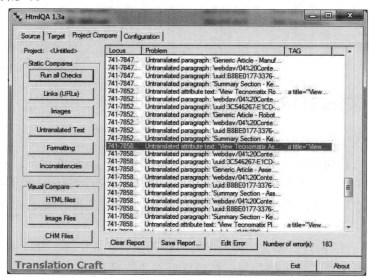

图11-8　Html QA工具提示漏翻错误

5.检查.chm

编译完成的.chm一般需要进行检查，一般方式即为对比源语言文件与目标语言文件。此项工作比较简单，但却需要细心和耐心。

第六节 桌面排版

因客户对文件版式要求较高，所以 .docx 文件需要专业排版人员进行排版工作。

一、检查并熟悉文件

如果项目有标准化指导文件，首先需详细了解。如若发现有不清楚且内部无法解决的问题，需要及时与 PM 及客户沟通。本地化的最重要标准永远是源文件，排版也是如此，除目标语言本身特有的属性外，其他一切永远遵循源文件标准，除非客户有特殊说明。

对于多语言排版项目，要求工程师具备多语言背景是不现实的。通常，不具备语言背景的工程师也可做排版工作。对排版人员来说，排版并非必须要理解排版内容，只要调整字体、版式等，依循各语言基本规范即可进行。另外还要参考字符表、字符排序标准、标点规范等。排版工作在工程后处理，在完成格式转换的文件上进行。排版工程师拿到文件后，首先检查文件，确定没有重大问题，再进行排版工作。

二、排版准备

正式动手排版之前，需要配置环境、选择处理软件、检查是否有缺失字体等一系列工作。

1.选择处理软件

（1）.docx 文件：使用 MS Word。

（2）图片：拍图（PC 平台：HyperSnap-DX、SnagIt）或通用作图软件如 Photoshop 等。

图片若要求高，可在软件本地化完成后安装目标语言软件来进行拍图，图片分辨率、文件大小与颜色、图片区域、图形格式等都与源语言文件一致。若客户没有高要求，则可使用制图软件，直接修改源文件中的图形来仿制本地化图片。

2.环境及配置

.docx 文件一般在英文环境下可处理所有语言。本项目语言特殊，一些语言需要一些特殊配置才能确保文字不被破坏且正确显示。如 Sinhala、Tamil 等语言需安装支持其语言特殊字符的 Unicode Driver❶。拍图需要安装目标语言软件，还需要根据拍图指南进行环境配置。客户最好还能够提供拍图步骤说明。

3.字体设置

本项目语言特殊，很多语言需要设置成适合其语言的字体。排版人员需要确定工作机器上已安装所需字体。

三、排版

上述工作就绪后，则正式着手排版工作。本项目排版工作的主要关注点有以下方面。

（1）段落样式、字符样式。

---

❶ Unicode Driver：参考 http://msdn.microsoft.com/en-us/library/windows/desktop/ms710990（v=vs.85）.aspx。

（2）正确字体、字体大小、行距。

（3）乱码、特殊字符。

（4）图像大小、位置、图文对应、本地化图像链接。

（5）合理分页。

（6）表格排版。

（7）更新、创建目录及索引。

（8）标点符号、空格、折行、单元跳转等。

四、语言签发（LSO）检查

LSO是对翻译文件进行最后提交前的审阅。由于翻译常是在 .rtf 文档中完成，或是在包含各种标记的文字中进行。翻译人员并不能很直观地看到最后完成的作品，译文难免存在不足。因此在排版完成后，需要再安排一次检查。由于到了项目提交前的最后阶段，检查项目包含排版问题。很多项目为节省时间和成本，对于CFR和LSO只选择其一。根据检查结果更新文件，重复必要步骤并得到最终达到提交标准的文件。

第七节　本地化软件测试及缺陷修正

本地化测试是通过运行本地化软件来寻找和发现错误的质量控制过程，主要针对由于本地化过程而产生的软件错误，是对本地化软件进行质量控制的重要手段。该类错误仅出现在本地化软件中，而对于开发编程所产生的在源语言中也存在的错误，一般不由本地化工作者来进行修正。本地化工程师主要负责修复由于软件本地化产生的缺陷。

为跟踪和控制测试质量，便于管理测试发现的软件缺陷（Bug），需要为每一个测试项目配置一个专用的缺陷跟踪数据库，以便报告、查询、分类、跟踪、处理和验证错误。大型软件的缺陷处理都会使用专业缺陷跟踪管理系统。本项目客户为微软，所以缺陷管理使用其内部开发的Product Studio系统。

一、常见缺陷类型

本地化产生的软件错误，不仅包含一些界面错误，也有部分功能性错误。

1.国际化错误

国际化错误属于软件设计错误，如不支持双字节字符输入、输出和显示，字符硬编码引起的字符无法本地化的错误，默认页大小和其他默认设置错误，不支持当地硬件或软件等。国际化错误只存在于本地化软件中。这类错误一般不常见，因为软件若计划进行本地化，则必须在开发前考虑并避免此问题。

有时根据需要，项目会安排国际化测试。国际化测试的一个重要手段是伪翻译❶。伪翻

---

❶ 伪翻译（pseudo-translation）是指将原始的英文文本用同等长度的强调字符加以替换，为了防止漏翻和破坏文件，将软件中可以翻译的字符串用长的本地化的字符代替的自动或手工处理，对文件进行模拟生成本地化版本的过程。主要用于发现编译和执行本地化文件时的潜在问题。

译多用于软件项目。大多数软件本地化工具都带有伪翻译功能，允许工程师使用特定字符或字符串进行翻译，以便预先找出潜在的翻译问题。国际化测试一般发生在软件正式进入本地化流程之前。

2.本地化软件功能缺陷

此类缺陷是由于本地化过程产生的某些功能错误。如变量被翻译导致功能错误、热键失效等。

3.本地化用户界面缺陷

此类缺陷特指本地化软件中视觉范围内的界面错误。

（1）控件重叠（overlap）。

（2）文字截断（truncation）。

（3）布局不一致（different layout）。

（4）控件不对齐（misalignment）。

（5）Tab键顺序不一致（different Tab order）。

4.语言缺陷

如漏翻（untranslated）、多翻（overlocalized）、误翻（incorrect translation）等，这些缺陷都属于翻译出现问题，需要与语言部门沟通解决。

5.法律或风俗习惯的差异

例如，本地化中要注意色彩禁忌。白色在亚洲一些国家常与死亡有关，在欧洲则常常代表着纯洁、神圣；黄色在亚洲一些国家通常是高贵的颜色，代表着智慧和财富，而在欧美、阿拉伯地区通常是绝望和死亡的象征。本地风俗对国际市场营销的成败有着重要的影响。

二、缺陷管理流程

本地化缺陷修正需要本地化工程师、软件测试工程师和软件供应商紧密联系来完成。对于软件项目来说，一个标准的软件缺陷的生命周期如下。

1.工程师生成目标语言的软件版本

由工程师生成目标语言的软件版本，确认经过冒烟测试（Smoke Testing），交由测试人员测试。

2.测试人员创建新的缺陷

测试人员根据测试用例进行首轮测试工作，若发现缺陷则创建新缺陷。

3.经验丰富的测试人员确认缺陷

为保证发现和报告的错误质量，需要首先由经验丰富的测试人员，在缺陷跟踪数据库中确认新发现的错误，如果确实属于错误，再由错误修正工程师进行修正处理。

4.工程师分流缺陷

对于真正的缺陷，由测试人员分配给软件缺陷修复工程师。一般为便于管理，统一分配给某一位工程师，即对应到缺陷管理系统里的一个账号。在这个账号下的所有缺陷，由一位经验丰富的工程师进行分流，需要开发人员修复的缺陷则分配给开发人员，需要本地化工程师修复的则分配给本地化工程师。

5.本地化工程师修复本地化缺陷

本地化工程师修复本地化缺陷，工程师需要首先重现和定位缺陷，确认缺陷确实存在，再考虑下一步的修复工作。

该缺陷中会有部分漏翻或误译缺陷，工程师可能无法直接修复，需要与语言部门或翻译人员等沟通后解决。当然，有些时候语言部门或翻译人员也可对某些语言相关缺陷提出拒绝，即认为某缺陷并非真正的缺陷，故无须修复。

还有一些缺陷，需要修复，但需要综合考虑其优先级，另外，如当前版本存在修复困难，可延迟修复。对于已修复的缺陷，工程师需要使用修复后的文件生成新的软件版本，供测试人员验证使用。

6.测试人员验证缺陷

待缺陷修复或给出明确意见后，工程师需要将缺陷重新分配给创建此缺陷的测试人员进行验证。如果测试人员确认缺陷确实已修复，或虽未修复但同意相关人员给出的意见和建议，则可关闭此缺陷状态。

若在上面第6步的验证中测试人员发现缺陷并未正确修复，则需要重复相关步骤，直至正确处理此缺陷。另外，在以上各步骤中，根据情况至少需要更新下一步处理者、最新状态、修复意见及具体细节等缺陷信息。

三、缺陷修复辅助工具

修正缺陷的主要辅助工具包括以下内容。

（1）定位工具：主要用于搜索、定位。由于不知道缺陷出自的具体文件，因此必须使用全局搜索工具，搜索工具虽然有很多，但能支持各类型文件的并不多，特别是支持一些二进制文件的。如.dll、.exe等。常见工具有 EditPlus❶、EmEditor❷等、ORCA❸、Pebble32❹、Search and Replace❺、Visual Studio❻等。

（2）修正工具：主要用于修改一些非文本类型的文件以及各种编码文件。如 Pebble32、Zeta Resource Editor❼、Visual Studio、Loc Studio、Alchemy Catalyst❽、SDL Passolo❾等。选择哪种工具，主要取决于本地化过程中的翻译包文件类型。大部分软件缺陷都是直接在本地化工具中修复，如此项目缺陷主要使用LocStudio直接在.lspkg文件里修复。

---

❶ EditPlus：文本文件编辑器。参见 http://www.editplus.com/。

❷ EmEditor：文本文件编辑器。参见 http://www.emeditor.com。

❸ ORCA：MSI文件编辑器。参见 http://msdn.microsoft.com/en-us/library/windows/desktop/aa370557（v=vs.85）.aspx。

❹ Pebble32：一款小巧的Unicode文件编辑器。参见 http://aoe.heavengames.com/dl-php/showfile.php?fileid=1777，http://www.moddb.com/games/age-of-empires-rise-of-rome/downloads/pebble32-unicode-editor等。

❺ Search and Replace：用于搜索替换的小工具。参见 http://www.funduc.com/search_replace.htm。

❻ Visual Studio：参见 http://www.microsoft.com/visualstudio/en-us。

❼ Zeta Resource Editor：一款小巧的资源文件编辑器。参见 http://www.zeta-resource-editor.com/index.html。

❽ Alchemy Catalyst：Alchemy 公司开发的功能强大的可视化软件本地化工具。参见 http://www.alchemysoftware.ie/products/alchemy_catalyst.html。

❾ SDL Passolo：SDL公司开发一款功能强大的软件本地化工具，它支持以 Visual C++、Borland C++及 Delphi语言编写的软件（.exe、.dll、.ocx）的本地化。参见 http://www.sdl.com/en/language-technology/products/software-localization/sdl-passolo.asp。

（3）比较工具：主要用于比较不同版本的同一文件。如Beyond Compare❶、VSS❷等。

第八节　项目提交、验收及存档

一、提交的时间点

对一个相对大型的项目，在整个项目过程中，出于不同的目的和用途，可能会发生多次提交工作。例如：

（1）文件已被完整翻译时。

（2）文件已完成编辑校对工作时。

（3）工程师已对文件进行质量检查及问题修复时。

（4）需要最新文件创建版本用于测试或其他目的时。

（5）部分或所有缺陷修复完成时。

（6）客户需要最新文件用于任何目的时。

二、项目提交标准

当文件最终版本确定，就可进行最终提交。但需要满足以下条件。

（1）文件翻译、编辑完成。

（2）工程质量检查及修复，编译完成。

（3）文件类型与源文件相同。

（4）在此版本中不存在待修复的缺陷。

（5）满足客户提出的其他细节性特殊要求。

（6）通过了客户最后一轮检查。

三、提交物

一般情况下，提交物至少包含与源文件相同格式的目标语言的文件，另外还有一些额外产物。对于本项目来说，即 .lspkg、.docx、.chm 文件及翻译记忆库文件。

四、提交工具

不同的项目使用不同的提交工具和不同的提交方式。一般常用的有 FTP、SVN❸、VSS等。本项目使用微软工具Rainbow❹提交文件。使用Rainbow客户端可直接将文件提交到微软Rainbow服务器，甚至可通过一定方式直接将文件签入微软版本管理系统中。

---

❶ Beyond Compare：用于比较文件及文件夹的工具。参见 http://www.scootersoftware.com/。

❷ VSS（Visual SourceSafe）：微软开发的版本管理工具。参见 http://msdn.microsoft.com/en-us/vstudio/aa718670。

❸ SVN（subversion）：开源的版本管理工具。

❹ Rainbow：微软内部及其供应商使用的文件传输及管理系统。

五、项目存档

项目文件通过客户验收后，还需要进行存档。本地化供应商内部一般都会有一个存档的文件服务器作为此项用途。除交给客户的最终文件及翻译记忆库，项目生产的整个过程中所有的过程文件也需要存档备份。存档可让项目有踪迹可循，如果有相关问题，可随时追溯查看。

第九节　项目总结

项目总结工作是持续改进现有项目或将来项目工作的一项重要内容。从本地化供应商内部来讲，可召开会议，项目参与人员一起总结经验教训，评估项目团队，为绩效考核积累数据，考察是否达到阶段性目标等。另外，设计合理的调查问卷进行客户满意度调查，对于不断完善项目质量，获取潜在业务，扩大市场份额都有帮助。通常，还需做一份项目总结报告。项目总结一般包括优势（what went well）和劣势（what did not go well）两部分。需要从项目管理、翻译、语言、工程、排版、测试等各个角度展开分析。

为后续的项目提供一定参考，下面主要从可提高方面简单总结该项目。

一、项目特点及存在的问题

本项目最大的矛盾在于时间表紧张，部分项目成员经验不足。

1.时间紧张，本地化周期短

工期短是相应于较大的工作量和较繁复的工作内容来说的。一般为平衡此问题，往往通过增加人手来解决。但不是简单增加人数就可解决所有问题。

（1）当可分解的任务已尽量分解：按组件、语言尽量分解。

（2）当关键路径的工作已不太容易再分解：内外沟通口径，整个资源调配、工作分配已不太容易再分解。

（3）人员过多大大增加沟通和管理成本。

（4）偶尔临时调配人员甚至可对项目造成消极影响，如需要培训、细节不熟悉、对其自身项目造成一定影响。

（5）项目初期，对项目时间表的制定过于理想化，缺少缓冲时间。如未足够考虑解决非正常问题的时间；未计算任何沟通协调的时间；完全按照熟练工作人员的工作效率计算；未足够考虑任何熟悉项目需要花费的时间；没有对重复的工作重复计算小时数。

2.工作量不稳定，高峰时工作量过大

尤其是项目前期，工作量通常很不稳定。项目高峰时段进度紧张，工作结束后又只有一些零零散散的工作。

3.项目进行得过于匆忙

项目进行得过于匆忙，每个环节质量不够高。文档最后步骤的处理都是由工程师来完成，前期积累的问题所留下来的压力都集中到了工程师身上。

4.不断增加的零散需求，较繁复的工作内容

每天都有零碎的新需求，会增加管理沟通和处理的风险。要管理零碎需求和可工作项形式，提醒和管理每位工程师的工作情况，但这样还是让项目文件难以最终定稿。很多工作会牵一发而动全身，牵扯到其他相关步骤也需要改动。在项目进行中，很多时候需要根据翻译反馈执行一些改动，但因为一些沟通和理解上的偏差，给工程师实施工作带来一定难度。

5.项目部分成员经验不足

例如，LIP 的翻译资源稀缺，经验不足；项目工作量不稳定，工程师团队不稳定，部分工程师遇到种种情况经验不足。

6.管理、沟通压力大

项目内容繁杂导致工程处理风险较高，同时也会给管理和沟通带来很大压力。项目高峰时项目经理每天可能有 200 多封邮件需要处理，每封邮件背后又有许多具体需要处理的事情。

在沟通层面，项目经理需要同每种语言的翻译人员、内部工程师等员进行沟通，问题零碎繁多。如与翻译人员的沟通，翻译评注不清晰、反馈不及时等会造成沟通压力。

二、问题应对及解决方案

一般的本地化项目，出于软件发布角度考虑，客户调整时间表的可能性不大。这里尽量从本地化供应商内部寻找一些可行的解决方案。

对于本项目，从本地化供应商内部可控的角度来说，此项目优化的重点如下。

（1）项目管理：合理分解工作，提高沟通效率。

（2）工程处理：提高工程师素质及处理问题能力。

（3）资源管理：及早且在尽量广的范围内安排好项目组成员，主要是翻译资源。

（4）项目流程：严格遵循标准流程。

要实现以上目标，以下工作方式会有所帮助。

1.技术培训及提高

（1）安排一些大范围培训，一定程度降低项目特殊性。

（2）项目团队内部人员技术培训，如对双向语言处理等。

（3）对一些新问题要及时寻找解决方案，并随时记录、及时分享。

（4）项目团队内部人员需要在本地化行业继续磨炼，以具备更好的分析、处理问题的能力，形成良好习惯。

（5）项目团队内部人员需要养成共同分析、解决问题，共同分享新知识，互相警告提醒的好习惯，对处理比较烦琐的事情有很大帮助。

2.优化资源安排

负责项目工程方面管理的人员，需要较强的管理、组织、协调能力，如较强的理解分析、分解工作的能力，快速反应、及时沟通的素质等。如对于工程师队伍来说，可采取"一层管理一层"的执行方式。

（1）第一层：管理层，负责关注外部信息，负责内外沟通、内部资源调配、工作任务分配、进度跟踪、资源调配等。

（2）第二层：执行层，执行工程师只负责具体处理文件，不负责任何外部沟通。每个工程师都对自己的组件和语言负责，包括与第一层沟通、整理信息、提供反馈等，各自对自己的部分进行安排，控制进度和质量。

3.严格遵循标准流程

（1）工程后处理工作尽量在语言相关的问题基本解决后再进行。

（2）根据工程产出，控制好每天可处理的语言数，多出的语言若有问题尽量让翻译修复并重新提交，这样可转移一部分压力。

（3）对于复杂的软件缺陷，工程师需要在软件版本里验证，确保缺陷修复，避免反复。

（4）文件提交给客户前，必须对所有语言执行尽量全面的QA工作。

（5）高效利用项目相关文档和检查清单。

以上几项流程优化，在很大程度上需要时间和资源的支持。特别需要注意的是，如果时间上不易协调，应该重点协调资源。

以上详细介绍了一个多语种本地化项目从项目分析、准备到项目总结的全过程，要做好该类大型项目的管理，可对项目涉及的技术、人员、流程、资源等进行逐层分析与责任细化。

（1）人员层：任何管理首先且最终体现为对人的管理，在本地化项目过程中，要按照项目及客户需求合理、成本优化地组建项目团队，做好人员的项目任务分配、技能培训、阶段考核、议题讨论、邮件交流、问题互查等工作，特别是在项目运营中实行动态管理，及时调整人员配置，实现"人尽其才，物尽其用"。

（2）技术层：要最大限度地发挥人在本地化项目中的能动作用，必须从战略层面重视技术的使用、研发、调试及改进。要确保计算机及系统硬件、电源设备支撑长时间、大容量、多角色、快处理的项目运营要求；确保所用软件稳定性、兼容性、安全性、易用性等均符合项目要求；确保软件操作、错误记录、资源管理等均备案可查；确保以音、视、文、图为代表的多类别软件切换、协同、流水处理准确无误。项目经理及技术人员应开展常规性程序检查，及时发现并修正问题，注重与软件服务提供商的密切联系。

（3）流程层：在人与技术高度融合结合的前提下，要提高项目运营效率，最大限度减少或杜绝常规性错误，必须实行最严格、最有效的流程管理措施。首先要确保流程整体可控，并根据项目实际做相应调整；其次要确保流程软件化，使用CAT内嵌的流程管理工具及其他专业流程软件量化监督流程进度，并处理可能出现的子项目、人员进度等的不一；再次是确保流程可查、可溯、可定制，特别是做好子流程与主流程，平行流程间的对接、兼容、问题监控与修正等核心问题。

（4）资源层：所有本地化项目均围绕资源展开，既包括客户提供的所有与本地化项目相关的文档、音视频、软件、使用说明等，也包括本地化服务提供商（LSP）已积累的项目流程、监管措施、技术基础、语言资产等。要实现本地化项目的高效、精确、可复制，必须做好资源层的管理，主要有三：一是采用加密、权限设定、防病毒等手段确保资源的安全读取、调用、修改；二是进行"去粗取精、去伪存真"的资源提取、再加工工作，确保资源快速更新、循环可用；三是做好资源的多格式兼容、多软件识别及多场合调用，最大限度避免资源的多次重复处理造成的资源浪费及项目损失。

参考与拓展阅读文献

[1]http://aoe.heavengames.com/dl-php/showfile.php?fileid=1777.

[2]http://en.wikipedia.org/wiki/Language_Interface_Pack.

[3]http://msdn.microsoft.com/en-us/library/windows/desktop/ms710990(v=vs.85).aspx.

[4]http://msdn.microsoft.com/en-us/library/windows/desktop/aa370557(v=vs.85).aspx.

[5]http://msdn.microsoft.com/en-us/vstudio/aa718670.

[6]http://www.alchemysoftware.ie/products/alchemy_catalyst.html.

[7]http://www.editplus.com/.

[8]http://www.emeditor.com.

[9]http://www.funduc.com/search_replace.htm.

[10]http://www.microsoft.com/visualstudio/en-us.

[11]http://www.moddb.com/games/age-of-empires-rise-of-rome/downloads/pebble32-unicode-editor.

[12]http://www.scootersoftware.com/.

[13]http://www.sdl.com/en/language-technology/products/software-localization/sdl-passolo.asp.

[14]http://www.zeta-resource-editor.com/index.html.

第十二章 辅助工具在翻译实践中的综合应用

本章将介绍在翻译工作中译者经常用到的一些技术和工具，编码转换、格式转换、文档识别、字数统计、修订和比较、拼写检查、语料回收、正则表达及文档同步备份等。这些工具属于广义的计算机辅助工具，旨在帮助译者节省时间，提高工作效率。

第一节　编码转换

为使计算机软件可正确处理、显示各种文字、标点符号、图形符号、数字等字符，需对不同字符集中的字符进行数字编码。鉴于计算机和信息系统中所有类型的数据一般通过字节（Byte）和字节流形式表示，若按某特定规则呈现这些字节，就形成了编码。

编码常见种类有 ASCII（美国信息交换标准码）、ANSI（美国国家标准协会码）、Unicode（统一/万国码）、GB 2312（信息交换用汉字编码字符集）、GB 18030（信息技术中文编码字符集）、Big5（大五码）。前三种国际通用，且支持显示中文字符；后三种用于大中华区，显示中文字符，其中 GB 2312 显示简体中文，GB 18030 及 Big5 可显示繁体中文。

作为可容纳全世界所有语言文字的编码方案，Unicode 编码下有三个经常提及但容易混淆的概念：一是 UTF，即 Unicode 转换格式，而非编码。二是 UCS（Unicode Character Set）即 Unicode 的简称，常见的 UTF-8 即以 8 位为单元对 UCS 编码；UTF-16 以 16 位为单元对 UCS 编码。三是 Unicode endian，即"字节序"，即 CPU 处理多字节数时的优先策略，如"汉"字的 Unicode 编码为 6C49，若将 6C 写在 49 前，称为 big endian（"大尾"），反之称为 little endian（"小尾"）。❶由于编码种类不同，同一字符可能有不同的编码形式，如汉语中的"你好"在 ANSI、Unicode、Unicode big endian、UTF-8 四种编码中的十六进制存储方式完全不同，如图 12-1 所示。为防止因编码形式不同导致显示乱码，需要进行编码转换。

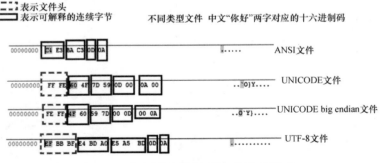

图 12-1　中文"你好"的四种不同编码形式

---

❶ endian 一词源自《格列佛游记》。"小人国内战"就源于吃鸡蛋时是究竟从大头（Big-Endian）敲开还是从小头（Little-Endian）敲开，由此曾发生六次叛乱，一个皇帝送了命，另一个丢了王位。

一、国际通行码

（一）ASCII

ASCII（American Standard Code for Information Interchange）即美国信息交换标准码，是基于拉丁字母的编码系统，主要用于显示现代英语和其他西欧语言，是现今最通用的单字节编码系统，等同于国际标准ISO/IEC646。标准ASCII码（基础ASCII码）使用7位二进制数来表示所有大、小写字母，数字0到9、标点符号，以及在美式英语中使用的特殊控制字符。

由于标准ASCII字符集字符数目有限，在实际应用中往往无法满足要求。为此，国际标准化组织又制定了ISO 2022标准，规定了在保持与ISO 646兼容的前提下将ASCII字符集扩充为8位代码的统一方法。ISO陆续制定了一批适用于不同地区的扩充ASCII字符集，每种扩充ASCII字符集分别可扩充128个字符，这些扩充字符的编码均为高位为1的8位代码（即十进制数128~255），称为扩展ASCII码。

图12-2给出了标准ASCII码表（Dec=十进制，Hx=六进制，Oct=八进制，Chr=字符）。

```
Dec Hx Oct Char              Dec Hx Oct Chr   Dec Hx Oct Chr   Dec Hx Oct Chr
  0  0 000 NUL (null)         32 20 040 Space   64 40 100 @      96 60 140 `
  1  1 001 SOH (start of heading)  33 21 041 !   65 41 101 A      97 61 141 a
  2  2 002 STX (start of text) 34 22 042 "      66 42 102 B      98 62 142 b
  3  3 003 ETX (end of text)   35 23 043 #      67 43 103 C      99 63 143 c
  4  4 004 EOT (end of transmission) 36 24 044 $  68 44 104 D     100 64 144 d
  5  5 005 ENQ (enquiry)       37 25 045 %      69 45 105 E     101 65 145 e
  6  6 006 ACK (acknowledge)   38 26 046 &      70 46 106 F     102 66 146 f
  7  7 007 BEL (bell)          39 27 047 '      71 47 107 G     103 67 147 g
  8  8 010 BS  (backspace)     40 28 050 (      72 48 110 H     104 68 150 h
  9  9 011 TAB (horizontal tab) 41 29 051 )     73 49 111 I     105 69 151 i
 10  A 012 LF  (NL line feed, new line) 42 2A 052 *  74 4A 112 J  106 6A 152 j
 11  B 013 VT  (vertical tab)  43 2B 053 +      75 4B 113 K     107 6B 153 k
 12  C 014 FF  (NP form feed, new page) 44 2C 054 ,  76 4C 114 L  108 6C 154 l
 13  D 015 CR  (carriage return) 45 2D 055 -    77 4D 115 M     109 6D 155 m
 14  E 016 SO  (shift out)      46 2E 056 .     78 4E 116 N     110 6E 156 n
 15  F 017 SI  (shift in)       47 2F 057 /     79 4F 117 O     111 6F 157 o
 16 10 020 DLE (data link escape) 48 30 060 0   80 50 120 P     112 70 160 p
 17 11 021 DC1 (device control 1) 49 31 061 1   81 51 121 Q     113 71 161 q
 18 12 022 DC2 (device control 2) 50 32 062 2   82 52 122 R     114 72 162 r
 19 13 023 DC3 (device control 3) 51 33 063 3   83 53 123 S     115 73 163 s
 20 14 024 DC4 (device control 4) 52 34 064 4   84 54 124 T     116 74 164 t
 21 15 025 NAK (negative acknowledge) 53 35 065 5  85 55 125 U   117 75 165 u
 22 16 026 SYN (synchronous idle) 54 36 066 6   86 56 126 V     118 76 166 v
 23 17 027 ETB (end of trans. block) 55 37 067 7  87 57 127 W    119 77 167 w
 24 18 030 CAN (cancel)        56 38 070 8      88 58 130 X     120 78 170 x
 25 19 031 EM  (end of medium) 57 39 071 9      89 59 131 Y     121 79 171 y
 26 1A 032 SUB (substitute)    58 3A 072 :      90 5A 132 Z     122 7A 172 z
 27 1B 033 ESC (escape)        59 3B 073 ;      91 5B 133 [     123 7B 173 {
 28 1C 034 FS  (file separator) 60 3C 074 <     92 5C 134 \     124 7C 174 |
 29 1D 035 GS  (group separator) 61 3D 075 =    93 5D 135 ]     125 7D 175 }
 30 1E 036 RS  (record separator) 62 3E 076 >   94 5E 136 ^     126 7E 176 ~
 31 1F 037 US  (unit separator)  63 3F 077 ?    95 5F 137 _     127 7F 177 DEL
```

图12-2　标准ASCII码表

（二）Unicode

Unicode 即 "通用多八位编码字符集"（Universal Multiple-Octet Coded Character Set），1994年正式公布，目前最新版本是2005年3月31日的Unicode 4.1.0。Unicode为每种语言中的每个字符设定了统一且唯一的二进制编码，以满足跨语言、跨平台的文本转换、处理要求。Unicode用数字0-0x10FFFF映射所有字符，最多可容纳1114112个字符（或1114112个码位）。

图12-3右侧文本框展示了用于WML/HTML的中文Unicode编码。

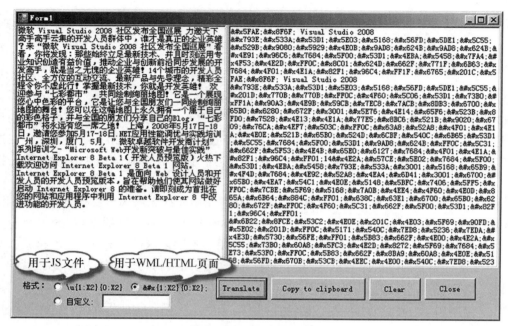

图12-3　Unicode编码示例

（三）UTF-8

UTF-8（8-bit Unicode Transformation Format）是一种针对Unicode的可变长度字符编码，又称万国码。UTF-8用1到6个字节编码UNICODE字符。用在网页上可以同一页面显示中文简体、繁体及其他语言（如英文、日文、韩文）。UTF-8可根据不同符号自动选择编码长短，如英文字母只用1个字节就够了。

以"汉"这个字说明UTF-8的编码原理，"汉"字的Unicode编码是"U+00006C49"，把"U+00006C49"通过UTF-8编码器编码，最后输出的UTF-8编码是"E6B189"。

二、中文编码

（一）GB 2312

GB 2312中文名为"信息交换用汉字编码字符集基本集"，由中国国家标准总局于1981年5月1日实施，是中国国家标准的简体中文字符集，基本满足汉字的计算机处理需要。它收录的汉字已覆盖99.75%的汉字使用频率，不含人名、古汉语等方面的罕用字。为解决这方面的用字编码，后来开发了GBK（Chinese Internal Code Specification）及GB 18030汉字字符集。目前，中国大陆和新加坡使用GB 2312字符集。

GB 2312收录简化汉字及一般符号、序号、数字、拉丁字母、日文假名、希腊字母、俄文字母、汉语拼音符号、汉语注音字母，共7445个图形字符，包括6763个汉字（一级汉字3755个，二级汉字3008个）；包括拉丁字母、希腊字母、日文平假名及片假名字母、俄语西里尔字母在内的682个全角字符。

（二）GBK

GBK即汉字内码扩展规范，K为"扩展"的汉语拼音首字母，兼容GB 2312，共收录汉字（包括部首和构件）21003个、符号883个，并提供1894个造字码位，简、繁体字融于一库。Windows 3.2和苹果OS以GB 2312为基本汉字编码，Windows 95/98则以GBK为基本汉字编码。

（三）Big5

Big5为统一繁体字符集编码，1984年，中国台湾五大厂商宏碁、神通、佳佳、零壹及大众一同制定了一种繁体中文编码方案，称为五大码（Big5），译回简体中文后普遍称为"大五码"。

大五码共收录13053个繁体汉字及808个标点符号、希腊字母及特殊符号。大五码每个字符统一使用两个字节存储表示。由于Big5字符编码范围同GB 2312字符的存储码范围冲突，所以同一正文不能同时支持两种字符集的字符。

Big5编码推出后，得到了繁体中文软件厂商的广泛支持，在使用繁体汉字的地区迅速普及使用。目前，Big5编码在中国台湾地区、香港地区、澳门地区及海外华人中普遍使用，成了繁体中文编码的事实标准。在互联网中检索繁体中文网站，所打开的网页中，大多都是通过Big5编码产生的文档。

三、乱码及处理

（一）产生原因

编码不正确、不兼容时会产生乱码，如前所述的Base64码就是为了解决电子邮件中ASCII与GB 2312的不兼容性而设计的。翻译项目中术语库、记忆库在不同软件、标准间转换时也容易出现乱码。图12-4给出了常见的乱码显示。

图12-4　常见的乱码显示

一般来说，产生乱码的原因如下。
（1）所用字符的源码在本地计算机上使用了错误的显示字库。
（2）在本地计算机字库中找不到相应于源码所指代的字符。
（3）程序解码错误，不同国家和地区的文字字库采用了相同的一段源码。
（4）源文件（来源编码错误）受到破坏，致使计算机默认提取的源码错误。
（5）低版本应用程序不能识别高版本程序创建的文件。

（二）处理方法

1.使用乱码查看器

一般来说，如发现文本文档格式中存在乱码，可启用"乱码查看器"查看。图12-5给出了乱码及其转换后正确显示的示例。

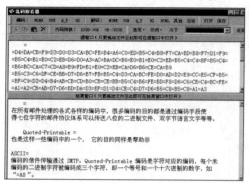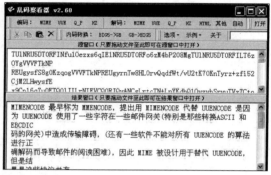

图12-5　乱码查看器转换乱码示例

2.调整网页编码

如果在网页中出现乱码，可在浏览器中重新选择编码，图12-6展示了在IE浏览器下更改字符编码的方法。

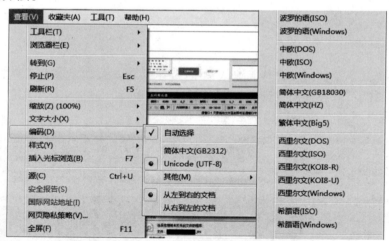

图12-6　IE浏览器中调节编码格式

（三）Word文档乱码处理方法

鉴于绝大多数译员处理的文档格式均为 Microsoft Office 系列，且以 Word 为主，本书介绍两种 Word 乱码处理方法。

如 Word 出现乱码，打开 Word 文档后会弹出如图12-7所示的"文件转换"对话框。

常见的处理方式是选择西欧（Windows）或 Unicode 编码，看能否正确显示文字，如不能，就要考虑使用如下三种方法。

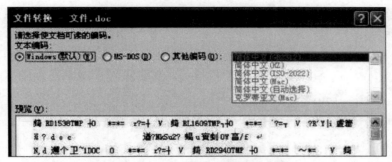

图12-7 "Word文件转换"对话框

1.恢复格式信息

Word文档最后一个段落符号记录着全篇文档格式信息，删除这些格式信息可能产生乱码。

为此，有两种办法，一是打开损坏文档，单击"工具"→"选项"菜单，选择"编辑"→"高级"标签，取消选择"使用智能段落选择"，单击"确定"按钮即可修复文件，如图12-8所示。二是选择最后一个段落符之外的全部内容，然后将这些内容粘贴到新Word文件中即可。

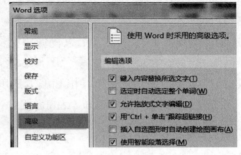

图12-8 Word取消选择"使用智能段落选择"

2.替换格式

尝试将损坏的Word文档存为.rtf（富文本）格式，步骤有二。

第1步：打开损坏文档，单击"文件"→"另存为"菜单，在"保存类型"列表中，选择"RTF格式"，然后单击"保存"按钮，并关闭Word。

第2步：打开刚保存的.rtf格式文件，再次使用"另存为"将文件重新保存为"Word文档"，打开这个Word文件就可发现文件已经恢复了。

转换为.rtf格式后，如文件仍不能恢复，可将文件再次转换为纯文本.txt格式，再转回Word格式，但这种情况下图片等信息会丢失。

3.借助FINAL DATA等工具

如果尝试上述办法后，还是均不能正常显示文字，就需要借助Word修复工具或数据恢复工具，如FINAL DATA软件中有专门修复Office文件的模块，可快速修复损坏的Word文件。FINAL DATA软件界面如图12-9所示。

图12-9 FINAL DATA软件功能界面

第二节 格式转换

文件格式是指计算机为存储信息而使用的特殊编码方式，用于识别内部存储的资料，每一类信息都可通过一种或多种格式保存。但由于计算机配置不同，软件环境不同，客户要求不同，不可能同时安装所有格式的支持控件或工具，为开展工作，提高效率，满足需求，需要进行格式转换。

鉴于目前PDF文档已成为主流，本节主要介绍PDF文档的转换。PDF（Portable Document Format）是Adobe公司开发的电子文件格式，其优点在于跨平台、能保留文件原有格式，无论在Windows、Unix还是Mac OS等系统平台上均通用，这一性能使它成为在Internet上进行电子文档发行和数字化传播的理想文档格式。

一、Adobe Acrobat

（一）软件简介

Adobe Acrobat是美国电脑软件公司Adobe开发的一款软件，可浏览、创建、操作、打印和管理便携式文档格式（.pdf）文件。无论使用何种应用程序创建PDF文件，即使把多种文档格式编译为一个PDF包，看上去仍像原始文档一样，并保留了源文件信息，因此文本、绘图、多媒体、视频、3D、地图、全色图形、照片甚至业务逻辑均使用PDF格式。Adobe Acrobat可将文档转换或扫描到PDF、导出和编辑PDF文件等，是一款优秀的PDF文件转换软件。

本节使用的软件是Adobe Acrobat X Pro。

（二）软件界面

软件启动后，主界面如图12-10所示。

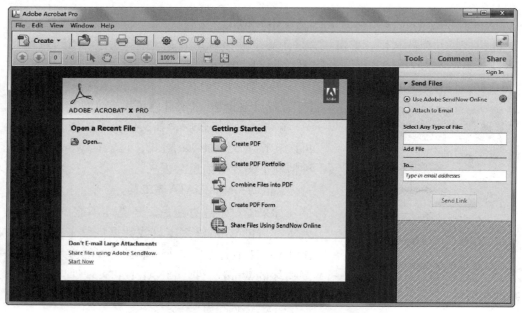

图12-10　Adobe Acrobat X Pro软件界面

（三）软件功能

1.转换或扫描到PDF

单击界面上方的Create（创建）按钮，在如图12-11所示的下拉菜单中选择PDF from

Scanner，再选择扫描的文件形式，即可从扫描仪创建PDF。Adobe Acrobat X Pro可扫描纸质文档和表单并转换为PDF。使用OCR功能可自动搜索扫描的文本，然后检查并修复可疑错误。还可导出为文本文件，在其他应用程序中使用。

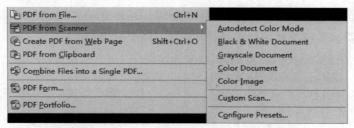

图12-11　Adobe Acrobat X Pro创建PDF

　　用户也可直接从其他应用程序中创建PDF。在安装完成Adobe Acrobat X Pro后，Acrobat工具栏会嵌入许多应用程序的工具栏中，用户可直接单击PDF创建图标将文档转换成PDF。

　　值得注意的是，在众多应用程序中，Office文档转换成PDF后，可保留链接、幻灯片过渡效果和书签等信息；在Outlook中，可归档电子邮件或整个文件夹到单个的、可搜索的PDF等。

2. 合并文件

　　Adobe Acrobat X Pro可将多个不同格式的文件合并至一个PDF文件包中或单独PDF文件。合并后的PDF文件包或PDF格式文件均可继续进行编辑，如进行删除、添加等。

3. 导出

　　通过Adobe Acrobat X Pro的导出功能，可将.pdf格式文件转换成多种格式（图12-12）以方便用户进行编辑，需要使用导出功能时，用户需要单击File菜单下的Save as。当.pdf格式文件转换成.doc格式时，源文档格式和布局不会变化，字符格式的.pdf文件可直接转换为.doc格式文档；还可将.pdf格式文件转换为常用图片格式，如.jpg、.png、.tiff等。

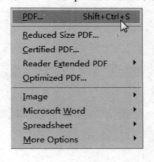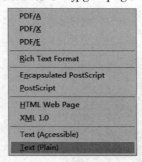

图12-12　Adobe Acrobat X Pro导出功能

4. 安全功能

　　Adobe Acrobat可限制未经许可的用户对文档进行操作，从而确保.pdf格式文档的安全性。用户也可选择多种加密方式，如口令加密和公钥加密等保护和限制文档使用。

5. 表单

　　Acrobat的表单功能可以将纸张表单安全地转移到便捷、可靠的电子处理方式，用户可创建动态电子表单、在线发布动态表单，表单中的字段可随着输入资料的变化而改变。

6.审阅和注释

当用户在协作创建和编辑文档时，审阅和注释功能可帮助用户轻松进行共享审阅，允许审阅人查看注释并跟踪审阅状态。Adobe Acrobat X Pro 强大的注释工具（图12-13）可帮助用户通过多种注释工具对文档进行注释。而且，用户还可轻松将注释编译成单独的PDF文档，并按照作者、日期等对注释进行排序。

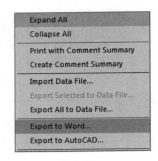

图12-13　Adobe Acrobat X Pro注释工具及导出注释

在翻译工作中，译员将译稿交给审校人员后，审校人员可使用Adobe Acrobat X Pro给译稿添加注释，审校后的译稿返回到译员手中后，译员可使用Adobe Acrobat X Pro的导出注释功能，导出全部审校注释，方便查阅。

7.批处理功能

在 Adobe Acrobat X Pro中，用户如需对文件进行多项操作，并自定义各项操作的步骤，可使用其批处理功能。由于版本更新问题，Adobe Acrobat X Pro之前的版本中批处理功能使用方法如图12-14所示。在 Adobe Acrobat X Pro中，该功能叫作 Action Wizard，如图12-15所示。当用户自定义各操作步骤后，可对所编辑的文件连续执行各个步骤。

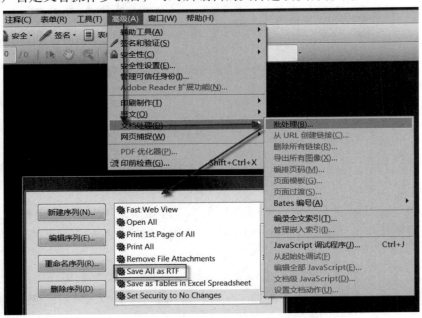

图12-14　Adobe Acrobat X Pro之前版本的文档处理

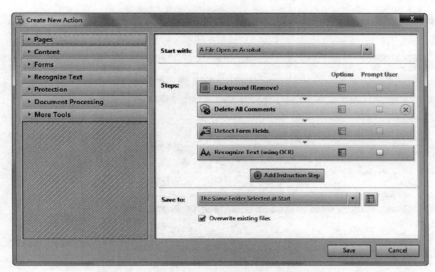

图 12-15　Adobe Acrobat X Pro **的** Action Wizard

8. 实时协作

使用"实时协作"可通过联机会话与一个或多个远程用户一起审阅 .pdf 文件。在该会话中，参与人通过实时聊天窗口查看文档；当共享页面时，文档页面和放大率可由所有参与人共享，这样每个人看到的都是文档的同一部分。在翻译工作中，译员之间、审校人员之间及其他工作人员之间可使用该功能参与同一个文件的实时讨论，一起审阅译稿。

9. 提取页面

译员接到一个 .pdf 格式的文稿后，在仅需要对文稿的部分页面进行翻译的情况下，用户可使用提取页面功能，将所需翻译的页面进行提取操作。Adobe Acrobat X Pro 的提取功能可把 PDF 中选定的页面重新在其他 PDF 中使用。提取的页面不仅包括内容，也包括与原始页面内容相关的所有表单域、注释和链接。

二、Solid Converter PDF

（一）软件简介

Solid Converter PDF❶是 Solid Documents 公司开发的一款轻松转换 PDF 文件为可编辑 MS Word 文件的格式转换软件。用户还可创建和编辑 PDF 文件。该软件的功能有：将 PDF 文件中的表格直接转换成 MS Excel 表格；将 PDF 文件中的图片转换成图片格式的文件；将多个不同类型的文件整合到一个 PDF 文件中；给 PDF 文件添加水印等。

Solid Converter PDF 的用户界面灵活性强，如图 12-16 所示。用户可直接在主界面中进行常用操作，也可根据需要自定义界面布局。

（二）PDF 转换

当译员从客户处接收 PDF 格式文档后，首先想到的是如何快速便捷地将 PDF 文档转换为可编辑的 MS Office 文档，以及如何将 PDF 文档中的表格、图片提取出来翻译。Solid Con-

---

❶ 参见 http://www.soliddocuments.com/zh/pdf/-to-word-converter/304/1。

verter PDF具有强大的DOC→PDF功能，支持图片撷取、页眉页脚复原、旋转文字自动复原、表格识别等。

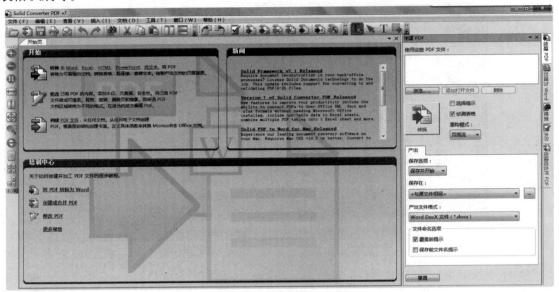

图12-16　Solid Converter PDF主界面

以表格识别功能为例：译员会遇到PDF文件中有表格需要翻译的情况，可是往往用一些转换软件转换后发现表格无法正常显示，还得自己根据表格内容重新制作一张新表格，非常浪费时间。通过Solid Converter PDF，译员就可快速地将PDF中的表格提取出来。

图12-17中显示了一个包含有表格的PDF文件。

用户使用Solid Converter PDF打开文件后，选择菜单栏"文档"中的"将表格提取到Excel"，如图12-18所示。

转换完成后，用户可在生成的Excel文件中看到转换后的Excel表格，如图12-19所示。

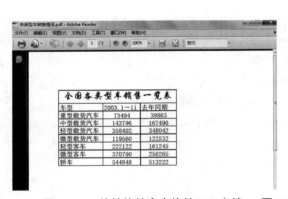

图12-17　待转换的含表格的PDF文档　　图12-18　Solid Converter PDF将表格提取到Excel

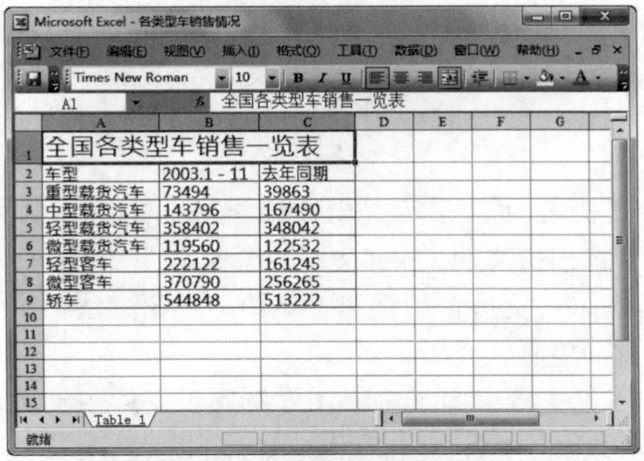

图 12-19　转换完成后的 Excel 表格

（三）文档操作

在 Solid Converter PDF 菜单栏"文档"中，除可识别 PDF 文档的表格外，用户还可针对当前的 PDF 文档进行多种操作，如针对 PDF 文档中的某段文本、某个物体（图片、表格等）、某个区域进行制定操作。文档转换操作包括将 PDF 文档转换为 Word、Excel、Power-Point、HTML、文本等。Solid Converter PDF 界面清楚简明且支持包括繁体中文在内的多国语系切换。用户只要选择 PDF 文档输入路径，再设定文档输出的存放位置，单击"转换"按钮。

PDF 格式转换工具还有 Aiseesoft PDF to Word Converter、AnyBizSoft PDF to Word、Wondershare PDF Converter、e-PDF To Word Converter、Ultra Document To Text Converter 等。还有在线的 PDF 转换 Word 工具，如 PDF Online、Nitro Cloud❶，用户只需上传 PDF，可根据网站提示，将 PDF 转换成需要的格式。

第三节　文档识别

大多数情况下，客户提交的文档内容是可直接编辑的，但有时需要翻译的内容以不可编辑的图像形式出现，为方便 CAT 工具直接提取，提高效率，需要执行文档识别。图 12-20 展示了可编辑（转换版本）和不可编辑（扫描版本）的 PDF 文档区别。要将不可编辑版本转换为可编辑版本，需要使用 OCR（光学字符识别），以下介绍常见的 OCR 文字识别软件。

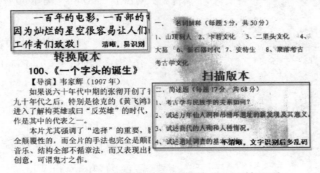

图 12-20　可编辑和不可编辑的 PDF 文档区别

❶ 参见 https://www.pdftoword.com/。

一、ABBYY FineReader

（一）软件简介

ABBYY FineReader是一款OCR系统，由文档识别、数据捕获和语言软件技术开发商ABBYY❶公司开发，用于将扫描文档、.pdf文档、图像文件（包括数码照片）转换为可编辑格式。目前ABBYY FineReader支持包括俄语、英语、德语、法语、汉语、日语在内的众多语言，并支持文档语言自动检测。

ABBYY FineReader不仅支持多国字符，还支持彩色文件识别、自动保留原稿插图和排版格式及后台批处理识别功能。FineReader Prefessional支持ADF（自动进纸）扫描仪，批次处理，拼音检查，强大的表格工具等，完全支持TWAIN扫描仪。

本书以ABBYY FineReader 9.0 Professional Edition为例介绍这款软件的主要功能。启动软件后，主界面如图12-21所示。

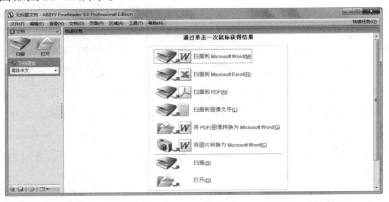

图12-21　ABBYY FineReader 9.0 Professional Edition主界面

（二）快速任务

软件主界面较为简洁，用户可通过“快速任务”中的选项快速开始文档识别任务，快速任务主要包括将扫描文件转换到Word、Excel、PDF及图像文件等，将PDF或图像文件转换到Word及将图片转换为Word等。本书以将图片转换为Word为例，介绍了ABBYY FineReader的文字识别功能。

转换前，先通过扫描仪或数码相机将需要翻译的纸质文件转换成电子格式，如图12-22所示。

中国历史上第四次翻译高潮正在神州大地蓬勃推进，方兴未艾，景况壮观。

中国历史上出现过三次翻译高潮：东汉至唐宋的佛经翻译、明末清初的科技翻译和鸦片战争至“五四”的西学翻译。而目前这一次的翻译高潮，无论在规模上、范围上，还是在质量水平和对中国社会发展的贡献上，都是前三次翻译高潮无法比拟的。

这一次翻译高潮的出现，首先是全球信息时代降临的结果。信息爆炸、知识爆炸，同时也就是翻译爆炸。在今日“地球村”，离开翻译谈论知识信息，是不可思议的。同时，这次翻译高潮的出现又是以中国推行改革开放新政，走上社会主义市场经济的现代化强国之路为契机的。历史潮流滚滚向前。在人类高奏和平发展的大乐章中，翻译无疑是其中不可或缺的旋律。在中华民族复兴的大进军里，翻译必然是一支活跃的先头部队。

翻译，无论是作为文化现象、思想运动，还是作为一项职业、一种知识技能，总与所处的时代背景密不可分。翻译的观念、方

图12-22　待转换照片文档

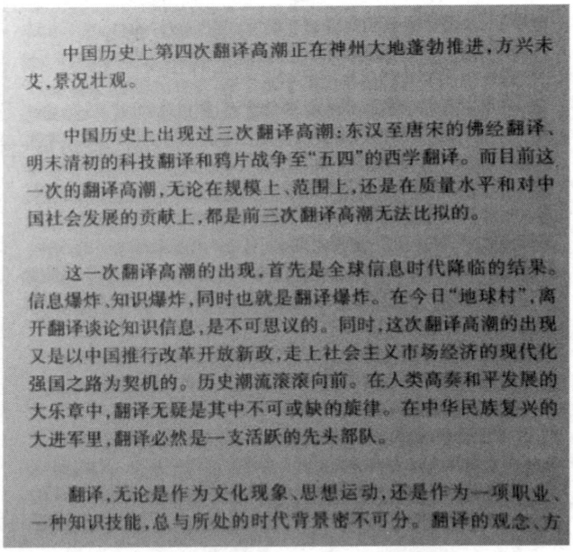

用户单击“快速任务”中的“将图片转换为Microsoft Word”，在弹出的对话框中

❶ 参见http://www.abbyy.cn/。

选中需要进行识别的图片文件，并选择"打开"。这时会弹出一个进度对话框，显示文件转换进度，如图 12-23 所示。

图片识别完成后，会生成一个新的 MS Word 文档，如图 12-24 所示。

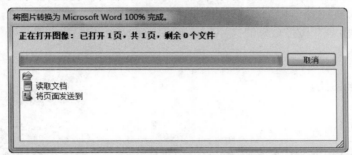

图 12-23　ABBYY FineReader 9.0 Professional Edition **转换进度对话框**

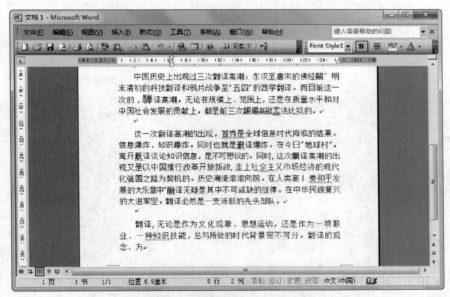

图 12-24　识别后的 MS Word 文档内容

转换完成后，在 ABBYY FineReader 的软件界面中，用户还可对原图片和识别后的 Word 文档进行比较和修正，如图 12-25 所示。

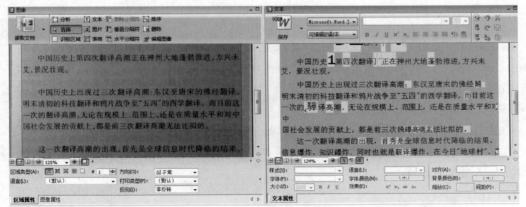

图 12-25　ABBYY FineReader 9.0 Professional Edition 原图片和识别后的文档

通过对比可发现，由于原图片像素不清晰，ABBYY Reader 无法对个别地方进行有效识别。识别结果显示在右侧文本窗口中，不确定的字符以某种颜色突出显示出来。用户可直接在文本窗口中编辑输出文档，或使用内置的检查拼写对话框浏览不确定的单词、查找拼写错误等。用户也可调整已识别文本的格式。

调整完成后就可将识别完成的文本以不同形式保存，包括精确副本、可编辑副本、带格式文本和纯文本等。

二、Readiris Pro

（一）软件简介

Readiris Pro 是由 I.R.I.S●公司开发的一款 OCR 软件，帮助用户将印刷文件转换为可编辑文本。用户在使用 Readiris Pro 时无须重新输入任何文字，单击 SmartTasks 按钮可一键完成文件的扫描、识别、转换和存盘，为用户节省大量时间，并可将已识别的文件存储为常用的文件格式并开启。下面以 Readiris Pro 12 为例介绍其相关功能，其主界面如图 12-26 所示。

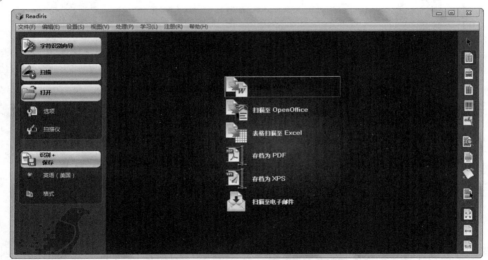

图 12-26　Readiris Pro 12 主界面

（二）扫描文档

Readiris Pro 可处理扫描仪扫描的纸质文档，用户需单击主界面上的"扫描"按钮，这时 Readiris 将启动与计算机相连的扫描仪并在软件界面中显示扫描的文档。Readiris 支持众多扫描仪类型，用户在使用扫描仪时还需设置扫描仪（图 12-27），选择扫描文档的格式和分辨率等，推荐使用 300dpi 的扫描分辨率。

如果用户没有配备输稿器，可在扫描多页文档时使用"间隔扫描"功能。

为了获得满意的扫描结果，用户需要在执行识别之前对图像进行调整，如调整图像的平滑度、亮度及对比度等。

● 参见 http://www.irislink.com。

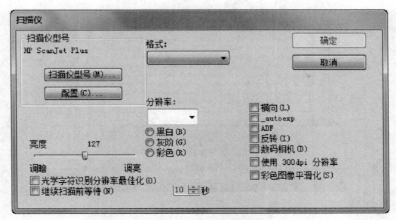

图 12-27　设置扫描仪

（三）识别文档

文档扫描完成后，用户可将文档保存为图像文件，然后开始识别文档。Readiris 可识别文档中的文本、表格、图形、条形码和手写文字等，还能识别复杂的分栏文档、低品质文档，支持中文、英文、日语等众多语言。值得一提的是，Readiris 通过上下文和语言学分析，能够学习新字符和单词，其识别准确度可随用户使用度提高。

开始识别前，用户还需设置文档语言、识别速度或准确度（图 12-28）、定义文档中字体类型、字符间距等。

设置完成后，用户就可单击"识别"按钮开

图 12-28　Readiris Pro 12 设置语言、识别速度、识别准确度

始进行文档识别。识别后的 OCR 文档可根据用户需要输出为 .pdf 文件、.xps 文件、.html 文件及 Word 文件等。

图 12-29 展示了 Readiris Pro 12 识别一个 .tif 格式的图片后得到的 Word 文件。

三、汉王文本王文豪 7600

（一）软件简介

汉王文本王是由北京汉王科技有限公司开发的一款简单易用的扫描输入软件，适用于将书刊、报纸、合同、公文、宣传页、打印稿等印刷资料；扫描仪、数码相机、手机拍摄的电子图片；.caj、.pdf 等电子期刊书籍文档转换为电子文档。汉王文本王文豪 7600 的主界面如图 12-30 所示，包括菜单栏、工具栏、扫描路径、浏览窗口、候选字区、文本窗口及原图显示区等。

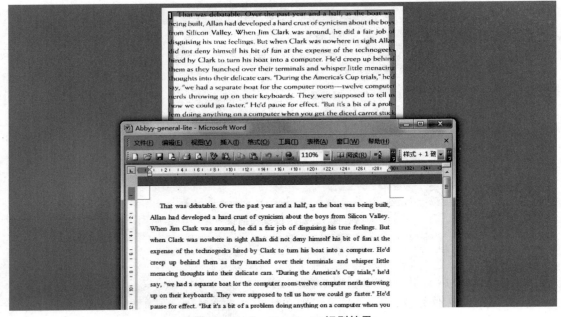

图 12-29　Readiris Pro 12 识别结果

（上方是 .tif 格式图片，下方是识别后的 Word 文档）

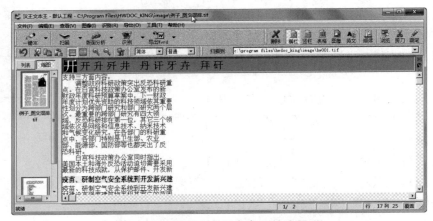

图 12-30　汉王文本王文豪 7600 主界面

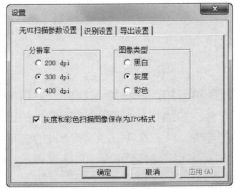

图 12-31　设置扫描仪参数

（二）操作流程

汉王文本王文豪 7600 的基本操作流程分为启动软件、获取图像、图像处理、版面分析、识别图像、文稿校对及输出文件。

软件启动后，用户可直接打开所需图像或通过与计算机相连接的扫描仪将图像扫描到软件中。使用扫描仪获取图像时，需要调整扫描仪参数从而获取最佳图像效果，扫描设置如图 12-31 所示。

（1）图像处理阶段：用户需要旋转图像位置，

以保证图像方向正确；对图像进行倾斜校正；调整图像亮度等。

（2）版面分析阶段：软件需要根据版面布局、内容进行分析理解，划分区域栏。软件可自动进行版面分析，也可由用户手动进行版面分析操作。

（3）识别图像阶段：软件对版面分析后的图像，按照指定的引擎与文档类型，依照版面属性进行识别。识别过的图像，系统会将识别结果在文本窗口中显示出来。如果图像没有识别，识别结果区则为灰色。识别完成后，用户需检查是否有未识别的图像页等。

（4）文稿校对阶段：汉王文本王文豪7600通过候选字校对方式和可疑字标识系统自动对识别结果进行分析，标示出可疑字，提高工作效率。该软件支持Windows标准的编辑操作，用户可直接在软件中对识别后的文档进行剪切、复制、粘贴等编辑操作。

（5）文稿校对完成后：软件可用多种形式输出识别结果，如 .rtf、.txt、.pdf、.html等。

类似的OCR工具还有Capture Text、ScanSoft、OmniPage、TextBridge、尚书七号、丹青中英日文文件辨识系统。

OCR软件让文档电子化操作简化为"一键操作"，极大简化了译者的文本扫描工作。译员可快速简便地将纸质文档转变成可编辑电子文档，节省了手录时间，提高了翻译效率。在扫描仪配合下，软件可在短时间内就将一本数百页的书转换成电子文档，译前准备的效率之高可见一斑。

在使用OCR软件过程中，需要注意一下影响识别效果的因素，并采取相应手段加以减轻或克服。

一是待识别图像质量，是否存在模糊、污损、褶皱等现象；

二是OCR是否支持文本语言及图片格式；

三是文件是否加密，是否易于读取。

第四节　字数统计

文字工作离不开字数统计——文字工作者可借此了解发表的文章能得到多少稿酬；学生或研究人员可借此评估作业或论文是否达到规定字数；翻译PM（Project Manager，项目经理）可借此了解项目工作量，给客户报价，并根据工作量分派译员和审校人员；而译员可借此判断是否承接翻译任务，译后可获知费用。

字数统计工具可分为以下四类。

1.办公文档自带的字数统计工具

Word、PowerPoint和Excel均自带字数统计工具，Excel文档中字数统计结果与PPT所处位置一致。以Office 2016为例，通过"审阅"→"校对"可看到字数统计图标，单击可查看"字数统计"对话框。PowerPoint 2016通过"文件"→"信息"可在属性中找到文件字数。此类工具自带字数统计功能，使用方便，可随时查看，但仅限于部分类型的文档及单个文件操作，批量字数统计工作需借助专业统计工具。

2.CAT工具字数统计模块

常见的CAT工具如SDL Trados 2017、Déjà Vu、Wordfast、memoQ等均带有字数统计功能。图12-32展示了Déjà Vu字数统计页面。

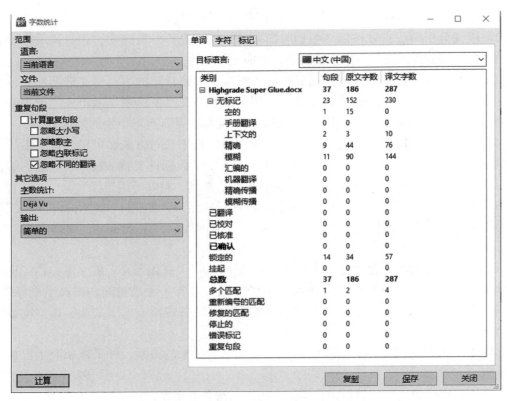

图12-32 Déjà Vu字数统计页面

3.专业字数统计工具

如 Anycount、CATcount、CountAnything、Clipboard Count、PractiCount、Werecat、Word-Count mini 等，还有在线字数统计工具如 http://www.transabacus.com/、http://www.eteste.com/。

4.其他软件附带功能

EditPlus、EmEditor、Notepad++、UltraEdit、WordPipe、TextNum 等、浏览器自带统计插件（Chrome浏览器还带有字数统计插件 Chrome plug-in），但这类工具功能比较简单，仅能大致了解文字字数，作粗略统计使用。

以下介绍若干主流字数统计工具。

一、PractiCount and Invoice

（一）软件简介

PractiCount and Invoice❶由美国软件开发公司 Practiline Software 设计研发，为语言行业提供文本统计、报价和付款解决方案，目前已在40多个国家发行，包含标准版、商业版和企业版三个版本。其客户人群包括自由译者、翻译和本地化代理、医学听录员、医学听录机构、法律听录员、法律听录机构、作家、项目经理及其他根据文本统计（字数、行数、页数或其他类型统计等）进行报价和开具发票的专业人员。这款软件可处理多种形式的文本

---

❶ 参见 http://www.practiline.com/。

数据类型，为这些人员节省大量统计时间。

　　值得一提的是，该软件可统计 Word 中通常不会统计的内容，如文本框、页头、页脚、注解、脚注、尾注及嵌入和链接到文本中的项目等；还可统计 .zip 格式文件包、子文件夹等。

　　图 12-33 展示了 PractiCount and Invoice 主页面。

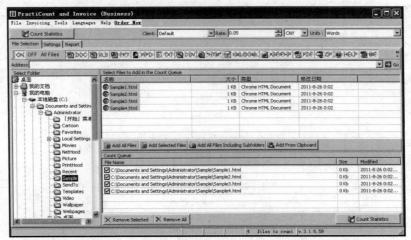

图 12-33　PractiCount and Invoice 主界面

　　在软件主界面中，用户可通过左侧文件夹窗口直观地选择文件，同时右侧显示文件夹下的文件名称、大小、类型及修改时期。在主界面上方，用户可选择窗口内可显示的文件类型。该软件目前支持以下类型的文件格式。

- Microsoft Word（.doc、.docx、.rtf）
- Adobe Framemaker（.mif）
- Microsoft Excel（.xls、.xlsx、.csv）
- HTML（.htm、.html、.shtml）
- Microsoft PowerPoint（.ppt、.pptx、.pps）
- XML、SGML
- Corel Word Perfect（.wpd）
- ASP、PHP
- Adobe Acrobat（.pdf）
- Help files（.cnt、.hhc、.hpj、.hhk、.hhp）

（二）基本功能

1.基本统计项目

- 单词数
- 页数
- 含空格字符数
- 单词重复数
- 不含空格字符数
- 日语、汉语、朝鲜语、英语等近 20 种语言
- 行数

2.统计报告及开票

　　文件统计完成后，该软件可输出 Word 格式或 Excel 格式的详细统计报告，用户还可对报告内容自定义，如图 12-34 所示。除统计报告外，用户还可使用软件内置的用户数据库方便快捷地生成票据，内置货币转换器和计算机功能可辅助用户创建自定义的票据，如图 12-35 所示。

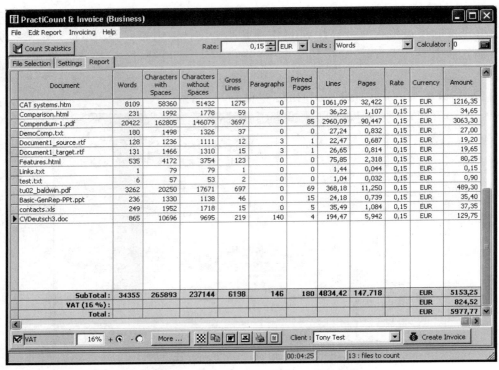

图 12-34　PractiCount and Invoice 统计报告

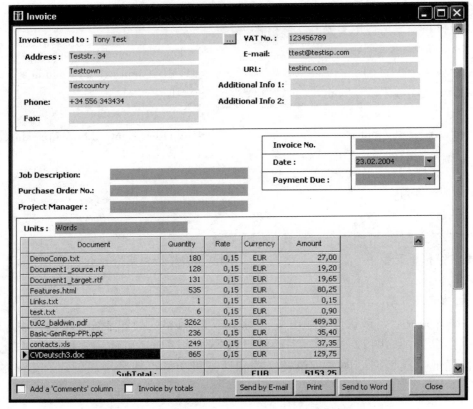

图 12-35　PractiCount and Invoice 生成票据

用户可对统计项目进行设置，如图12-36所示。

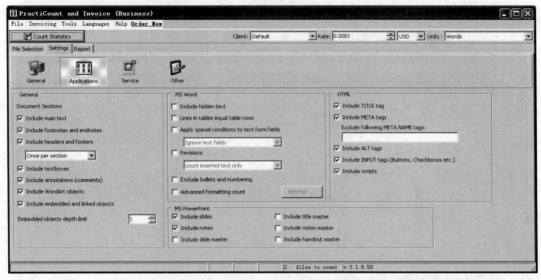

图12-36 PractiCount and Invoice统计项目设置

3.商业版软件附加功能

（1）内置词频统计（图12-37）、离线货币转换器。

（2）可进行文件格式转换。

（3）可统计本地网络中其他计算机上的文件。

（4）内置地址栏，用户可快速浏览文件并进行网络下载。

（5）可统计指定文字之间的文本，可忽略指定文字之间的文本或忽略整个短语。

（6）可追踪文本变更，统计已修改文本中插入或删除的文字。

（7）统计报告可根据月份或客户进行分类。

（8）可统计指定样式的文字。

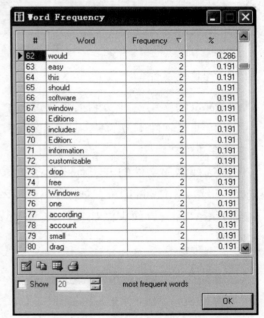

图12-37 PractiCount and Invoice词频统计
（支持统计报告导出）

二、AnyCount

（一）软件简介

AnyCount❶是一款文本统计软件，由专门为翻译机构和自由译者提供翻译管理软件的

---

❶ 参见http://www.anycount.com/。

Advanced International Translation（AIT）❶公司设计研发。AnyCount 可统计不同类型文件中文本的字数、字符数、行数和其他用户自定义项目等。

图 12-38 展示了 AnyCount 的主界面。

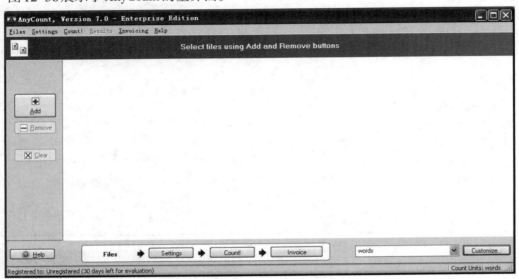

图 12-38　AnyCount 主界面

（二）基本操作

AnyCount 的文本统计功能主要通过三个主要步骤实现：选择添加文件、统计设置和统计。用户可通过软件下方的 Files、Settings、Count 三个功能按钮进行文本统计。

1.选择添加文件

用户选择添加文件的方法有两种，最简单的是选中文件后，右击，在弹出的快捷菜单中选择 Add to AnyCount 即可，如图 12-39 所示。

或在 AnyCount 界面中添加文件，运行 AnyCount 后，单击 Files 按钮（图 12-40）开始添加文件。

图 12-39　添加文件至 AnyCount（一）　　　　图 12-40　添加文件至 AnyCount（二）

然后，单击界面左侧 Add 按钮，进入文件添加界面，如图 12-41 所示。

用户可在此界面中选择某个或多个文件添加到队列中，也可直接选择文件夹添加到队列中。

添加需要进行统计的文件或文件夹后，单击 OK 按钮开始统计。

2.统计设置

文件添加完成后，在 AnyCount 主界面下方单击 Settings 按钮，用户可在设置界面（图 12-42 和图 12-43）中选择统计结果中包含的选项。

---

❶ 参见 http://www.stranslation.com/。

在界面右下角的Customize下，用户可自定义文件统计单元，如带空格字符、不带空格的字符、行、页、单词等，如图12-44所示。

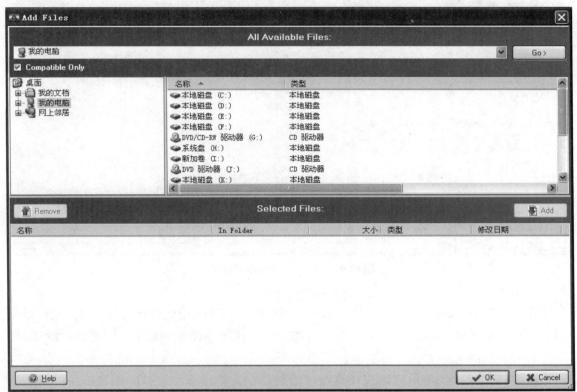

图12-41　AnyCount文件添加界面

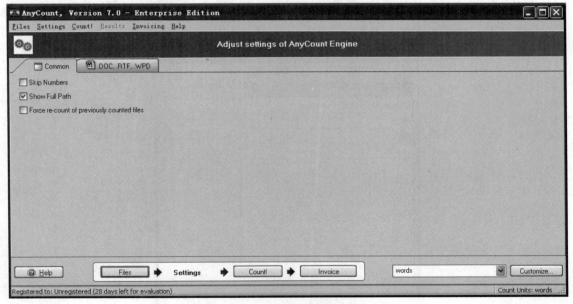

图12-42　AnyCount设置界面(一)

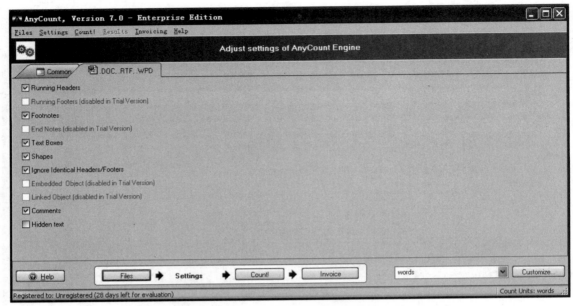

图12-43　AnyCount设置界面（二）

3.统计

在文件添加完成，统计设置完成后，用户即可单击Count按钮进行文件统计。统计结果以表格的形式展现出来，用户可清晰地看到上一步在统计设置中设定的需要统计的项目，如图12-45所示。

在统计完成后，用户可以选择将统计结果粘贴到剪贴板中、打印或导出成电子文档（.html、.doc、.rtf、.csv、.txt、.pdf等格式）。

AnyCount也支持生成票据功能。在界面下方，单击Invoice按钮即可开始生成票据，如图12-46所示。

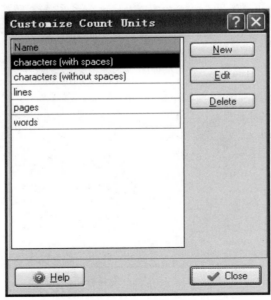

图12-44　AnyCount自定义统计单元

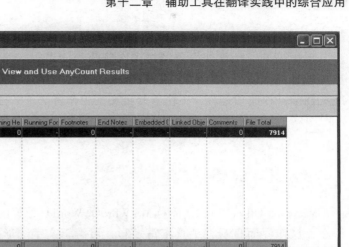

图12-45 AnyCount统计结果

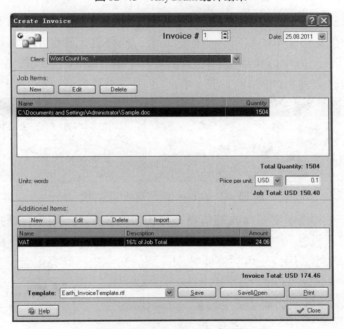

图12-46 AnyCount生成票据

第五节 文档修订和比较

文档修订是翻译项目中质量控制的重要环节，译员在翻译中和翻译后可自行修订文档，项目经理、译审或其他质量控制人员均可在译文中进行修订，以不断提高翻译质量。

文档比较是基于文档修订的版本比较、内容比较、一致性比较、数量比较等的合成，在翻译、本地化项目中广泛应用。如前所述，本地化中常产生大量文件的处理前、处理中、处理后文档，如果文档结构和命名出现问题，极容易导致文件管理混乱甚至遗失；一份质量要求极高的文档往往需要经过多次修改，如果每次修改后的文档因命名或保存失当产生重复或遗失，没有文档比较就很难发觉，等到向客户呈交终稿时才发现可谓为时已晚。因此文档修订和比较是翻译工作者乃至文字工作者必须掌握的技能。

一、MS Word

（一）软件简介

Microsoft Office Word（简称MS Word或Word）是美国微软公司开发的一款文字处理应用程序，操作界面直观，工具丰富多彩，可编辑文字图形、图像、声音及动画等，还提供拼写和语法检查功能等。本书主要从文档修订及文档比较两方面介绍MS Word，以帮助译员了解MS Word在翻译工作中的重要作用。

本书使用的Word版本是Office 2016，其他版本用户可参照执行。

（二）文档修订功能

译员在使用MS Word编辑文档时，可轻松修订、批注文档。在修订文档时，为保留文档版式，MS Word会在文档文本中显示一些标记元素，而修订元素显示在页边距的批注框中。

准备批注文档后，用户选择菜单栏中"工具"下的"修订"，或按Shift+ Ctrl +E组合键开启修订功能，这时会弹出如图12-47所示的"审阅"工具栏。

图12-47　Office 2016"审阅"工具栏

用户可直接修改文档中需要修改的信息，如图12-48所示。用户可选择需要添加批注的文字随后单击"插入批注"按钮，在该行文字右侧会出现一个批注框，在批注框中可输入需要批注的信息。此外，用户还可对需要特别提醒的文字进行高亮设置。

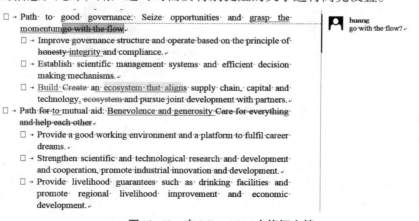

图12-48　在Office 2016中修订文档

修改后在"审阅"工具栏中选择"显示所有标记",这样用户修改的标记会显示在 Word 文档中。如果选择"简单标记"或"无标记",添加的审阅信息将被隐藏起来。需要查看审阅信息时,只能再次选择"所有标记"时才能显示出来。

对于用户所做的修订,其他用户可选择接受或拒绝修订,如图 12-49 所示。

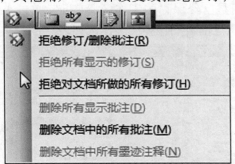

图 12-49　用户可以选择拒绝修订、删除批注

在翻译流程中,译员、审校人员、其他工作人员可利用 MS Word 的修订功能将不同人员对译稿的意见反映到同一文档中,译员和审校人员可根据文档中的修订和批注即行修改译稿,从而确保译稿质量满足客户需求。多人同时校对一个文件时,最后还可合并修订批注。

(三) 文档比较功能

用户单击菜单栏中"窗口"下的"并排查看"命令,可将打开的两个 Word 文档左右并排,并且同时滚动两篇文档来辨别两篇文档之间的差别。

单击"并排比较"命令后,会弹出一个"并排比较"工具栏,如图 12-50 所示。

图 12-50　Office 2016 "并排查看"工具栏

通过该窗口,用户可选择是否对两个窗口同步滚动,也可重置窗口的位置。

通过"并排查看"功能,用户还可比较同一篇文档的不同版本。用户选择"窗口"下的"新建窗口"命令,为当前文档新增一个窗口,然后选择"并排查看"命令,再改变其中一个窗口的版本,这样就可对这篇文档的不同版本进行比较。

通过 MS Word 的文档比较功能,译员可对不同译稿或同一译稿的不同版本进行详细比较,从而直观地审阅译稿中出现的问题,同步滚动功能可避免用户在两个文档间来回滚动,节约了时间,带来了很大便利。

二、Beyond Compare

(一) 软件简介

Beyond Compare[1]是美国 Scooter Software 公司开发的一款能在 Windows 或 Linux 操作系统上进行文件或文件夹比较的优良软件。用户可非常方便地观察到文件或文件夹之间的差异性。本书介绍该软件的最新版本 Beyond Compare 3。

---

[1] 参见 http://www.scootersoftware.com/。

（二）软件设置

　　打开软件后，用户可看到如图 12-51 所示的软件主界面。软件界面非常简洁，左侧 Start new session（开启新的工作区）共有 Compare（比较）、Synchronize（同步）及 Merge（合并）三个功能区。中间是已经保存的工作区，Edit session defaults 下可自定义工作区设置，Auto-saved sessions 显示之前自动保存的工作区列表。

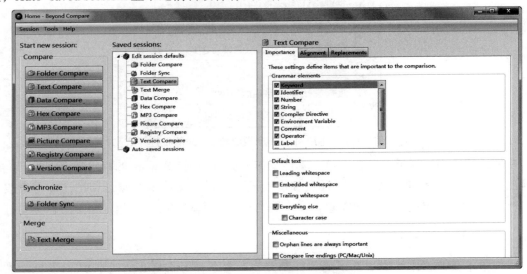

图 12-51　Beyond Compare 3 主界面

（三）软件功能

1. 比较功能

　　Beyond Compare 支持的比较功能包括文件夹、文本文件、数据、.hex 文件、.mp3 文件、图片、注册表、版本等比较，支持格式包括 .html、.pdf、.rtf、.doc、.xml 等。PM 在比较译稿和校对稿时，可使用 Beyond Compare 的文本文件比较功能进行比较。译员也可利用该软件比较不同译本，它对文档版本管理人员和翻译质量控制管理人员都有帮助。

　　如图 12-52 所示的文档 1（左侧）和文档 2（右侧）是同一篇文章的两个译本，差异部分以红色部分显示。

　　通过菜单栏和工具栏中的选项（图 12-53），用户可进一步处理工作区中的文档。用户可选择显示完全不相同的区域、完全相同的区域等。在工作区下方，用户可对两个版本进行细致的比较。

　　与 Word 比较功能相比，两个软件都支持文档同步滚动，但 Beyond Compare 在同一窗口中就可进行上下对比和左右对比。在格式比较上，Word 稍显简陋，只能做一些比较简单的格式比较，Beyond Compare 功能更强大。以记忆库维护与整理为例，有些记忆库可能无法加载，或加载之后产生乱码。可以用 Beyond Compare 比较新旧两个记忆库，最后发现是语言代码有问题：如将 srclang="EN-US" 写成 srclang="EN-GB"。虽然都是英文，但如果记忆库被设置成严格匹配语言区域，则 EN-GB 会被视为有别于 EN-US 的语言，以至于原文为 EN-GB 的记忆文件无法导入原文为 EN-US 的记忆库中。

图 12-52　Beyond Compare 3 译本比较

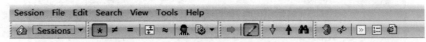

图 12-53　Beyond Compare 3 菜单栏和工具栏

2.文件夹比较及同步

译员在完成一个翻译项目后，某个文件夹下往往会有多个文件。译员将译稿提交审校人员后，审校人员等项目中的其他工作人员会对译稿进行审校等操作。项目经理最后管理项目文件时，可利用Beyond Compare的文件夹比较及同步功能检查文件夹中的文件是否有遗漏。如果文件夹有遗漏的文件，通过文件夹同步功能可将一个文件夹中的文件同步到另一个文件夹中。

除 Beyond Compare 之外，类似的文档比较工具还有 UltraCompare、DiffVue、Araxis Merge、Windiff、WinMerge、Compare It!等。

第六节　拼写检查

质量的核心是正确率，而正确率又是译稿的生命线，集中体现为拼写检查，如检查拼写、语法、标点、一致性等。如果由人工进行上述检查，可谓费时费力，且遗漏的概率很大，要避免这些低级错误，特别是避免因上述错误导致的项目质量保证失败，必须掌握拼写检查的相关技术和工具。下面介绍若干主流拼写检查工具，文字编辑器、CAT工具、统计工具中内嵌的拼写检查插件不在此限。

一、Spell Check Anywhere

（一）软件简介

Spell Check Anywhere 是美国 TG Enterprise 公司开发的一款专门进行拼写检查的工具软

件，适用于对所有Windows平台软件的输入文本进行拼写检查，并以优秀的拼写检查功能及强大的内置词典和字库解决了诸多普通拼写检查软件无法解决的问题，并且可对软件中所有的文本区域进行拼写检查，支持多种语言，涵盖医药、法律等众多领域。

（二）基本功能

安装Spell Check Anywhere后，所有Windows程序均可内嵌一个拼写检查按钮（该按钮默认状态下不可使用，需根据用户需求设置）。单击该按钮后，软件将会对选中的文本进行拼写检查，无须对文本进行粘贴或复制操作。选中文本后，按下F11键，也可对文本进行检查。

进行拼写检查时，软件会发现漏字、多字的情况及出现拼写错误的单词等，并给出相应的修改建议。用户可选择替换单词（Replace Word）、增加单词（Add Word）、忽略单词（Ignore Word）等操作（图12-54），直至所有错误更正完成。

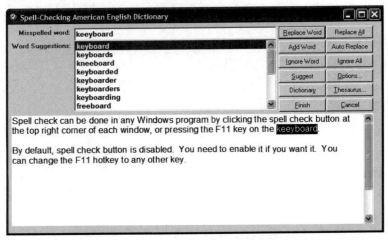

图12-54　Spell Check Anywhere拼写检查主界面

Spell Check Anywhere还内置词典功能，如果用户在进行拼写检查时对软件建议的单词不确定，可单击"词典"（Dictionary）按钮，在随后出现的词典中，用户可查询单词的详细解释，如图12-55所示。

（三）其他功能

1.词表功能

除以上基本功能外，Spell Check Anywhere还内置词表（Thesaurus）等多种强大功能。选中某个单词后，单击Thesaurus（词表）按钮，弹出词表对话框，用户可在对话框中查阅该单词的类别（Categories）、同义词（Synonyms）和反义词（Antonyms）等，如图12-56所示。

2.快速输入

快速输入（Speed Typing）功能允许用户自定义快捷词（图12-57），从而快速输入重复率较高的文本，防止重复输入、复制、粘贴。在任何Windows软件中，用户只需输入自定义快捷词，便可输入之前设定好的对应文本，如在任何软件的文本框中输入符号$及对应的快捷词pku即可出现"北京大学"。

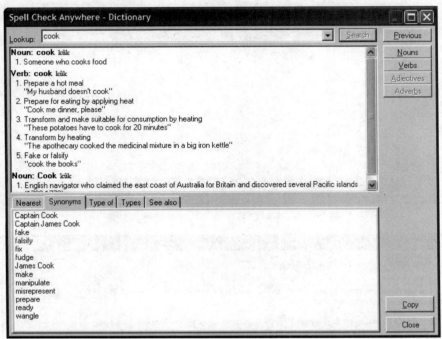

图 12-55　Spell Check Anywhere 内置词典功能

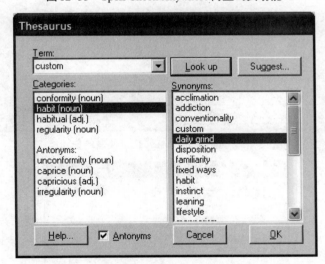

图 12-56　Spell Check Anywhere 的 Thesaurus 功能

3.高效能笔记本

高效能笔记本（Hyper Notepad）功能不论用户正使用何种软件，都可在不打断当前工作的情况下快速记录笔记。按下F10键后，该功能的窗口就会弹出，如图12-58所示。

4.误拼单词历史报告

通过误拼单词历史报告（Misspelled Words History Report）功能，软件可自动创建误拼单词表及对应的正确拼写表，甚至包括每个单词误拼的次数，如图12-59所示。

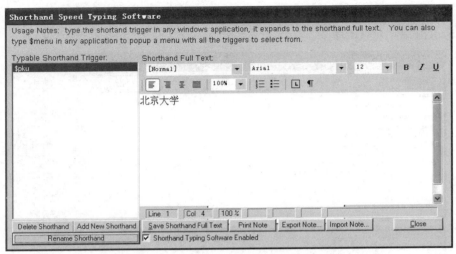

图 12-57　Spell Check Anywhere快速输入功能

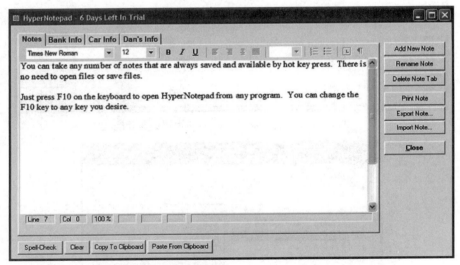

图 12-58　Spell Check Anywhere快速笔记功能

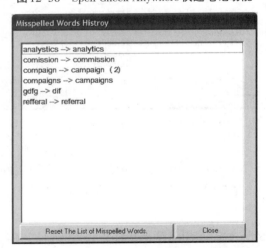

图 12-59　Spell Check Anywhere误拼单词历史报告

5. 导入、导出和打印

在高效能笔记本功能和快速输入功能中创建的笔记和文本均可导出成多种格式的文本，如 .pdf、.doc、.rtf、.html、.txt 等，并可进行打印，同时，这些格式的文档也可导入软件中。

二、黑马校对

（一）软件简介

黑马校对是北京黑马飞腾科技有限公司开发的适用于各类文稿校对的软件系统，支持多种主流文字处理和排版系统的文件格式，其"双文对校功能"可对比不同的录入人员同时录入的一份文件，能迅速发现录入稿与原稿中的错误，降低人工校对费用，提高校对准确率，现已成为编辑校对人员不可缺少的得力助手。黑马校对利用先进、快捷、准确的计算机校对方式，改变了过去原始、缓慢、低效的校对方式，使"人工+计算机"的校对模式得到广泛的认可。

译员在翻译、校对时往往要仔细检查格式、语法、用词等错误，人工校对有时难以万无一失，虽然机器或软件无法代替人工校对，但是在软件辅助下，译员更容易检查到译文中出现的错误，保证校对质量。

需要看到，中文校对软件，特别是功能强大的软件目前还不多，主要原因有二。

一是汉语属表意文字，其拼写、语法模式与作为拼音文字的英语有本质不同。英文的拼写和语法检查容易编写为较固定的计算机程序，而汉语中大量存在的音、形、义结合，相似或替代表述，方言及特殊表达等很难通过机械的计算机程序实现高效校改。

二是汉语属连续书写语言，要解决机器校对必须首先解决汉语分词技术（如中科院开发的 ICTCLAS 中文分词系统），但目前尚未实现该技术与校对软件的有效结合，版权让渡、程序结构、运行调试等尚需时日。

因此，黑马作为行业龙头，不仅开创了中文校对的新局面，也是民族产业对中文校对的一大贡献。

（二）软件设置

本书介绍的黑马校对软件以"黑马校对 V21.0"为例。黑马校对 V21.0 版内含 Word 版 [Word 2003~Word 2013（32 位）、Word 2013~Word 2016（64 位）]、WPS 版（WPS 2007~WPS 2016 专业增强版）、PDF 版（Acrobat 6.0~Acrobat 11.0）和方正飞腾（飞腾 3.1~飞腾 4.1）、方正飞腾创艺 5、方正飞翔（飞翔 2011~飞翔 7.0）6 个嵌入式界面和 S2 版（方正书版 6.0~方正书版 11.0 版等发排的 S2 大样文件）、PS 版（大部分 InDesign CS~CS4、飞腾、飞翔、维思、易捷、PageMaker、蒙泰等发排的 PS 大样文件）、小样版（书版小样文件、纯文本等）3 个独立界面。各个校对界面功能基本相同，共享相同的后台词库，编辑、排版、校对结合，编校合一。图 12-60 展示了嵌入 64 位 Word 中的校对界面。

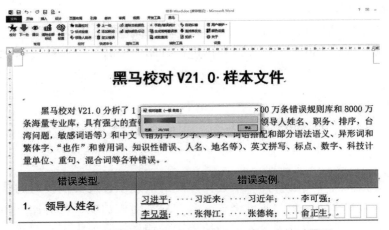

图12-60　黑马校对V21.0 64位Word嵌入式校对界面

（三）软件功能

1.校对

黑马校对V21.0分析了1万亿文字的高质量语料，内含800万条错误规则库和8000万条大规模专业库，能够校对大部分政治性问题（领导人姓名、职务、排序，大部分台湾问题，敏感词语等）和校对大部分中文、英文（拼写），部分成对标点、科技计量、重句错误，以及异形词、也作、曾用词等多类错误。以下提供了几个案例。

案例一：中文错误。黑马校对V21.0的中文错误校对功能，可对用词错误、标点错误、重句等进行校对，如图12-61所示。

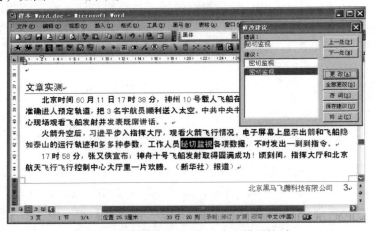

图12-61　黑马校对V21.0中文错误校对

在校对过程中，软件会将肯定性错误处标记为红色字体/黄色背景，大多数确实是错词，可以查看到修改建议；怀疑性错误会标记为粉红色字体/鲜绿色背景，大多数可能不是错误，一般没有修改建议；数字、异形词、领导人称谓、领导人排序和敏感政治错误会标记为红色字体/黄色背景；标点错误、重句等会标记为粉色字体/鲜绿色背景。错误处理完成后标记为蓝色。这些颜色可通过工具栏中的"清除标记"选项进行清除。用户也可根据自己的习惯自定义颜色，在菜单的"颜色设置"命令中修改。

用户可使用工具栏中的"下一处"或"上一处"命令定位错误处，使用"修改建议"命令查看软件对错误处给出的修改建议，并单击"更改"按钮进行错误更正。

案例二：校对领导人姓名。黑马校对可校对与重点词相关的错误，特别适用于检查非常重要且不允许出错的词语，如领导人名字、国名、重要地名等。黑马校对V21.0可对文档中的领导人姓名进行校对，将领导人姓名标注出并对错误的领导人姓名提出修改建议，如图12-62所示。

图12-62　黑马校对V21.0 S2版校对领导人姓名

2.自动纠错

在校对过程中，除软件校对文档时会标记错误处，软件内置的自动纠错功能可快速准确地自动修改文件中存在的肯定性错误。用户可设置自动纠错选项，自动纠错完成后会弹出纠正结果提示框，说明纠正了多少错误。凡是自动纠错改正的错误都会被标记成蓝色字体/蓝绿色背景，以便人工核对。译员在翻译文档时会遇到一些需要通过OCR软件处理的文件，当文件经OCR处理后，会显示许多明显识别错误。此时用户可使用自动纠错功能对这些文档进行自动纠错，然后进行下一步的翻译和校对。

3.词库管理

黑马校对系统V21版提供了19大类专业词库，共有79个专业库，8000万专业词汇，覆盖多专业领域，满足不同专业领域用户使用。校对专业文章时，挂接相应专业词库后，校对效果会大大提升。用户也可自己建立专业词库，挂接到软件中，供校对用。软件中的错误词库、建议词库等都可进行修改。

4.辅助校对工具

黑马校对V21中还有一些辅助校对的功能，如成批查找、字数/错误统计、提取生词、文件类型转换等。以提取生词为例，黑马能够自动分析当前打开文件的内容，并将里面的生词提取出来，用户可把所提取地有用词条加入用户库中。这样就可为校对专业文章快速地建立用户词库。

第七节　语料回收

语料是术语库、记忆库的基础，千千万万的语料形成了语料库。对翻译公司、服务提供商而言，大规模优质语料就是不可多得的语言资产，是公司的无形资产，更是公司的竞争优势。翻译项目完成后除收获经济利益外，更能收获语料，为今后类似项目打下坚实基础。因此语料回收是翻译工作的重要组成部分。

本书认为，语料回收有三方面益处。

一是提高译者翻译效率。通过双语对齐，译者可建立翻译记忆库。在翻译过程中，译者也可不断添加记忆库中的双语语料。在翻译新文章时，翻译记忆库会自动抽取已翻译过的句子。这样可减少重复翻译，节省译员的时间和精力，从而提高了翻译效率。

二是提高翻译准确度。在CAT软件中，译者可设定翻译记忆与新建项目文本的匹配度。这样，即使新句子与记忆库中的句子不是100%匹配，记忆库也能给译者提供参考。在翻译有误的地方，参考记忆库中的句子也能及时改正。记忆库越大，提供给译者的参考也相应越多。译者可通过对比不同的句子，得出最后的翻译。

三是完善语料库，不断学习双语知识。翻译记忆库就相当于一个双语平行语料库。通过双语对齐技术，译者可不断填充扩大翻译记忆库，并且也可从记忆库中学习双语知识，不断进步。

一、SDL Trados WinAlign

（一）软件简介

SDL Trados WinAlign是SDL Trados的一个组件，通过此工具用户可将现有原文与译文以句子为单位进行对齐排列，生成双语文件，并以翻译单元的形式存储，创建翻译记忆数据，并将数据导入Translator's Workbench中，从而达到重复利用翻译资源，提高翻译效率的目的。WinAlign的软件界面（图12-63）简洁，操作方法形象简单，用户可很方便地掌握操作技巧。

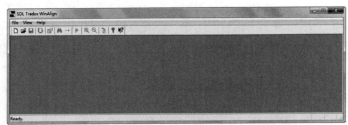

图12-63　SDL Trados WinAlign主界面

（二）建立对齐项目

在翻译项目中，当译员从客户手中接到诸如手机说明手册、软件帮助文档等翻译材料时，往往客户会提供中英文对照文件，而没有提供翻译记忆（Translation Memory，TM），译员可通过WinAlign对齐项目文件。用户在开始使用WinAlign建立新对齐项目前，需要准备好即将要用于对齐的.rtf格式的原文和译文（.doc格式的Word文档可另存为.rtf格式的文档）。为方便操作，原文和译文存放在同一个文件夹下。

随后，用户可启动WinAlign，并单击工具栏左侧的New Project按钮，开始创建一个新对齐项目，如图12-64所示。

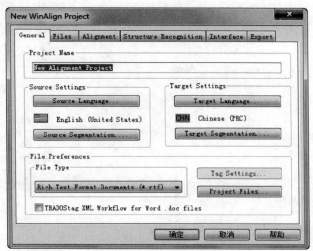

图12-64 SDL Trados WinAlign新建对齐项目

在新建对齐项目对话框中，用户可给新的项目命名（Project Name），进行源语言（Source Language）和目标语言（Target Language）设置，并选择文件类型（File Type）。其中，文件类型选择为.rtf格式，且用户需要对汉语进行断句规则设置（Segmentation）。

本书以源语言为英语，目标语言为汉语为例。用户单击Target Segmentation，弹出断句规则设置对话框，如图12-65所示。用户选中Colon后，在右下方的Trailing Whitespaces设置为0。Trailing Whitespaces为断句符号后续的空格数，由于中文所有标点符号后都没有空格，因此根据中文的断句规则，Trailing Whitespaces前的数字需改为0。同样，选中Marks后，将右下方的Trailing Whitespaces设置为0。单击"OK"按钮，完成断句规则设置。

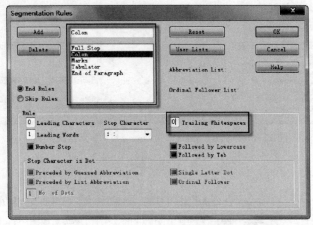

图12-65 SDL Trados WinAlign断句规则设置

用户再在 Project Files 下选择中间结果文档的保存位置，就完成了新对齐项目的基本设置。

接下来，用户单击标签栏中的 "Files"，单击 Add 按钮添加原文和译文，并单击 Align File Names，连接原文和译文（图 12-66），这样新项目就建立完成了。

（三）匹配文件

新项目建立完成后，用户需要单击菜单栏中 Alignment 下的 Align File Pair（s）以匹配文件，如图 12-67 所示。

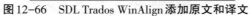

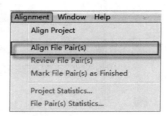

图 12-66 SDL Trados WinAlign 添加原文和译文　　图 12-67 SDL Trados WinAlign 匹配文件对

文件对匹配完成后，在弹出的编辑窗口中就显示出了 WinAlign 处理后的翻译单元匹配结果，如图 12-68 所示。

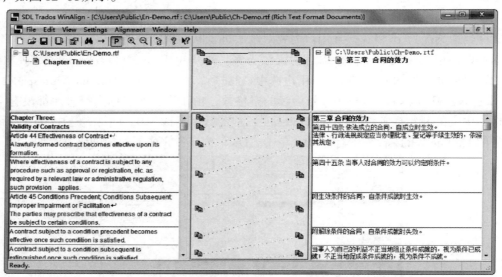

图 12-68 SDL Trados WinAlign 翻译单元匹配结果

图 12-69 SDL Trados WinAlign
断开连接和确定连接

（四）编辑单元

在编辑窗口中，原文和译文的翻译单元之间有一条虚线连接。若匹配单元不对应，用户需要断开连接。右击绿色图标，选择 Disconnect 即可，如图 12-69 所示。断开连接后，用户可手动连接两个相对应的单元。若匹配单元对应，用户可单击 Commit，虚线会变成实线，表明匹配完成。

如果用户需修改某单元，可在该单元格上右击选择 Edit Segment。在弹出的对话框中，选择 Quick Edit 可直接修改单元格，选择 Advanced Edit 可在独立的对话框中进行修改。在 WinAlign 中修改的部分不会在原文或译文中出现变动，仅在 WinAlign 中有效。

除此之外，用户还可对单元格进行合并单元格、分割单元格、插入新单元格等操作。

（五）导出匹配结果

当原文和译文的所有翻译单元匹配完成后，用户可使用 WinAlign 导出匹配结果。选择菜单栏中 Settings 下的 Project，弹出编辑对齐项目对话框，选择标签栏中的 Export，如图 12-70 所示。

用户可在 Format 中选择导出文件格式，选择 Translator's Workbench Import Format，导出的文件可直接导入翻译记忆库中。

在 Export Threshold 选项中，选择 1% 会导出所有连线的单元，无论实线还是虚线，选择 100% 会导出所有匹配完成的单元。

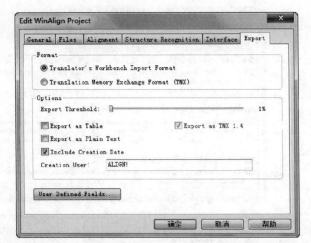

图 12-70　SDL Trados WinAlign 导出匹配结果设置

设置完成后，回到编辑界面。选择 File 下的 Export Project，然后在弹出的窗口中设置导出文件的名称及文件导出位置。这样，一个双语句库就建立并导出完成了，如图 12-71 所示。译员可将导出文件导入 Translator's Workbench 中使用。

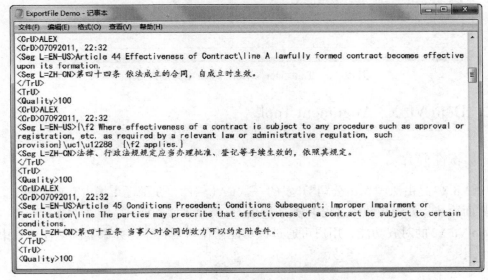

图 12-71　SDL Trados WinAlign 导出结果

对齐结果导入Workbench后，用户可在翻译记忆维护窗口中查看导入的翻译结果，如图12-72所示。

在翻译过程中，用户可在Workbench窗口搜索对齐结果，单击Tools（工具）下的Concordance（相关搜索），输入关键词即可得到相关搜索结果，如图12-73所示。

对齐之后用户可使用记忆库，以后再有更新则用记忆库预翻译，之后只需翻译更新的内容。

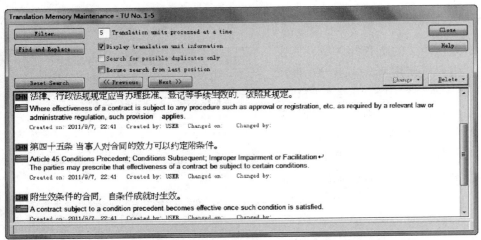

图12-72　Translator's Workbench翻译记忆维护窗口

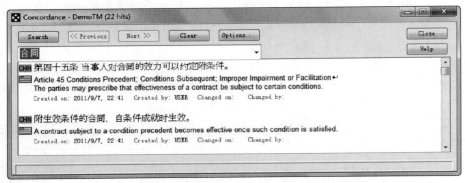

图12-73　Translator's Workbench相关搜索结果

二、Déjà Vu X3 Alignment Tool

（一）软件简介

Déjà Vu X3是由法国Artil公司❶开发的一款CAT软件，在翻译市场占有很大份额。Déjà Vu X3界面简洁，方便在翻译过程中添加术语、支持众多文档格式、双语句库制作等。本书介绍Déjà Vu X3的对齐功能，用户可通过该功能制作双语句库，并添加到翻译记忆中，提高翻译效率。

---

❶ 参见http://www.atril.com/。

（二）新建对齐项目

用户首先启动Déjà Vu X3，在工具栏中单击"新建"按钮，在弹出的对话框中选择"对齐"→"对齐工作文件"（图12-74），进入对齐向导。

用户在进入对齐向导后，首先设置项目文件夹名称和文件夹位置，如图12-75所示。

图12-74　Déjà Vu X3新建对齐项目　　　　图12-75　Déjà Vu X3设置文件夹名称和位置

其次，用户需要添加事先准备好的原文和译文，并设定原文和译文的源语言，如图12-76所示。

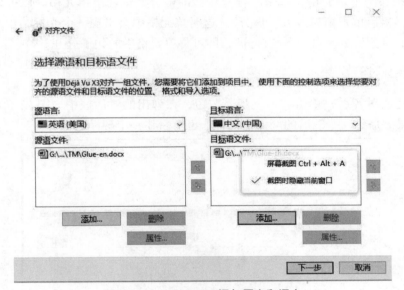

图12-76　Déjà Vu X3添加原文和译文

单击"下一步"按钮，软件开始导入原文和译文。

（三）修正对齐

原文和译文导入后，进入"修正对齐"窗口，如图12-77所示。窗口左右端分别显示已经自动完成断句后的原文和译文。但是，原文和译文的部分区域并未完全对齐，所以用户需要手动修正。

图12-77 Déjà Vu X3"修正对齐"窗口

图12-78 Déjà Vu X3修正操作方式

在原文和译文对齐窗口下方显示的是修正操作方式（图12-78），包括合并、拆分、上移、下移、删除等。以合并操作为例，用户选中某个单元格，并单击窗口下方的"合并"后，该单元格会与下方单元格合并；按住Ctrl键，再选中相邻两个单元格，单击"合并"后即可合并这两个单元格。以拆分为例，用户选中某个单元格后单击窗口下方"拆分"，这时单元格中会出现一个光标，用户将光标移动到需要分句的位置后再单击一下"拆分"，即可将单元格中的句子分开。

（四）导出对齐结果

用户在完成对齐后，单击"下一步"按钮，在弹出的对话框中（图12-79），用户可选择将对齐结果添加到一个以后的翻译记忆中，也可新建一个翻译记忆。

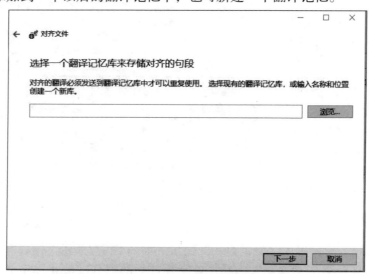

图12-79 Déjà Vu X3选择翻译记忆

翻译记忆选择完成后，单击"下一步""关闭"按钮，可将对齐结果保存到翻译记忆中。

（五）使用对齐结果

　　现在对齐结果已保存到翻译记忆文件中了，用户可在以后的翻译项目中使用这个翻译记忆文件。

　　在一个使用Déjà Vu X3进行翻译的项目窗口中（这里以先前添加的原文内容为例，图12-80），选择菜单栏中"项目"下的"属性s"，在弹出的窗口（图12-81）中，用户可为项目添加翻译记忆。单击"翻译记忆库"下的"添加本地翻译记忆库"，找到之前导出的翻译记忆文件，并添加到项目中，单击"确定"按钮。这时，之前导出的翻译记忆文件就导入了正进行的翻译项目中。用户可单击菜单栏中"项目"下的"预翻译"，此时，软件就可根据翻译记忆文件中的翻译记忆对项目中的文件进行预翻译，预翻译结果如图12-82所示。

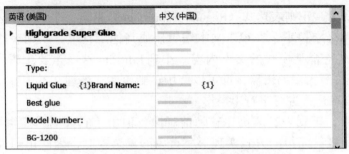

图12-80　Déjà Vu X3正在进行的翻译项目窗口

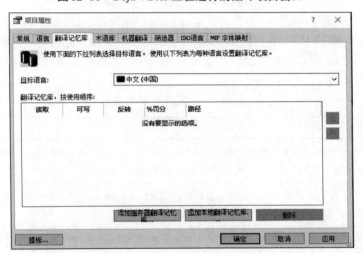

图12-81　Déjà Vu X3添加导出的翻译记忆文件

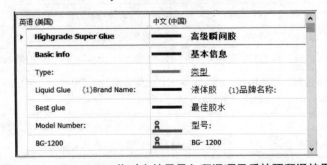

图12-82　Déjà Vu X3将对齐结果导入翻译项目后的预翻译结果

除此之外，多数CAT工具自带语料回收模块，如Across、memoQ、Wordfast、Wordfisher、Tradoser、Transit XV等，还有一些专用的对齐工具，如AlignFactory、TM Maker、AlignFast、LF Aligner等。另外，一些在线工具如http：//youalign.com/?lang=en、http：//aligner.pkucat.com/。

第八节　正则表达式

一、基本概念

计算机科学认为，正则表达式（Regular Expression）是指一个用来描述或匹配一系列符合某句法规则的单个字符串，在很多文本编辑器或其他工具里，正则表达式通常是指用来检索和（或）替换符合某模式的文本内容。小到EditPlus这一重要编辑器，大到Microsoft Word、Visual Studio等大型编辑器，都可以使用正则表达式处理文本内容。许多程序设计语言都支持利用正则表达式进行字符串操作。

尽管对初学者，正则表达式仍比较晦涩难懂，但由于它灵活，逻辑性、功能性俱强，特别是能迅速地用极其简单的方式实现对字符串的复杂控制，因此正则表达式不仅对信息技术工作者有用，对翻译工作者提高计算机操作能力，特别是处理CAT、TMS、MT等涉及字符、字串等操作的能力也非常有用。

一般来说，正则表达式由一些普通字符和一些元字符（metacharacters）组成。普通字符包括大小写字母和数字，而元字符则具有特殊的含义。表12-1列出了一些常见元字符。

表12-1　常见元字符列表

元字符	描述
\	将下一个字符标记为一个特殊字符，或一个原义字符，或一个向后引用，或一个八进制转义符。如"n"匹配字符"n"。"\n"匹配一个换行符。序列"\\"匹配"\"而"\("则匹配"("
^	匹配输入字符串的开始位置。如在js编程语言中设置了RegExp对象的Multiline属性，^也匹配"\n"或"\r"之后的位置
$	匹配输入字符串的结束位置。如设置了RegExp对象的Multiline属性，$也匹配"\n"或"\r"之前的位置
*	匹配前面的子表达式零次或多次。如zo*能匹配"z"及"zoo"。*等价于{0,}
+	匹配前面的子表达式一次或多次。如"zo+"能匹配"zo"及"zoo"，但不能匹配"z"。+等价于{1,}
?	匹配前面的子表达式零次或一次。如"do(es)?"可匹配"does"或"does"中的"do"。?等价于{0,1}
{n}	n是一个非负整数。匹配确定的n次。如"o{2}"不能匹配"Bob"中的"o"，但能匹配"food"中的两个o
{n,}	n是一个非负整数。至少匹配n次。如"o{2,}"不能匹配"Bob"中的"o"，但能匹配"fooooood"中的所有o。"o{1,}"等价于"o+"。"o{0,}"则等价于"o*"
{n,m}	m和n均为非负整数，其中n≤m。最少匹配n次且最多匹配m次。如"o{1,3}"将匹配"fooooood"中的前三个o。"o{0,1}"等价于"o?"。请注意在逗号和两个数之间不能有空格

元字符	描述
?	当该字符紧跟在任何一个其他限制符（*，+，?，{n}，{n,}，{n,m}）后面时，匹配模式是非贪婪的。非贪婪模式尽可能少地匹配所搜索的字符串，而默认的贪婪模式则尽可能多地匹配所搜索的字符串。如对于字符串"oooo"，"o+?"将匹配单个"o"，而"o+"将匹配所有"o"
.	匹配除"\n"之外的任何单个字符。要匹配包括"\n"在内的任何字符，请使用像"（.\n）"的模式

二、主要用途

正则表达式，可以用于以下操作。

（1）测试字符串的某个模式。如可测试一个输入字符串，看该字符串是否存在一个电话号码模式或一个信用卡号码模式，这称为数据有效性验证。

（2）替换文本。可在文档中使用一个正则表达式来标识特定文字，然后可全部将其删除，或者替换为其他文字。

（3）根据模式匹配从字符串中提取一个子字符串。可用来在文本或输入字段中查找特定文字。

三、翻译工作中的应用

本节将讲解八个使用正则表达式进行批量替换和统一设置的案例。

（一）使用正则表达式批量替换

开展翻译项目开展前，需先预处理源文件，期间可能批量查找和替换。而Word自带的查找和替换存在一定缺陷，需要借助正则表达式执行批量操作。

若替换Star为Moon，且同为独立的单词，如startling例外。若直接利用"查找与替换"，一些单词中的"star"部分就会替换成"moon"。即便启用了"区分大小写"，错误替换掉某些单词（如Starting）的"Star"也是无法避免的。

另外，还可能存在其他的未知问题。这里，可以运用正则表达式实现如图的两类替换操作，具体操作如下：

（1）打开源文档，如图12-83所示。

（2）打开"查找与替换"，选择通配符，分两步完成。

第一步：在"查找内容"中输入表达式"(Star)(Training）"，查找后面空一格为Training的Star；替换为"Moon\2"，将"Star"替换成"Moon"。其中，"\2"表示"(Star)(Training）"里第二个括号里的内容"Training"（请留意空格）。

第二步：在"查找内容"中输入表达式(Star)([.])，查找后面是"."的Star；替换为Moon.；再点开"更多"，勾选"使用通配符"。最后，点击"全部替换"。至此，替换操作完成，如图12-84所示。

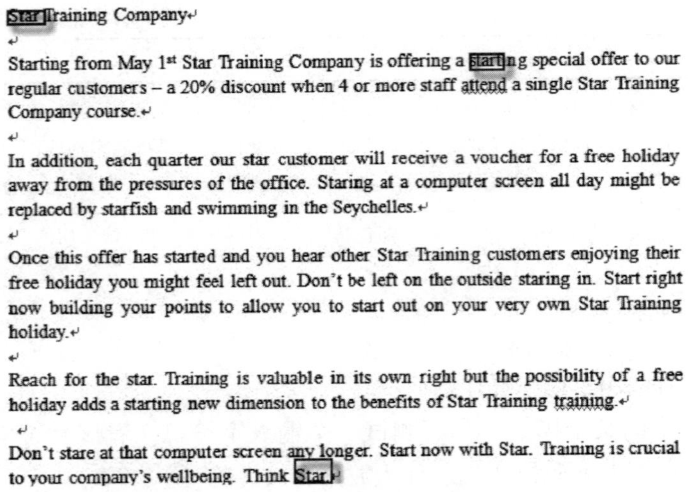

Star Training Company

Starting from May 1st Star Training Company is offering a starting special offer to our regular customers – a 20% discount when 4 or more staff attend a single Star Training Company course.

In addition, each quarter our star customer will receive a voucher for a free holiday away from the pressures of the office. Staring at a computer screen all day might be replaced by starfish and swimming in the Seychelles.

Once this offer has started and you hear other Star Training customers enjoying their free holiday you might feel left out. Don't be left on the outside staring in. Start right now building your points to allow you to start out on your very own Star Training holiday.

Reach for the star. Training is valuable in its own right but the possibility of a free holiday adds a starting new dimension to the benefits of Star Training training.

Don't stare at that computer screen any longer. Start now with Star. Training is crucial to your company's wellbeing. Think Star.

图 12-83　Word 中的源文档

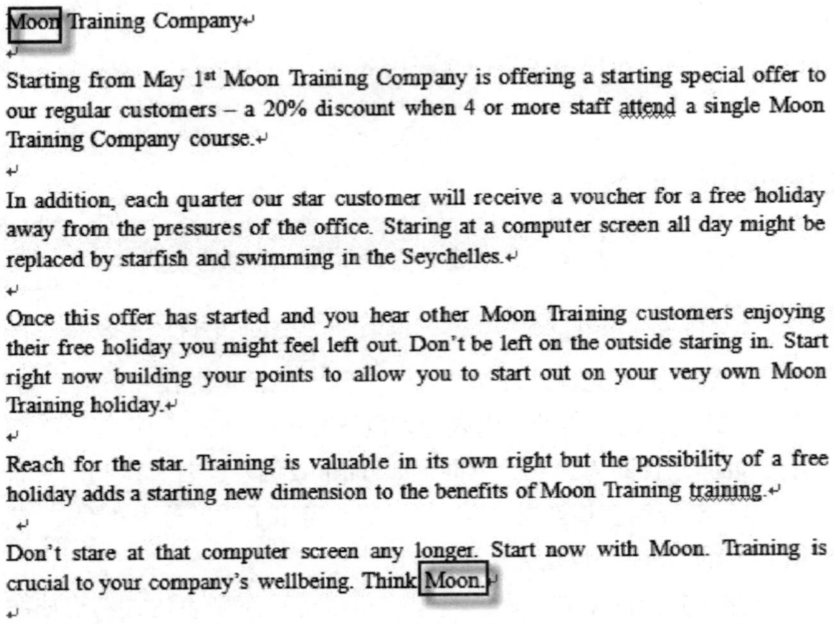

Moon Training Company

Starting from May 1st Moon Training Company is offering a starting special offer to our regular customers – a 20% discount when 4 or more staff attend a single Moon Training Company course.

In addition, each quarter our star customer will receive a voucher for a free holiday away from the pressures of the office. Staring at a computer screen all day might be replaced by starfish and swimming in the Seychelles.

Once this offer has started and you hear other Moon Training customers enjoying their free holiday you might feel left out. Don't be left on the outside staring in. Start right now building your points to allow you to start out on your very own Moon Training holiday.

Reach for the star. Training is valuable in its own right but the possibility of a free holiday adds a starting new dimension to the benefits of Moon Training training.

Don't stare at that computer screen any longer. Start now with Moon. Training is crucial to your company's wellbeing. Think Moon.

图 12-84　MS Word 中替换后的文档

（二）使用正则表达式进行日期的修改

某些文档翻译之后，根据客户要求，需要对项目文件进行批量日期格式替换，可利用正则表达式进行统一转换。

（1）分析源文档。校对之后发现文档中有多种日期形式，如2005-12-25、12/11/2003、01,25,2006、03-18-2007、07-19-2004，将日期替换为相应的国际通用格式。

（2）在Word中打开"查找和替换"对话框，选择"替换"选项卡。点击"更多"，勾选"使用通配符"，在"查找内容"中输入（[0-9]{2}）[, /-]（[0-9]{2}）[, /-]（[0-9]{4}），意为查找"月/日/年"这种格式的日期。"替换为"中输入\3-\1-\2，替换为统一的国际日期格式，如图12-85所示。

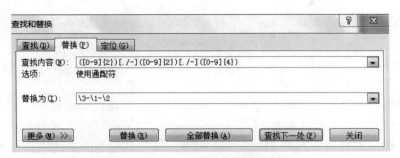

图 12-85　MS Word 查找和替换界面

"查找"的内容：（[0-9]{2}）[，/-]（[0-9]{2}）[，/-]（[0-9]{4}）。

首先看其中的 3 组括号"（ ）"，根据正则表达式语法对其中的内容进行编号为"\1，\2，\3"。"[0-9]"表示数字 0 到 9 任意一个数字，"[，/-]"表示逗号、斜杠和横杠三者任意一个，"{2}"或"{4}"表示前面数字字符重复出现的次数。此正则表达式匹配的是"12/11/2003、01,25,2006、03-18-2007、07-19-2004"这些所对应的字符串。

"替换"的内容：\3-\1-\2

此表达式表示替换为原第三组括号的内容\3，原第一组括号的内容\1，原第二组括号的内容\2，并用"-"连接起来，如把"12/11/2003"替换成"2003-12-11"。

（3）单击"全部替换"按钮，可见上述日期已经变为 2005-12-25、2003-12-11、2006-01-25、2007-03-18、2004-07-19。

（三）将 SDL Trados 2007 翻译过的"uncleaned"文件变成上下对照的双语格式

（1）打开翻译之后的 SDL Trados 2007.rtf 文件，如图 12-86 所示。

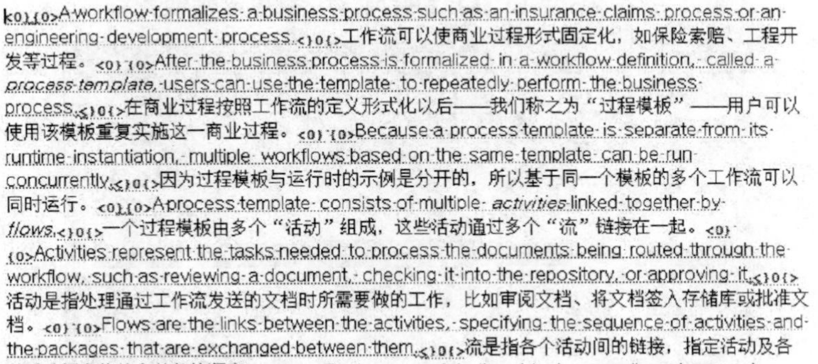

{0}{0}A workflow formalizes a business process such as an insurance claims process or an engineering development process.{0}{}工作流可以使商业过程形式固定化，如保险索赔、工程开发等过程。{0}{0}After the business process is formalized in a workflow definition, called a *process template*, users can use the template to repeatedly perform the business process.{0}{}在商业过程按照工作流的定义形式化以后——我们称之为"过程模板"——用户可以使用该模板重复实施这一商业过程。{0}{0}Because a process template is separate from its runtime instantiation, multiple workflows based on the same template can be run concurrently.{0}{}因为过程模板与运行时的示例是分开的，所以基于同一个模板的多个工作流可以同时运行。{0}{0}A process template consists of multiple *activities* linked together by *flows*.{0}{}一个过程模板由多个"活动"组成，这些活动通过多个"流"链接在一起。{0}{0}Activities represent the tasks needed to process the documents being routed through the workflow, such as reviewing a document, checking it into the repository, or approving it.{0}{}活动是指处理通过工作流发送的文档时所需要做的工作，比如审阅文档、将文档签入存储库或批准文档。{0}{0}Flows are the links between the activities, specifying the sequence of activities and the packages that are exchanged between them.{0}{}流是指各个活动间的链接，指定活动及各种活动间交换的文件包的顺序。{0}{0}*Packages* contain the object, generally a document, passed between activities so that work can be performed on it.{0}{}"文件包"包含着活动间传递的对象——一般是一个文档——以便于在该对象上进行工作。{0}{0}See Process Templates and Associated Workflow Objects, page 12 for further details about these workflow components.{0}{}更多关于工作流组件的信息请看第 12 页"过程模板与相关工作流对象"。{0}{0}Workflows can describe simple or complex business processes.{100}{}工作流可以描述简单或复杂的商业过程。{0}{0}You can create workflows that have both *serial* segments, in which activities follow one another in a specified sequence, and *parallel* segments, in which

图 12-86　SDL Trados 2007 翻译后的文档

（2）按 Ctrl+F 组合键打开"查找和替换"的对话框，单击"更多"按钮，选择使用"使用通配符"，如图 12-87 所示。

（3）打开"替换"一栏，在"查找内容"中输入表达式"（\{0\}>）（*）（\<\}）（[0-9]{1,3}）（\{\}>）（*）（\<0\}）"，如图 12-88 所示。每一组句子都是以"{0}>"标记为开始，"\<

0\}"标记为结束。"*"匹配0个或多个字符，因此第二个括号中的"*"即匹配一个英语句子，第二个"*"即匹配一个汉语句子。根据文章格式，英语和汉语之间可能有1~3位数字，所以中间有表达式"（[0-9]{1，3}）"，表示出现1~3位任意数字。这样即可筛选出一句英语，及这句英语之后的汉语。

在"替换为"中输入"\2^p\6^p"。单击"全部替换"按钮，根据正则表达式后向引用原则，每一个括号从左往右依次编号1，2，3，…所以"\2"即对应上面表达式中第一个"*"匹配的内容，即一句英语，"^p"表示换行。同理"\6"对应上面表达式第二个"*"，即一句汉语，之后换行。这样实现一句英语与一句汉语，形成双语对照的样式。

图12-88展示了这个复杂的正则表达式如何应用在"查找内容"和"替换为"两栏中。

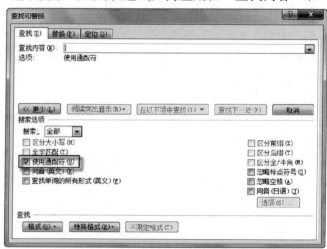

图12-87　MS Word"查找和替换"对话框中选择"通配符"

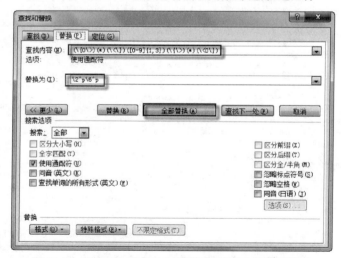

图12-88　MS Word"查找和替换"对话框中输入表达式

（4）查看转换结果，如图12-89所示。

（四）在SDL Trados 2017中处理Excel文件中的HTML标记符号

在翻译实践中，客户发来的某些Excel单元格中包含很多HTML标记（图12-90），比如

<DIV class="item-info">等。这些内容在实际翻译中并不需要翻译，如果保留在翻译工具界面中，译者在翻译的时候，不容易区分哪些需要翻译，哪些需要保留原文。这样会增加译者判断需翻译内容的时间，还有可能会漏掉一些真正需要翻译的内容。因此，用SDL Trados 2017翻译这类文件的时候，需要通过设置正则表达式来将这些不需要翻译的内容标记成SDL Trados中的Tag。为了方便初学者学习，本案例以标记对"<H2 class="shop-main-title"">"和"</H2>"为例表示。

A workflow formalizes a business process such as an insurance claims process or an engineering development process.
工作流可以使商业过程形式固定化，如保险索赔、工程开发等过程。
After the business process is formalized in a workflow definition, called a process template, users can use the template to repeatedly perform the business process.
在商业过程按照工作流的定义形式化以后——我们称之为"过程模板"——用户可以使用该模板重复实施这一商业过程。
Because a process template is separate from its runtime instantiation, multiple workflows based on the same template can be run concurrently.
因为过程模板与运行时的示例是分开的，所以基于同一个模板的多个工作流可以同时运行。
A process template consists of multiple activities linked together by flows.
一个过程模板由多个"活动"组成，这些活动通过多个"流"链接在一起。
Activities represent the tasks needed to process the documents being routed through the workflow, such as reviewing a document, checking it into the repository, or approving it.
活动是指处理通过工作流发送的文档时所需要做的工作，比如审阅文档、将文档签入存储库或批准文档。
Flows are the links between the activities, specifying the sequence of activities and the packages that are exchanged between them.
流是指各个活动间的链接，指定活动及各种活动间交换的文件包的顺序。

图12-89　转换后的效果

	A
1	<DIV class="item-info">
2	<H2 class="shop-main-title">　　SDL Passolo 2015 Add-ins
3	</H2>
4	<P class="description">　　Extend SDL Passolo 2015
5	<DIV class="item-info">
6	<H2 class="shop-main-title">　　SDL Classroom Training
7	</H2>

图12-90　Excel文件中的HTML标记符号

（1）打开SDL Trados 2017，选择"翻译单个文档"，选择需要翻译的Excel文件，在设置界面单击"高级"按钮，如图12-91所示。

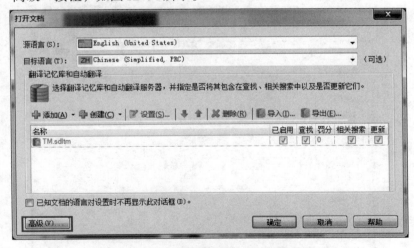

图12-91　SDL Trados 2017打开文档界面

（2）选择"文件类型"→Microsoft Excel 2007-2013→"嵌入式内容处理"，在该界面上先启用"嵌入式内容处理"，然后单击"添加"按钮，在弹出的界面上选择"单元"，确认后会添加SDL：cell信息，如图12-92所示。这样我们添加一个信息，告诉SDL Trados后续的正则表达式所针对的区域是单元格。

（3）在"标记定义规则"界面中，单击"添加"按钮，然后将"规则类型"改为"标记对"。接下来设置具体的正则表达式规则，将HTML标记中的开始标记（如<H2 class="shop-main-title">）和结束标记（如</H2>）分别通过正则设置，将其转换成SDL Trados 2017的内部标记。设置如图12-93所示。

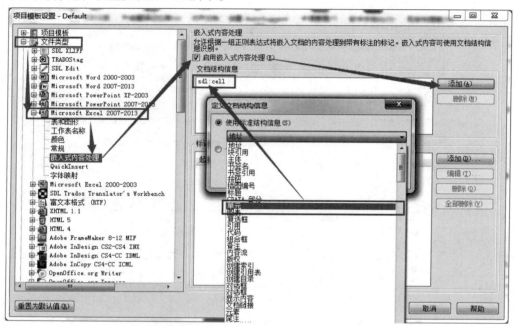

图12-92　SDL Trados 2017嵌入式内容处理

图12-93　SDL Trados 2017添加/编辑内嵌规则

（4）一直单击"确定"按钮，进入SDL Trados 2017翻译的界面。如图12-94所示，可以看到Excel中的HTML标记被做成了紫色的SDL Trados 2017内部标签。

（5）最后对比一下，如果不使用正则进行处理，译者在SDL Trados 2017中翻译时的界面如图12-95所示。

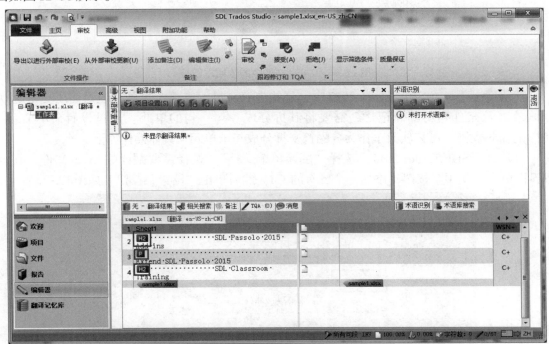

图12-94　利用正则在SDL Trados 2017中设置HTML标记符号之后

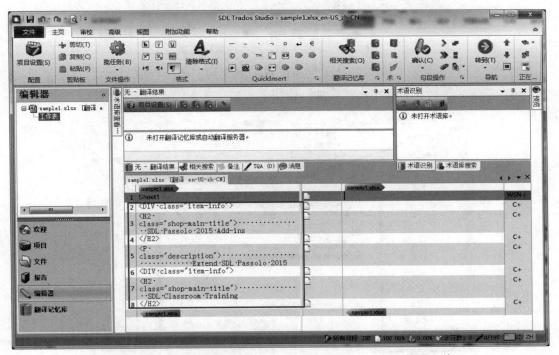

图12-95　利用正则在SDL Trados 2017中设置HTML标记符号之前

（五）在SDL Trados 2017中消除软回车并正确断行

有些Excel或PowerPoint中的内容通过软回车来断行，如图12-96所示。

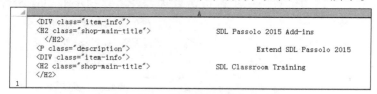

图12-96　Excel文件中的软回车断行

默认情况下，在SDL Trados 2017中，这些内容会显示成整个段落。但是为了更好地切分段落以及充分利用翻译记忆，需要将其拆分成一句一句的单元。通过设置SDL Trados 2017的断句规则，可将软回车作为分隔符来拆分成句子单元。具体操作如下。

（1）打开SDL Trados 2017，选择"翻译单个文档"，选择需要翻译的Excel文件，在设置界面单击"使用"按钮，添加一个已有的TM。然后单击"设置"按钮，如图12-97所示。

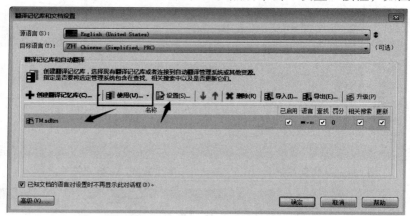

图12-97　SDL Trados 2017设置记忆库

（2）如图12-98所示，在"翻译记忆库设置"里找到"语言资源"，然后选中"断句规则"，单击"编辑"按钮，再单击"添加"按钮。

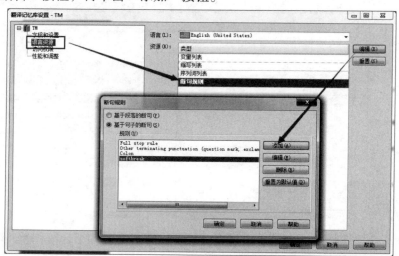

图12-98　SDL Trados 2017语言资源中添加断句规则

（3）在"添加断句规则"的界面里，单击"高级视图"按钮转到"正则表达式"输入的界面，如图12-99所示。

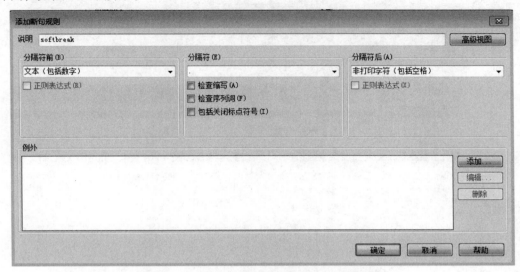

图12-99　SDL Trados 2017语言资源中设置断句规则（一）

（4）"高级视图"分成了两个区域，即"分隔符前"和"分隔符后"。在"分隔符前"文本框输入表示软回车的"\n"，将软回车设置成分隔符，如图12-100所示。

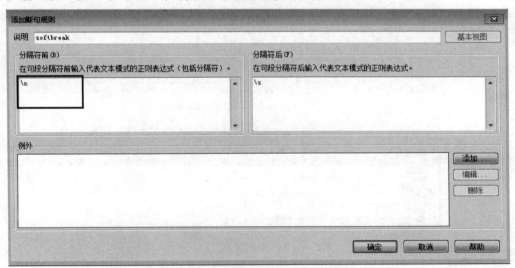

图12-100　SDL Trados 2017语言资源中设置断句规则（二）

（5）一直单击"确定"按钮，回到"打开文档"的设置界面，将TM启用，进入翻译界面，查看断句后的内容，如图12-101所示。

（6）现在对比未做设置的界面，如图12-102所示。可以看到修改断句规则之后，翻译单元更符合翻译记忆存储的规范。

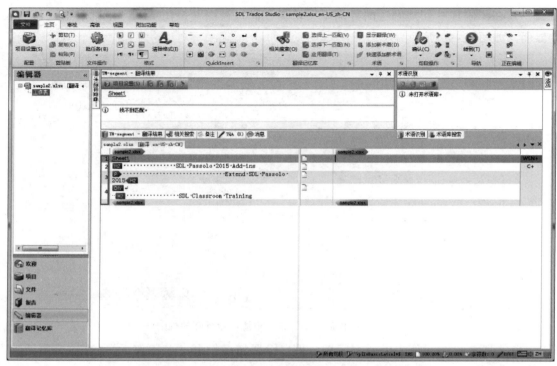

图 12-101　SDL Trados 2017 设置断句规则之后效果

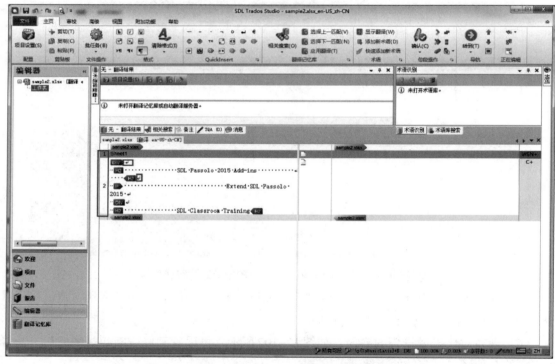

图 12-102　SDL Trados 2017 设置断句规则之前效果

（六）在SDL Trados 2017中通过正则表达式筛选中英文

有时候需要翻译的内容混杂着中英文，如图12-103所示。

	A	B
1	<DIV class="item-info">	
2	<H2 class="shop-main-title"> SDL Passolo 2015 Add-ins </H2>	SDL Passolo 2015 插件
3	<P class="description"> Extend SDL Passolo 2015	扩展SDL Passolo
4	<DIV class="item-info">	
5	<H2 class="shop-main-title"> SDL Classroom Training </H2>	SDL课堂培训

图12-103　中英文混杂的Excel文件

但是实际需要翻译的可能只是英文部分，这样的情况，就需要把英文内容单独筛选出来进行翻译。通过在SDL Trados 2017中设置相应的正则表达式，可以轻松实现分离英文。具体操作如下。

（1）打开SDL Trados 2017，选择"翻译单个文档"，选择需要翻译的Excel文件，单击"确认"按钮进入翻译界面，如图12-104所示。

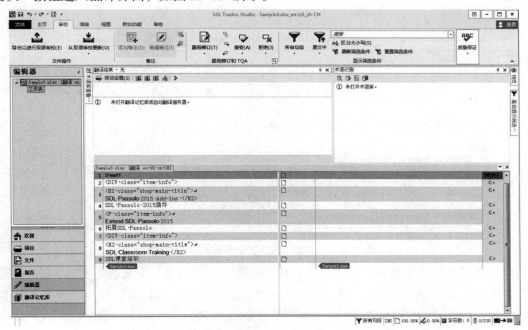

图12-104　SDL Trados 2017翻译Excel文档

（2）转到"审校"视图下，在"显示筛选条件"中输入"^\p{IsBasicLatin}*$"，然后按回车键确认，便得到如图12-105所示效果。

其中，"\p{IsBasicLatin}"是正则中表示英文的Unicode block。Unicode Block按照编码区间划分Unicode字符，每个Unicode Block中的字符编码都是落在同一个连续区间的。因为Unicode编码表中，某种语言的字符通常都是落在同一区间的，所以它也可以粗略表示某类语言的字符，比如"\p{InHebrew}"表示希伯来语字符，"\p{InCJK_Compatibility}"表示兼容CJK（汉语、韩语、日本语）的字符。如果细心观察，会发现Unicod Block的名字虽然类似某种语言的名字，但都有"In"（Java风格）或者"Is"（.net风格）前缀，这表明它其实对应的还是"落在某个区间的Unicode字符"。因为Trados用的是.net语言，所以例子中用的"Is"。

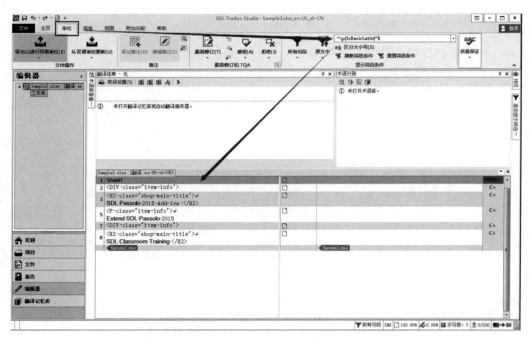

图 12-105　SDL Trados 2017 筛选需要翻译的语言对

（七）用正则表达式锁定 TTX 文件中 100% 匹配的句段

有时候 TTX 中会存在大量 100% 匹配的句段，如图 12-106 所示。

图 12-106　包含大量 100% 匹配的 TTX 文件

作为翻译公司或本地化公司，这部分内容不需要译员处理，但又担心译员不小心修改，因为在 TagEditor 中译员可以打开并编辑 100% 匹配的句段；作为译员，要在充斥着大量不需要处理的 100% 匹配的 TTX 文件中进行翻译，工作效率势必大受影响。如果能将 TTX 文件中 100% 匹配的内容做成 xtranslate 样式（在 TTX 中表示 PerfectMatch）的翻译单元，以上两个问题即可迎刃而解，因为在 TagEditor 中，PerfectMatch 翻译单元自动处于锁定状态，并且译员在翻译时软件会自动跳过 PerfectMatch 翻译单元，这样既免去了翻译公司担心译员不小心改动 100% 匹配的担忧，又解决了大量无须处理的 100% 匹配影响译员翻译效率的问题。要将 TTX 中 100% 匹配的翻译单元做成 xtranslate 样式，具体操作如下。

（1）用支持正则表达式的文本编辑器（本例使用 EmEditor）打开 TTX 文件。

（2）打开查找替换对话框。

（3）查找 "<Tu([^<>]*?)MatchPercent="100">"，替换成 "<Tu Origin="xtranslate"Match-Percent="100">"，如图 12-107 所示。

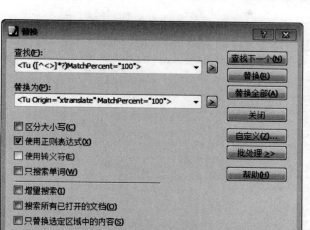

图12-107　EmEditor查找替换对话框

用TagEditor中打开替换之后的TTX文件，会发现所有100%匹配均已变成锁定状态，如图12-108所示。

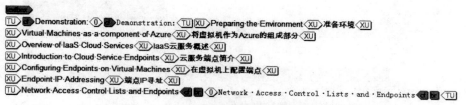

图12-108　100%匹配全部变成锁定状态(XU)

（八）用正则表达式解决memoQ中数字不自动替换的问题

众所周知，Trados、Déjà Vu等CAT软件都有数字自动替换功能，即当前原文与记忆库匹配的原文只有数字之差的时候，它们都会自动用当前原文中的数字替换记忆库匹配中译文数字。例如，当记忆库中存在句对"I have 3 books.我有3本书。"，当前原文为"I have 5 books."，Trados和Déjà都会自动翻译为"我有5本书。"，而memoQ则不会自动翻译为"我有5本书。"，而仍然是"我有3本书。"，需要用户自己将3改成5，如图12-109所示。

这一问题给许多memoQ用户造成了不小的困扰，但殊不知利用memoQ的Regex Tagger功能可以有效解决这个问题。Regex Tagger可以将所有能想到的文本模式做成Tag，用户便可以利用此功能将所有数字做成Tag，从而达到自动替换数字的目的。具体操作如下。

（1）转到Preparation→Regex Tagger。

（2）按图12-110所示进行设置。

在图12-110中，"\d+"表示匹配一个或多个数字。设置成功后，翻译界面如图12-111所示。

从图12-111中可以看到，所有数字都已自动替换，并且匹配率从之前的99%变成了100%。

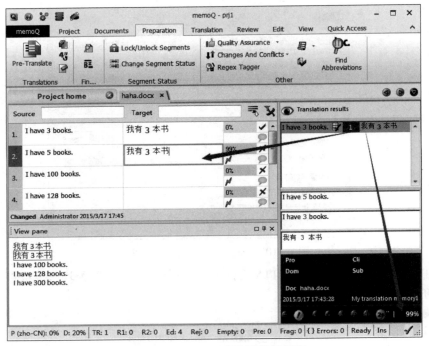

图12-109 memoQ未自动替换数字

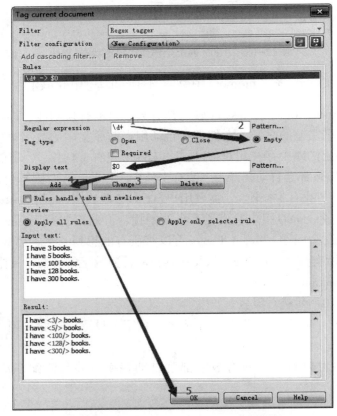

图12-110 memoQ Regex Tagger设置界面

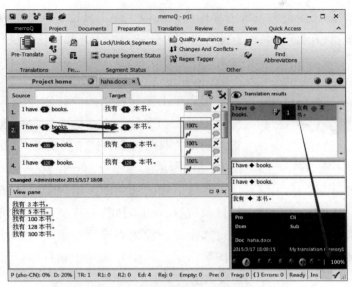

图 12-111　将数字做成 Tag 后的翻译界面

第九节　文档同步备份

文档同步备份，就是在文档建立、编辑、校对、保存、上传的过程中都能实时进行备份，这项功能对翻译工作者、服务提供商作用很大，关键是能够确保文件等重要内容不因断电、病毒、硬件损坏、误操作等情况丢失。以下介绍若干主流文档同步备份软件。

一、FileGee

（一）软件简介

FileGee 个人文件同步备份系统（http://www.filegee.com）是由天机软件工作室（http://www.tkeysoft.net/index.asp）开发的一款文件同步与备份软件，可协助译员在日常翻译工作中及时备份、同步、加密翻译文档，实现硬盘之间、硬盘与移动存储设备之间的备份与同步，防止因为意外原因出现的文件丢失、损坏等。该软件界面如图 12-112 所示。

图 12-112　FileGee 个人文件同步备份系统主界面

　　FileGee个人文件同步备份系统的界面简洁易懂，除工具栏、任务栏外，用户可实时观察到正在进行同步备份的任务名称、任务类型、任务进度等，并对任务进行编辑。

（二）创建任务

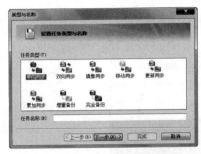

图12-113　FileGee选择任务类型

　　用户单击工具栏中的"新建任务"按钮后，会弹出一个"类型与名称"对话框，用户可选择任务类型，如单向同步、双向同步、完全备份等。"新建任务"窗口如图12-113所示。

　　在接下来的选项中，用户需要选择源目录位置、目标目录位置、同步执行方式、是否在同步的同时对任务进行加密等。设置完成后，用户对源目录做出的更改都会按照指定的同步方式同步到目标目录中，并产生任务进度日志等。

（三）邮箱备份

　　FileGee个人文件同步备份系统支持邮箱备份功能，如图12-114所示。用户可将备份文件通过E-mail的方式备份到邮箱中，大文件可分割保存到邮箱中，并提供独立的文件分割与合并工具，可对分割保存到邮箱中的文件进行整合。

图12-114　FileGee邮箱备份界面

（四）备份恢复

　　FileGee个人文件同步备份系统提供智能的增量备份恢复功能，能够恢复出与每次执行时源目录完全一样的目录结构和文件。译员进行翻译工作时，如出现意外，可利用备份恢复功能恢复某特定阶段的译文。

（五）其他功能

　　FileGee个人文件同步备份系统的其他功能还包括容错功能，任务执行时的操作错误自动记录，自动重试；支持Unicode，可处理各种语言字符集的文件名；可在备份或同步执行的同时加密文件，保障数据安全，能长期持续自动工作等。

　　值得一提的是，该系统企业版还可实现本机存储器、局域网共享目录、FTP服务器，两两之间的备份与同步；FTP支持多线程上传下载，快速完成文件传输操作等众多方便多用户进行文件传输和备份的功能，可为翻译团队和语言服务企业提供方便快捷的文件同步备份服务，确保语言资产的安全。

二、Second Copy

（一）软件简介

Second Copy[1]是由独立软件公司 Centered Systems 开发的自动文件备份工具，可以按照一定时间间隔在后台将文件保存到另一个位置，而无须人工干预。本书以 Second Copy 7.1 为例，其主界面包括菜单栏、工具栏、任务窗口和小贴士，如图 12-115 所示。

（二）备份操作

用户在建立一个新同步任务时，可直接将需要进行同步的文件拖曳到任务窗口中，也可在工具栏中进行。

单击工具栏左侧的 New Profile 按钮，会弹出建立新任务设置向导。用户可在该窗口内选

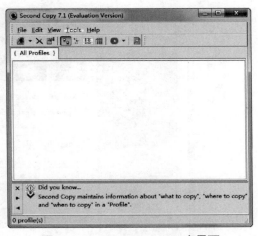

图 12-115　Second Copy 7.1 主界面

择合适的设置方式，如图 12-116 所示。用户可选择 Express setup（快速设置）或 Custom setup（自定义设置）。快速设置中，软件为用户选择了最常用的选项，并按照一定的时间间隔同步整个文件夹。在自定义设置中，用户可自行选择所需选项，并可自定义是否选择某个特定的文件进行同步等操作。

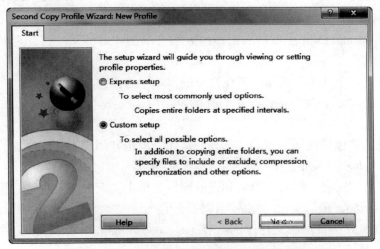

图 12-116　Second Copy 7.1 新任务设置向导界面

在随后的设置中，用户需要选择源目录、源目录中需要进行同步的文件、目标目录、同步频率、同步时间及同步备份方式等，如图 12-117 所示。

在设置同步备份方式时，用户可选择将文件从源文件夹复制到目标文件夹、将源文件夹中的文件压缩成 .zip 文件、将源文件夹中的文件压缩成 .zip 文件并删除其中的重复文件等。

---

[1] 参见 http://www.centered.com/。

同时也可加密备份文件。

这样，新任务基本就创建完成了。创建完成后，用户也可根据需要修改备份任务，设置指定参数。

如果只想备份某个文件或排除某个文件怎么办？

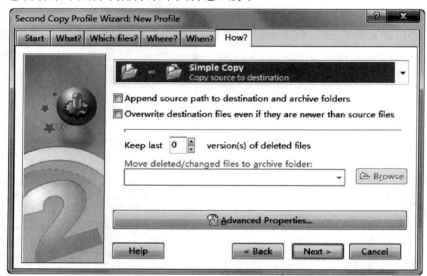

图12-117　Second Copy 7.1同步备份方式设置

（三）高级操作

1.只备份所需文件

如只备份.txt、.doc和.bmp文件，可进行如下操作。

第1步：在Second Copy主窗口右击相应方案，单击"属性"按钮，再在打开的窗口中选择"个性化设置"。

第2步：单击"下一步"按钮，再在打开的窗口中选择同步源文件夹。

第3步：单击"下一步"按钮，在打开的窗口中，选择"只复制选定的文件和文件夹"选项。

第4步：单击"包括规则"中的"选择"按钮，单击"用户定义"标签，然后输入如下通配符：*.txt、*.doc、*.bmp。

第5步：单击"完成"按钮，返回到先前窗口，单击"下一步"按钮，然后选择备份目标文件夹和时间间隔，最后单击"完成"按钮即可。

这样，此方案只会备份源文件中的所有.txt、.doc、.bmp文件到目标文件夹中，而不是所有文件。

2.排除备份文件

如不备份.bak、.tmp文件，可按如下步骤操作。

第1步：在窗口中单击"排除规则"下的"选择"按钮，再单击"用户定义"标签。

第2步：在打开的窗口中输入如下通配符：*.bak、*.tmp。

第3步：单击"下一步"按钮，根据向导完成方案建立。

这样，该方案在复制文件时不会复制 .bak、.tmp 文件。

Second Copy 操作简单，设置完成后备份任务都在后台完成，用户无须人工干预，节省了人工备份时间。

除本章介绍的九大类辅助工具外，译员、语言服务提供商等在翻译工作中可能还会用到其他工具，例如：

（1）时间管理：计时工具、时区设置与调整、时间校正、日历提醒、日历同步。

（2）数据管理：数据恢复、数据收集、数据分析、数据更新、数据安全。

（3）文档管理：文档合并、文档拆分、文档修复、文件夹去重、空文件清理、文档安全。

（4）效率管理：思维导图（如 Mindjet、Xmind）、MS Project、甘特图工具等。

限于篇幅，不再赘述。综上所述，熟练使用合适的辅助工具，会提高译员的工作效率，也会对翻译质量起到非常重要的作用。

思考题

1. 如何处理 Word 乱码？
2. 如何批量统计多个翻译文档的字数？
3. 简述自动化语料对齐的作用。
4. 简述正则表达式在翻译工作中的作用。
5. 如何安全备份翻译数据？

参考与拓展阅读文献

［1］http://www.abbyy.cn/.

［2］http://www.anycount.com/.

［3］http://www.atril.com/.

［4］http://www.centered.com/.

［5］http://www.filegee.com/.

［6］http://www.irislink.com/.

［7］http://www.pdfonline.com/pdf-to-word-converter/.

［8］http://www.practiline.com/.

［9］http://www.scootersoftware.com/.

［10］http://www.soliddocuments.com/zh/pdf/-to-word-converter/304/1.

［11］http://www.spellcheckanywhere.com/.

［12］http://www.stranslation.com/.

［13］http://www.tkeysoft.net/index.asp.

［14］https://www.pdftoword.com/.

［15］安德鲁·瓦特.正则表达式入门经典［M］.北京:清华大学出版社,2008.

［16］本·法特.正则表达式必知必会［M］.北京:人民邮电出版社,2007.

［17］弗里德尔.精通正则表达式［M］.北京:电子工业出版社,2008.

［18］胡开宝.语料库翻译学概论［M］.上海:上海交通大学出版社,2011.

［19］李文中,许家金.语料库应用教程［M］.北京:外语教学与研究出版社,2011.

［20］钱多秀.计算机辅助翻译［M］.北京:外语教学与研究出版社,2011.

［21］王克非.语料库翻译学探索［M］.上海:上海交通大学出版社,2012.

附　　录

附录 I　本地化业务基本术语

中国翻译协会
2011年6月17日发布

一、范围

本规范定义本地化业务相关的若干关键术语，包括综合、服务角色、服务流程、服务要素、服务种类和技术六大类别。

本规范适用于本地化服务和翻译服务。

二、综合

1. 本地化 Localization(L10n)

将一个产品按特定国家/地区或语言市场的需要进行加工，使之满足特定市场上的用户对语言和文化的特殊要求的软件生产活动。

2. 国际化 Internationalization(I18n)

在程序设计和文档开发过程中，使功能和代码设计能够处理多种语言和文化传统，从而在创建不同语言版本时，不需要重新设计源程序代码的软件工程方法。

3. 全球化 Globalization(G11n)

软件产品或应用产品为进入全球市场而必须进行的系列工程和商务活动，如正确的国际化设计、本地化集成，以及在全球市场进行市场推广、销售和支持的全部过程。

4. 本地化能力 Localizability

不需要重新设计或修改代码、将程序的用户界面翻译成任何目标语言的能力。本地化能力是表现软件产品实现本地化的难易程度的指标。

5. 质量保证 Quality Assurance(QA)

系统性地对项目、服务或其他交付物进行全方位监控和评估以确保交付物符合质量标准的方法和流程。

6. 第三方质量保证 Third-party QA

客户指定独立的第三方对某本地化服务提供商的交付物执行质量监控和评估的方法与

流程。

7. 翻译错误率 Translation Error Rate

一个度量翻译质量的指标，通常按每千字中出现的错误的比例来计算。

8. 文件格式 File Format

以计算机文档形式保存文字内容时采用的格式规定，也称文件类型。一般通过文件扩展名加以区分，如 .doc、.pdf、.txt 等。

9. 用户界面 User Interface（UI）

软件中与用户交互的全部元素的集合，包括对话框、菜单和屏幕提示信息等。

10. 用户帮助 User Assistant（UA）

用户帮助也称联机帮助（Online Help），或者用户教育（User Education，UE），是指集成在软件中，为最终用户方便快捷的使用软件而提供的操作指南。借助用户帮助，用户可以在使用软件产品时随时查询相关信息。用户帮助代替了书面的用户手册，提供了一个面向任务的、快捷的帮助信息查询环境。

11. 电子学习资料 E-learning Materials

各种形式的、用于教学/自学的电子资料与媒体的统称。

12. 服务角色 Role of Service

产品本地化实施过程中承担不同任务的各种角色。

13. 服务流程 Process of Service

产品本地化实施过程中相互联系、相互作用的一系列过程。

14. 服务要素 Element of Service

产品本地化流程中的各种输入输出对象。

15. 服务种类 Types of Service

提供本地化服务的类别。

16. 本地化技术 Technology of Localization

产品本地化过程中应用的各项技术的统称。

17. 多字节字符集 Multi-byte Character Set

每个字符用单个字节或两个字节及以上表示的字符集。

18. 现场服务 Onsite Service

现场服务是指服务提供商派遣专业人才到客户方的工作场所内工作的一种外包服务模式。采用这种模式，客户既能够自己控制和管理项目，同时又能充分利用外部的专业人才。

19. 信息请求书 Request for Information（RFI）

客户向服务提供商发出的，请求后者提供其服务产品及服务能力方面基本信息的文件。客户通过向提供商发出 RFI 并获取反馈，以达到收集信息并帮助确定下一步行动的目的。RFI 不是竞标邀请，也不对客户或提供商构成采购服务或提供服务的约束。

20. 提案请求书 Request for Proposal（RFP）

客户向服务提供商发出的、请求后者就某特定的服务或项目提供提案的文件。客户通常会将 RFP 发给已获得一定程度认可的提供商。RFP 流程可以帮助客户预先识别优势及潜在的风险，并为采购决策提供主要参考。RFP 中的要求描述得越详细，获得的提案反馈信息就越准确。客户在收到提案反馈后，可能会与提供商召开会议，以便指明提案中存在的问题，或允许提供商进一步说明其技术能力。客户将基于 RFP 流程的结果挑选部分或全部提供商参加后续的竞标活动。

21. 报价请求书 Request for Quote（RFQ）

客户向服务提供商发出的、请求后者就具体的服务或项目提供报价的文件。

三、服务角色

1. 本地化服务提供商 Localization Service Provider，Localization Vendor

提供本地化服务的组织。本地化服务除包括翻译工作以外，还包括本地化工程、本地化测试、本地化桌面排版以及质量控制和项目管理等活动。

2. 单语言服务提供商 Single Language Vendor（SLV）

仅提供一种语言的翻译或本地化服务的个人或组织。可以包括兼职人员、团队或公司。

3. 多语言服务提供商 Multi-Language Vendor（MLV）

提供多种语言的翻译、本地化服务以及各种增值服务的组织。大多数 MLV 在全球范围内都拥有多个分公司和合作伙伴。

4. 本地化测试服务提供商 Localization Testing Service Provider，Localization Testing Vendor

提供本地化测试服务的组织。主要提供的服务是对本地化软件的语言、用户界面以及本地化功能等方面进行测试，以保证软件本地化的质量。

5. 翻译公司 Translation Company

提供一种或多种语言的翻译服务的组织。主要服务包括笔译、口译等。

6. 服务方联系人 Vendor Contact

服务方中面向客户的主要联系人。

7. 客户 Client

购买本地化服务的组织。

8. 客户方联系人 Client Contact

客户方中面向服务提供商的主要联系人。

9. 客户方项目经理 Client Project Manager

在客户方组织内，负责管理一个或多个本地化或测试项目的人员。该人员通常是客户方的项目驱动者和协调者，通常也是客户方的主要联系人之一。该人员负责在指定期限内，管理服务提供商按预定的时间表和质量标准完成项目。

10. 服务方项目经理 Vendor Project Manager

在本地化服务提供商组织内，负责管理一个或多个本地化或测试项目的人员。该人员通常是服务方的项目执行者和协调者，通常也是服务方的主要联系人之一。该人员负责在指定期限内，按客户预定的时间表和质量标准完成项目交付。

11. 全球化顾问 Globalization Consultant

该角色人员主要负责对全球化相关的战略、技术、流程和方法进行评估，并就如何实施、优化全球化及本地化的工作提供详细建议。

12. **国际化工程师 Internationalization Engineer**

在实施产品本地化之前，针对国际化或本地化能力支持方面，分析产品设计、审核产品代码并定位问题、制订解决方案并提供国际化工程支持的人员。

13. **本地化开发工程师 Localization Development Engineer**

从事与本地化相关的开发任务的人员。

14. **本地化测试工程师 Localization Testing Engineer，Localization Quality Assurance（QA）Engineer**

负责对本地化后软件的语言、界面布局、产品功能等方面进行全面测试，以保证产品本地化质量的人员。有时也称为本地化质量保证（QA）工程师。

15. **本地化工程师 Localization Engineer**

从事本地化软件编译、缺陷修正以及执行本地化文档前/后期处理的技术人员。

16. **译员 Translator**

将一种语言翻译成另一种语言的人员。

17. **编辑 Reviewer，Editor**

对照源文件，对译员完成的翻译内容进行正确性检查，并给予详细反馈的人员。

18. **审校 Proofreader**

对编辑过的翻译内容进行语言可读性和格式正确性检查的人员。

19. **排版工程师 Desktop Publishing Engineer**

对本地化文档进行排版的专业人员。

20. **质检员 QA Specialist**

负责抽样检查和检验译员、编辑、审校、排版工程师等所完成任务的质量的人员。

四、服务流程

1. **本地化工程 Localization Engineering**

本地化项目执行期间对文档进行的各种处理工作的统称，其目的是方便翻译并确保翻译后的文档能够正确编译及运行。其工作内容包括但不限于：

（1）抽取和复用已翻译的资源文件，以提高翻译效率和一致性。

（2）校正和调整用户界面控件的大小和位置，以确保编译出正确的本地化软件。

（3）定制和维护文档编译环境，以确保生成内容和格式正确的文档。

（4）修复软件本地化测试过程中发现的缺陷，以提高软件本地化的质量。

2. **项目分析 Project Analysis**

分析具体项目的工作范围、所包含的作业类型和工作量以及资源需求等。该工作通常在项目启动前进行。

3. **项目工作量分析 Workload Analysis**

针对项目任务的定量分析，通常包括字数统计、排版、工程和测试等工作量的综合分析。

4. 译文复用 Leverage

本地化翻译过程中，对已翻译内容进行循环再利用的方法和过程。

5. 报价 Quote

本地化服务提供商对客户方特定项目或服务招标询价的应答，通常以报价单形式呈现。

6. 项目计划 Project Plan

基于项目工作量分析结果制定的、需经过审批的标准文档，是项目执行和进度控制的指南。项目计划通常包括项目周期内可能发生的各种情况、相应决策及里程碑、客户已确认的工作范围、成本以及交付目标等。

7. 启动会议 Kick-off Meeting

本地化项目正式开始之前召开的会议，一般由客户方和服务方的项目组主要代表人员参加。主要讨论项目计划、双方职责、交付结果、质量标准、沟通方式等与项目紧密相关的内容。

8. 发包 Hand-off

客户方将项目文件、说明、要求等发给服务提供商。

9. 术语提取 Terminology Extraction

从源文件及目标文件中识别并提取术语的过程。

10. 翻译 Translation

将一种语言转换成另一种语言的过程，一般由本地化公司内部或外部译员执行翻译任务。

11. 校对 Review, Editing

对照源文，对译员完成的翻译内容进行正确性检查，并给予详细反馈的过程；一般由本地化公司内部经验丰富的编辑执行校对任务。

12. 审查 Proofreading

对编辑过的翻译内容进行语言可读性和格式正确性检查的过程；一般由本地化公司内部的审校人员执行审查任务。

13. 转包 Sub Contracting

将某些本地化任务转交给第三方公司、团队或个人完成的活动，如将一些翻译工作外包给自由译员完成。

14. 翻译质量评估 Translation Quality Evaluation

抽查一定字数的翻译内容，根据既定的错误允许率评定翻译质量的过程。

15. 一致性检查 Consistency Check

对文档内容执行的一种检查活动，其目的是确保文档中所描述的操作步骤与软件实际操作步骤保持一致，文档中引用的界面词与软件实际界面内容保持一致，文档中的章节名引用以及相同句式的翻译等保持一致。

16. 桌面排版 Desktop Publishing

使用计算机软件对文档、图形和图像进行格式和样式排版，并打印输出的过程。

17. 搭建测试环境 Setup Testing Environment

根据客户方对测试环境的要求，安装并配置硬件、系统软件、应用软件环境，确保测试环境与客户要求完全一致。

18. 测试 Testing

编写并执行测试用例，发现、报告并分析软件缺陷的过程。

19. 缺陷修复 Bug Fixing

遵循一定的流程和方法，对所报告的各种缺陷进行修复，并集成到软件产品中的过程。

20. 界面布局调整 Dialog Resizing

在与源文件界面布局保持一致的前提下，调整翻译后用户界面控件的大小和位置，确保翻译后的字符显示完整、美观。

21. 交付 Delivery, Handback

交付也称"提交"，是指遵循约定的流程和要求将完成的本地化产品及附属相关资料交付给客户方的过程。

22. 资源调配 Resource Allocation

为本地化项目合理安排人员、设备及工具等资源的过程。

23. 定期会议 Regular Meeting

客户方和服务提供商的主要参与人员定期开会（如周会），就项目进度、质量控制、人员安排、风险评估等进行有效沟通。

24. 状态报告 Status Report

客户方与服务方之间一种较为正式的书面沟通方式，目的是使项目双方了解项目的当前执行情况、下一步工作计划以及针对出现的问题所采取的必要措施等。发送频率视具体情况而定，如每周一次。

25. 语言适用性评估 Language Usability Assessment(LUA)

向最终用户收集有关本地化语言质量的反馈，进而使本地化语言质量标准与用户期望趋向一致。

26. 季度业务审核 Quarterly Business Review(QBR)

每个季度客户方与服务方之间定期召开的会议。会议内容通常包括本季度项目回顾与总结、出现的问题与改进措施、下季度新的项目机会等。

27. 项目总结 Post-mortem

本地化项目完成后，对项目执行情况、成功因素及经验教训等进行分析和存档的过程。

28. 时间表 Schedule

描述各种任务、完成这些任务所需时间以及任务之间依存关系的列表。通常以表格形式呈现。

29. 生产率 Productivity

衡量投入的资源与输出的产品或服务之间关系的指标，如每天翻译字数或每天执行的测试用例数。

五、服务要素

1.服务级别协议 Service Level Agreement(SLA)

客户方和服务方约定本地化服务的质量标准以及相关责任和义务的协议。

2.工作说明书 Statement of Work(SOW)

在本地化项目开始之前，客户方编写并发送给服务方的工作任务描述文档。

3.报价单 Quotation

服务方按照客户方询价要求，根据工作量评估结果向客户方提交的报价文件。其中通常包含详细的工作项、工作量、单价、必要的说明以及汇总价格。

4.采购订单 Purchase Order(PO)

在本地化项目开始之前，客户方根据报价单提供给服务方的服务采购书面证明，是客户方承诺向服务方支付服务费用的凭证。

5.本地化包 Localization Kit

由客户方提供的，包含要对其实施本地化过程的源语言文件、使用的工具和指导文档等系列文件的集合。本地化项目开始前，客户方应将其提供给服务提供商。

6.本地化风格指南 Localization Style Guide

一系列有关文档撰写、翻译和制作的书面标准，通常由客户方提供，其中规定了客户方特有的翻译要求和排版风格。本地化风格指南是服务方进行翻译、用户界面控件调整和文档排版等作业的依据。

7.源文件 Source File

客户方提供的、用以执行本地化作业的原始文件。

8.目标文件 Target File

翻译为目标语言并经工程处理后生成的、与源文件格式相同的结果文件。

9.术语 Terminology

在软件本地化项目中，特定于某一领域产品、具有特殊含义的概念及称谓。

10.词汇表 Glossary

包含源语言和目标语言的关键词及短语的翻译对照表。

11.检查表 Checklist

待检查项的集合。根据检查表进行检查，可以确保工作过程和结果严格遵照了检查表中列出的要求。检查表需要签署，指明列出的检查项是否已完成以及检查人员。检查表可以由客户提供，也可以由本地化公司的项目组创建。

12.字数 Wordcount

对源语言基本语言单位的计数。通常使用由客户方和服务方共同协定的特定工具进行统计。

13.测试用例 Test Case

为产品测试而准备的测试方案或脚本，通常包含测试目的、前提条件、输入数据需求、特别关注点、测试步骤及预期结果等。

14. 测试脚本 Test Script

为产品测试准备的、用来测试产品功能是否正常的一个或一组指令。手动执行的测试脚本也称为测试用例；有些测试可以通过自动测试技术来编写和执行测试脚本。

15. 测试环境 Testing Environment

由指定的计算机硬件、操作系统、应用软件和被测软件共同构建的、供测试工程师执行测试的操作环境。

16. 缺陷库 Bug Database

供测试工程师报告缺陷用的数据库，通常在项目开始前客户方会指定使用何种缺陷库系统。

17. 缺陷报告 Bug Report

缺陷报告是记录测试过程中发现的缺陷的文档。缺陷报告通常包括错误描述、复现步骤、抓取的错误截图和注释等。

18. 项目总结报告 Post Project Report（PPR）

本地化项目完成后，由客户方和服务方的项目经理编写的关于项目执行情况、问题及建议的文档。

19. 发票 Invoice

服务方提供给客户方的收款书面证明，是客户方向服务方支付费用的凭证。

六、服务种类

1. 本地化测试 Localization Testing

对产品的本地化版本进行的测试，其目的是测试特定目标区域设置的软件本地化的质量。本地化测试的环境通常是在本地化的操作系统上安装本地化的产品。根据具体的测试角度，本地化测试又细分为本地化功能测试、外观测试（或可视化测试）和语言测试。

2. 翻译服务 Translation Service

提供不同语言之间文字转换的服务。

3. 国际化工程 Internationalization Engineering

为实现本地化，解决源代码中存在的国际化问题的工程处理，主要体现在以下三个方面。

（1）数据处理，包括数据分析、存储、检索、显示、排序、搜索和转换。

（2）语言区域和文化，包括数字格式、日期和时间、日历、计量单位、货币、图形以及音频。

（3）用户界面，包括硬编码、文本碎片、歧义、空间限制、字体、图层和大小信息。

4. 排版服务 Desktop Publishing（DTP）

根据客户方的特定要求，对文档以及其中的图形和图像进行格式调整，并打印输出的服务。

5. 本地化软件构建 Localized Build

根据源语言软件创建本地化软件版本的工程服务。

6.本地化功能测试 Localization Functionality Testing

对产品的本地化版本进行功能性测试，确保本地化后的产品符合当地标准或惯例，并保证各项原有功能无损坏或缺失。

7.语言测试 Linguistic Testing

对产品的本地化版本进行测试，以确保语言质量符合相应语言要求的过程。

8.界面测试 Cosmetic Testing / User Interface(UI)Testing

对产品的本地化版本的界面进行测试，以确保界面控件的位置、大小适当和美观的过程。

9.机器翻译 Machine Translation(MT)

借助术语表、语法和句法分析等技术，由计算机自动实现源语言到目标语言的翻译的过程。

10.机器翻译后期编辑 Machine Translation Post-Editing

对机器翻译的结果进行人工编辑，以期达到与人工翻译相同或近似的语言质量水平的过程。

11.项目管理 Project Management

贯穿于整个本地化项目生命周期的活动；要求项目经理运用本地化知识、技能、工具和方法，进行资源规划和管理，并对预算、进度和质量进行监控，以确保项目能够按客户方与服务方约定的时间表和质量标准完成。

12.联机帮助编译 Online Help Compilation

基于源语言的联机帮助文档编译环境，使用翻译后的文件生成目标语言的联机帮助文档的过程。

七、技术

1.可扩展标记语言 Extensible Markup Language(XML)

XML是一种简单的数据存储语言，它使用一系列简单的标记描述数据。XML是Internet环境中跨平台的、依赖于内容的技术，是当前处理结构化文档信息的有力工具。

2.翻译记忆交换标准 Translation Memory eXchange(TMX)

TMX是中立的、开放的XML标准之一，它的目的是促进不同计算机辅助翻译和本地化工具创建的翻译记忆库之间进行数据交换。遵从TMX标准，不同工具、不同本地化公司创建的翻译记忆库文件可以很方便地进行数据交换。

3.断句规则交换标准 Segmentation Rule eXchange(SRX)

LISA组织基于XML标准、针对各种本地化语言处理工具统一发布的一套断句规则，旨在使TMX文件在不同应用程序之间方便地进行处理和转换。通过该套标准，可使不同工具、不同本地化公司创建的翻译记忆库文件很方便地进行数据交换。

4.XML 本地化文件格式交换标准 XML Localization Interchange File Format(XLIFF)

XLIFF是一种格式规范，用于存储抽取的文本并且在本地化多个处理环节之间进行数据传递和交换。它的基本原理是从源文件中抽取与本地化相关的数据以供翻译，然后将翻译后的数据与源文件中不需要本地化的数据合并，最终生成与源文件相同格式的文件。这种特殊的格式使翻译人员能够将精力集中到所翻译的文本上，而不用担心文本的布局。

5. 术语库交换标准 Term Base eXchange(TBX)

TBX 是基于 ISO 术语数据表示的 XML 标准。一个 TBX 文件就是一个 XML 格式的文件。采用 TBX，用户可以很方便地在不同格式的术语库之间交换术语库数据。

6. 计算机辅助翻译 Computer Aided Translation(CAT)

为了提高翻译的效率和质量，应用计算机信息技术对需要翻译的文本进行内容处理的辅助翻译技术。

7. 翻译分段 Translation Segment

是指语意相对明确完整的文字片段。翻译分段可以是一个单字、一个或多个句子，或者是整个段落。翻译分段技术可以将段落拆分成句子或短语片段。

8. 罚分 Penalty

计算源文件中的待翻译单元与翻译记忆库中翻译单元的源语言的匹配程度时使用的基准。除了根据文字内容的不同自动罚分外，用户还可以自定义某些条件的罚分，如格式、属性字段、占位符不同，使用了对齐、机器翻译技术或存在多个翻译等情况。

9. 对齐 Alignment

本地化翻译过程中，通过比较和关联源语言文档及目标语言文档创建预翻译数据库的过程。使用翻译记忆工具可以半自动化地完成此过程。

10. 翻译记忆库 Translation Memory(TM)

一种用来辅助人工翻译的、以翻译单元（源语言和目标语言对）形式存储翻译的数据库。在 TM 中，每个翻译单元按照源语言的文字分段及其对应的翻译语言成对存储。这些分段可以是文字区块、段落、单句。

11. 术语库 Term Base

存储术语翻译及相关信息的数据库。多个译员通过共享同一术语库，可以确保术语翻译的一致性。

12. 基于规则的机器翻译 Rule-based MT

是指对语言语句的词法、语法、语义和句法进行分析、判断和取舍，然后重新进行排列组合，生成对等意义的目标语言文字的机器翻译方法。

13. 基于统计的机器翻译 Statistic-based MT

以大量的双语语料库为基础，对源语言和目标语言词汇的对应关系进行统计，然后根据统计规律输出译文的机器翻译方法。

14. 内容管理系统 Content Management System(CMS)

用于创建、编辑、管理、检索以及发布各种数字媒体（如音频、视频）和电子文本的应用程序或工具。通常根据系统应用范围分为企业内容管理系统、网站内容管理系统、组织单元内容管理系统。

15. 伪本地化 Pseudo Localization

把需要本地化的字符串按一定规则转变为"伪字符串"并构建伪本地化版本的过程。在伪本地化的软件上进行测试，可以验证软件是否存在国际化问题，用户界面控件的位置和大小是否满足特定语言的要求。

16. 硬编码 Hard Code

一种软件代码实现方法，是指编程时，把输入或配置数据、数据格式、界面文字等直接内嵌在源代码中，而不是从外部数据源获取数据或根据输入生成数据或格式。

17. 缺陷 Bug

软件产品在功能、外观或语言描述中存在的质量问题。通常在质量保证测试期间由测试工程师将发现的缺陷上报，并分别由客户方、本地化工程人员或翻译人员解决。

18. 优先级 Priority

同时存在多种选择时应遵循的先后次序，如词汇优先级、本地化样式手册优先级、缺陷优先级等。例如，在软件本地化过程中，缺陷的优先级通常按如下规则确定。

（1）缺陷应立即修复，否则产品不能发布。

（2）缺陷不需要立即修复，但如果不修复，产品不能发布。

（3）缺陷不是必须修复，是否修复取决于资源、时间和风险状况。

19. 严重程度 Severity

是指所发现的缺陷对相关产品造成影响的严重程度。严重程度较高的缺陷可能会影响产品的按时发布。软件缺陷的严重程度通常分为四级。

（1）关键（Critical）：导致系统或软件产品自身崩溃、死机、系统挂起或数据丢失，主要功能完全失效等。

（2）高（High）：主要功能部分失效、次要功能完全失效、数据不能保存等。

（3）中（Middle）：次要功能无法完全正常工作但不影响其他功能的使用。

（4）低（Low）：影响操作者的使用体验（如感觉不方便或不舒服），但不影响功能的操作和执行。

20. 重复 Repetition

在翻译字数统计中，重复是指源语言中出现两次及以上的相同文本。

21. 模糊匹配 Fuzzy Match

源文件中的待翻译单元与翻译记忆库中翻译单元的源语言局部相同。模糊匹配的程度通常用百分比表示，称为复用率。

22. 完全匹配 Full Match

源文件中的待翻译单元与翻译记忆库中翻译单元的源语言完全相同，其模糊匹配的程度（复用率）为100%。

23. 新字 New Word

模糊匹配程度（复用率）低于某一设定阈值的源语言单词或基本语言单位。

24. 加权字数 Weighted Word Count

根据待翻译单元的复用率，对其字数加权计算后得到的待翻译字数。

附录Ⅱ 常见的CAT工具

工具名称	官方网站
across	http://www.across.net/
Alchemy Catalyst	http://www.alchemysoftware.com/
CafeTran Espresso	https://www.cafetran.com
Crowdin	https://www.crowdin.com/
Déjà Vu	https://atril.com/
FastHelp	http://www.fast-help.com/
Fluency	https://www.westernstandard.com/Fluency/freelancers.aspx
Google Translator Toolkit	https://translate.google.com/toolkit
Heartsome Translation Studio	https://github.com/heartsome/translationstudio8
Lingobit Localizer	http://www.lingobit.com/
Lingotek	https://www.lingotek.com
Lionbridge Translation Workspace	http://zh-cn.lionbridge.com/solutions/translation-workspace/
MateCat	https://www.matecat.com/
memoQ	https://www.memoq.com/
Memsource	http://www.memsource.com/
MetaTexis	http://www.metatexis.com/
Multilizer	http://www2.multilizer.com//
OmegaT	https://omegat.org
OneSky	http://www.oneskyapp.com/
Poedit	http://www.poedit.net/
Pootle	http://pootle.translatehouse.org
RC-WinTrans	http://www.schaudin.com/web/Home.aspx
SDL Passolo	https://www.sdl-china.cn/cn/software-and-services/translation-software/software-localization/sdl-passolo/
SDL Trados Studio	https://www.sdltrados.cn/cn/products/trados-studio/
SDL WorldServer	http://www.sdl.com/cxc/language/translation-management/worldserver/
SDLX	http://www.sdl.com/cn/
Sisulizer	http://www.sisulizer.com/
SmartCAT	https://www.smartcat.ai/
Smartling	http://www.smartling.com/
Star Transit NXT	http://www.star-ts.com/

工具名称	官方网站
Termsoup	https://termsoup.com/
TransGod	https://www.transgod.cn/
Translation Office 3000	https://www.to3000.com
Translatum	http://www.translatum.gr/
Virtaal	http://virtaal.translatehouse.org
Visual Localize	http://www.visual-localize.de/
VisualTran	http://en.visualtran.com/
Wordbee	http://www.wordbee.com/
Wordfast	http://www.wordfast.com/
Wordfast Anywhere	http://www.freetm.com/
XTM	https://xtm.cloud/
YEEKIT	https://www.yeekit.com/
YiCat	https://www.tmxmall.com/yicat
Zanata	http://www.zanata.org/
朗瑞 CAT	http://www.zklr.com
雪人 CAT	http://www.gcys.cn/
雅信 CAT	http://www.yxcat.com/Html/index.asp
译马网	http://www.jeemaa.com/
优译 Transmate	http://www.urelitetech.com.cn/
云译汇	http://www.zhimamiyu.com/
云译客	http://www.power-echo.com/index.php?app=pe#/home

注:此部分仅收录具有代表性的CAT工具及其官网,按照首字音序排列,网站访问日期为2018年7月4日。

附录Ⅲ　常见的翻译管理系统

软件名称	官方网址
project Open	http://www.project-open.com/
Across Language Server	http://www.across.net/
AIT Projetex	http://www.projetex.com/
Alchemy Language Exchange	http://www.alchemysoftware.ie/
Beetext Flow	http://www.beetext.com/
CrossGap FastBiz	http://crossgap.com/
Elanex Online System	http://www.elanex.com/
GlobalLink GMS	http://www.translations.com/
GlobalSight	http://www.globalsight.com/
Language Director	http://www.thebigword.com
Language Networks Espresso	http://www.languagenetworks.com/
Lingo Systems	http://www.lindo.com/
LingoPoint	http://www.lingotek.com/
Lionbridge Freeway	http://www.lionbridge.com/
Lionbridge Workspace	http://www.geoworkz.com/
LTC Worx	http://www.langtech.co.uk/
MultiTrans	http://www.multicorpora.ca/
MultiTrans Prisma	http://www.prisma.com/
Plunet Business Manager	http://www.plunet.com/
Projetex	http://www.projetex.com/
Sajan	http://www.sajan.com/
SDL TMS	http://www.sdl.com/
SDL WorldServer	http://www.idiominc.com/
Transoo	http://www.transoo.com/
XTM	http://www.xtm-intl.com/
XTRF	http://www.xtrf.eu/
传神 TPM	http://www.transn.com/
朗瑞 TMS	http://www.zklr.com/
思奇有道 TSMIS	http://www.tsmis.com/
eTIMS	http://www.etims.cn/

附录Ⅳ　常见HTML元素列表

标签	描述
<!DOCTYPE>	定义网页文件类型
<a>	定义超链接
<abbr>	定义缩写或简称
<acronym>	定义缩写或简称（不支持 HTML5）
<address>	定义网页文件中作者或拥有者的联系信息
<article>	定义一个内文区块
<aside>	定义网页内容的侧栏区块
<audio>	定义声音内容
<b>	定义粗体字
<big>	定义大型文字（不支持 HTML5）
<body>	定义网页文件的主体
 	定义单一行的换行
<caption>	定义表格的标题
<center>	定义置中的文字（不支持 HTML5，在 HTML4.01 中不建议使用）
<command>	定义可供用户调用的命令按钮
<dd>	定义描述
<del>	定义网页文件中已删除的文字
<details>	定义用户可显示或隐藏的额外详细数据
<dfn>	定义一个已经定义的术语
<dialog>	定义对话框或视窗
<dt>	定义在一个定义列表中的术语（一个项目）
<embed>	定义一个用于外部（非 HTML）应用程序的容器
<font>	定义文字的字体、色彩及大小（不支持 HTML5，在 HTML4.01 中不建议使用）
<footer>	定义网页文件的页脚区块
<h1>到<h6>	定义 HTML 内文的标题 1 到标题 6
<head>	定义关于该网页文件的头部信息
<header>	定义网页文件的标头区块
<html>	定义整个 HTML 文件
<img>	定义网页中的图片
<input>	定义输入项
<label>	定义<input>元素的标签

续表

标签	描述
<li>	定义列表项目
<object>	定义内嵌式项目
<option>	定义下拉式列表中的一个项目
<output>	定义计算结果
<p>	定义一个内文段落
<param>	定义一个项目的参数
<progress>	表示一个工作的进度
<q>	定义简短引用
<samp>	定义来自计算机程序的样本输出
<script>	定义客户端脚本
<section>	定义网页文件中的section区块
<select>	定义下拉式列表
<span>	定义文件中的一段
<strong>	定义重点文字
<style>	定义文件的样式信息
<sub>	定义下标文字
<sup>	定义上标文字
<table>	定义表格
<time>	定义日期/时间
<title>	定义网页标题名称（显示于视窗标题和标签页的名称）
<ul>	定义项目符号列表
<video>	定义视频或电影

更多信息，可参考下列网址：

http：//en.wikipedia.org/wiki/HTML_element

http：//www.w3chtml.com/html5/tag/

https：//developer.mozilla.org/zh−CN/docs/Web/Guide/HTML/HTML5/HTML5_element_list

附录 V 常见的文件格式

文件格式	描述
a	
*.acm; *.ax	CODEC（编译码器）文件
*.ai	Adobe Illustrator 软件制作的矢量图文件
*.aif; *.aiff	音频交换文件
*.ali	储存有关映射 ID 的信息的文件，是帮助系统的源文件的一种文件格式，可直接将其插入 Alchemy Catalyst 中进行处理
*.apk	APK 即 Android 安装包（Android Packages）
*.asf	微软的媒体播放器支持的视频流
*.asp; *.aspx	ASP 即活跃服务器页（Active Server Pages），一种动态网页文件；*.aspx 是一种类似于 *.asp 的动态网页文件
*.au	Internet 中常用的声音文件格式
*.avi	Microsoft Audio Video Interleave 电影格式
b	
*.bak	备份文件
*.bas	Basic 中的源程序文件
*.bat	批处理文件
*.bin	二进制文件
*.bmp	Windows 或 OS/2 位图文件
*.book	Adobe FrameMaker Book 文件
*.brs	浏览顺序功能的支持文件；是帮助系统的源文件的一种文件格式，可直接将其插入 Alchemy Catalyst 中进行处理
c	
*.cda	CD 音频轨道
*.cdr	CorelDraw 中的一种图形文件格式
*.cgi	CGI 即通用网关界面（Common Gateway Interface），一种动态网页文件
*.chm	CHM 即已编译的帮助文件（Compiled Help Manual），基于 HTML 文件特性的帮助文件系统
*.chp	Ventura Publisher 章节文件
*.class	Java 的类文件
*.cmd	Windows NT，OS/2 的命令文件；DOS CD/M 命令文件；dBASE II 程序文件
*.csproj	C Sharp（C#）项目文件

文件格式	描述
*.css	CSS 即级联样式表（Cascading Style Sheet），是一种用来表现 HTML 或 XML 等文件样式的计算机语言
*.csv	字符分隔文本文件
d	
*.dat	通用数据文件（Data）
*.dbf	Xbase 数据库文件
*.dhtml	DHTML 即动态超文本标记语言（Dynamic HyperText Markup Language），一种静态网页文件
*.dita	DITA 即为达尔文信息类型化体系结构（Darwin Information Typing Architecture），基于 XML 的体系结构，用于发布技术信息
*.dll	动态链接库
*.doc; *.dot	Microsoft Word 2000—2003
*.docx; *.dotx; *.docm; *.dotm	Microsoft Word 2007—2010 和 Office 2016
*.dpl; *.bpl	库包 BPL 文件（Borland Package Library），是一种特殊的 *.dll 文件，用于代码重用和减少可执行文件的长度；*.dpl 为 Borland Delph 3 压缩库
*.dtd	DTD 即文档类型定义（Document Type Definition），使用一系列的合法元素来定义文档结构
*.dvapr	Déjà Vu 对齐文件
*.dvmdb	Déjà Vu 翻译记忆库文件
*.dvpng	Déjà Vu 压缩文件
*.dvprj	Déjà Vu 项目包文件
*.dvsat	Déjà Vu 项目子文件包
*.dvtdb	Déjà Vu 术语库文件
*.dwg	计算机辅助设计软件 AutoCAD 专有文件格式
*.dxf	DXF 是 AutoCAD DXF（Drawing Interchange Format 或者 Drawing Exchange Format）的简称，它是 Autodesk 公司开发的用于 AutoCAD 与其他软件之间进行 CAD 数据交换的 CAD 数据文件格式
e	
*.ear	EAR 即企业归档（Enterprise ARchive），java 打包文件，包含全部企业应用程序
*.emf	Windows 增强型图元文件
*.eps	用 PostScript 语言描述的一种图形文件格式
*.err	编译错误文件
*.exe	可执行程序

续表

文件格式	描述
f	
*.fla	Macromedia Flash 电影文件
*.flprj	MadCap Flare 项目文件。
*.fm	Adobe FrameMaker 软件的文件格式
*.frt	报表文件
g	
*.gho	Ghost 的镜像文件
*.gif	CompuServe 位图文件
*.glo	通过"术语表"选项卡实现的在线术语表功能的支持文件,是帮助系统的源文件的一种文件格式,可直接将其插入 Alchemy Catalyst 中进行处理
*.grh	方正公司的图像排版文件
h	
*.hhc	帮助文档目录文件
*.hhk	帮助文档索引文件
*.hlp	Windows 应用程序帮助文件
*.hpp	帮助项目文件;构建 CHM 文件时,Microsoft Help Compiler 会使用这个文件;是帮助系统源文件的一种文件格式,可直接将其插入 Alchemy Catalyst 中进行处理
*.hs	HS 即 Helpset 文件,它是一组映射文件,用于定义一组相关的导航视图,例如目录、索引和搜索
*.html	HTML 即超文本标记语言(HyperText Markup Language),一种静态网页文件;*.htm 是一种类似于*.html 的静态网页文件
i	
*.icml	Adobe InCopy CS4-CC 软件的文件格式
*.ico	Windows 中的图标文件
*.idml	Adobe InDesign CS4-CC 软件的文件格式
*.idx	索引文件
*.idx	全文搜索文件,它包含全文本搜索数据库,用于检索数据库;JavaHelp 系统和 Oracle-Help 系统输出的一种文件格式
*.iff	IFF 即交换文件格式(Interchange File Format)
*.ign	用来储存用于 RoboHelp 智能索引向导的"总是忽略"单词列表的文件,是帮助系统源文件的一种文件格式,可直接将其插入 Alchemy Catalyst 中进行处理
*.indd	InDesign 软件的文件格式
*.inf	信息文件
*.ini	初始化文件
*.inx	Adobe InDesign CS2-CS4 软件的文件格式

文件格式	描述
*.itd	ITD 即中间翻译文档（Intermediate Translation Document），是 SDL Edit 所处理的文件格式
j	
*.jar	JAR 即 Java 归档（Java ARchive），是一种软件包文件格式
*.java	Java 源文件
*.jobx	在 Alchemy Catalyst 中使用的工作文件（Job file），用于合理安排资源，完成任务
*.jpg	JPEG 图形文件
*.js	Javascript 源文件
*.jspx	JSP 即 Java 服务器页面（Java Server Pages），一种动态网页文件；*.jspx 是一种类似于 *.jsp 的动态网页文件
l	
*.lng	用来储存项目语言信息的文件，是帮助系统源文件的一种文件格式，可直接将其插入 Alchemy Catalyst 中进行处理
*.lnk	快捷方式
*.log	日志文件
m	
*.m3d	Corel Motion 3D 动画文件
*.m3u	MPEG URL（MIME 声音文件）
*.mac	Macintosh 中使用的一灰度图形文件格式
*.mag	在一些日本文件中发现的图形文件格式
*.mdb	SDL Muliterm 2007 生成的术语库文件，SDL Trados Studio 2007 及以上版本均可导入
*.mid	MIDI 音乐
*.mif	Adobe FrameMaker 软件的文件格式
*.mov	QuickTime 影片格式，由 Apple 公司开发
*.mp3	MPEG 音频文件
*.mpg	MPEG 动画文件
*.mqxliff	memoQ 导出的双语 xlf 文件，可供其他 CAT 软件处理，完毕后导入 memoQ 进行更新
*.mqxlz	memoQ 导出的 Zip 格式压缩文件，除包含 mqxliff 文件以外，还可包含预览文件、骨架文件等
*.msg	Microsoft Outlook E-mail Message 邮件信息
*.mui	MUI 即多语言的语言包（Multilingual Language Packs）文件
o	
*.obj	对象文件
*.ocx	OCX 即控件（ActiveX Control）的文件格式
*.odt; *.ott; *.odm	OpenDocument 文本文档（ODT）
*.odp; *.otp	OpenDocument 演示文稿（ODP）

文件格式	描述
*.ods; *.ots	OpenDocument 电子表格（ODS）
p	
*.pdf	PDF 即便携式文件格式（Portable Document Format）
*.php	PHP 即超文本预处理器（Hypertext Preprocessor），一种动态网页文件
*.php3	包含 PHP 脚本的动态网页文件
*.phr	用来储存 RoboHelp 智能索引向导的自定义短语列表的文件，是帮助系统源文件的一种文件格式，可直接将其插入 Alchemy Catalyst 中进行处理
*.phtml	包含有 PHP 脚本的 HTML 网页；由 Perl 分析解释的 HTML
*.pl	Perl 脚本文件
*.png	可移植的网络图形位图
*.po	PO 即可移植对象（Portable Object），PO 文件是面向翻译人员的、提取于源代码的一种资源文件
*.ppf	包含 WebHelp 窗口定义相关信息的文件，是帮助系统源文件的一种文件格式，可直接将其插入 Alchemy Catalyst 中进行处理
*.pptx; *.ppsx; *.potx; *.potm; *.ppsm	Microsoft Powerpoint 2007—2010 和 Office 2016
*.pot; *.pps; *.ppt	Microsoft PowerPoint 2000 和 Microsoft PowerPoint 2003
*.properties	Java 属性文件
*.psd	Adobe Photoshop 位图文件
q	
*.qsc; *.qsc; *.xtg; *.ttg; *.tag	QuarkXPress 软件的相关格式
*.qtx	QuickTime 相关图像
r	
*.ra	RealAudio 声音文件
*.rar	压缩文件
*.rc	RC 即资源文件（resource），用来记录在程序中用到的各种资源
*.reg	注册表文件
*.resx	XML：Microsoft .NET 资源
*.rm	RealAudio 视频文件
*.rtf	富文本格式
s	
*.sav	存档文件
*.scr	SCR 几位系统中默认是屏幕保护程序（Screen Savers）

文件格式	描述
*.sdlppx	SDL Trados Studio 项目文件包
*.sdlproj	SDL Trados Studio 项目文件，相当于一个项目索引，里面不包含实际要翻译的文件
*.sdlrpx	SDL Trados Studio 返回文件包
*.sdltb	SDL Trados Studio 术语库文件
*.sdltm	SDL Trados Studio 翻译记忆库文件
*.sdlxliff	利用 SDL Trados 翻译时生成的以 XML 为基础的双语对照文档
*.sgm	SGML 即标准通用标记语言（Standard Generalized Markup Language），*.sgm 与 *.sgml 类似
*.shtml	SHTML 即服务器端超文本标记语言（Server Side Include HyperText Markup Language），一种静态网页文件；*.shtm 是一种类似于 *.shtml 的静态网页文件
*.sql	查询文件
*.srx	基于 xml 的分段规则交换文件（Segmentation Rules eXchange），描述如何对文本进行分段以用于翻译
*.stp	用于支持全文搜索的非索引字表文件，是帮助系统源文件的一种文件格式，可直接将其插入 Alchemy Catalyst 中进行处理
*.stppk	SDL TMS 项目文件包
*.strpk	SDL TMS 返回文件包
*.svg	SVG 即可缩放的矢量图形（Scalable Vector Graphics）文件
*.svx	Amiga 声音文件
*.swf	Flash 动画文件
*.sys	系统文件
t	
*.tbx	TBX 即标准的术语库交换文件（Term Base eXchange）
.tif；.tiff	TIFF 即标签图像文件格式（Tagged Image File Format）；*tif 与之类似
*.tmp	Windows 临时文件
*.tmw	SDL Trados Studio 2007 文件翻译记忆库文件，SDL Trados Studio 2007 及以上版本均可导入
*.tmx	TMX 即标准的翻译记忆库交换文件（Translation Memory eXchange）
*.ttf	True Type 字体文件
*.ttk	Alchemy Catalyst 的项目文件，同时可充当翻译记忆
*.ttp	TeamWorks 返回文件包
*.ttx	由 SDL Trados Studio 2007 翻译文档时产生的杂项文本，包含定义文档格式和结构的标签，SDL Trados Studio 2007 及以上版本均可导入
*.txml	Wordfast 的双语中间文件
*.txt	文本文件
v	
*.vbproj	Visual Basic 项目文件

续表

文件格式	描述
*.vcproj	Visual C++（C++）项目文件
w	
*.war	WAR 即 Web 归档（Web Archive），java 打包文件，包含全部 Web 应用程序
*.wav	波形声音文件
*.wsxz	SDL WorldServer 项目文件包和返回文件包
x	
*.xdt	术语库定义文件
*.xhtml	XHTML 即可扩展的超文本标记语言（Extensible Hypertext Markup Language），一种静态网页文件
*.xliff; *.xlf	XLIFF 即 XML 本地化文件交换格式（XML Localization Interchange Format）
*.xlsx; *.xltx; *.xlsm	Microsoft Excel 2007—2010 和 Office 2016
*.xls; *.xlt	Microsoft Excel 2000—2003
*.xml	XML 即可扩展标记语言（eXtensible Markup Language）
*.xsd	XSD 即 XML 文档架构（Schema for XML documents），用于定义 XML 文档的结构、元素关系和数据类型等
*.xsl	XSL 即为可扩展样式表语言（eXtensible Stylesheet Language），是一种用于以可读格式呈现 XML 数据的语言
*.xtg	QuarkXPress 软件的相关文件格式
z	
*.zip	压缩文件

语言服务行业翻译技术的全景解读[*]

王少爽　大连外国语大学高级翻译学院/多语种翻译研究中心

摘　　要： 在当今数字化时代，翻译技术在语言服务行业中发挥的作用愈发显著，翻译技术能力成为语言服务从业者的必备素质。《计算机辅助翻译实践》一书依托技术驱动下语言服务行业的新特征，全面讲解了各种翻译技术工具的实际应用，旨在提升语言服务从业者的翻译技术能力，普及翻译技术教育。该书有利于助推数字化时代翻译研究的技术方向，促进翻译技术研究学科地位的确立，并拓展了翻译技术教材的编写思路。

关键词： 数字化时代；语言服务行业；计算机辅助翻译；翻译技术能力；翻译研究

1. 成书背景

20世纪四五十年代，在第三次科技革命浪潮的推动下，人类开始致力于机器翻译系统的研发，旨在实现全自动高质量翻译，用以替代人工翻译。然而，1966年美国自动化语言处理咨询委员会（ALPAC）发布题为《语言与翻译》的报告，宣告机器翻译研究的失败，致使翻译技术进入寒冬期。20世纪八九十年代，伴随个人电脑的逐渐普及，语料库和翻译记忆等技术的出现，计算机辅助翻译技术开始蓬勃发展。进入21世纪后，互联网技术的飞速进步又为翻译技术提供了更为广阔的发展空间。时至今日，翻译技术已成为一个内涵丰富的概念，指人工翻译、机器翻译和计算机辅助翻译活动中所运用的各种类型的技术工具，涵盖翻译所需的专有工具，如语料处理工具和术语管理系统等，以及文字处理、电子词典、网络资源等一般工具（Chan，2015：xxvii）。

各式各样的翻译技术工具不断涌现，彻底改变了传统的翻译工作模式，数字革命波及翻译行业的每个角落，促使翻译行业向语言服务行业转型升级。近年来，有关翻译技术的学术会议、行业论坛、研讨沙龙和职业培训等活动，如雨后春笋般在国内召开或举办，翻译技术的重要性逐渐得到学界与业界的共识。翻译技术能力被视作翻译从业者的必备职业素质，国内掀起了翻译技术学习的热潮，受到高校翻译教育界的高度关注。2011年全国翻译专业学位研究生教育指导委员会修订的《翻译硕士专业学位研究生教育指导性培养方案》中，"计算机辅助翻译"被认定为综合类选修课。国内翻译院系纷纷开设相关课程，翻译技术的学习热潮催生对相关教材的迫切需求。目前，国内外已出版有一些翻译技术方面的著作，但数量相对较少。国外教材偏重理论性，国内教材虽较为注重实用性，但其时效性和全面性还有待提升。

王华树博士的最新力作《计算机辅助翻译概论》（下称《概论》）一书，包括十二章主

---
*本文原载于《中国翻译》2016年第4期。有删改。

要内容，对语言服务行业中翻译技术的实际应用做了颇为系统和全面的解读，以解国内翻译技术教学与培训的燃眉之急。该书作者是国内翻译技术界的新锐专家，具有丰富的业界和科研经验，发表多篇颇具影响力的翻译技术领域论文，近年来致力于翻译技术的普及，推动国内翻译技术的教学与研究。该书源于作者多年来在翻译技术实践、教学以及研究领域的不懈探索，凝聚了作者长期的辛苦付出和宝贵经验，其出版得到了国内翻译学界和业界的广泛关注。本文拟从以下四个方面对该书的特色与贡献予以评述，以飨读者。

2. 凸显现代语言服务的技术驱动新特征

现代语言服务是全球化和信息化时代，在现代信息技术的驱动下，以传统翻译业务为基础发展起来的一种新型业态。在"2010中国国际语言服务行业大会"上，语言服务行业首次在国内得到官方认可。近年来，在我国"走出去"战略的推动下，语言服务行业进一步得到国家相关部门的重视。根据中国翻译协会发布的《中国语言服务业发展报告2012》，语言服务业的业务范围涵盖翻译服务、本地化服务、语言技术与辅助工具研发、翻译培训与多语信息咨询等相关服务。该报告通过数据说明，我国语言服务业已初具规模，在国民经济发展中占据日益显著的基础性支撑地位。

《概论》开篇（第一章）首先引入"语言服务产业链"概念，剖析产业链的三个层次，即：核心层、相关层和支持层，指出需求与供给是连接产业链各要素的主线，分工与合作是产业链的特征。作者结合数字化时代的技术发展，从五个方面论述了当前语言服务行业所发生的巨变：第一，语言服务需求的变化：翻译业务规模化、翻译对象多元化、翻译项目操作复杂化、翻译需求专业化；第二，翻译技术与工具的改进：更强的格式处理能力、更细化的翻译工具分类、更高效的网络协作；第三，翻译流程的改善：传统的翻译流程已无法满足现代翻译项目的需求，翻译管理流程表现出系统化和定制化的特点；第四，翻译模式的变化：产业环境的升级促生新型翻译模式，作者重点介绍了Web 2.0时代的产物——众包翻译模式；第五，翻译服务的标准化：国内外相继出台翻译行业标准，希望通过标准化手段提升翻译质量。

本地化服务是典型的技术驱动型语言服务。技术支撑是本地化的显著特征，许多本地化的对象本身就是信息技术的产物，而且本地化过程中还会广泛应用各种技术工具与管理工具。本地化是语言技术与信息技术、流程与管理结合最紧密的实践形态，代表语言服务的先进方向，如果没有信息技术与翻译技术作为支撑，本地化工作将无法开展（崔启亮，2015：70）。实际上，现代商业语言服务，无论是翻译服务、本地化服务，还是技术写作服务，皆离不开技术的支撑。可见，技术驱动是现代语言服务的突出特征。《实践》从现代信息技术着手，以现代语言服务行业的新特点为背景，密切关注技术驱动下语言服务发展中出现的新问题。该书所涉本地化（第七、第十一章）、字幕翻译（第八章）、翻译质量控制（第九章）、语言资产管理（第十章）等多个主题，均为技术驱动下语言服务产业链上出现的新业务或新环节。

数字化时代的变迁和语言服务行业的技术驱动特征无疑会带来从业人员能力要求的更新。作者通过回顾学界的译者能力研究，从产业视角审视译者能力，并用数据说明专业型和复合型译者是目前企业急需的翻译人才。作者通过调研西方高校翻译教育的课程设置情况，指出当前中国翻译教育的困局，并提出传统翻译能力与翻译技术能力培养生态整合的改革思路。作者还论述了由技术驱动的信息化时代语言服务人才的能力构成体系，包括语言能力、专业知识、项目管理、信息技术和职业素养等五个模块。其中，后三个模块尤其是为了应对新时代的语言服务需求而提出。项目管理模块包括项目管理知识、组织协调能力、时间控制能力、成本计算和控制能力；信息技术模块涵盖基本操作技能、快速获取知识和学习能力、CAT工具使用能力；职业素养模块则要求从业人员具备敬业、团队、沟通、抗压、服务和保密等素质。

《概论》着眼于语言服务的发展实际，密切联系从业人员的职业能力，向读者全面介绍了各种翻译技术相关工具的具体应用。然而，书中内容并不限于翻译技术工具使用技能的传授，还强调了职业态度、信息素养、管理思维和服务意识等综合素质的培养，以适应技术驱动下语言服务行业所表现出的信息化、流程化、多元化、协作化与标准化等新特征。

3. 透析翻译技术工具的多元化行业应用

在当前语言服务行业中，翻译技术工具可谓种类繁多，琳琅满目，从文字处理软件、光学字符识别软件、搜索工具，到Trados、Wordfast和memoQ等翻译记忆软件，甚至包括Alchemy Catalyst、SDL Passolo等本地化软件。因此，对各式各样的翻译技术工具进行系统化分类显得尤为必要。《概论》（第三章）厘清了计算机辅助翻译（CAT）技术的概念，讲述了机器翻译与CAT的技术原理，利用思维导图对CAT工具做了系统化分类，该分类涵盖范畴、流程、用途、结构、架构、TM（翻译记忆）技术、功能模块、兼容标准和操作平台等九项标准。面对CAT工具的负面评价，作者建议译者应采取理性态度对待翻译技术，充分认识翻译工具的优势，积极学习，但亦应防止过度依赖工具，而忽视自身翻译能力的提升。作者列述了国内外常用的主流CAT工具的特点，探讨了如何根据客户需求、软件功能等因素选择合适的CAT工具，并展望了CAT技术的发展趋势。

《概论》对翻译技术工具在语言服务行业中的具体应用做了相当透彻的讲解，所涉翻译工具涵盖搜索工具、翻译记忆软件、本地化工具、翻译质量控制、语言资产管理、字幕翻译工具，以及其他辅助工具。在当今信息爆炸的时代，如何从海量的信息资源中快速高效地定位所需信息，是现代译者在竞争日趋激烈的职场中制胜的关键所在。这就要求译者熟悉各种搜索工具的原理与应用，即译者的"搜商"。作者使用长达50页的较大篇幅（第二章）展示了多种搜索工具在翻译中的实际应用，涉及网络搜索、语料库搜索和桌面搜索三大类。翻译记忆是计算机辅助翻译的重要支撑技术，狭义上的CAT工具即指基于翻译记忆技术的翻译软件。这类工具在当前语言服务行业中发挥着非常重要的作用。该书（第四至第六章）选择了行业应用最为广泛的三款代表性翻译记忆软件（Trados、Déjà Vu、Wordfast），分别介绍了它们的基本信息和常用功能。作者指出，这些工具在语言资产复用和管理方面具有显著的成效，第三方插件可使其功能和适用性得到进一步加强。作为语言服务行业的主体业务之一，本地化是全球化和信息化时代的产物，指对产品或服务进行语言与文化方面的改造以适应不同目标市场的受众需求，具有经济驱动、区域内核、全程管理、技术支撑等内涵特征（崔启亮，2015）。该书（第七、第十一章）介绍了本地化的概念、本地化与翻译的关系、本地化流程等，描述了文档本地化、软件本地化、网站本地化、多媒体本地化、游戏本地化和移动应用本地化等本地化项目的主要类型，着力阐释了本地化的主要技术，并通过实例讲解了本地化工具应用和本地化项目管理流程。

随着语言服务行业的发展，翻译质量愈发受到业界的重视，翻译质量控制成为语言服务产业链的关键环节。该书（第九章）重点介绍了翻译质量控制的相关概念和工具。作者澄清了翻译质量的定义，以崭新的视角阐述了影响翻译质量的主要因素。作者进一步述介了国内外主要的翻译服务标准，探讨了翻译项目流程各环节所涉质量管理操作，并重点讲解了 ApSIC Xbench、ErrorSpy 等六种翻译质量保证工具的使用。语言资产管理是当前业界实践的热点，我国翻译业界已创建语言资产网，并召开首届翻译技术与语言资产管理交流大会❶。该书（第十章）从术语管理、翻译记忆库管理、翻译文档管理和语言资产的集中管理等四个方面，对语言资产管理的范畴、现状及相关工具的使用做了系统的阐述和展示。随着影视产业的规模化和全球化，国内外影视作品交流日益频繁，字幕翻译发展成为一项主要语言服务业务。该书（第八章）解析了字幕翻译的定义、种类、特点、流程和方法，展示了几款常用字幕处理工具的使用步骤，并针对字幕翻译的困境，提出计算机辅助翻译解决方案。此外，该书（第十二章）还概述了多种其他辅助工具在翻译实践中的综合应用，涵盖编码转换、格式转换、文档识别、字数统计、文件修订和比较、拼写检查、语料回收、正则表达式和文档同步备份等多种技术工具。这些工具可为翻译从业者提供各种便利，大幅提升翻译工作效率。

4. 助推数字化时代翻译研究的技术方向

技术为口笔译者和术语专家的工作带来了极大便利，已是不争的事实，翻译技术甚至在改变着译者的工作模式。机器翻译与翻译行业、翻译研究的关系日趋紧密，翻译工作者与术语学家的眼光逐渐转向翻译技术（张霄军、贺莺，2014：74）。通过阅读《概论》一书的内容，我们可以清楚地感知到，数字化时代给翻译活动带来了翻天覆地的革命性变化，尤其是该书开篇对数字化时代语言服务行业新变化所做的精辟论述，促使我们对翻译研究进行数字化的重新思考，为翻译研究开辟新视角和新方向。具体而言，可涉及如下四个主题：

第一，探究数字化时代翻译的重新定义。

在数字化时代，翻译活动在内容、工具、形态和职业范畴等方面均发生了重大改变。翻译内容日趋多元化，已远远超越了传统的线性文本，伴随软件、网站、多媒体、影视、课件和游戏等形式的本地化，涌现出形形色色的富含文字、图片、声音、影像等多种符号的超文本（Hypertext）。翻译工具已与纸笔时代大相径庭，技术工具的广为应用促使技术驱动型翻译模式成为主流。用户生成内容（UGC）、碎片化翻译、SaaS（Software-as-a-Service）翻译模式、"CAT+MT+PE"模式❷、众包模式等带来了全新的翻译形态。翻译的职业范畴亦随之扩大，出现了翻译项目管理、翻译质量控制、翻译技术支持、语言资产管理等新工种。可见，我们已进入一个崭新的翻译时代，现行翻译定义已落后于时代发展（谢天振，2015：14）。根据原有定义去开展翻译活动、翻译研究、翻译教育等已令人感到力不从

❶首届翻译技术与语言资产管理交流大会于2015年10月17日在南京召开，会议围绕语言服务行业的翻译技术和语言资产问题展开交流和研讨，为行业突破和发展寻求解决之道。语言资产网是由业内知名翻译公司在本次会议上发起成立的一家非营利性行业组织，旨在有效整合行业资源，加强行业交流，推动行业发展，提升社会对翻译行业的认知度和认可度，促进翻译行业标准的制定和实施。

❷CAT+MT+PE即计算机辅助翻译+机器翻译+译后编辑。

心（穆雷、邹兵，2015：19）。现有翻译理论已经无法准确完整地描述和解释现代语言服务行业的翻译现象，新时代呼唤翻译理论的创新。因此，我们必须结合当前的数字化时代语境，重新认识和思考翻译的定义。

第二，促进翻译技术研究学科地位的确立。

随着信息化和大数据的快速发展，以往作为翻译辅助的工具在翻译过程中已经走向前台，成为翻译实践和翻译研究的重要因素。有学者甚至提出，翻译技术工具是信息化和数字化时代翻译服务的第一生产力。然而，翻译技术的概念尚未得到学界的广泛认知，更有甚者，有人将翻译技术等同于翻译技巧。该书及时出版，通过丰富且专业的内容，革新了学界和业界对翻译技术地位和作用的观念，明确了翻译技术是今后翻译研究中需要加强的方向，提升了翻译技术在翻译研究中的位置，构建了翻译研究的技术组成要素和发展框架，进而促进翻译技术研究的学科地位的确立，助推翻译研究中技术研究学派的形成。

第三，拓展数字化时代翻译学的研究对象。

数字化时代翻译活动发生重大变化的同时，必然也会为翻译研究带来新对象和新内容。《概论》中所提到的超文本、翻译记忆、语料匹配、翻译众包、云翻译、语言资产、术语管理、翻译项目管理、行业翻译规范、搜商、信息素养、翻译技术能力和术语能力等概念，皆是数字化时代带给翻译学的新型研究对象。新的研究对象将引发多个新的研究课题。譬如：CAT工具对译者主体性的影响研究、翻译记忆对译者认知的影响研究、语料匹配度与翻译质量的关系研究、译者搜商和翻译能力的关系研究、翻译众包中译者主体性研究、个体翻译与协作翻译对比研究、翻译技术对翻译伦理的影响研究、语言资产与语言战略研究等。

第四，重新构建数字化时代译者能力体系。

翻译活动的数字化特征亦对译者的能力体系提出了新的挑战和要求。为胜任语言服务行业的工作，数字化时代译者不但要拥有传统的翻译能力，还应具备娴熟的翻译技术方面的相关能力素质，涉及计算机操作能力、CAT工具能力、搜商/信息素养能力、术语（管理）能力，甚至还应具备一定的编程能力。计算机操作能力要求译者能够熟练运用各种常用软件，这是从事现代翻译工作的一种基础能力。CAT工具能力涉及译者对各种辅助工具的使用，提升翻译工作效率。信息素养能力则要求译者能够根据翻译过程中出现的信息需求，通过信息检索获取所需信息，对所得结果做出正确评判，用以支持译者的决策过程，最终有效解决翻译问题。术语能力指译者能够从事术语工作，利用术语学知识和工具解决实际翻译过程中的术语问题（王少爽，2011：69）。编程能力是数字化时代译者应具备的一种高级能力。借助该能力，译者可根据翻译项目的具体类型和需求进行程序编写，开发出定制化的翻译工具，更好地辅助翻译任务的完成。

5. 拓展翻译技术教材的编写理念与思路

面对纷杂多样的翻译技术工具，译者往往感到束手无策，不知从何下手。虽然互联网上存在丰富的翻译技术相关教学资源，包括技术帖、技术文档、视频教程、虚拟交流社区等，但是这些资源分布颇为分散，缺乏条理，且质量参差不齐。优秀的翻译技术教材能够为译者的技术学习提供便利条件。国内外学界在翻译技术教材建设上取得了一定的成绩，对于翻译技术的普及做出了贡献，但同时也暴露出了一些问题：第一，内容过时，知识体系不够全面；第二，偏重介绍，缺少充分的实际翻译案例和实操步骤的演示；第三，未紧密结合语言服务行业的发展对译者职业能力的要求；第四，呈现形式仅限于纸质书籍，缺乏光盘、在线课程等数字资源的辅助。

基于以往教材的建设经验，《概论》进一步拓展了翻译技术教材的编写理念与思路，主要体现为如下四个方面：

第一，信息量大，反映当前翻译技术的完整知识体系。翻译技术内涵丰富，翻译工具种类繁多。以往的翻译技术教材多侧重翻译记忆、术语管理等主要工具的介绍，难以体现翻译技术的全貌。而该书不但涉及 Trados 等主流 CAT 工具的使用，而且涵盖本地化、字幕翻译、质量检查、语言资产管理等工具，更有搜索引擎、光学字符识别（OCR）、格式转换、拼写检查、正则表达式、语料回收、文档备份与恢复等多种工具在翻译实践中的综合应用。作者对各种工具的使用做了清晰、详尽的讲解，完整展现了当前翻译技术的组成要素和知识体系。

第二，讲解深入，选用真实性翻译案例演示实操步骤。该书的内容编排方式合理，按照先易后难的顺序层层深入，章末设有思考题和拓展阅读文献，有助于读者对相关内容的接受与理解。该书并不限于对翻译技术相关概念和工具的简单介绍，还对相关主题做了深度剖析。譬如，作者不仅介绍了机器翻译的定义和发展历史，还阐述了其主要方法、应用、问题和发展趋势。书中所选翻译案例均源自语言服务机构或职业译者的真实经验，切实再现了翻译技术在行业中的实际应用。

第三，紧扣行业，强调语言服务行业的职业能力要求。随着语言服务行业的信息化、产业化、职业化发展，语言服务人才需求正在经历着结构性的变化（王华树，2013：27）。翻译技术根植于语言服务行业实践，翻译技术教材编写必须考虑语言服务行业对从业者能力的实际要求。已有翻译技术教材对此未能充分反映。该书依托语言服务行业的新特点、新问题，阐释了语言服务产业链所涉各种翻译技术的应用，以培养行业所需的翻译技术能力，从而满足不断增长和日益多元的客户需求。

第四，纸网结合，倡导线上线下相组合的技术学习模式。纸质书籍的内容再为广泛，但由于空间所限，也难以彻底涵盖翻译技术领域的所有知识。因此，该书中提供了大量的网络资源，可供学习者自主查阅，进一步探究翻译技术的相关原理和工具使用方法。该书与俞敬松和韩林涛两位老师主讲的国内首个翻译技术 MOOC 课程《计算机辅助翻译原理与实践》一脉相承，线下教材与线上课程完美结合，相得益彰。该学习模式对于学习者的翻译技术能力提升大有助益。另外，该书的出版也与全国高等院校翻译专业师资培训的翻译技术专题和中国翻译协会语言服务能力培训与评估（LSCAT）项目相契合，可作为这两个培训项目的辅助教材，为学员的翻译技术学习提供便利条件。

本书亦存在有待改进之处。首先，书中介绍的部分软件版本的时效性有待加强，例如，第四章讲解的 SDL Trados 为 2011 版，而该书出版时该软件已是 2015 版。其次，书中含有大量的图示，用以讲解翻译技术工具的使用，但各章插图中的图像截屏和注释风格不尽统一。再次，各章末尾所列参考文献在格式编排上存在个别失当之处。

6. 结语

人机结合是现代语言服务行业无可逆转的发展趋势，翻译技术对语言服务行业发展的推动作用将愈发显著。翻译技术已被纳入应用翻译研究的学科范畴（Quah，2006；Munday，2012；王华树等，2013；方梦之，2014）。当前语言服务行业的翻译技术体系可划分为三个层次，即第一层次是对翻译技术相关原理的探究，属于上游研究，包括自然语言处理、机器翻译、机器学习、人机互动等理论和算法的研究；第二层次是对上游原理的具体实现，属于中游开发，包括语料处理工具、术语工具、质量检查工具等翻译技术相关工具的开发；第三层次则是翻译实践对中游工具的实际使用，属于下游应用，涉及各种翻译技术工具的功能介绍和操作步骤。

我国经济社会快速发展，各领域国际合作与交流日益扩大，尤其是"一带一路"战略的提出与实施，势必将促生更大规模的语言服务需求，这为我国语言服务行业的发展带来前所未有的大好机遇。在这一时代语境下，普及翻译技术教育显得尤为重要，有利于加快我国语言服务企业的技术和服务能力的结构升级，推动高校对翻译人才能力结构的认知以及课程内容的改革，对于我国语言服务行业乃至国家语言战略发展皆具有重要现实意义。《概论》一书是对语言服务行业翻译技术研究和应用的最新成果的全景化解读，开拓了翻译研究和实践的新方向和新视角，并启发我们对翻译研究进行数字化的重新思考。该书信息量大，内容翔实，编排有序，可以充当翻译专业"计算机辅助翻译"课程的教材，为语言服务从业人员提供技术方面的借鉴和参考，亦可作为翻译研究者和翻译爱好者了解翻译技术知识的有益读物。该书的出版将有望促进翻译技术教育的普及，进而推动我国语言服务行业的发展，服务于我国经济社会发展的语言需求，对于国家语言能力的提升亦具有一定的积极作用。

致谢：衷心感谢对外经济贸易大学崔启亮老师对本文修改提出的宝贵建议。

基金项目：本文系由作者主持的教育部人文社会科学研究青年基金项目"现代语言服务行业的术语管理体系研究"（14YJC740086）与河北省高等学校青年拔尖人才计划项目"译者信息素养的理论与实证研究"（BJ2014096）的部分成果。

参考文献

[1]崔启亮.全球化视域下的本地化特征研究[J].中国翻译,2015(4):66-71.

[2]方梦之.应用(文体)翻译学的内部体系[J].上海翻译,2014(2):1-6.

[3]穆雷,邹兵.翻译的定义及理论研究:现状、问题与思考[J].中国翻译,2015(3):18-24.

[4]全国翻译专业学位研究生教育指导委员会.翻译硕士专业学位研究生教育指导性培养方案(2011年修订版)[Z].2011.

[5]王华树.语言服务行业技术视域下的MTI技术课程体系构建[J].中国翻译,2013(3):23-28.

[6]王华树,冷冰冰,崔启亮.信息化时代应用翻译研究体系的再研究[J].上海翻译,2013(1):7-13.

[7]王少爽.面向翻译的术语能力:理念、构成与培养[J].外语界,2011(5):68-75.

[8]谢天振.现行翻译定义已落后于时代的发展——对重新定位和定义翻译的几点反思[J].中国翻译,2015(3):14-15.

[9]张霄军,贺莺.翻译的技术转向——第20届世界翻译大会侧记[J].中国翻译,2014(6):74-77.

[10]中国翻译协会,中国翻译行业发展战略研究院.中国语言服务业发展报告2012[R].2012.

[11]Chan, Sin-wai. The Routledge Encyclopedia of Translation Technology[C]. London: Routledge, 2015.

[12]Munday, J. Introducing Translation Studies: Theories and Applications(3rd edition)[M]. London: Routledge, 2012.

[13]Quah, C. K. Translation and Technology[M]. New York: Palgrave Macmillan, 2006.

编写分工和致谢

    本书大致按照由浅入深的顺序编写，共有十二章。其中，黄国平参与编写第三章计算机辅助翻译技术概论，李姝负责编写第四章 SDL Trados 基本应用，玉薇敏参与编写第五章 Déjà Vu 基本应用，邵晶晶参与编写第六章 Wordfast 基本应用，刘洋、毛亚平、陈思等参与编写第八章字幕翻译，左瑜负责撰写第十一章现代化翻译技术综合应用案例，韩林涛、李艺峰、彭成超等参与编写第十二章辅助翻译工具的综合应用，其余各章由本书编者完成。

    本书为北京市社会科学基金项目"现代语言技术体系研究"（14WYB015）和北京师范大学自主科研基金项目（SKZZB2014013）的部分研究成果。同时，在《计算机辅助翻译概论》一书的编写和出版过程中，我们得到了多方面的支持和帮助，在此一并致谢：

北京师范大学外国语言文学学院张政教授

北京师范大学外国语言文学学院王广州教授

北京大学软件微电子学院俞敬松教授

北京大学外国语学院王继辉教授

《中国翻译》杂志主编杨平博士

对外经济贸易大学英语学院王立非教授

南开大学外国语学院王传英教授

广东外语外贸大学高级翻译学院穆雷教授

广东省"珠江学者"黄忠廉教授

石家庄经济学院王少爽教授

河北大学外国语学院张成智教授

中国翻译协会本地化服务委员会秘书长崔启亮先生

北京莱博智环球科技有限公司项目总监赵亦璐女士

北京莱博智环球科技有限公司市场总监黄翔先生

北京莱博智环球科技有限公司工程部总监陈振洲先生

文思海辉技术有限公司助理副总裁王华伟先生

文思海辉信息技术有限公司本地化产品全球化事业部高级经理刘洋先生

SDL International（大中华区）多语言解决方案事业部总监胡一鸣先生

SDL International（大中华区）翻译供应链及教育事业部总监王欣女士

SDL International（大中华区）技术解决方案总监刘芃先生

北京创思立信科技有限公司董事长魏泽斌先生

北京天地传神文化传播有限公司总经理闫栗丽女士

本地化资深人士师建胜先生

资深自由译者黄功德、娄东来、江伟和黄杨勋先生

最后，感谢何宇飞、牛颖、张璐瑶、耿思思、王慧、佟浩等在资料整理、文字校对等方面提供的支持！感谢你们，有了你们的参与和支持，本书才更加完善。

由于编者水平和写作时间的限制，书中难免会有瑕疵和遗漏，恳望业界同人不吝赐教。

王华树

后　　记

　　本书上一版上市以来，深受广大外语、翻译专业师生喜爱，成为上百所高校的指定教材或参考书，同时，它也赢得了众多翻译技术爱好者和研究者的好评与推荐。由于原出版社改制调整问题，本书一度出现了停售缺货问题。此外，在人工智能技术的驱动下，机器翻译、译后编辑、众包翻译、智能翻译笔、便携翻译机、AI同传等新形态、新技术相继出现，在众多领域和场景中大显身手。翻译技术的发展可谓日新月异，书中不少内容亟需更新。我们虚心、广泛地听取了读者意见和多方专家的建议，将原书名改为《计算机辅助翻译概论》。鉴于以上原因，我们决定对原书进行换社改版。

　　本书承蒙知识产权出版社翻译事业部胡新华处长的高度认可，并有幸得到译国译民翻译公司的大力支持。公司董事长林世宋先生，身在企业，情系教育，秉承初心，积极推动翻译的产学研融合发展。获益于林世宋先生的悉心指导，以及田姝、陈冰冰、谢亮亮、俞剑辉、刘瑞杰等各位同人的辛苦付出和无私奉献，本书得以及时再版，编者特此向他们致以衷心的感谢。我们更新了其中技术发展和实操部分，纠正并完善了若干纰漏和不足。虽经过多方努力，本书难免还会存在不足和偏颇，尚祈各位专家和广大读者不吝赐教。

北京外国语大学高级翻译学院

翻译技术研究与教育中心

王华树